"十一五"国家重点图书出版规划项目

服务三农·农产品深加工技术丛书

名稀特野蔬菜栽培技术

张天柱 主编

中国轻工业出版社

图书在版编目(CIP)数据

名稀特野蔬菜栽培技术/张天柱主编．—北京：中国轻工业出版社，2017.8
(服务三农·农产品深加工技术丛书)
ISBN 978-7-5019-7978-3

Ⅰ.①名…　Ⅱ.①张…　Ⅲ.①蔬菜园艺　Ⅳ.①S63

中国版本图书馆CIP数据核字（2010）第243772号

责任编辑：伊双双　　责任终审：唐是雯　　封面设计：伍毓泉
版式设计：王超男　　责任校对：李　靖　　责任监印：张　可

出版发行：中国轻工业出版社（北京东长安街6号，邮编：100740）
印　　刷：三河市万龙印装有限公司
经　　销：各地新华书店
版　　次：2017年8月第1版第3次印刷
开　　本：850×1168　1/32　印张：15.5
字　　数：406千字　插页：8
书　　号：ISBN 978-7-5019-7978-3　定价：34.00元
邮购电话：010-65241695　传真：65128352
发行电话：010-85119835　85119793　传真：85113293
网　　址：http://www.chlip.com.cn
Email: club@chlip.com.cn

如发现图书残缺请直接与我社邮购联系调换

171042K1C103ZBW

编 委 会

序

吴卫华教授邀请我为本书作序，又恰逢访澳大利亚，与研究特菜的老朋友马丁·瑞德（Maarten Ryder）教授相约讨论了本书，我们都认为本书的撰写是一项很有意义的工作。在澳大利亚，瑞德教授正在组织一个全澳有关会议，很受重视，全国电视转播。近年来，我国生活水平提高，人们更关心食品、营养保健问题，蔬菜也就成了街谈巷议的话题。因之，推荐此书是我的荣幸。

自 20 世纪 80 年代初期以来，我国大力推进改革开放，种植业内部的结构调整，扩大了经济作物和蔬菜种植面积，国内名稀特野蔬菜迅速发展。90 年代蔬菜开始向西欧、北美、日本、韩国等一些国家和地区出口，国内生产面积更是急剧扩大；农业科研单位从国外引进大批名稀特野蔬菜品种，同时，推动了药用植物、野生植物的开发研究，丰富了名稀特野蔬菜的种类，提高了它们的价值。

2009 年 12 月 31 日中共中央、国务院下发的《关于加大统筹城乡发展力度，进一步夯实农业农村发展基础的若干意见》明确指出："推进菜篮子产品标准化生产"、"实施新一轮菜篮子工程建设，加快园艺作物生产设施化"、"发展园艺作物标准生产基地"，为我国蔬菜生产指明了新的发展方向。在这种形势下，大力发展名稀特野蔬菜是大势所趋，是扩大蔬菜出口创汇、增加农民收入的一条重要途径。《名稀特野蔬菜栽培技术》一书正是适应这种形势和需求而编写的。

本书是以中国农业大学张天柱教授为首的团队，在落实中国农业大学"顶天立地"的发展战略，关注国家、社会、三农需求，注重科技成果转化推广，总结实践经验的基础上，搜集、整理了在我国具有发展前景和区域特色的名稀特野蔬菜品种编写而成的，取材丰富，图文并茂。另外，在栽培技术中，注重在生产实践的基础上，突出无土育苗、高畦覆膜、大垄双行、节水灌溉、物理防治和生物防治等高新技术，很值得一读。

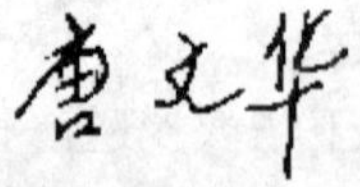

中国农业大学教授
澳大利亚工程院院士
国际植物病理学会荣誉会员

前　言

我国自 20 世纪 80 年代开始进行种植业内部结构调整以来，蔬菜种植面积不断扩大。农业部 2008 年统计资料显示，2007 年中国蔬菜播种面积达 0.17 亿 hm^2，但其中以常规品种居多。随着人民生活水平的不断提高，人们对蔬菜的要求不再仅仅局限于数量，而是更加注重蔬菜的营养价值和保健作用，因此，对蔬菜要求品种多、质量优、营养价值高。因此，一些名、稀、特蔬菜逐渐被越来越多的人所接受，一些山野菜也从野生状态转向人工栽培，走向市场。

我国各地各类的现代农业园区，也无一不把名稀特野蔬菜种植作为其中的主要项目之一，以提高农业园区的科技创新水平和观赏效果。而这些名稀特野蔬菜通过在农业园区的种植和展示，引起了各级政府和农业部门的高度重视，他们通过引进、试验示范，迅速大面积推广种植，建立了生产基地，逐渐形成了规模化生产、产业化经营，从而成为当地种植业的主导产业。由于名稀特野蔬菜的售价远远高于普通蔬菜，这样就大大激发了农民的种植热情。而名稀特野蔬菜的品种多种多样，其风味和食用方法各异，栽培技术与传统的栽培管理技术也不尽相同，因此，蔬菜的种植者普遍需要名稀特野蔬菜的品种介绍、栽培技术等方面的指导。本书就是为了适应这些需求而编写的。

由于各种蔬菜的无土育苗技术、病虫害防治技术基本相同，故本书未进行逐一品种的编写。为方便广大读者，本书专门编写了蔬菜无土育苗技术、蔬菜常见病虫害防治等内容，供参考应用。

作者参考了大量文献，并结合自己的调查研究和生产实践，介绍了 200 种名稀特野蔬菜的栽培技术要点，希望能成为广大园艺工作者、农业和农村管理干部、农业院校师生的参考工具书，成为广大农民兄弟发家致富的好帮手。

因编者水平有限，时间仓促，错误和不妥之处在所难免，敬请广大读者批评指正。

编者

目　　录

第一章　概述 …… 1
一、名稀特野蔬菜的概念 …… 1
二、稀特蔬菜的来源 …… 2
三、我国名稀特野蔬菜发展的现状 …… 3
四、名稀特野蔬菜的分类 …… 4
五、怎样种好名稀特野蔬菜 …… 5
六、名稀特野蔬菜的销售 …… 7
七、名稀特野蔬菜在观光、休闲农业中的应用 …… 12
第二章　名稀特野蔬菜品种及其栽培技术 …… 13
第一节　绿叶蔬菜 …… 13
一、西芹 …… 13
二、乌塌菜 …… 15
三、叶用莴苣 …… 16
四、落葵 …… 18
五、番杏 …… 20
六、紫背天葵 …… 21
七、苦苣 …… 23
八、菊苣 …… 25
九、结球红菊苣 …… 26
十、刺菜蓟 …… 28
十一、红梗叶甜菜 …… 29
十二、地肤 …… 31
十三、京水菜 …… 32
十四、长寿菜 …… 34
十五、叶用芥菜 …… 35

十六、结球芥菜 …………………………………… 37
十七、友好菜 ……………………………………… 38
十八、鲁梅克斯 …………………………………… 39
十九、三池辣菜 …………………………………… 41
二十、菜用黄麻 …………………………………… 42
二十一、守宫木 …………………………………… 44
二十二、叶用萝卜…………………………………… 46
二十三、油麦菜 …………………………………… 47
二十四、金花菜 …………………………………… 48
二十五、冬寒菜 …………………………………… 49
二十六、甜叶菊 …………………………………… 51
二十七、莳萝 ……………………………………… 53
二十八、七彩菠菜…………………………………… 54
二十九、清香菜 …………………………………… 55
三十、大型蔊菜 …………………………………… 56
三十一、叶用辣椒…………………………………… 58
三十二、玉丝菜 …………………………………… 60
三十三、百子菜 …………………………………… 61
三十四、大叶茼蒿…………………………………… 63
第二节　茄果类蔬菜……………………………… 65
一、樱桃番茄 ……………………………………… 65
二、树番茄 ………………………………………… 66
三、耐贮运番茄 …………………………………… 68
四、情人果 ………………………………………… 70
五、彩色甜椒 ……………………………………… 71
六、小辣椒 ………………………………………… 73
七、观赏茄 ………………………………………… 76
八、人参果 ………………………………………… 77
九、黄秋葵 ………………………………………… 80
十、酸浆 …………………………………………… 81

十一、番茄椒 …… 83
第三节　瓜类蔬菜 …… 85
一、水果型黄瓜 …… 85
二、网纹甜瓜 …… 88
三、小型西瓜 …… 90
四、佛手瓜 …… 94
五、金丝瓜 …… 96
六、老鼠瓜 …… 98
七、蛇瓜 …… 100
八、特长水瓜 …… 101
九、线瓠瓜 …… 102
十、袖珍西葫芦 …… 103
十一、观赏南瓜 …… 105
十二、大型、巨型南瓜 …… 110
十三、葫芦 …… 112
十四、节瓜 …… 113
十五、栝楼 …… 115
第四节　根茎类蔬菜 …… 117
一、美洲防风 …… 117
二、辣根 …… 119
三、根甜菜 …… 120
四、蔃头 …… 122
五、魔芋 …… 123
六、菊芋 …… 125
七、草石蚕 …… 127
八、香芋 …… 128
九、蕉芋 …… 130
十、毛芋头 …… 131
十一、葛 …… 133
十二、山药 …… 135

十三、银苗 …… 137
十四、婆罗门参 …… 138
十五、地涌金莲 …… 140
十六、豆薯 …… 142
十七、玉笋萝卜 …… 144
十八、根用芥菜 …… 145
十九、袖珍胡萝卜 …… 146
二十、芦笋 …… 148
二十一、百合 …… 151
二十二、根芹 …… 153
二十三、樱桃萝卜 …… 155
第五节　甘蓝类蔬菜 …… 156
一、芥蓝 …… 156
二、芜菁甘蓝 …… 158
三、羽衣甘蓝 …… 159
四、抱子甘蓝 …… 161
五、球茎甘蓝 …… 163
六、紫甘蓝 …… 164
七、青花菜 …… 166
第六节　豆类蔬菜 …… 167
一、蚕豆 …… 167
二、四棱豆 …… 169
三、荷兰豆 …… 171
四、甜豌豆 …… 172
五、扁豆 …… 174
六、豇豆 …… 175
七、刀豆 …… 177
八、毛豆 …… 179
第七节　芳香蔬菜 …… 181
一、紫苏 …… 181

二、韭葱 …… 182
三、细香葱 …… 184
四、结球茴香 …… 185
五、香椿 …… 186
六、芫荽 …… 189
七、珍珠花菜 …… 191
八、罗勒 …… 192
九、香芹 …… 193
十、观音菜 …… 195
十一、芝麻菜 …… 197
十二、迷迭香 …… 198
十三、琉璃苣 …… 200
十四、百里香 …… 201
十五、牛至 …… 203
十六、神香草 …… 204
第八节 药用蔬菜 …… 206
一、牛蒡 …… 206
二、蕺菜 …… 208
三、荆芥 …… 210
四、叶用枸杞 …… 211
五、薄荷 …… 213
六、车前草 …… 216
七、藤三七 …… 218
八、藿香 …… 219
九、费菜 …… 221
十、食用大黄 …… 222
十一、益母草 …… 224
十二、茵陈 …… 226
第九节 人工栽培山野菜 …… 228
一、马齿苋 …… 228

二、蒲公英 …………………………………………………… 229
三、发菜 …………………………………………………… 231
四、蕨菜 …………………………………………………… 232
五、酸模 …………………………………………………… 235
六、薇菜 …………………………………………………… 236
七、荠菜 …………………………………………………… 238
八、沙芥 …………………………………………………… 240
九、山芹菜 …………………………………………………… 242
十、聚合草 …………………………………………………… 243
十一、人参菜 …………………………………………………… 245
十二、马兰 …………………………………………………… 246
十三、风轮菜 …………………………………………………… 248
十四、苋菜 …………………………………………………… 249
十五、鼠尾草 …………………………………………………… 251
十六、酢浆草 …………………………………………………… 252
十七、刺龙牙 …………………………………………………… 254
十八、面条菜 …………………………………………………… 256
第十节　水生蔬菜…………………………………………………… 257
一、豆瓣菜 …………………………………………………… 257
二、草芽 …………………………………………………… 259
三、蒲菜 …………………………………………………… 261
四、茭白 …………………………………………………… 262
五、慈姑 …………………………………………………… 265
六、菱 …………………………………………………… 267
七、芡实 …………………………………………………… 269
八、莼菜 …………………………………………………… 272
九、莲藕 …………………………………………………… 273
十、蕹菜 …………………………………………………… 275
十一、水芹 …………………………………………………… 276
十二、荸荠 …………………………………………………… 278

第十一节 可食花卉…………………………………… 280
一、霸王花 …………………………………………… 280
二、菊花脑 …………………………………………… 281
三、食用菊花 ………………………………………… 283
四、黄花菜 …………………………………………… 285
五、朝鲜蓟 …………………………………………… 287
六、凤仙花 …………………………………………… 289
七、鸡肉花 …………………………………………… 290
八、鸡蛋花 …………………………………………… 292
第十二节 芽苗菜…………………………………………… 293
一、荞麦芽 …………………………………………… 294
二、萝卜苗 …………………………………………… 295
三、香椿籽芽菜 ……………………………………… 297
四、香椿嫩苗 ………………………………………… 298
五、豌豆苗 …………………………………………… 300
六、红小豆芽苗 ……………………………………… 301
七、紫苏芽苗 ………………………………………… 303
八、苜蓿芽苗 ………………………………………… 303
九、花生芽 …………………………………………… 304
十、黑豆芽苗 ………………………………………… 305
十一、花椒嫩芽 ……………………………………… 306
十二、生姜芽 ………………………………………… 308
十三、韭黄 …………………………………………… 310
十四、胡萝卜芽球………………………………………… 312
十五、白菜芽球 ……………………………………… 314
十六、软化白菊苣………………………………………… 315
十七、菊花脑芽球………………………………………… 317
十八、蒌蒿芽梢 ……………………………………… 318
十九、玉米笋 ………………………………………… 320
第十三节 薹茎类蔬菜…………………………………… 320

一、菜心 …… 320
二、紫菜薹 …… 322
三、蒌蒿 …… 323
四、薹菜 …… 325
五、西兰花薹 …… 327
六、茎用芥菜 …… 329
七、食用仙人掌 …… 330
第十四节 食用菌 …… 332
一、灵芝 …… 332
二、香菇 …… 335
三、金针菇 …… 339
四、凤尾菇 …… 342
五、杏鲍菇 …… 344
六、真姬菇 …… 347
七、双孢菇 …… 350
八、鸡腿菇 …… 353
九、黑木耳 …… 355
十、银耳 …… 358
第三章 蔬菜无土育苗技术 …… 362
第一节 概述 …… 362
一、无土育苗的特点 …… 362
二、无土育苗的方式 …… 363
第二节 无土育苗的基质 …… 366
一、育苗基质 …… 366
二、基质的消毒 …… 370
第三节 蔬菜无土育苗技术 …… 372
一、播种前的准备工作 …… 372
二、育苗工具 …… 373
三、育苗技术 …… 374
第四节 蔬菜育苗常用数据 …… 384

一、常见蔬菜爪果种植密度与播种量 …… 384
二、育苗总数量的计算方法 …… 385
三、育苗基质总需求量的计算方法 …… 385
第四章　设施蔬菜栽培技术 …… 386
第一节　设施蔬菜栽培模式 …… 386
一、高畦（垄）栽培技术 …… 386
二、大垄双行栽培技术 …… 387
三、覆膜栽培与膜下暗灌技术 …… 388
四、植株调整栽培技术 …… 390
五、缓释肥应用技术 …… 392
第二节　设施蔬菜节水灌溉技术 …… 393
一、实施温室节水灌溉技术的意义 …… 393
二、水肥一体化灌溉（滴灌）施肥技术优点 …… 393
三、温室内选用滴灌产品的质量要求 …… 394
四、每 $667m^2$ 滴灌（内镶扁平式滴灌管）所需设备 …… 394
五、费用及效益分析 …… 395
六、滴灌田间示意图 …… 395
七、滴灌肥料的配制 …… 395
八、蔬菜滴灌施肥方案 …… 397
第五章　蔬菜常见病虫害的防治 …… 399
第一节　蔬菜病虫害防治方法 …… 400
一、农业防治 …… 400
二、生态防治 …… 402
三、物理防治 …… 402
四、生物防治 …… 405
五、化学防治 …… 409
第二节　蔬菜常见病虫害的防治 …… 412
一、十字花科蔬菜常见病虫害 …… 413
二、豆科蔬菜常见病虫害 …… 419
三、葫芦科蔬菜常见病虫害 …… 425

四、茄科蔬菜常见病虫害 …………………………………… 428
附录……………………………………………………………………… 433
附录一 北京地区部分稀特蔬菜不同设施栽培播种育苗及定植时间参照表…………………………………… 433
附录二 不同蔬菜育苗期及成苗标准………………………… 435
附录三 常见蔬菜种子千粒重与播种量……………………… 436
附录四 各种蔬菜适宜的保鲜温度、湿度和保鲜期………… 438
附录五 蔬菜常用农药与禁用农药…………………………… 439
附录六 农药稀释倍数与有效成分质量浓度（mg / kg）换算表…………………………………………… 440
附录七 使用农药常见的符号………………………………… 441
附录八 无公害食品 蔬菜产地环境条件(NY 5010—2002) … 442
附录九 绿色食品 产地环境技术条件(NY/T 391—2000) … 445
附录十 绿色食品 肥料使用准则(NY/T 394—2000) …… 452
附录十一 绿色食品 农药使用准则(NY/T 393—2000) …… 459
参考文献……………………………………………………………… 466

第一章　概　　述

一、名稀特野蔬菜的概念

关于名稀特野蔬菜的定义，目前尚无一个明确的标准。有专家学者认为：名稀特野蔬菜泛指那些目前种植面积和产量均较少的蔬菜种类，这些蔬菜有些起源于我国，栽培历史悠久；有些原产于国外，引入我国的历史较短，我国的消费者尚不习惯食用，但可以专门加工外销。也有专家学者认为：稀特野菜是指相对大宗蔬菜而言，在一定时间范围内，某一地区特有的、栽培面积较小但有特殊风味或特殊营养价值的蔬菜。还有专家学者认为："特菜"是对非本土、非本季节种植以及一些珍稀蔬菜的统称，包括国内和从国外引进的较珍稀的名、特、优、新品种，基本由四部分组成：第一部分是从国外引进的洋菜品种，如彩色甜椒、水果黄瓜、抱子甘蓝、球茎茴香等；第二部分是国内各地的名、优品种，如紫背天葵、蒌蒿等；第三部分是人工栽植的山野菜，如蒲公英、苋菜等；第四部分是在无公害条件下培育出来的芽苗菜，如香椿芽、萝卜芽、花生芽等。

近年来，我国一些观光旅游的现代农业园区，为了提高景观效果，种植了一些主要用于观赏的蔬菜。观赏蔬菜是色彩艳丽、风味独特、集观赏性、实用性为一体的蔬菜，是休闲农业、生态旅游农业的重要组成部分，由于其用途特殊，许多文献也把它们列入特菜之内。

名稀特野蔬菜是一个动态发展的概念。在不同地区、不同时期，有着不同的内涵。如在 20 世纪 80 年代初期，北京及一些大城市郊区引进种植了西芹、叶用莴苣、紫甘蓝、樱桃番茄等品种，当时称为"特菜"，但近些年来已大面积推广种植，逐渐退出"特菜”行列，但在新发展这些蔬菜品种的菜区，仍在“特菜”行列；又如佛手瓜，在江南为大路蔬菜，但在华北地区由于种植面积较小，即被列入稀特菜的行列；还有芦笋，在国外是种植面积较大、消费较多的蔬菜，但在国内种植面积较小，仍属稀特蔬菜的范畴。

应该说，几乎所有的大路蔬菜在栽培初期都曾被列入“稀特”菜，绝大多数蔬菜都是从由野生状态被人类认识、初步栽培到大面积推广而种植的。

二、稀特蔬菜的来源

（一）从国外引进

蔬菜种类繁多，起源地分布在世界各地，很多种蔬菜在其原产地已经成为大宗蔬菜，但在其他地区仍然鲜为人知。随着科学技术的发展，各国的人员来往和农业科学技术的交流，这些蔬菜种类被传播到新的国家和地区，成为那里的稀特菜，以后渐渐成为大路蔬菜。据不完全统计，近几百年来，我国从国外引进的蔬菜种类上百种，其中大部分引自地中海沿岸地区，也有一部分引自南、北美洲和东南亚地区。近年来，一些蔬菜品种如西芹、樱桃番茄、彩色甜椒、荷兰豆等，则引自西欧、美国和以色列等国家和地区。我国一些珍贵蔬菜品种，如葫芦、葛、节瓜、酸浆，尤其是一些药用蔬菜等，也广为国外引种。

（二）由药用植物转入蔬菜栽培

目前许多蔬菜源于药用植物。如芹菜，原为治疗高血压、心脏病的药用植物，现在作为蔬菜已广为栽培；芦笋曾是古代士兵在作战时服用的用于强壮身体的“强壮剂”，现已成为广大人民食用的蔬菜。又如现代的益母草、费菜，原本就是中草药，已经开始被人们作为特菜食用。

目前的研究和实践证明，许多药用植物长期作为蔬菜食用，对人体保健、防病抗病有着明显效果，逐渐加入到“稀特”蔬菜行列，被称为保健蔬菜。当然，并不是所有的药用植物都可以作为蔬菜食用。

（三）由野生植物转入蔬菜栽培

应该说，绝大多数蔬菜种类是由野生状态被人类驯化成为栽培作物的。近年来，随着人们生活水平的提高，对蔬菜的种类、花色、口味、生产季节的要求增加，由于农业科技的迅速发展、对野生植物的研究和开发利用，许多野生植物转入蔬菜栽培，进而成为“天然”、“无公害”食品而被广大消费者所青睐，如蕨菜、发菜、荠菜、马兰、苦荬菜等。

（四）异地栽培

我国幅员辽阔，各地气候条件、自然资源不尽相同，差异甚大，其生产习惯和食用习惯也大不一样。许多南方热带、亚热带蔬菜，在北方露地不能种植。过去，由于我国交通运输不发达，北方人很少见到南方蔬菜，更不必说食用南方蔬菜，例如南方的守宫木、蕹菜、豆瓣菜等。近些年，北方蔬菜的设施栽培发展很快，这些蔬菜开始栽培，即成为北方的稀特蔬菜。

（五）其他来源

有些蔬菜有特殊的地域性和生长条件，例如慈姑、荸荠、莲藕、茭白等，只能在有水面、气候比较温暖的环境条件下才能生长；百合的繁殖期很长，很难在一、二年内就获得产品；蕨菜只有在潮湿、冷凉的气候条件下才能生长，等等。还有些蔬菜，人们的需求量不大，产量不高，这类蔬菜一直发展不起来。以上这些蔬菜，就成为长期的稀特菜。

三、我国名稀特野蔬菜发展的现状

20 世纪 80 年代初期，我国实行了改革开放政策，对外国际交往频繁，加强了国际贸易和技术交流，农业科技迅速发展；国内实行了家庭联产承包责任制，极大地调动了农民生产的积极性，后来，为了提高农民收入，又进行了种植业的内部结构调整。这一切均刺激了国内名稀特野蔬菜的发展，并在全国蔬菜的生产中占据了一定位置，结束了宾馆、高档饭店用菜靠进口的状况，改变了进口“洋菜”的局面。

20世纪80年代后期到90年代初期，我国开始向西欧、北美、日本、韩国等一些国家和地区出口蔬菜，当时订单较多，出口数量比较大的是以芦笋为代表的名稀特菜。由于出口需要，生产面积急剧扩大，国内人民也渐渐食用。同时，国内各农业科研单位有计划地从国外引进大批名稀特野蔬菜，国内名稀特野蔬菜的种类和品种日益丰富。90年代初期，国内各地对药用植物、野生植物转为蔬菜栽培的开发应用研究与日俱增，从而进一步丰富了名稀特野蔬菜的内涵。

这个时期，由于国内蔬菜栽培技术的提高，保护地栽培的发展，为南菜北种、增加北方名稀特野蔬菜种类提供了机遇。

进入21世纪以来，随着改革开放的深入发展，人民生活水平的提高，广大消费者对蔬菜产品的需求正在由数量消费向质量消费过渡，因此，名稀特野蔬菜逐渐走进千家万户的百姓餐桌，并作为馈赠亲友、招待宾朋和节假日消费的佳品，其消费种类和数量保持稳定增长的势头。

四、名稀特野蔬菜的分类

目前对名稀特野蔬菜的分类，还没有一个明确的标准。国内已出版的有关名稀特野蔬菜的专著中，多把名稀特野蔬菜按常规方法分类，基本上分为绿叶类、茄果类、瓜类、甘蓝类、豆类、根菜（根茎）类、水生、山野菜、芽苗菜、食用菌等十几类，也有把葱蒜类、白菜类、薯芋类、芥菜类、芳香类、药用类、多年生进行单独分类的情况。本书在200种名稀特野蔬菜的分类中，沿袭了常规的分类方法，人为地分为14类，增加了“可食花卉”、“薹茎类”两类，把“葱蒜类”合并到“芳香类”中，将“薯芋类”合并到“根茎类”，对多年生名稀特野蔬菜未作单独分类。其实，有些蔬菜在分类中并无明显的界限，如“紫苏”，既可是芳香类，也可是药用类；“蒲公英”是山野菜，也是药用蔬菜；有些瓜类，只能观赏，不能食用。如此等等，不一一列举。

五、怎样种好名稀特野蔬菜

十多年来，我国蔬菜种植面积和产值不断增大，已经成为我国现代农业的一个支柱产业。由于名稀特野蔬菜是我国出口创汇的主要蔬菜品种，又因其营养丰富、保健作用明显，也深受国内消费者的欢迎，市场销售价格一直居高不下，极大地激发了农民种植的积极性，种植面积逐年扩大，种植的品种越来越多，提高了农民的收入，丰富了居民的餐桌。

（一）有目的、有选择地种植名稀特野蔬菜

各地种植名稀特野蔬菜，要根据当地的自然资源、生产设施、生产水平等要素有目的、有选择地种植。有些名稀特野蔬菜要求一定的气候条件，如土人参、紫背天葵、叶用黄麻等适宜高温栽培，而叶用甜菜、苦苣、荠菜等则适宜在冷凉气候条件下栽培；南方菜守宫木在热带、亚热带地区露地可以常年种植和生产，但在北方地区露地栽培只能作夏季生产，且产量不高，冬季即使在温室内栽培也基本不能生长。有些名稀特野蔬菜为多年生，如朝鲜蓟、芦笋、百合、水芹、叶用枸杞等，种植一次可连续采收多年；有些则生育期较短，一年内可多次种植，如友好菜，夏天定植后 30d、春秋定植后 40d、冬季定植后 60d 即可分期分批采收，玉丝菜从播种到采收只有 25d 左右。

由于各个名稀特野蔬菜的品种生物学特性各有特点，有些对土壤要求比较严格，需肥较多，如水果黄瓜、青花菜、彩色甜椒等，因此在选地、整地、施肥方面要严格操作；也有些品种对土壤适应较强，耐瘠薄、耐干旱，如马齿苋、聚合草等，而沙芥则适于生长在沙丘的向阳背风坡，它在很肥沃和很贫瘠的土壤中都不能很好地生长；芽苗菜、食用菌则要求在特定的设施和环境条件下栽培。

（二）以销定产，逐步扩大市场

有些名稀特野蔬菜，由于在某些地区引入和种植时间不久，尚未被消费者认识，市场需求量不是很大，因此要充分进行市场调研和分析，以销定产。有些蔬菜生产单位和农户看到种植某些名稀特

野蔬菜效益较好，没有进行充分的市场调研就盲目发展，结果造成产品集中上市难卖，出现效益低下甚至亏损，这样的案例在我国不少。这就要求名稀特野蔬菜的生产者和经营者要随着市场的扩大逐渐增加栽培面积，使生产和市场相适应，并且加大宣传力度，引导消费。

（三）高起点、高标准地种植名稀特野蔬菜

名稀特野蔬菜之所以受到广大消费者的欢迎，其原因之一就是它是“天然”、“无害”、“安全”、“保健”的蔬菜，因此，各地在种植名稀特野蔬菜时，在产地选择、建设中，要严格坚持大气、土壤、灌溉用水的标准；在生产过程中，严格按照“无公害”、“绿色”、“有机”的生产技术标准进行操作。施肥以有机肥为主，病虫害防治坚持“以农业防治为基础，优先采用生物防治，协调利用物理防治，科学合理应用化学防治”等综合防治措施；在加工、包装、贮藏、运输、销售过程中，采取有效措施，严格避免产品的二次污染。

（四）推广应用高新技术

高新技术是种好名稀特野蔬菜的支撑。名稀特野蔬菜是菜中精品，有些品种需要采取特殊的栽培方式，如反季节栽培、软化栽培、箱槽式立体栽培、有机生态型无土栽培等。在品种选择上，要选用优质、抗病、丰产、抗逆性强、生长整齐的杂交一代或优良品种，还要根据栽培季节选择适宜的品种。在技术管理中，根据作物的生长发育规律和对环境的要求进行追肥浇水、调节温湿度和光照以及整枝打杈等科学管理；推广平衡施肥技术，氮、磷、钾、微量元素肥料配合施用，“少吃多餐”，充分提高肥料利用率；推广应用高畦覆膜、大垄双行、膜下滴灌等高效栽培模式，人为地改善设施内的通风透光条件，提高光能利用率，增强蔬菜的抗病虫能力，从而提高产量，改善品质。北方一些设施蔬菜生产区，通过引进、试验示范，不断扩大南菜北种的面积和品种，以满足市场需求。

（五）推动名稀特野蔬菜的产业化进程

我国有些地区已经形成了名稀特野蔬菜规模化生产、产业化经营的局面，值得各地借鉴。河北省把稀特菜芦笋的种植作为出口创汇型产业，年种植面积达1.18万hm^2，年产量11.5万t，总产值7.35亿元，加工企业发展到6家，出口额568.5万美元；云南省昆明市从2001年开始种植稀特蔬菜朝鲜蓟，几年中种植面积呈几十倍增长，现在种植面积稳定在570hm^2左右，经济效益显著增长，涌现出一批优质、高产、高效的种植大户，加工、出口的龙头企业不断扩大，带动了一方经济的发展；华北、东北一些地区，通过建设人工栽培山野菜的生产基地、食用菌生产基地，相继建立了加工厂，逐渐形成了规模化种植，推动了特色产业化经营。因此，各地在种植名稀特野蔬菜过程中，要坚持科学发展观，把它作为农业结构调整、加快农业科技进步、提高农民收入、加快农业现代化建设步伐的一项工作来做，力争做大做强。

蔬菜产业化经营的过程，其实质是蔬菜生产产前、产中、产后纵向一体化的过程。对名稀特野蔬菜的产业化经营，要统一规划，统一技术指导，统一管理，统一收购，形成大面积、商品化、集约型的蔬菜生产基地。对一些蔬菜品种，可让农民在企业的技术指导下分户经营，形成松散而又稳定的生产和原材料供应基地，达到稳定的商品量，实现蔬菜出口的规模效益。

六、名稀特野蔬菜的销售

名稀特野蔬菜富含多种维生素、无机盐和各种营养物质，绝大多数具有食疗和保健作用，还具有调解口味、刺激食欲、促进人体生理功能的作用。随着人民生活水平的提高，人们的膳食结构发生了根本变化，其食物构成从白色食品（大米、面粉）、红色食品（肉类）向绿色食品（蔬菜、水果）、黑色食品（黑米、黑豆、黑色藻类）倾斜，对蔬菜的需求量日益增大。由于人们对名稀特野蔬菜的认识逐渐提高，名稀特野蔬菜在居民餐桌上的比重将会越来越大，新一轮蔬菜种类、品种的结构调整已经到来。

（一）扩大出口创汇份额，大力发展订单蔬菜

蔬菜既是我国人民生活重要的消费品，也是国际贸易的重要产

品，是我国农产品中主要的出口产品，特别是在我国加入 WTO 以后，给我国蔬菜的加工出口带来了新的契机。因此，积极发展蔬菜种植，提高蔬菜生产的质量和档次，发展蔬菜的深加工，推进蔬菜的出口创汇，增加蔬菜的生产效益，是促进名稀特野蔬菜发展的重要途径。

有关资料显示，我国名稀特野蔬菜在出口创汇蔬菜中占有较大份额，其中山药、食用菌和水生蔬菜中的莲藕、茭白、芡实，以及高山野生蔬菜、芦笋、青花菜、芥兰、牛蒡、辣根、紫苏等，已成为多年出口的品种。近年来新开发的出口名稀特野蔬菜品种也在日益增多，如友好菜、京水菜、三池辣菜、耐贮运番茄、朝鲜蓟、百合、芜菁甘蓝等，有二十几种。

应该看到，尽管国际蔬菜市场日益增长的需求为我国蔬菜出口提供了有利的发展机遇，但就总体水平而言，我国蔬菜生产还存在着生产经营规模偏小、深加工能力较弱、市场能力开发不强、生产经营现代化水平不高等问题。为此，蔬菜出口必须进一步解放思想，以蔬菜科技和现代工业技术为支柱，逐步走上专业化生产，生产、运销、加工社会化的产业道路。

在国际市场上，只有符合国际标准的产品才具有竞争力，只有高质量、高品质的产品才能占领市场。因此，要扩大我国名稀特野蔬菜的出口份额，就要在标准化生产、提高产品质量上下功夫，尤其是蔬菜产品的安全性更为重要。世界各国特别是发达国家对此要求很高，如产品中农药的残留量、硝酸盐、亚硝酸盐及重金属元素含量等都有具体标准。所以，我们在种植出口名稀特野蔬菜时，要严格按照国际有关标准进行生产，尽快与国际标准接轨。

蔬菜出口基地的建设，还可以开发蔬菜生产经营的多种功能，除保障蔬菜的市场供应功能外，还要开发蔬菜生产的经济功能、示范辐射功能，在建设一批无公害、绿色出口创汇蔬菜生产基地的同时，还可以成为蔬菜高新技术的示范基地、优良品种繁育基地，以促进企业增收、农民致富。

（二）发展蔬菜加工，扩大出口新产品

大力发展蔬菜加工业，不仅可以充分发挥我国蔬菜资源、价位、数量等优势，实现加工增值，更重要的是要扩大出口蔬菜产品的种类和品种，达到产品升位增值，增强在国际市场上的竞争力，扩大我国蔬菜产品出口。

世界发达国家加工蔬菜约占蔬菜生产总量的30%左右，而我国加工蔬菜仅占蔬菜生产总量的5%～10%，远远不能适应国际市场的需求。国际市场对我国加工蔬菜的需求量越来越大，如我国脱水蔬菜的出口量每年以30%的速度递增，日本所需的盐渍蔬菜80%来自中国，其他蔬菜深加工产品如番茄酱、土豆泥、大蒜粉等，需求量也在不断增加，所以我国蔬菜加工业发展前景十分广阔。

为有效开拓国际市场，必须了解各国的标准，按其要求组织生产经营，组织农产品出口。因此，必须建立一套技术标准和管理标准，用以规范龙头企业的加工行为，规范农民种植和作业行为，从根本上保证农产品质量和规格的统一。

我国现行蔬菜加工业为应对国际市场，应重点发展深加工，以扩大出口，增强在国际市场上的竞争力，为发展我国名稀特野蔬菜产业拓宽门路。在蔬菜深加工中，可研发保鲜、干制、速冻、罐装、盐渍、汤料、饮料、冲剂、口服液等多种形式，争取增加加工菜的出口，以进一步提高产品的经济效益。

（三）灵活多样，开辟多种形式的销售渠道

种植名稀特野蔬菜，首先要进行市场调研，掌握销售市场的需求规律，然后根据自身的设施条件、气候特点、技术水平、销售对象来确定种植的规模和品种。

1. 宾馆、饭店、酒楼的直供

目前一些名稀特野蔬菜中的精品，如软化白菊苣，芽菜中的香椿芽、花椒芽、紫苏芽，番茄椒，结球红菊苣，羽衣甘蓝，抱子甘蓝，南方菜中的守宫木，还有一些芳香蔬菜等，由于种植规模小，产量小，还未达到走上市场的规模，多作为高档消费品出现在高级

饭店、酒楼和宾馆的餐桌上。这些高档饭店、宾馆要求的名稀特野蔬菜品种多、数量小，要求天天供应，而且要求外观新颖别致，因此要求种植者分批错开播种，陆续采收供应，并保持一定的栽培面积。有条件的地方还可以建立特菜配送中心。

2．产地直供超市

一些种植面积较大、消费者已经了解和认识的名稀特野蔬菜，如樱桃番茄、水果黄瓜、球茎茴香、紫甘蓝、黄秋葵、人参果、薹菜、山药、牛蒡、彩色甜椒等，可由产地直供蔬菜超级市场，供较大的消费群体需求。供应超市的名稀特野蔬菜，要经过有关部门检测，因此要求种植者按照相关技术标准进行种植，此外，还要有较好的包装，标明产品标记（无公害、绿色、有机）、产地等。

3．节日装箱礼品菜

应该看到，人们社会交际、礼尚往来的传统观念正在逐渐改变，由原来的互赠烟酒糕点逐步转向馈送地产农产品、保健品、绿色食品，因此，节日装箱礼品菜应运而生，而且一经出现就受到消费者的青睐，成为名稀特野蔬菜销售的一个新途径。目前装箱礼品菜以档次高、耐贮藏、外观新颖的彩色甜椒、水果黄瓜、栗味南瓜、樱桃番茄、软化菊苣、杏鲍菇、鸡腿菇等为主，适当搭配樱桃萝卜、球茎茴香等根茎类特菜，品种齐全、颜色多样、包装精致、外形美观。种植时根据不同蔬菜、不同品种的生育期来确定播种期，保证装箱前正常采收。还要根据每个品种的装箱数量和产量确定生产面积。

4．进入蔬菜批发市场

蔬菜批发市场是蔬菜流通领域的中枢，是产品蔬菜的集散地。蔬菜从产地经过运输商进入批发市场，由批发市场转入一级批发（有的还要转入二级批发），再由一级批发转入零售商，然后进入居民的菜篮子、摆上餐桌。蔬菜批发市场是我国目前蔬菜最大、最宽、涉及面最广的蔬菜销售渠道。

对于一些产地相对集中、种植面积较大、总产量较高的名稀特野蔬菜品种，如根用芥菜、茎用芥菜（榨菜）、西芹、叶用莴苣

(生菜)、豇豆、毛豆、莲藕、茭白、芜菁甘蓝等，可以进入蔬菜批发市场。

进入批发市场的蔬菜，菜农的收益较低，而中间商（运输商、批发商）效益较高。一般来说，菜农的收入只占蔬菜零售价的40%～60%，有些蔬菜品种菜农的收益更低。为了保护菜农利益，调动农民种菜的积极性，山东等一些省区对蔬菜采取了“绿色营销”措施。所谓的绿色营销，是指以促进可持续发展为目标，为实现经济利益、消费者需求和环境利益的统一，市场主体根据科学性和规范性的原则，通过有目的、有计划地开发及同其他市场主体交换产品价值来满足市场需求的一种管理过程。此外，名稀特野蔬菜的采后处理、加工包装、冷藏后进行反季节销售，也是提高菜农收入的一些措施。

5．树立品牌意识，拓宽销售渠道

我国地域辽阔，自然资源不尽相同。我国有些传统的特菜、由野生植物驯化栽培而来的特菜、由固定区域生产的特菜，已经有了一些名气，如兰州百合、广东的天绿香、广西的豆瓣菜、河北坝上“狗头”（芜菁甘蓝）、东川魔芋、湖北梁子湖荞头、贵州黄平地瓜(豆薯)、四川榨菜、东北的山野菜等。这些名稀特野蔬菜要充分发挥自己的产地优势、品牌优势，继续做大做强，扩大市场份额，提高经济效益。

6．加强宣传，扩大影响

有些名稀特菜是刚从国外引进的，有些是从国内异地引入种植时间不久的，大多数消费者尚处于不认识、不了解阶段，有些消费者买了特菜后，按普通蔬菜的方法进行烹调，结果不仅体现不出特色，使许多营养流失，而且还认为不好吃，致使销量少。因此，名稀特野蔬菜的种植者和经营者，要向消费者介绍产品的特点，介绍其保健作用、食疗效果、食用方法，从而引导消费。这也是推动名稀特野蔬菜发展、提高经济效益的有效方法。

七、名稀特野蔬菜在观光、休闲农业中的应用

名稀特野蔬菜多种多样，有的形态多姿，有的颜色艳丽，还有的香气宜人，极具观赏价值。随着旅游业的迅速发展，现代观光旅游农业在我国呈蓬勃发展的态势，而名稀特野蔬菜的展示，就成为现代农业观光园区中一道亮丽的风景线，有些可以供游客采摘、现场品尝；有些可以用于水培、基质栽培等农业高新技术的展示；还有些品种可以作为园林、道路绿化、家庭庭院种植、阳台盆栽的品种，既可观赏，又可食用。

总之，名稀特野蔬菜是蔬菜种植结构调整的新品种，是蔬菜产业化经营的新项目，是出口创汇、增加农民收入、丰富居民菜篮子的有效途径。

第二章　名稀特野蔬菜品种及其栽培技术

第一节　绿叶蔬菜

一、西　　芹

西芹（*Apium graveolens*）是常用蔬菜之一，为伞形科植物旱芹的全草。西芹既可炒食，又可做汤做馅，还可以做菜汁，用西芹汁和面用于包饺子或擀面条，极有特色；此外，西芹还可以凉拌、腌渍和速冻，并且是礼品菜的主要品种之一。

西芹味甘、苦，性凉，归肺、胃、肝经，有平肝降压、镇静安神、利尿消肿、防癌抗癌、养血补虚之功效，可辅助治疗高血压、眩晕头痛、面红耳赤、血淋、痈肿等症。

西芹为耐湿性蔬菜，喜冷凉湿润的环境条件，生长适温为15～20℃，0℃时不受冻害；不耐高温，30℃以上时生长不良；对光照要求不严格，根系细而浅，不耐干旱，宜在疏松、通透性良好的中性土壤中栽培。

（一）品种

近年来，我国引进的西芹品种较多，约在10种以上，基本分为绿色种、黄色种和杂色种三种类型。

（1）绿色种　犹它系列的52－70、佛罗里达683、意大利冬芹、意大利夏芹、嫩脆等。

（2）黄色种　美国白芹、百利。

（3）杂色种　为黄绿杂交种，有康乃尔19、康乃尔619、文图拉、加利福尼亚、福特胡克、荷兰西芹、国内的四季西芹等。

（二）栽培季节

春季栽培在3月上中旬育苗，5月下旬定植，8月份收获。秋季栽培在6月下旬育苗，9月中旬定植，11月下旬收获。冬季栽培在9月中旬育苗，12月底定植，3月下旬收获。冬茬芹菜收获后闲棚2个月，此期可以种植油菜、小白菜等速生菜类，进行短期轮作，防止因长期连作导致病虫害加重。

（三）栽培技术

1. 育苗

应用穴盘无土育苗技术，选用128孔穴盘或288孔穴盘育苗。用288孔穴盘育苗，在苗高2～3cm时需要分苗。种植面积大时，也可阳畦育苗。

2. 定植

在幼苗出4～6片真叶、苗龄60～70d时定植。定植前2～3d炼苗，选择叶片肥厚、根系发达的壮苗移植，在晴天的上午进行。株距8～10cm，行距18～20cm，定植深度以不埋住心叶为度，宜浅不宜深。春茬在5月下旬定植，定植后浇小水。秋茬在9月中旬定植，定植后覆盖稻草遮阴。冬茬在12月下旬定植，覆盖地膜提温。

3. 缓苗期管理

缓苗期要适当控制肥水蹲苗，促进发根和叶片分化。春茬不需要缓苗，栽植后要猛攻肥水，促进生长，防止过早抽薹。

4. 肥水管理

西芹长出7～8片叶后，进入旺盛生长阶段，此时应加大肥水，每隔15～20d追施1次尿素或复合肥，每667m^2施10～15kg。

5. 温度与光照控制

春茬西芹在6月中旬以前，夜间要加盖保温草苫，白天减少通风。6月下旬撤除草苫，在棚膜上加盖遮阳网，白天加大通风。此期雨水较多，要及时疏通田间排水渠道，防止雨水进入棚内造成烂苗。秋茬从10月下旬开始加盖草苫保温，防止冻害。冬茬如遇连阴天，应在中午揭开草苫见光。

（四）采收

收获时植株直立，植株高度70cm左右，单株重1kg。一般每667m^2可收获7500～8000kg，高产者可达10000kg。

（五）主要病虫害

主要病害：斑枯病、早疫病、病毒病、软腐病。

主要虫害：蚜虫。

二、乌　塌　菜

乌塌菜（*Brassica campestris* sp. *chinensis var rosularis*）又名塌地菘、黑菜、塌棵菜，为十字花科芸薹属芸薹种白菜亚种的一个变种，二年生草本植物，是以墨绿色叶片供食的蔬菜。原产中国，主要分布在长江流域，近年来北方开始扩大种植，加保温设施可周年生产，均衡供应市场。乌塌菜适应性广，耐寒力强，生长期短，产量高，用工少，容易种植，是很有前途的优质蔬菜。目前一些农业观光园区、农业科技园区，常将其作为立体栽培的蔬菜品种。

乌塌菜色绿、叶厚，柔软脆嫩，口味清甜鲜美，可炒食、凉拌、做汤、腌渍，又是烹调各种肉类的上等配菜，色香味俱佳，适口性良好。

乌塌菜适应性广，喜冷凉，生长适温 18～22℃，是长日性植物，需水较多，对土壤适应性较强。

（一）品种

乌塌菜分乌塌类与油塌类。乌塌类色深绿，叶面多皱缩；油塌类系乌塌菜与油菜的天然杂交种，叶片较大，绿色，叶面平滑。

（1）塌地类型　又称矮桩型，叶丛塌地，植株与地面紧贴，平展生长，八叶一轮，开展度 20～30cm。中部叶片排列紧密，隆起，中心如菊花，叶片墨绿色。品种有小八叶、中八叶、大八叶、常州乌塌菜、黑叶油塌菜。

（2）半塌地类型　也称主桩型，叶丛半直立，植株不完全塌地。品种有瓢儿菜、太古菜等。

此外，乌塌菜还有黄心乌、黑心乌、菊花心、宝塔乌等品种。

（二）栽培季节

华北地区露地栽培，8 月份播种育苗，苗龄 30d 左右，9 月份移栽，11～12 月收获；保护地越冬栽培，9 月下旬播种育苗，11

月上旬移栽，春节前后至早春采收上市。

长江流域一般于9月份播种育苗，10月份移栽，11月至第二年2月可随时收获；利用塑料棚栽培的，于10月上旬播种育苗，11月定植，至元旦春节上市。

（三）栽培技术

1. 育苗

乌塌菜可直播，也可育苗移栽。目前生产中多采取穴盘无土育苗技术，幼苗5～6片真叶时移栽。

2. 定植

移栽前先行整地施肥，做成平畦或高畦，定植密度为行株距30cm×25cm，定植时浇透定植水。

直播的，每667m^2用种500g左右，2片真叶时第1次间苗，3～4叶时第2次间苗，6叶时定苗，留苗密度同上。

3. 肥水管理

移栽后或直播田定苗后追肥浇水，以后再追肥浇水2～3次。越冬栽培，选择耐寒性强的品种。

（四）采收

80d左右采收，最好霜后采收。一般每667m^2产2000～3000kg。乌塌菜一般采用大株留种，即在采收时选择标准大株，下一个生长季节栽植留种。

（五）主要病虫害

主要病害：霜霉病、软腐病。

主要虫害：蚜虫。

三、叶 用 莴 苣

叶用莴苣（*Lautuca satira* var. *capitata*）即生菜，为菊科莴苣属叶用栽培种，原产地中海沿岸，由野生种演化而来。我国各地普遍栽培，叶用莴苣较耐寒，4℃时种子即可萌发，但不耐热，对水分要求比较严格。该蔬菜为长日照植物，喜微酸性土壤，适于在有机质含量丰富、保肥保水力强的黏质土或壤土上栽培。

叶用莴苣味稍苦，嫩脆可口，食用方法多为蘸酱生食、配菜、作为汉堡及夹心饼的夹心菜等。

叶用莴苣入胃后能利五脏，通经脉，清胃火，可治乳汁不通、小便不利、口臭等，并有降低胆固醇、催眠、驱寒、消炎、利气、明目等功效，还含有能抑制人体细胞癌变和抗病毒感染的干扰素诱生剂，是人体细胞的健康卫士。

（一）品种

（1）长叶莴苣　红帆紫叶生菜、岗山沙粒生菜。

（2）皱叶莴苣　红花叶生菜、83－98 皱叶生菜、83－70 皱叶生菜、绿波。

（3）结球莴苣

早熟种：大将、奥林匹亚、凯撒、米卡多、飞鸟、北山三号；

中熟种：皇帝、皇后、前卫 75、大湖 659、大湖 118、绿湖；

晚熟种：玛莎 659、美国 PS。

（二）栽培季节

北方露地栽培一年两季，春季 2～4 月播种，5～6 月收获；秋季 7 月下旬～8 月下旬播种，10～11 月收获。棚室栽培，可在早春、秋后和冬季进行，达到周年生产。

春季露地栽培，用皇帝、皇后、大湖 659 等品种，1 月下旬～3 月下旬播种育苗，3 月上旬～4 月下旬定植，5 月中旬～7 月上旬分期收获；夏季露地栽培，用凯撒、奥林匹亚、北山 3 号等品种，4～7 月播种，7～9 月收获；秋季露地栽培，用飞鸟、皇帝、大湖 118 等品种，7～8 月播种，9 月下旬～11 月上旬收获；秋冬、早春保护地栽培，用大湖 118、大湖 659、玛莎 659 等。具体播种期由上市时间向前推 85～95 天。

（三）栽培技术

1．育苗

叶用莴苣苗床育苗采取撒播法，每 $667m^2$ 播种量为 25～30g，$10m^2$ 苗床可供 $667m^2$ 大田用苗。也可用育苗钵或营养土方育苗。幼苗2～3片真叶时，按 8cm × 9cm 株行距分苗，5～6 叶时移栽。近几年来已采取穴盘无土育苗技术。

2. 定植

高畦栽培，畦高10～15cm，畦宽90～150cm，畦沟30cm。早熟种，行株距20cm×20cm；中晚熟种，行株距35cm×24cm，每$667m^2$植苗6000～10000株。

3. 肥水管理

整地时，每$667m^2$施入优质农家肥2000～3000kg，氮磷钾复合肥50kg。叶用莴苣一生追肥3～4次。第1次在缓苗后3～5d，以后每隔7～10d追一次肥，约追2～3次。每次追肥以氮、钾速效肥为主。浇水原则是土壤见干见湿，结球期浇水要均匀，结球后期停止浇水，以防裂球。夏季栽培正值雨季，一般不浇水。

(四) 主要病虫害

主要病害：菌核病、灰霉病、霜霉病、花叶病毒病、顶烧病。

主要虫害：叶用莴苣基本无虫害发生。

四、落葵

落葵（*Basella rubra*）又名木耳菜、藤菜、天葵、软酱草、篱笆菜、胭脂菜、豆腐菜、潺菜、御菜等，为落葵科落葵属一年生草质藤本植物，原产我国和印度。落葵以幼苗、幼叶、嫩茎为食。热炒、烫食、凉拌均可，其风味同木耳。落葵还有药用价值，有降压保肝、缓泻滑肠、清热解毒、利大小便、润泽皮肤、美容等功效。它又可作为观赏花卉。进行篱笆式栽培，可作为绿化植物，茎高可达三四米。

落葵喜温，耐热不耐寒，生长适温25～30℃；对水分要求严格，生长期要保证水分供应；耐湿、耐热性较强；短日照植物，较耐阴；对肥料需求量较大，对土壤适应性较强。

(一) 品种

(1) 白花落葵　茎淡绿色，叶片绿色，较小，花白色。

(2) 红花落葵　茎紫红色，叶片深绿色，花紫红色。

(3) 广叶落葵　茎绿色，叶片深绿、较大，肉质厚，目前栽培面积较大。

（二）栽培季节

春夏秋季均可栽培，但以春季栽培较多。长江流域从 4 月份开始播种，一直陆续播种到初秋。华北地区以春播为主。播种后 40d 可以间拔幼苗上市，成株后采摘嫩叶，可持续采收到秋季。塑料大棚或日光温室栽培，2 月下旬～3 月上旬育苗，30d 后定植。

（三）栽培技术

1．播种或育苗

露地直播方式分条播和穴播，每 667m^2 用种 6kg 左右。育苗采用穴盘无土育苗技术。

2．定植

4 叶 1 心时定植，定植的行株距为单株栽植（20～25）cm × 20cm；穴栽时为（40～60）cm ×（25～30）cm，每穴 2～3 株。

露地直播，条播行株距（20～30）cm × 15cm，穴播行株距 40cm ×（30～35）cm，每穴播种 4～5 粒。2～3 叶时间苗，4 叶时定苗。

3．肥水管理

落葵生长期长，可多次采摘，产量较高，需肥量大。第 1 次追肥在定植缓苗后，以后每采摘 1 次追 1 次肥。落葵喜湿润，所以要小水勤浇，每追 1 次肥，浇 1 次水。

4．植株调整

株高 30cm 左右进行支架引蔓，支架的形式以直立栅栏架为好，一般架高 300～400 cm。以采收嫩梢食用的，在株高 30cm 时，留下部 3～4 片叶收割头梢，选留 2 个强壮侧继续生长，其余去掉；收获二茬梢后，选留 2～4 个强壮侧芽继续生长，其余去掉；在生长旺期选留6～8个强壮侧芽继续生长，以提高单位面积产量。进入生长中后期，及早去掉花茎幼蕾，以保证营养生长。到生长末期要及时整枝，只留 1～2 个强壮侧芽即可。以采收嫩叶为食的，一株要选留几条骨干蔓，在骨干蔓上不再保留侧芽成蔓。骨干蔓长到支架顶时，适时摘心。摘心后再从骨干蔓基部选留强壮芽或侧蔓，用以代替原来的骨干蔓，原骨干蔓的叶片采收完后及时剪掉。

（四）采收

主食嫩叶，一般前期15～20d、中期10～15d、后期7～10d采收一次。主食嫩梢，一般用刀割或剪刀剪，以4～6寸长为宜。收割头梢后7～10d采收一次。不进行整枝密植的，一般每667m^2产1500～2500kg；进行整枝密植的，一般每667m^2产3000～4000kg。留种株，行株距加大，主蔓伸长时摘心，促进新梢成蔓，多生分枝，花后一个月采收种子。因其果实成熟后会自行脱落，所以要分期分批及时采收。因落葵为自花授粉作物，繁殖种子时可不设隔离区。

（五）主要病虫害

主要病害：褐斑病、灰霉病。

主要虫害：蛴螬。

五、番　　杏

番杏（*Tetragonia expansa*）别名洋菠菜、新西兰菠菜，为番杏科一年生或多年生草本植物，但多作为一年生作物栽培，原产澳大利亚、东南亚与智利等地。我国栽培番杏历史较短，栽培面积也不大，但发展趋势良好。番杏全株可入药，味甘性辛平，具有清热解毒、祛风消肿、凉血利尿等功效，可治肠炎、败血病、痔疮红肿、风热目赤、蛇毒等症，并有一定的抗癌作用。番杏以嫩茎叶供食，可炒食、凉拌或做汤。但由于番杏内含有一定的单宁，所以在炒食、凉拌、做汤前必须先用开水煮透，则清香可口。

番杏对温度的适应性较广，较耐热，耐低温，抗干旱，耐盐碱，同时也较抗寒，低温适应性好，在较温暖的地区能在露地安全越冬；对光照条件要求不严格，但要求肥沃的土壤，对氮肥、钾肥要求较多，而且还要求湿润的土壤条件。

（一）品种

目前番杏只有一个品种。

（二）栽培季节

生产上多作为一年生栽培，采取春季播种，长江地区2～5

月播种，华北地区3～4月播种，棚室可于早春、秋后和冬季栽培。

（三）栽培技术

1．种子处理

番杏种子吸水困难，种子发芽期为15～20d。为此，播种前要进行种子处理。常将种子与1～2倍的沙粒混合，适当研磨，使果皮造成一定程度的破损，以利吸水，提高出苗。然后用30℃的温水浸种24h后催芽。

2．直播或育苗移栽

播种时多为直播，也可以育苗移栽。直播可撒播、条播或穴播，定苗行株距为50cm×（30～40）cm。育苗采用72孔穴盘无土育苗方式，5叶期移栽，密度同前。

3．肥水管理

选择地势平坦、地力肥沃、有排灌条件的地块，冬前结合整地每667m^2施农家肥3000kg、复合肥50kg，并做成高15cm、宽100cm、畦沟宽25～30cm的畦子，准备第2年春季播种。

番杏喜欢氮肥与钾肥，因此在施足基肥的基础上应多次追肥，每采收1次就追肥一次。每次追肥每667m^2追施腐熟的人粪尿1000kg或尿素10kg，加硝酸钾10kg。在生长期应该多浇水，保持土壤湿润。

（四）采收

苗期结合间苗可收获菜苗食用。定苗后陆续摘收嫩梢，10～15天采摘1次，可一直采收到初冬。番杏是自花授粉作物，留种的植株，采收1～2次后任其生长，开花结果，果实成熟后采收，晒干贮存，可保持4～5年。

（五）主要病虫害

番杏基本无病虫害发生。

六、紫背天葵

紫背天葵（*Begonia fimbristipula*）别名观音苋、红背菜、红玉菜、红风菜、水前寺菜、两色三七草等，是以嫩茎叶供食的蔬菜，为菊科三七草属的半栽培种，宿根常绿作物。原产我国南方，近年来引入我国华北、东北等地。无论是露地栽培还是保护地栽培均能良好地生长。

紫背天葵有提高人体抗寄生虫和抗病毒能力的功效，并对恶性生长细胞具有一定抗效，还能治疗咳血与血崩、痛经、盆腔炎、气血两亏、支气管炎、中暑、阿巴米痢疾和用于外伤止血，对儿童生长发育及老年人保健具有特殊的营养价值。

紫背天葵以嫩茎叶食用，柔嫩细滑，风味独特，其食用方法较多，可凉拌、做汤、素炒、荤炒或用醋腌渍，风味别具一格，是集营养价值与特殊风味为一体的高档蔬菜。

在现代农业科技园区或农业观光旅游园区中，紫背天葵常作为蔬菜柱、蔬菜墙等立体栽培和水培的蔬菜品种，具有很高的观赏价值。

紫背天葵喜温耐热，不耐寒。在南方，为常绿宿根性多年生植物；在北方不能露地越冬，需在初霜前挖取植株，放入保护地防寒。它对光照要求不严格，喜强光而又耐阴，喜欢湿润环境，但也耐寒。紫背天葵对土壤的适应性很强，极耐瘠薄。

（一）品种

紫背天葵现只有一个品种。

（二）栽培技术

1. 育苗

（1）无性繁殖　北方于初霜前，在田间选健壮无病植株，连根挖出，密栽于保护地内并浇水，温度保持在5℃以上，注意防治蚜虫和白粉虱。4月上中旬在保护地内从越冬母株上剪下枝条，枝条每段长6~8cm，每段带3~4片叶，并将枝条基部1~2叶摘除，按行株距6~10cm见方，将枝条插入土内约2/3，浇透水以后，覆盖地膜保温保湿，经10~15d可生根成活，待长出新叶后，随时可带土移栽。

（2）种子繁殖　在北方，采种栽培时，于秋季选健壮枝条扦插于保护地内。一般2~4月开花，6~7月种子成熟。当花朵上吐出白絮时立即采收种子。春季播种育苗，播种后10d左右即可出苗，5~6叶时移栽。

2．定植

北方5月上中旬定植。行株距50cm×（25~30）cm，每$667m^2$植苗3500~5000株。

3．植株调整

当株高150cm时可以打顶，以尽快分出侧枝，分枝长出后加强肥水管理。

4．肥水管理

开始采收后，每采收1次追1次肥，追肥为尿素10~15kg/$667m^2$。每次追肥后及时浇水，干旱时也应浇水。

（三）采收

当植株高25~30cm、嫩梢长15cm左右时即可采收。采收的方法是第1次采收留基部2~3节叶片，以后每一叶腋又长出新梢，下一次采收留基部1~2节叶片。紫背天葵采收供应期很长，从春季一直可以供应到初冬。在北方，一般15~20d采收一次，早春、深秋或冬季温室生产25~30d采收一次。在南方，春秋两季为10~15d采收一次，夏季和冬季20~30d采收1次。

（四）主要病虫害

主要病害：病毒病。

主要虫害：蚜虫。

七、苦　　苣

苦苣（*Lactuca versicolor*）又名花叶生菜、花菊苣，为菊科菊苣中以嫩叶为食的栽培品种，1~2年生草本植物，原产于欧洲和印度，近年来我国引入种植，面积逐年加大，被称为绿叶保健蔬菜。苦苣以生食为主，也可做沙拉、拌凉菜、做汤、涮火锅、海米炒食等。

苦苣对土壤要求较高，在有机质丰富、土层透气性良好、保水保肥力强的壤土中生长较好，较耐干旱，但叶片生长盛期缺水，叶小苦味重。苦苣喜冷凉湿润的气候条件，适于春秋露地栽培和温室越冬栽培，不宜夏季露地栽培。苦苣为长日照植物。

（一）品种

苦苣品种较多，但基本分为两种类型，即阔叶种和皱叶种。阔叶种叶片宽而平，皱叶种叶片窄而皱缩。目前我国栽培的品种多为皱叶种。

（二）栽培季节

（1）露地栽培　北方地区 8 月上旬播种，8 月下旬定植，10 月份收获；南方地区可以冬季种植。

（2）保护地栽培　华北地区在日光温室中栽培，可于秋季到第 2 年春季分期播种，分期采收。

（3）夏季冷凉地区栽培　4～5 月份育苗，7～8 月份采收。

（三）栽培技术

1．播种或育苗

苦苣可以直播，也可以育苗移栽，直播通常采取撒播方式。由于苦苣种子粒小而轻，直播时可用 50～100 倍细沙与种子混合后撒播，以保证撒种均匀。育苗一般用 128 孔穴盘进行无土育苗，苗龄 30d 定植。

2．整地施肥

结合整地每 667m^2 施优质农家肥 3000kg、复合肥 50kg，然后平整土地，做成宽 1.3～1.5m 的高畦。

3．定植

定植行株距为（40～60）cm×（30～40）cm，每 667m^2 栽植 4000 株左右。直播的，其留苗密度比育苗移栽的要偏密。

4．肥水管理

定植后，前期尽量少浇水，不旱不浇，发棵期适当控制水分，莲座期后叶片迅速生长，要供给充足的水分，并适当追肥。生长后期和采收前水分不能过多。

（四）采收

播种后 90 ~ 100d，叶片长大，株型丰满时整体割收。也可在叶片茂盛期开始时剥取外叶采收，10d 左右剥取外叶 1 次。

（五）主要病虫害

主要病害：霜霉病、白粉病。

主要虫害：苦苣基本无虫害发生。

八、菊　苣

菊苣（*Cichorium intybus*）又名苦菜、苦荬菜，为菊科苦苣及苦荬菜属的一些栽培种和野生种的总称，遍及我国各地，一直被人们食用。菊苣的营养价值极高，除含丰富的蛋白质、脂肪外，还含有 17 种氨基酸以及铁、铜、镁、锌等矿物质，此外，还含有蜡醇、胆碱、转化糖、酒石酸、甘露醇、苦味素等，有清热解毒、凉血利湿、祛瘀止痛、补虚止咳的功效。其食用方法一般为蘸酱生食、凉拌、焯后生食、做汤做馅等，北方一些地区的农民将其焯后拌入面粉后蒸馍食用，别有一番风味。

菊苣喜冷凉气候，生长适温 15 ~ 20℃；属于长日照植物；对土壤要求不严格，但幼苗期要求土壤水分适宜，不干不湿，叶部生长盛期要求水分充足。

（一）品种

（1）野生类型　有取麻菜、抱茎苦菜、秋苦荬菜、苦菜等。

（2）栽培类型　多分圆叶、尖叶、花叶三种类型。

（二）栽培季节

菊苣因其适应性较强，栽培季节广，我国一些较发达的城市已基本做到排开播种周年供应。其主要栽培季节为秋冬季，其次为春季，夏季栽培需在温度较低的地区如东北和华北一些冷凉地区。

（三）栽培技术

1．播种

4 月上旬 ~5 月上旬露地直播，可开沟条播或撒播，条播行距 20 ~ 30cm，深度 3cm 左右。此种方法多为多年生栽培。冬季温室生产的，可于8月至第2年2月分期播种，一般作一次性栽培。

2. 育苗定植

2月下旬至3月上旬于温室或冷床育苗，具有7~8片叶、终霜后定植。行距30cm，穴距20cm，1穴栽2~3株，栽后立即浇水。秋季塑料大棚栽培，8月下旬育苗，9月中下旬定植，12月采收；温室栽培，12月下旬育苗，2月定植，早春供应上市。

3. 间苗

菊苣以食用嫩叶为主，适当密植才能高产，直播一般不间苗，但过于拥挤时适当间苗；育苗移栽的，按上述密度定植。

4. 肥水管理

苗高5~6cm时，进行追肥和浇水。

（四）采收

从5月份一直到抽薹开花前都可以采收嫩叶食用，每年可采收2~3茬。每次采收后浇水施肥。每茬生长时间不宜过长，以25~30d、株高15~20cm为宜。

采种田一般不采收嫩叶，直接留种。因种子太轻，易被风吹落，所以要及时采收。

（五）主要病虫害

菊苣对病虫害有很强的抵抗能力，一般不需施用农药，为天然无公害蔬菜。

九、结球红菊苣

结球红菊苣（*Cichorium intybus* var. *foliosum*）又名紫球苣、红苦苣、落地球等，是菊苣的一个分类，为菊科菊苣属多年生草本植物。结球红菊苣颜色鲜艳，营养丰富，在食用上多用来做沙拉，不但减少苦味，而且还有一种独特的香味。

结球红菊苣为半耐寒性蔬菜，栽培比较简单，一次栽培就可以获得产品。对温度要求严格，苗期、莲座期对温度要求较高，结球期要求温差大，日照短而强。结球期如遇高温易抽薹开花，球色也受影响。冬季种植因受温度影响而结球较小，产量低，所以结球红菊苣适宜在夏秋季种植。结球红菊苣在结球期，湿度大时易腐烂，这在露地和温室内都有发生，在管理中要十分注意。

（一）品种

从形状上分，有长形、圆形、中间型；从颜色上分有深浅、花色之分。目前种植量最大的是圆球形红色品种，多为从荷兰引进的品种，经国家蔬菜研究中心试种，荷兰必久公司的 Beacon 生长整齐，外叶绿色，结球圆形红色，叶脉白色，球形漂亮，对抽薹有一定耐性。

（二）栽培季节

（1）露地秋季栽培　北京地区于 6 月中下旬播种，7 月中下旬定植，10 月份陆续采收。

（2）夏季冷凉地区栽培　为满足周年供应，夏季可在海拔 300m 以上高山地区种植。

（3）冬季日光温室内栽培　8 月播种，9 月定植，春节前后上市。

（三）栽培技术

1. 育苗

北方地区若需春节前上市，需 8 月上中旬播种育苗，苗龄 30d。有条件的可以选用 128 孔穴盘育苗，也可以用苗床撒播育苗。

2. 整地施肥

每 $667m^2$ 施农家肥 3000kg、复合肥 50kg，整地后做成宽1.33m 的平畦，也可以采取高畦覆膜、膜下暗灌的高效栽培方式。

3. 定植

苗高 5 ~7 片叶时定植。早熟品种行株距 33cm 见方，中晚熟品种行株距 40 ~ 50cm 见方。秋季种植的条件适宜，植株长得丰满，应适当稀植，春、夏季种植的应适当密植，北方冬季温室栽培的，也应适当加大密度。

4. 肥水管理

定植时浇定植水，过 5 ~7d 浇缓苗水，然后中耕除草 1 ~2 次。莲座期第 1 次追肥，结球初期第二次追肥，每 $667m^2$ 追施尿素

10kg/次。结球后每隔5~10d浇水1次。

（四）采收

一般播后100d左右开始收获，因生长不整齐，整个生长期可达120~130天。一般球紧实后即可收获。过早采收，达不到商品要求且影响产量；延迟采收，会发生烂球或抽薹而失去商品性。结球红菊苣在0℃和相对湿度90%~100%的条件下，可贮存2~3个月。

（五）主要病虫害

主要病害：结球红菊苣基本无病害发生。

主要虫害：蚜虫。

十、刺　菜　蓟

刺菜蓟（*Cynara carduncculus*）为菊科多年生草本植物，以幼嫩的叶片供食用，近年来由意大利引进。刺菜蓟含有大量的维生素和矿物质，还含有菜蓟素和黄酮类化合物，具有开胃调胃、缩短凝血时间、增强血管壁韧性和解毒之功效。刺菜蓟是欧美人喜食的蔬菜品种之一，我国引进时间不久，但其发展前景十分广阔。

刺菜蓟喜温和凉爽气候，对温度有较宽的适应范围，地下块根抗寒能力较强，但地上部分抗寒能力不强。刺菜蓟需要较强的光照条件，为短日照作物，高温短日照条件有利于抽薹开花。其对土壤条件要求不严格，以排水性良好的肥沃疏松壤土为佳；怕水涝，抗旱性较强。

（一）品种

目前，我国栽培的品种仅有"*Cardo bianco auorio*"。

（二）栽培季节

适宜早春播种育苗。

（三）栽培技术

1. 育苗

（1）分株繁殖　用此法育苗，幼苗生长整齐，成苗快。具体方法同朝鲜蓟。

(2) 播种育苗　可用苗床育苗，最好为穴盘基质育苗。

2. 定植

分株育苗，第1年育苗，第2年定植；播种育苗，当年早春育苗，当年定植。定植密度为行距1.8m，株距1.0m，每667m^2定植370株左右。

3. 肥水管理

基肥的施用量和施用方法同朝鲜蓟。追肥分多次进行。第1次追肥于定植缓苗后，第2次追肥在植株迅速生长期，以后每采收1次叶片追肥1次。追肥以速效氮钾肥为主。因刺菜蓟忌怕雨涝，所以生产上一般很少浇水。在采收期和高温季节，可适当浇水，但水量不要过大。

(四) 采收

1年采收2次，第1次为6～7月，第2次为10～11月。采收标准是叶片已充分展开，肥厚多汁，未老化的新鲜叶片连同叶柄一起摘下，洗净捆把上市。

(五) 越冬管理

刺菜蓟实行多年生栽培，其地下部分抗寒性较强，但在生产中为确保安全越冬，常采取冬季培土或覆盖稻草等措施。

(六) 主要病虫害

主要病害：根腐病。

主要虫害：蚜虫、地老虎。

十一、红梗叶甜菜

红梗叶甜菜（*Beta vulgaris* var. *cicla*）又名莙达菜、牛皮菜，为叶用甜菜的一个新优品种，藜科甜菜属的红梗绿叶1～2年生变种，其叶柄和叶脉均为红色，原产地中海沿岸。其味甘性凉，具有清热解毒、行瘀止血的作用。其食用方法多样，可凉拌、炒食和煮食，炒食可清炒、肉炒、炒豆腐等，是广东名菜“君达菜包”主要原料之一。

红梗叶甜菜对环境条件的适应性很强，耐寒、耐热、耐旱、耐肥，尤其耐盐碱，在凉爽、湿润的气候条件下生长快、品质好。宜在疏松、肥沃、保肥、保水力强的壤土地种植。

（一）品种

叶白梗、绿梗甜菜等品种全国各地已种植多年，近年来从德国、英国引进了红梗绿叶品种，具有很高的观赏价值，多作为农业观光园立体栽培和水培蔬菜品种，可以多次剥叶食用。

（二）栽培季节

华北地区红梗叶甜菜的栽培季节如表 2-1 所示。

表 2-1　红梗叶甜菜的栽培方式及季节

栽培方式	播种期	定植期	采收期
春季露地	2 月下旬～3 月上旬	4 月上旬	5 月上旬～7 月上旬
秋季露地	7 月下旬	8 月中下旬	9 月中旬～10 月下旬
春季保护地	12 月	第 2 年 1～3 月	3～7 月
秋季保护地	8～9 月	9～10 月	10 月～第 2 年 4 月

（三）栽培技术

1. 育苗

可直播，也可育苗定植，生产上以育苗定植为主。育苗用72～128 孔穴盘基质无土育苗。种子需特殊处理，即播种前用温水浸种24h，并用手搓种，然后阴干播种。

2. 整地施肥

每 667m^2 施农家肥 3000kg 以上做基肥，耕翻后将土壤耙细整平，做成 1.3m 宽的平畦。

3. 定植

每畦栽 3～4 行，株距 30～35cm。

4. 肥水管理

栽植时每 667m^2 施种苗肥三元复合肥 30kg，栽后及时浇水。缓苗后及时松土，一般 7～10d 浇 1 次水。定植后 15～20d 追肥 1次，开始采收后 20d 左右追肥 1 次。

5. 温度控制

温室栽培注意调整温度和通风换气，白天保持 20～25℃，夜间 10～12℃。

（四）采收

可一次性采收也可分期采收。分期采收的，植株长到 10 片叶左右时开始采收，每次采摘外部嫩叶 2～3 片，一般 5～10d 采收 1 次，采收期可达 5 个月。一般每 $667m^2$ 产 2500kg 左右。

（五）主要病虫害

主要病害：红梗叶甜菜基本无病害发生。

主要虫害：潜叶蝇。

十二、地　　肤

地肤（*Kochia scoparia*）又名扫帚菜、观音草、孔雀松，为藜科地肤属一年生草本植物，原产欧亚两洲，分布于我国各地。主要食用嫩茎叶，可凉拌，也可素炒、荤炒，还可做馅。地肤还具有清热解毒、利尿通淋、养心安神的功效。

地肤适应性强，喜温、喜光、耐干旱、不耐寒。对土壤要求不严，较耐碱性土壤，在肥沃疏松、含腐殖质多的壤土中生长良好，我国南北方均可种植，既可作为蔬菜栽培，又可作为绿化植物种植于路旁街道，还可栽植于花盆内作为观赏植物。作为观赏植物栽培时不采收嫩茎叶，夏季绿色，秋凉时变成暗红色，全株披绒毛，具有很好的观赏性。

（一）品种

目前地肤只有一个品种。

（二）栽培季节

可直播或育苗移栽。露地直播可于 4 月上旬进行。

（三）栽培技术

1. 育苗

采用（8×8）cm 营养钵基质育苗，浇透水后播种，上覆基质，厚度为种子的 3～4 倍，保持基质湿润和 20～25℃温度，6～10d 可出苗。当苗高 10～15cm 时定植。

2. 定植

温室栽培时可随时定植，露地栽培的于春季终霜结束后定植，密度为行距2m、株距1.0～1.5m。盆栽时，选用口径30～40cm花盆，每盆1株。

（四）采收

当苗高30～40cm时可以陆续采收嫩茎叶，每次采收前结合浇水追1次尿素，生长期7～10d浇1次水。采收时要注意采收量，以不影响正常生长为度。用于观赏的，采收以造型要求为准。

（五）主要病虫害

主要病害：地肤基本无病害发生。

主要虫害：蚜虫。

十三、京　水　菜

京水菜（*Brassica Japonica*）又名水晶菜、银丝菜、千筋菜、多裂叶芥，为十字花科芸薹属白菜亚种一个新育成的品种，为叶用芥菜的一个变种，20世纪80年代末期从日本引进。京水菜以食用叶片为主，品质柔嫩，风味清鲜，具有芥菜植物特有的芥子辣味，风味独特，可炒食、做汤、做馅，凉拌味更佳。经常食用京水菜具有降低胆固醇、预防高血压、心脏病的保健功能，还具有促进肠胃蠕动、帮助消化的作用。

京水菜根系发达，再生力强，其抗逆性强，耐寒性较强，喜冷凉湿润的环境，发芽适温20～25℃，幼苗生长适温25℃，成株生长适温白天18～22℃，夜间7～8℃，低温易通过春化。为长日照作物，光照充足有利于植株生长；喜湿润的土壤环境条件，不耐干旱，也不耐涝，全生育期均需保持土壤湿润。适宜在有机质丰富、排灌良好、疏松肥沃的壤土上种植。

（一）品种

（1）早生京水菜　植株较独立，早熟，适应性强，较耐热，品质脆嫩，口感好，适于春秋露地种植；

（2）中生京水菜　叶片绿色，分枝力强，冬性较强，耐寒性好，不易抽薹，适于北方地区冬季保护地栽培；

（3）晚生京水菜　植株开张度较大，叶片浓绿色，耐寒力强，不耐热，不易抽薹，分枝力强，高产，适于冬季保护地种植。

目前生产中常用品种为“千筋京水菜”，日本品种。

（二）栽培季节

华北地区京水菜的栽培季节如表 2－2 所示。

表 2－2　　京水菜的栽培方式及栽培季节

种植方式	育苗期	定植期	收获期
春季保护地	1～2 月	2～3 月	4 月下旬～7 月
春季露地	3 月上旬	4 月上旬	6～7 月
夏季冷凉地区	4～5 月	6 月	8～9 月
秋季露地	8 月上中旬	9 月上中旬	10 月中下旬
秋冬保护地	9 月上旬～10 月中旬	10 月中旬～11 月	12 月上旬～第二年 2 月下旬

（三）栽培技术

1．育苗

京水菜以育苗移栽方式为主，可采取苗床育苗和穴盘无土育苗两种方式。夏季早生种可于田间直播。

2．定植

平畦栽培，畦宽 1.3m；采收嫩叶和分小株的，行距 30cm，株距 20cm；一次性采收大株的，行距 40cm，株距 30cm。

3．肥水管理

（1）基肥　每 667m^2 施优质农家肥 3000kg、三元复合肥 50kg；

（2）追肥　于缓苗期、叶片生长繁茂期各追肥 1 次，以速效氮、钾肥为主；

（3）浇水　浇好缓苗水，然后蹲苗 10～12d，以后 7～10d 浇 1 次小水。

（四）采收

可分期分批采收嫩叶和分生小株，也可在株高 20～40cm 时，一次性整株采收。

（五）主要病虫害

主要病害：京水菜基本无病害发生。

主要虫害：蚜虫、斑潜蝇。

十四、长 寿 菜

长寿菜（*Ipomoea atatas*）即叶用甘薯，也称绿茸菜，是甘薯的叶、叶柄和芽梢部，为旋花科牵牛花属草本蔓生植物，原产巴西、秘鲁等地，在热带为多年生，我国南北各地都有栽培。在我国长寿县——广西巴马县作为主要蔬菜品种，故名长寿菜。叶用甘薯的营养价值及食用价值明显高于芹菜、菠菜，一个成年人每天只需食用100g即可满足人体对矿物质的需求。其味甘性平，叶片食味清香，质地较为柔嫩爽口，叶柄脆嫩。食用前把叶柄的外皮撕去，炒食一般配海米、香菇，也可做汤或凉拌。叶用甘薯具有补虚益气、健身强肾、益肺生津、抗癌及延缓衰老的作用。

叶用甘薯喜温暖、耐高温，不耐霜冻，生长适温白天23～25℃，夜间10℃以上；耐寒能力强，耐碱。要求充足的光照条件；对土壤适应性强，适于种植在肥沃而排水良好的沙质壤土，需氮磷钾肥配合施用。

（一）品种

并非所有甘薯品种的嫩茎叶都适合食用，适宜食用的为嫩梢和嫩叶口感柔嫩、清香、适口性好、色泽鲜艳、无茸毛的品种；植株生长旺盛，腋芽生长力强，嫩茎叶产量高。目前生产上多用京薯4号、鲁薯7号等品种。

（二）栽培季节

春季气温稳定在14℃时开始茎蔓扦插育苗。

（三）栽培技术

1. 育苗

多用茎蔓扦插的育苗方法。即从健壮植株上剪取15cm长、具有3个节的茎蔓，基部削成斜马蹄状，去掉叶片，插入装有基质的营养钵中，浇透水后，置于阴凉处，过1～2d后放于阳光直射、温度 18℃以上环境中，植株可迅速生长。

2．定植

生产中多采用高畦栽培方式。畦宽 80cm，畦高 15cm，畦距 30cm。作畦前施足基肥，并进行深松。当苗高 2～3 片叶时进行移栽定植，每畦栽植两行，株距 30cm。

3．肥水管理

生长期 7～10d 浇 1 次水，20d 追 1 次肥，追肥以三元复合肥为主。

4．植株调整

缓苗后中耕松土 2 次，5～6 片叶时摘心，以促进分枝，并经常摘心，使其不断分枝。

（四）采收

扦插后 40～50d 即可采收，先采收顶部嫩梢，促使侧枝萌发；叶片长肥大后，从叶柄基部折下采收。

（五）主要病虫害

主要病害：长寿菜基本无病害发生。

主要虫害：斜纹夜蛾、玉米蛾、繁叶蛾。

十五、叶 用 芥 菜

叶用芥菜（*Brassica juncea* var. *Longeptio latus*）又名青菜、辣菜、春菜，是芥菜类中我国栽培最普遍、也是芥菜类中适应性最强的一类，为十字花科芸薹属二年生草本植物，除供鲜食外，主要用于加工，加工可做成盐渍菜、腌制菜、泡菜、酸菜等。叶用芥菜适于冷凉湿润的气候条件下栽培，但类型和品种不同，对外界条件的适应性也不完全相同，一般大型包心的类型和品种对环境条件的要求较高，小型散叶或以幼苗供食的品种对环境适应性较强。

（一）品种

在芥菜类蔬菜中，叶用芥菜种植面积最大，它有 11 个变种。

（1）大叶芥类型　早芥、中芥、迟芥、枇杷叶春芥、独山大叶芥、二平桩、二月菜、四月菜、箭杆青菜、二壳宽。

（2）花叶芥类型　半粗花芥、粗花芥、细花叶芥、花对子芥菜。

（3）疱芥菜类型　弥陀芥、耳朵芥。

（4）包心芥类型　鸡心芥、哥房大芥菜。

（5）分蘖芥类型　黄雪里蕻、上海雪里蕻。

（6）薹用芥菜　半黑叶天菜、梅菜。

（二）栽培季节

北方一般于早春育苗，终霜后定植露地，也可于终霜前后直播，大多数地区为秋播，霜冻前收获；华南、西南地区秋播，于冬季或次春收获；长江以南地区也可以排开播种，周年供应；长江以北地区一般比大白菜播种略晚，于冻前收获，也可于早春播种。保护地栽培，南方用大、中、小塑料棚种植，一般 9～11 月播种，11 月至第二年 2 月收获；北方地区塑料大棚进行春提前、秋延后栽培。

（三）栽培技术

1. 育苗

叶用芥菜栽培，多数地区都采取育苗移栽的栽培方式，也有直播的。育苗可采取苗床育苗和穴盘育苗，5～6 片真叶时定植。

2. 定植

定植前整地施肥，可畦栽或垅栽。早熟种行株距为［（33～38）×（25～33）］cm，中晚熟种行株距为［（38～44）×（25～33）］cm，雪里蕻行株距为（33×25）cm。

3. 肥水管理

叶用芥菜是以叶供食的蔬菜，需氮肥较多。定植成活后开始追肥，生长期共追肥 2～3 次，每次每 667m^2 用尿素 10kg 左右，并配合浇水；越冬芥菜，春季出苗后开始追肥。每次追肥都要配合浇水。

（四）采收

北方秋播叶用芥菜一般于霜前采收；长江以南地区可以排开播种，周年供应。一般播种后 50～60d 即可采收。

（五）主要病虫害

主要病害：病毒病。

主要虫害：蚜虫。

十六、结球芥菜

结球芥菜（*Brassica juncea* var. *capitata*）又名包心芥，为十字花科芸薹属二年生草本植物。结球芥菜是我国特产蔬菜，生育期较短，原产南方，近几年北方地区陆续引进栽培。主食叶球，其营养丰富，适宜炒食、做汤、涮火锅、腌制，也可制成泡菜食用。结球芥菜喜冷凉环境，较耐寒，营养生长期要求温度为15～20℃；喜光照和比较湿润的环境。结球芥菜是浅根性作物，但根系密集，需要在保肥、保水性好、肥沃的土壤中进行栽培。

（一）品种

北京盖菜、厦门包心芥、大坪埔包心芥、包心大肉芥菜、哥历蕾包心芥、三菱婆大蕾芥菜、澄海晚包心芥等。

（二）栽培季节

露地栽培在长江、黄淮地区，春、秋两季均可进行，一般以秋播为主。从7月下旬至10月可陆续播种，9月中旬至翌年3月收获结束。以8月份播种的产量最高。

（三）栽培技术

1. 播种或育苗

生产上多采取直播方式。在1m宽的畦内种植2行，穴距30cm，每穴播3～4粒种子，并施用一定数量的种肥（种肥和种子要有一定距离）。2～3片真叶间苗，4～5叶定苗，每穴留1株。育苗多用苗床育苗，近年来开始应用穴盘基质育苗。5～6叶期栽植，密度同直播。

2. 定植

选择土壤有机质含量丰富、土层深厚、地势平坦、有灌溉条件的地块种植结球芥菜，切忌连作。整地前施足农家肥，然后深翻，耙平耙细，做成宽1m的平畦。

3. 肥水管理

定植后进行2～3次中耕除草，幼苗进入快速生长期后进行第

1 次追肥浇水，球茎开始膨大期进行第 2 次追肥浇水，生长后期浇水 2～3 次。

（四）采收

定植后 50d 左右可以进行采收。留种田另选地块，选择健壮无病、球茎整齐的植株留种。种球茎栽植时按行株距 60cm×60cm 定植，并进行追肥浇水等正常管理，种子成熟后采收，脱粒留种。

（五）主要病虫害

主要病害：霜霉病、菌核病、黑腐病、病毒病。

主要虫害：蚜虫、斑潜蝇。

十七、友　好　菜

友好菜（*Brassica juncea* var. *pekinensis*）又名美松菜、小松菜，为十字花科芸薹属芸薹种白菜亚种的一个变种，一年生草本植物，原产我国，19 世纪 70 年代传入日本，20 世纪 90 年代由日本引入，产品大量出口日本，在日本是销售量最大的蔬菜品种之一，日本人称之为健康美味绿叶蔬菜。我国四季可栽培，但以春秋季节生长良好，品质佳。以幼嫩的植株供食用，品质柔嫩、味道鲜美，并具有防癌的保健功能。冬季保护地栽培，也能取得良好的效果。

友好菜耐寒不耐热，适宜生长温度为白天 15～20℃，夜间 8～12℃。对土壤要求严格，喜有机质含量丰富、土壤肥沃、土层深厚、水源条件好的壤土。生育期短，春秋季生长期 30d，夏季 20d，冬季 45d 左右。可周年供应。友好菜对水分反应敏感，怕旱怕涝；抗病早熟。

友好菜的食用方法为炒食和煮汤，有抗癌、治疗牙痛、贫血、骨质疏松等药用功效。

（一）品种

友好菜分为圆叶种和鞘叶种两种类型。

（二）栽培季节

圆叶种适合冬春季栽培，鞘叶种适合夏秋季栽培。

（三）栽培技术

1. 育苗

友好菜多采用育苗移栽的方式。在日光温室或加温温室中育苗，多采用苗床育苗，每667m^2用种50～80g。近年来已较大面积地扩大穴盘育苗，穴盘选用72孔和128孔穴盘，按无土育苗技术要求进行。

2. 整地施肥

选择肥沃疏松、排灌性能良好的地块，每667m^2施入优质农家肥3000kg、磷酸二铵40kg、碳酸氢铵40kg，然后深翻，做成宽2m、畦距30cm、高25cm的高畦。

3. 定植

幼苗4～5片真叶时即可定植。定植密度为行株距20cm×20cm。

4. 肥水管理

定植时浇定植水，7～10d后浇1次缓苗水，并进行2～3次中耕。以后根据幼苗生长情况，及时追肥浇水。温室栽培需掌握好温度和湿度。

（四）采收

夏天定植后30d、春秋定植后40d、冬季定植后60d，株高25～30cm时，可以分期分批采收。一般每667m^2产2000～3000kg。

（五）主要病虫害

主要病害：友好菜基本无病害发生。

主要虫害：甜菜夜蛾、蚜虫、菜青虫。

十八、鲁梅克斯

鲁梅克斯K－1［*Rumex* sp.（K－1）］杂交酸模为蓼科酸模属多年生草本植物，是在从乌克兰引进的酸模K－1品种的基础上，我国选育成功的植物新品种，富含蛋白质和多种营养元素，产量高、适应性强。国家食物与营养咨询委员会文件（国食办发【1999】1号）指出：鲁梅克斯K－1杂交酸模是一种具有多种用途的新型高蛋白植物，对于扩大食物与营养资源，解决21世纪我国十几亿人口的食物与营养问题具有重要意义。

鲁梅克斯以嫩叶供食用。由于生食时有一种特殊口感，所以宜用开水焯后食用，可凉拌、素炒或荤炒，或做汤、做馅等。

鲁梅克斯为多年生，寿命长，生长期可达25年，高产期10~15年。其生育期短，产量高，再生性强，每30~45d可收割1次。抗寒性强，返青早；耐旱耐涝耐盐碱，能在pH为9、土壤含盐0.6%~0.8%的土地上生长，抗逆性强，具有广泛的适应性，适宜在我国大多数地区种植推广。

（一）品种

目前我国主栽就一个品种。

（二）栽培季节

当5cm地温达到8℃以上时即可播种，气温超过35℃不宜播种。在北方地区最迟于7月中下旬播种。播种过晚不利于越冬和返青。

（三）栽培技术

1. 直播或育苗

鲁梅克斯可大田直播，也可育苗移栽。

（1）大田直播 大田直播，每667m^2播种量为100~150g，为保证播种均匀，需混合10倍左右的填充料。大田播种行距50cm，留苗株距10~15cm，播种深度1.5~2.0cm，播后要及时压实，底墒不足的地块灌蒙头水。播后5~6d出苗，9~15d全苗。

（2）育苗移栽

① 育苗：多采取阳畦育苗，每平方米播种量为5g。由于鲁梅克斯种皮较厚，所以在育苗前要将种子浸泡12h。播种后需要加强温湿度管理，地表温度低于10℃时需覆盖地膜增温保湿，地表温度超过35℃时需遮阳降温。出苗后防止高温、暴晒、霜冻、水淹、干旱。如播种均匀，不需间苗；应及时清除杂草。近年来，一些地方开始推广穴盘育苗。

② 移栽：移栽前选地、整地、施肥。每667m^2施农家肥

3000～4000kg，施入农家肥后深翻土壤20～30cm，耙平整细。当苗龄40～50d时进行移栽，行株距为［50×（12～15）］cm。移栽时施入适量的磷钾肥做种肥，栽后浇水。一般成活率为95%以上。

2. 肥水管理

鲁梅克斯K－1既耐旱又喜水，成苗以后，尤其是二年生以上的成苗十分耐旱，但分枝前的幼苗不耐旱，因此要适时浇水，从移栽播种到第1次收获一般需灌水2～3次。正常管理中，入冬前和早春返青前要各浇1次水，每次刈割以后到下一次刈割期间灌水1～2次。

每次刈割后要均匀追肥，追肥以氮肥为主，一般每667m^2追尿素10～15kg，春季第1次追肥要配合施入磷酸二铵10kg/667m^2和硫酸钾10kg/667m^2。

3. 中耕除草

每年结合中耕除草2～3次。

（四）采收

当植株高度达到70～90cm即可收割，其后30～45d收割1次。棚室种植鲁梅克斯可陆续采摘嫩叶食用。

（五）主要病虫害

鲁梅克斯基本无病虫害发生。

十九、三池辣菜

三池辣菜全称“三池大叶缩缅高菜”，20世纪80年代末期从日本引进，质地脆嫩，清香爽口，含有芥菜的辣味，能促进肠胃蠕动而达到健胃消食的保健功效，还含有丰富的蛋白质、脂肪、铁、磷、钙及多种维生素，外形美观、风味奇特，可做沙拉、凉拌和爆炒，也可盐渍。

三池辣菜喜冷凉的生长环境条件，较耐寒，发芽适温为25℃左右，叶片和叶球生长适温为15～20℃；喜光照，属长日照植物，在高温、长日照的条件下能抽薹开花；既不耐旱又不耐涝；适宜在土壤理化性状良好、耕层深厚、肥力较高、地势平坦、排灌方便的地块上种植，以壤土、沙壤土为好，pH 以 6.5～7.5 为宜；需肥量大，植株生长前期对氮肥需求量大。

（一）品种

按叶片颜色分为绿叶和紫叶两种类型。绿叶型生长速度快，产量高；紫叶型辣味浓，生长缓慢，耐寒性强。

（二）栽培季节

三池辣菜适合在冷凉的季节种植。北京郊区以春秋保护地和露地种植两大茬为主。保护地春茬于 12 月至第二年 3 月播种，1～5 月定植，3～7 月收获；保护地秋冬茬于 7～10 月播种，8～11 月定植，9 月至第二年 2 月收获；露地种植于 2～3 月份在保护地育苗，4 月中下旬定植。

（三）栽培技术

1. 育苗

以苗床育苗为主，每平方米播种 1～2g，每 $667m^2$ 大田用种 20g。出苗后及时间苗，间距 5～7cm 为宜。苗高 10cm、4～6 片真叶时即可定植。近年来，已大面积推广穴盘无土育苗。

2. 定植

施足基肥，精细整地，然后做成长 6～8m、宽 1.3cm 的平畦，每畦内栽 4～5 行，株距 20～25cm，$667m^2$ 保苗 8000～10000 株。

3. 肥水管理

缓苗后中耕松土，进行蹲苗，以后每隔 7～10d 浇 1 次水。在生长中期结合浇水追 1 次肥，每 $667m^2$ 追施尿素 15kg 左右。

（四）采收

定植后 30d、12 片叶时采收。一般每 $667m^2$ 产 3000kg 左右。

（五）主要病虫害

三池辣菜基本无病虫害发生。

二十、菜 用 黄 麻

菜用黄麻（*Corchorus olitorius*）又名叶用黄麻、埃及野菜，原产非洲，为椴树科黄麻属一年生亚灌木状草本植物。是古代菜药兼用的贵重蔬菜品种，为宫廷御膳蔬菜，现已成为现代新型保健蔬菜。

菜用黄麻的嫩茎可以凉拌、做汤、炒食或炸食，用菜用黄麻做原料的“小鱼甘薯麻荫汤”、“紫菜蛋花麻荫汤”、“黄麻面线汤”，为各大城市高档饭店的名菜。

菜用黄麻适宜在高温多雨的环境中栽培，不耐寒，种子发芽适温为20～30℃，茎叶生长适温为22～30℃，15℃时即停止生长；为短日照作物；苗期怕旱怕涝，生长旺期耐旱耐涝；对土壤适应性广，但以疏松、肥沃、排灌良好的壤土最为适宜，pH6～7为宜；需肥量较大。

（一）品系

依茎部颜色可分为绿色品系和红色品系。

（二）栽培季节

保护地、露地均可种植。北京地区春季露地栽培，3月中、下旬定植。定植后25d可采收顶芽，以后陆续采收至开花结荚。保护地栽培，可参照三池辣菜的栽培季节。

（三）栽培技术

1．育苗

采用128孔穴盘育苗，苗龄40d，4～5片真叶时即可定植。

2．定植

定植前施足基肥，精细整地，做成1～1.2m宽的平畦，行株距［（50～60）×40］cm。为提高前期产量，可增加密度，采收2次后再间去。

3．肥水管理

移栽成活后中耕除草，以后小水勤浇。定植后20d追肥1次，以后每隔20d追肥1次。追肥以速效氮肥为主，一般每667m^2追尿素10～15kg。

（四）采收

株高25cm、有6～8片真叶时摘取顶芽以促进分枝，以后陆续采收茎叶。秋季进入开花结果期，因荚果中含有毒物质，应及时摘除，以防止人、畜误食。

（五）主要病虫害

主要病害：炭疽病、立枯病、白粉病。

主要虫害：蚜虫、红蜘蛛等。

二十一、守　宫　木

守宫木（*Sauropus androgynus*）又名树仔菜、篱笆菜、越南菜、天绿香、泰国菜、南洋枸杞，为大戟科守宫木属多年生木本植物，主产于南洋群岛和东南亚，我国云南、海南、广东、福建、四川等地有栽培，也有野生。经几十年的人工驯化栽培、选育，已成为一种特菜。

守宫木为高温多年生木本植物，喜温暖潮湿气候。北方地区温度低、空气干燥，在露地不能越冬；在温室内栽培可以越冬，但基本不生长，只能延长守宫木的供应期。守宫木的种子耐水浸，忌干燥，干燥的种子会完全失去发芽能力。守宫木对光照和土壤要求不太严格，有广泛的适应性，但在阳光和水分充足、土壤肥沃湿润的条件下生长良好。

守宫木枝叶可治肝炎、喉炎、肠炎、便秘、咳嗽；其根可治疗痢疾、便血、淋巴结核和疥疮等症。其果皮富含糖分，可以食用；其嫩茎叶可做汤、炒食、涮火锅等。名菜“天绿香”即是以守宫木为原料加工而成的。

（一）品种

因守宫木栽培时间较短，尚未进行科学分类。现我国南方的守宫木有硬枝小叶、硬枝大叶、软枝青梢、软枝黄梢等品种。目前推广种植面积较大的品种是软枝黄梢。

（二）栽培季节

1．露地栽培

南方热带与亚热带地区可常年种植、生产；北方地区只能夏季生产，4 月份用种子或扦插法在保护地育苗，5 月定植，7～8 月为主要收获季节，但产量不高。

2．温室生产

北方温室栽培可周年生产，但冬季基本不生长，产量很低。

（三）栽培技术

1. 育苗

可以种子繁殖和扦插繁殖，以扦插繁殖为主。扦插时选用已木质化的枝条，截成15cm长的小段，选用草炭、蛭石为基质，保持日均温度20℃以上和适宜的水分。

2. 整地施肥

选择肥沃土壤，深翻20～30cm，每667m^{2}施入腐熟有机肥3000～5000kg、复合肥100kg，与土壤充分混合，做成长8～10m、宽1.3～1.5m的平畦。

3. 定植

南方因气候温暖，植株高大，采收期长，每667m^{2}定植4000～6000株；北方每667m^{2}定植6000～8000株。

4. 肥水管理

中耕、除草、追肥、浇水、培土。追肥5～7次/年，每次尿素10kg、三元复合肥20kg。

5. 植株调整

守宫木栽植15～20d后，部分植株高达30cm时，结合采收进行整枝。第1次整枝，植株高度全部控制在30cm；植株封垄后再调整至40cm；采收3个月后控制在50cm内。如果枝叶过于繁茂，要及时剪除中部部分老枝，打掉基部老叶。

（四）采收

当植株30～35cm高时，摘除顶芽，萌生侧芽，如此反复进行2～3次，使植株呈多分枝状，便开始收获。当侧芽12cm时，开始采收嫩茎和嫩枝叶供食用。上市守宫木要求长12～18cm，下部切口平齐，捆成把或放入包装袋内，其商品名为天绿香。如需贮存，需放置于温度10～13℃、相对湿度90%以上处。

当守宫木果皮转为乳白色，种皮转为深黑色时，便可采收果实并去皮取种，然后放于湿砂内贮存。贮存期间定期浇水保持湿润，并防受冻。

（五）越冬管理

守宫木不耐寒，易受冻害，冬季气温低于0℃时必须覆盖地膜保温越冬。

（六）主要病虫害

守宫木基本无病虫害发生。

二十二、叶用萝卜

叶用萝卜（*Raphanus* sp.）又名萝卜缨、莱菔缨，为十字花科萝卜属一、二年生草本植物。叶用萝卜比普通萝卜营养丰富，有防治血栓、动脉硬化及发胖之功效。中医认为，叶用萝卜味辛、苦、性温、无毒，有消食和中、去痰癖、利关节、养容颜、出五脏恶气、治面毒、行风气、去热气等功效。食用方法简单，可榨汁、拌生菜沙拉、蘸酱、凉拌、腌渍、做汤、炒食、做馅等。

叶用萝卜为半耐阴性蔬菜，喜冷凉湿润气候，生长适温为20℃左右。叶用萝卜生长速度快，播种20d即可陆续采收，一年四季都易栽培。叶用萝卜对土壤、光照要求不严格，较耐盐碱。

（一）品种

（1）绿津　根叶两用，生长快速，播后20~25d即可采收。

（2）香和　早生，叶小可密植，播后20~25d即可采收。

（二）栽培季节

露地栽培，南方一年四季均可进行，北方春季、夏季、秋季均可栽培；保护地栽培，北方一年四季均可进行。

（三）栽培技术

1. 整地施肥

由于叶用萝卜生长期短、生长快速，因此需肥量相对偏低。如土壤肥沃，可不施基肥；如土壤贫瘠，每667m^2施基肥2000kg以上，然后耕翻整地，做成宽1.0~1.2m、长8~10m的平畦。

2. 播种

采用直播方式，一般为撒播，覆土1cm左右，整平压实，浇蒙头水。

3．肥水管理

主要进行水分管理，保持土壤湿润，但不要涝。

（四）采收

播后20~25d、7~8片真叶、株高约25cm时即可采收，前期可以间拔采收。采收后洗净根部泥土，捆把销售。若需贮存，可放置温度为0℃、相对湿度为95%处。

（五）主要病虫害

主要病害：叶用萝卜基本无病害发生。

主要虫害：蚜虫、菜青虫、斑潜蝇、小菜蛾。

二十三、油　麦　菜

油麦菜（*Lactuca sativa*）又名春菜、油麦生菜、香油麦菜，为菊科莴苣属莴苣种长叶莴苣变种之变型一年生草本植物。油麦菜的叶片与茎用莴苣（莴笋）的叶片相近，但其叶片有香味。油麦菜在我国南方普遍栽培，北方地区近几年引入，种植面积逐年扩大。油麦菜的营养价值比生菜高，更远优于莴笋，其主要食用方法是蘸酱生食、生食凉拌、炒食和涮火锅。一些地方用生嫩油麦菜叶拌芝麻酱食用，别有一番风味。

油麦菜属半耐寒性蔬菜，喜欢冷凉湿润气候，在高温、长日照条件下易抽薹。油麦菜种子发芽有需光性，所以播种时覆土易浅。对土壤要求不严格，但在肥沃疏松的土壤条件下有利于高产优质。

（一）品种

油麦菜的品种很多，生产上常用品种特征一般为：叶片平展、长披针形，植株直立，生长快，香味浓。

（二）栽培季节

露地栽培，南方一年四季可以进行，北方从2月份开始播种育苗，一直可持续到9月份，收获期为3~10月。保护地栽培，北方于9月份开始播种，可分期播种到第二年3月，收获期为10月至第二年4月。

（三）栽培技术

1．育苗

一般采取苗畦育苗方式，育苗在保护地中进行。苗床宽1.3m，长6～8m，畦面达到平、细、软。先浇水，水渗后撒一层细土，然后撒播种子，力求均匀，再薄薄地覆一层细土，种子似露即可，种子萌动后再进行覆土。每667m^2用种量为20～30g，约用苗畦30m^2。播种后30d、植株6片叶时定植。近几年已经推广穴盘无土育苗技术。

2．整地施肥

每667m^2施入农家肥2000～3000kg、复合肥50kg，与土壤混合后即可作畦。南方做高畦，北方做平畦，畦宽1.3～1.5m，长8～10m。

3．定植

苗畦在定植前一天浇水，起苗时应尽量多带一些泥土。定植行株距为20cm×15cm，每667m^2定植22000株左右，定植后及时浇水。

4．田间管理

定植后5～7d浇缓苗水，然后中耕除草。蹲苗后10d左右即可追肥浇水，每667m^2追速效氮肥5～10kg。

（四）采收

定植后30～50d收获。用刀子在植株近地面处割收，去掉黄叶、病叶，捆把或装筐即可销售。

（五）主要病虫害

主要病害：霜霉病、灰霉病、菌核病。

主要虫害：斑潜蝇。

二十四、金　花　菜

金花菜（*Medicago hespida*）又名菜苜蓿、草头、黄花苜蓿、肥田草等，为豆科苜蓿属一二年生草本植物，原产印度，我国栽培历史悠久，以长江流域一带栽培最多。北方多作为牧草、绿肥作物栽培。

金花菜以嫩茎叶供食，营养丰富，可炒食、做汤、腌渍、做涮料等。金花菜有降低人体胆固醇的功能，有利于冠心病的防治。

金花菜属于半耐寒性蔬菜，喜欢冷凉湿润气候，在北方不能露地越冬。金花菜适应性强，栽培容易，病虫害很少发生。

（一）品种

金花菜在长江流域栽培较多，各地都有地方品种，但品种间差异不大。大部分地区栽培常熟苜蓿、崇明苜蓿两个类型的品种。

（二）栽培季节

南方一般为露地栽培，以秋播为主，7～9 月分期播种，8 月到第二年收获；北方地区可于春季露地种植，冬季于温室内栽培，夏季多在高山冷凉地区种植。

（三）栽培技术

1．整地、施肥

每 667m^2施用农家肥 3000kg 以上、多元复合肥 30～50kg，与土壤充分混合后作平畦，畦宽 1.2～1.5m，长 8～10m。

2．播种

条播或撒播，播后覆土并压实，然后浇水，每 667m^2用种量为 10～15kg。

3．肥水管理

7～8 月播种的，宜多浇水；早春、晚秋、冬季播种的宜少浇水。生长中期随浇水追施化肥，每 667m^2追施尿素 10kg。以后每次收获后都应该追施复合肥。

（四）采收

出苗后 25～30d 可收获。采收嫩茎叶时要使茎叶留得短而整齐，以后可陆续采收。

（五）主要病虫害

主要病害：病毒病。

主要虫害：蚜虫。

二十五、冬　寒　菜

冬寒菜（*Malva verticillata*）又名冬葵、滑菜、冬苋菜等，为锦葵科锦葵属一年或二年生草本植物，我国以四川、湖南、福建、江西、云南等地栽培较多，近年来栽培面积不断扩大。冬寒菜以嫩茎叶供食，口感滑润、清香，营养丰富，可炒食和做汤，其食用方法同菠菜。冬寒菜的根、茎、叶和种子性寒，有利尿、催乳、润肠、通便等功能。

冬寒菜喜冷凉湿润气候，抗寒力较强，但忌高温和严寒。种子在8℃以上开始发芽，发芽适温为25℃左右，茎叶生长适温为15～20℃，要求排水良好和疏松肥沃的壤土，不能连作。冬寒菜的生育期比较长，产量也不高，我国栽培面积不大，但很有发展前景。

（一）品种

根据茎脉颜色，可将冬寒菜分为紫梗型和白梗型两种。

（二）栽培季节

冬寒菜适于春、秋两季露地栽培。华北地区多为春季栽培，长江流域为春、秋两季播种。为保证周年供应，夏季可于保护地内遮阳种植，冬季于保护地内栽培。

（三）栽培技术

1．播种或育苗

直播、育苗均可。直播可撒播、条播或穴播。穴播行株距25cm见方，每穴播种4～5粒，每667m^2用种量250g；撒播、条播的，每667m^2用种0.5～1.0kg。育苗为苗床育苗，每667m^2用种25g。

2．整地施肥

每667m^2施入农家肥3000kg，整地后作畦，南方多雨地区做成高畦，北方做成平畦。

3．定植

以采收幼苗为目的的，定植密度为15cm见方；多次采收嫩梢的，定植密度为25cm见方。

4．肥水管理

直播的冬寒菜，在真叶4～5片时间苗1次，及时中耕除草。对于多次采收幼苗的，在生长旺季，随着不断采收要及时追肥，每采收2～3次，追肥1次。干旱时及时浇水，以保证土壤湿润。

（四）采收

对于采收幼苗的，播种 50d 后，可结合间苗采收；对食用嫩梢的，当株高 18 ㎝时，即可割收上段叶梢。春季在其生长旺季，一般 5 ~7d 即可采割 1 次。

（五）主要病虫害

主要病害：炭疽病、根腐病。

主要虫害：地老虎、斜纹夜蛾、蚜虫。

二十六、甜　叶　菊

甜叶菊（*Stevia rebaudiana*）为双子叶植物菊科多年生植物，原产南美洲，1969 年在日本首次发现，20 世纪 80 年代初期引入我国，分布于北京、河北、陕西、江苏、福建、湖南、云南等地。甜叶菊的鲜叶含糖为 6% ~12%，是我国的新型糖源植物。

甜叶菊生育期为 140d 左右，每 667m^2 产鲜叶 1000 ~ 1500kg，折成干叶 180 ~ 230kg。其抗逆性强，病虫害少，适应性广，我国南北方均可种植。甜叶菊生长适温为 20 ~ 25℃，长江以南地区一般露地可以越冬，北方可采取地窖保根越冬，第二年栽植。甜叶菊对土壤要求不严格，但以肥沃、潮湿且排灌方便的沙壤土栽培为宜。甜叶菊为短日照植物，光照时间长于 12h 不能正常开花结果。

甜叶菊性味甘寒，入肺、胃二经，用于消渴，可治疗糖尿病、高血压、肥胖症。用甜叶菊加工提取的甜菊糖苷是目前世界上最甜的、天然的、绿色环保的植物甜味剂，被国际誉为“植物糖王”，经常喝甜叶菊茶可以消除疲劳、养阴生津。

甜叶菊的繁殖方法较多，可种子繁殖、扦插繁殖、压条繁殖和分株繁殖。

（一）品种

目前甜叶菊只有一个品种，为从国外引进。

（二）栽培季节

甜叶菊多用苗床育苗，当春季气温达到 15℃时播种。

（三）栽培技术

1．育苗

（1）种子育苗　每667m^2播种1kg，播后4～5d出苗，苗龄30d，10片真叶时移栽。目前已推广设施无土育苗技术。

（2）扦插育苗　将现蕾前尚未木质化的茎基部用于作插穗，上带2～3个节，扦插密度为5cm见方，也可用（8×8）cm的营养钵无土育苗。扦插后遮阴，7d左右即可生根。

2．整地施肥

移栽前整地施肥，每667m^2施入农家肥4000kg，然后深翻，做成宽1.2m的平畦。在畦内按667$m^2$15kg三元复合肥施入，与土壤充分融合。

3．定植

按行株距（50×15）cm定植，每667m^2定植8000～10000株。定植时浇足水。

4．肥水管理

甜叶菊生长期间追肥3次，分别在缓苗后、植株生长进入繁茂期、生长后期追入，追肥原则为前轻、中重、后补齐，追肥以速效氮肥为主，每次追肥都要配合浇水，另据天气情况浇水，保持土壤湿润。割叶前半个月，叶面喷肥2次，以提高叶面甜度。

5．植株调整

苗高10cm时，不断打顶摘心，促进多分枝，以提高产量。

（四）采收

当植株出现花蕾时，叶片含菊糖苷最高，应及时收割。收割时从离地面20cm处割下，自然越冬的可留些叶片以保护越冬。

留种株要进行短日照处理，即在生长旺期（出苗后90d）开始遮光，连续遮光20～25d，植株可开花结果。由于甜叶菊种子千粒重很低，采种时要用塑料袋套住植株上部，轻轻抖动，收集种子。

（五）主要病虫害

甜叶菜基本无病虫害发生。

二十七、莳　萝

莳萝（*Anethum graveolens*）又名土茴香，伞形科莳萝属多年生或一年生草本植物，原产地中海沿岸，我国华南地区有一定数量栽培，在国内属稀有蔬菜。莳萝以嫩叶供食用，果实可入药，其性温，无毒，有祛风、健胃、散瘀、催乳之功效，可治痉挛、祛肠胃胀气，利消化、助产、镇静、利胃、发汗、帮助睡眠、预防动脉硬化等。果实还可以提取芳香油。

莳萝富含维生素、蛋白质、矿物质和微量元素，其青苗和嫩叶供食，清炒或凉拌，主要为海鲜、鱼类配菜，可去其腥味，增加香气，名菜“莳萝腌三文鱼”即是以莳萝为原料加工而成；也可以做泡菜、做汤或制作调味酱等。

（一）品种

莳萝分为菜用和调味用两类，菜用为幼苗，调味用则为开花后的叶片。

（二）栽培季节

莳萝多生长在温热湿润的环境，不耐高温干燥，也不耐寒冷，生长适温为15～25℃。北方地区春季播种，夏季开始采收；南方地区可周年生产。

（三）栽培技术

1. 整地施肥

莳萝多为春季露地直播。播种前整地施肥，每667m^2施农家肥2000kg，然后平整做成宽1.0～1.2m的平畦，播种时每667m^2再施入三元复合肥20kg做种肥，种肥要与土壤混合均匀。

2. 播种

播种多为撒播或条播，菜用莳萝每667m^2播种量为1.5～2.0kg，调味莳萝每667m^2为0.8kg。播后覆土1cm，踏实后浇“蒙头水”，10～15d出苗。

3. 肥水管理

出苗后一般不间苗，待苗高5～10cm时追肥浇水，追肥为每

667m² 追施碳酸氢铵 20kg，浇水以保持土壤湿润为度。

（四）采收

菜用莳萝在出苗后 30～40d、苗高 20～30cm 时一次性采收或间拔采收，如作调味香料则在抽薹开花后采收。

（五）主要病虫害

莳萝基本无病虫害发生。

二十八、七彩菠菜

七彩菠菜（*Spinacia* sp.）是菠菜中的一个特殊品种，是从日本引进的，其叶片比普通菠菜宽且厚，其茎梗光滑亮丽，有黄色、桃红色、深红色、白色等多种颜色，故称“七彩菠菜”；其叶片色彩斑斓，艳丽多姿，既可食用，又可观赏，为蔬菜中珍品。七彩菠菜可作为现代农业观光园区中观赏蔬菜品种之一，也可作为家庭菜园和阳台盆栽蔬菜，亦可作为商品蔬菜生产。

七彩菠菜的食用方法同普通菠菜基本一样，味似菠菜，宜凉拌、做汤、做色拉等。

（一）品种

七彩菠菜是普通菠菜的一个变种，因其多彩而得名。

（二）栽培季节

七彩菠菜性喜冷凉，不耐高温，适应性较强。露地种植 4～10 月均可播种，种子发芽温度为 6～38℃，最佳温度为 30℃，生长适宜温度为 25～30℃。

（三）栽培技术

七彩菠菜的栽培技术与普通菠菜栽培技术基本相同。

1. 整地施肥

播种前精细整地，施足基肥，然后做成平畦。

2. 播种

播种采取撒播方式，每 667m² 播种量为 1.5kg 左右，然后覆土 1cm 左右，踏实后浇“蒙头水”。也可在平畦内先浇水，待水渗后均匀撒播种子，然后覆土。

3．肥水管理

由于七彩菠菜生育期短，所以追肥要提早进行，一般苗高5cm时追肥1次，每667m^2追施碳酸氢铵10～15kg。追肥时勿使化肥伤及叶片，以免灼伤。一般5～7d浇水1次。

4．盆栽技术

七彩菠菜用于盆栽，可选用口径20～40cm的圆盆，内装基质，基质为草炭6份、蛭石4份，并加入少量的膨化鸡粪和少许氮磷钾复合肥，浇足底水，每盆播种10～20粒种子，出苗后，2～3叶时间苗，每盆留5～15株，3～5d浇水1次，可不追肥。

（四）采收

小株收获期为播种后28d左右，大株收获期为播种后55d左右。

（五）主要病虫害

七彩菠菜基本无病虫害发生。

二十九、清　香　菜

清香菜（*Emilia sonchifolia*）原名一点红，又名羊蹄草，为菊科一年生或多年生草本植物，原产我国广东、广西、台湾和长江流域以南地区，在非洲也有分布，近年来已引入我国北方进行设施栽培。清香菜以幼嫩的梢叶供食用，营养丰富，可炒食、做汤和涮火锅。清香菜整株均可入药，有清热解毒、消炎、去痛、利尿、防治感冒等功效，对肠炎、痢疾、结膜炎等疾病有一定的防治效果。

清香菜喜温和湿润的环境条件，生长适温22～25℃，遇霜冻会全株冻死，较耐高温，35℃时仍可生长良好；清香菜为喜光植物，植株对光照长短反应不敏感，也较耐阴；对土壤要求不严格；抗旱力较强，营养生长期需水较多，但怕水涝。

（一）品种

目前我国栽培的清香菜只有一个品种。

（二）栽培季节

清香菜在南方可于春、夏、秋三季露地栽培，在北方露地栽培多为春季播种，也可在塑料大棚中进行春提前、秋延后和日光温室越冬栽培，用作一年生栽培。

（三）栽培技术

1. 整地施肥

选择肥沃、疏松、排灌方便、保肥、保水良好的沙壤土或壤土地块，每667m^{2}施农家肥3000kg、过磷酸钙50kg，深翻耙平后做成宽1m、高20cm的高畦，畦与畦之间30cm，以利人工作业。

2. 播种或育苗

清香菜可直播，也可育苗移栽。播种多为撒播，由于种子细小，播种时用细沙与种子混合后播种，每667m^{2}用种150g左右。育苗采用无土育苗技术，选用128孔穴盘，苗龄20～30d后移栽。

3. 间苗、定苗

直播的于小苗2～3叶期间苗，3～4叶期定苗，行株距为（30×30）cm；育苗移栽的适当密植。定苗后及时进行中耕松土除草。北方地区露地或设施育苗移栽栽培的，可以应用地膜覆盖技术。

4. 肥水管理

清香菜播种后50d即可陆续采收嫩茎，追肥宜用速效氮肥，每采收1次追肥1次，每667m^{2}追施碳酸氢铵10～15kg，追肥方法宜随浇水施入，以免灼伤菜苗。

（四）采收

清香菜植株分枝能力强，营养生长与生殖生长交替进行，生长较为迅速，因此要及时采收。采收嫩茎叶的，在嫩梢上花苞转为红色前采收为宜，这时产量高、品质好，可连续采收多次，后期应摘除过密的衰老枝叶，以利于田间通风透光。老株的采收可在生长盛期拨除过密的植株，或在种子成熟后采种完毕后收取老株。

（五）主要病虫害

清香菜基本无病虫害发生。

三十、大型蔊菜

大型蔊菜（*Rorippa indica*）又名黄瓜草、野油菜、塘葛菜、大叶香荠菜等，为十字花科蔊菜属一年生或二年生草本植物。大型蔊菜在我国广东、广西、福建、台湾、山东、河南、陕西、安徽、甘肃、云南等地都有分布，在印度、越南、菲律宾等东南亚地区也有分布，多生于田野、河边湖边、山坡丛林边等较湿润的地方。

大型蔊菜营养丰富，其维生素、胡萝卜素含量丰富，还含有黄酮化合物、生物碱、有机酸、蔊菜酰胺等，以食用嫩茎叶为主，柔嫩鲜美，具有油菜风味，可清炒、荤炒、炖汤等。

大型蔊菜全株均可入药，性辛、苦、无毒，能祛冷气、退热止咳、健胃消食，对感冒、肺热咳嗽、黄疸肝炎、腹内久寒、饮食不消等疾病有一定疗效。

大型蔊菜性喜温暖，生长适温为18～25℃，植株可忍受－1～2℃的低温，但不耐高温，当气温高于30℃时，植株生长不良，且易抽薹开花；喜湿润环境，生长期以见湿见干为宜；喜光，光照充足有利于营养生长。

（一）品种

大型蔊菜原为野生，近年来发展为人工栽培，目前只有一个品种。

（二）栽培季节

在我国南方除炎热夏季外，其他时间均可生长，但以春植产量最高，品质最好。蔊菜种子成熟期不一致，早熟的种子落地后可在翌春发芽生长，因此种植一次或播种一次能多年收获。

（三）栽培技术

1. 播种育苗

大型蔊菜种植一次可多年收获，可直播或育苗移栽。生产中，由于大型蔊菜种子细小，播种时常与细沙混匀后播种。又由于大型蔊菜种子有一定的休眠期，在种子处理时常用浓度0.01%的赤霉素进行处理。育苗按无土育苗的技术要求进行，选用72～128孔穴盘，选用有机混合基质。

2. 整地施肥

选择肥沃疏松的壤土或沙壤土地块，每667m^2施农家肥3000kg，翻耕耙平，做成宽1m、高20cm、畦距30cm的高畦。

3. 定植

当幼苗具4~5片叶时定植于大田，行株距为（20×20）cm。定植时施用定植肥，每667m^2施用三元复合肥20kg，注意肥、苗隔离，浇足定植水。

4. 肥水管理

缓苗后及时追壮苗肥，每667m^2追施尿素10~15kg，以后每隔30~40d追肥1次，以速效氮肥为主，冬前重施1次农家肥，以利第二年的生长。每次追肥都要配合浇水，还需经常保持土表湿润。

5. 中耕除草

春季中耕除草2~3次，秋初除草1~2次。

（四）采收

大型蔊菜可采拔幼苗或采收粗壮的菜薹，也可分期分批地采收嫩茎叶，还可以采收成株晒干以供炖汤之用。

（五）主要病虫害

大型蔊菜基本无病虫害发生。

三十一、叶 用 辣 椒

叶用辣椒（*Capsicum annumm*）又名海椒、番椒、椒茄等，是辣椒中一个特殊的品种，以食用嫩叶为主，原产墨西哥、秘鲁等地，现已成为我国南北方普遍栽培的蔬菜品种之一。叶用辣椒营养丰富，嫩滑可口，具有清肝明目、清凉解火的保健功能，可清炒、荤炒、凉拌、做汤和涮火锅，是家庭、宾馆、饭店的高档蔬菜。

叶用辣椒适应性较強，对温度的适应范围较广，茎叶生长适温为22~25℃，可忍耐35℃的高温和0℃的低温；对土壤要求不严格，但宜于肥沃疏松、排水良好、保肥性能好的沙壤土地栽培；对水分要求比较严格，生长期间水分供应充足，可提高产量和改善品质。

（一）品种

目前生产中大面积推广应用的是广州市农作物品种引进中试场选育的“辣椒叶1号”，是专门供作以嫩茎叶食用的叶用辣椒品种，该品种品质优良，高产，抗病，适于露地和保护地栽培。

（二）栽培季节

华南地区露地栽培播种期为2～5月和8～10月；北方地区露地栽培一般为春季播种，也可以在塑料大棚中进行春提前、秋延后栽培和日光温室内越冬栽培。

（三）栽培技术

1．播种或育苗

南方地区叶用辣椒播种传统上多采取直播方式，方法为撒播或条播。近几年来各地已推广无土育苗技术，选用72～128孔穴盘，华北地区夏季育苗苗龄35～40d，早春、秋后和冬季育苗苗龄60～80d。

2．整地施肥

选择三年内未种过茄科作物的地块，每667m^2施农家肥3000kg，三元复合肥30kg，然后翻地，耙平后做成高畦，畦宽80cm，畦距40cm，高20cm，北方地区栽培（设施栽培或露地栽培）多地膜覆盖，覆盖前修好浇水暗沟或铺设滴灌设施。

3．定植

当苗高10cm左右时进行移栽定植，大行距为80cm，小行距为40cm，株距40cm。定植时浇足定植水，封严定植穴。

4．肥水管理

叶用辣椒需氮肥量较大，在施足基肥的基础上，在一个生长周期内，分别于缓苗后、植株生长繁茂期进行追肥，第1次追肥每667m^2追施尿素20kg，第2次追肥每667m^2追施碳酸氢铵20kg，每次追肥都应配合浇水。叶用辣椒生长期还要求适量的水分。

（四）采收

及时采收是叶用辣椒丰产优质的关键，当植株第1个门椒花孕蕾时为采收适期，嫩梢长度以15～18cm为宜。采收时在基部留4～6节位采收嫩茎叶及成长叶，每个生长周期可采收2～3次。

（五）主要病虫害

基本与辣椒病虫害相同。

三十二、玉　丝　菜

玉丝菜（*Brassica juncea* var.）又名壬生菜、金丝芥菜等，为十字花科一年生草本植物，从日本引入。因其叶片细长、叶片雪白如丝而得名，以柔嫩的嫩茎叶供食用。玉丝菜生长快速，适应性强，分蘖力强，抗性好，虫害少，产量高，市场销量大，收益好，是一种发展前景非常广阔的特菜。

玉丝菜营养丰富，柔嫩多汁，风味独特，食后口有余香，可清炒、荤炒，也可凉拌、做火锅料、做汤等。

玉丝菜为喜光植物，在充足的光照条件下生长良好，也较耐阴；生长适温为18～25℃，10℃以下植株生长缓慢；较耐寒，能忍受－1℃的短暂低温，但不耐高温，30℃以上时生长不良；植株冬性强，冬春季栽培不易抽薹开花；对土壤要求不严格，但喜湿润的土壤；对土壤水分要求较高，但不耐涝。

（一）品种

目前我国栽培的玉丝菜只有一个品种。

（二）栽培季节

玉丝菜生育期短，从播种到采收嫩叶18～25d，如做干菜用约60d，一年可种植2～4茬。由于玉丝菜喜冷凉气候，所以，除炎热的夏季外，其他季节均可种植。南方地区的适宜播期为9月至第二年5月，北方地区可于3～6月、9～10月播种，冷凉地区可以越夏种植。

（三）栽培技术

1．播种或育苗

选择土质肥沃疏松、有机质含量较高的地块，播前施足农家肥和速效复合肥，深翻整地做畦。播种多为撒播，每667m^{2}用种量为400～500g，播后浇水保湿，覆盖黑色地膜，3d后种子出芽，揭去覆盖的地膜。育苗移栽的，主要用于采收分蘖侧芽和采收大株制作菜干，选用128孔穴盘进行无土育苗。

2．定植

育苗移栽，采收分蘖侧芽的和用于制作菜干的，宜在植株分蘖前定植，此时植株 5 ~7 片叶、苗龄 10 ~ 15d，定植密度为行株距 20cm × 15cm。

3. 肥水管理

由于玉丝菜生长期短，可于苗期追施碳酸氢铵 1 次，每 667m^2 施 10kg，方法为随浇水冲施，浇水以保持地面湿润为度。

（四）采收

采收嫩苗的，播种后 25d，苗高 25 ~ 30cm 时采收，30 ~ 35d 采收完毕；制作菜干用的，播种后 40d 整株采收。直播的 2 ~ 3 叶期间苗，15d 后即可采收部分植株上市，采收以间拔为主。

（五）主要病虫害

玉丝菜基本无病虫害发生。

三十三、百　子　菜

百子菜（*Gynura divaricata*）又名白背土三七、菊三七、白子草、白背菜等，为菊科三七草属多年生宿根草本植物，主要分布在我国华南、西南、台湾等地，近几年华北地区已引入种植。百子菜以嫩茎叶供食用，其营养丰富、味道鲜美、口感脆嫩，可炒食、做汤等。

百子菜味淡性寒，有清热、消炎、凉血、生津之功效，具有提高人体抵抗力的保健作用。

百子菜是喜温作物，生长适温为 20 ~ 25℃，低于 15℃时茎叶生长缓慢，0℃以下时地上部分冻死；对光照要求不严格，较耐阴；对土壤适应性较强，适于土层深厚、疏松肥沃、保水保肥力强的沙壤土或壤土种植。

（一）品种

目前我国栽培的百子菜只有一个品种。

（二）栽培季节

百子菜抗逆性强，在华南地区可周年栽植和采收，在高温的夏季依然生长良好，但在冬季、早春温度低于 15℃时，需要采取一些保护性措施。在华北地区可于早春育苗，终霜结束后露地栽植，也可于塑料大棚内进行早春和冬初生产，日光温室栽植，可越冬生产。

（三）栽培技术

1．育苗

百子菜以扦插繁殖为主，扦插季节以春秋两季为好。扦插可在苗床上进行，也可用（8×8）cm 的塑料钵进行基质扦插栽培。选择生长健壮的枝条，剪成长 10cm、带有 3～5 个节位的小段，除去基部叶片，将枝条的 1/2 插入床土或基质中，保持土壤湿度和空气湿度，覆盖遮阳网以防阳光直射，扦插后 3～5d 可生根，12～15d 后可移栽于大田。大面积栽培时，也可于春季或秋季直接扦插于大田。

2．定植

百子菜是一年定植、多年采收的蔬菜。定植前选好地块，施足农家肥，每 $667m^2$ 施氮磷钾三元复合肥 50kg，然后整地并做成高畦，畦宽 1.2m，畦距 30cm，高 20cm。畦上栽植 3 行，株距 30cm，并浇足定植水。北方地区春季露地栽培，定植前需覆盖地膜。

3．肥水管理

百子菜生长期长，所以在施足基肥的基础上要及时追肥。一般于缓苗后、植株进入生长繁茂期、生长后期三期追肥。前两次追肥以尿素为主，每次每 $667m^2$ 追施 20kg 左右，第三次追肥可用碳酸氢铵或硫酸铵，每 $667m^2$ 追施 20kg。当一个生产年度结束后，要重新施一次农家肥，每 $667m^2$ 施 3000kg，以利于第二年百子菜的生长。由于百子菜的生长量大，因此需要经常浇水，以保持土壤湿润，南方地区雨季则要注意排水。

4．中耕除草

植株封行前进行 1～2 次中耕除草，有利于提高地温，但覆膜栽培的不进行中耕除草。

5．植株调整

百子菜生长势强，植株茂盛，在生长后期，枝条过密过高时，应剪掉地面 15cm 高以上的全部枝条，并追施有机肥和培土。

（四）采收

定植后 20～30d 即可采收嫩叶上市。在生长初期，及时采收主茎上的嫩茎叶，采收时保留基部 3～4 片叶，促进植株侧芽萌发，迅速封行；以后每次采收嫩梢时仍然保留基部 1～2 片叶。

采收每天均可进行。产品以长 10～15cm、上带有 5～6 片叶时最好。

百子菜是高产蔬菜，每 667m^2 年产量可达 7500～10000kg。

（五）主要病虫害

主要病害：灰霉病。

主要虫害：蚜虫、斜纹夜蛾。

三十四、大叶茼蒿

大叶茼蒿（*Chrysanthemum coronarium*）又名大叶蓬蒿、板叶茼蒿、春区菊等，为菊科茼蒿属一、二年生草本植物，原名地中海沿岸观赏植物，后传入亚洲，作为蔬菜广泛栽培。我国传统医学认为茼蒿有清血、养心、降压、润肺、清痰之功效，可平抑肝火，预防咳嗽、喉病、多痰、便秘等。其食用方法很多，可炒食、凉拌、做汤、火锅配菜、做馅等。

茼蒿属半耐寒性蔬菜，喜冷凉温和气候，怕炎热。种子发芽适温 10℃，生长适温 17～20℃；长日照作物，要求较充足的水分供应，因此在栽培过程中要保持土壤经常湿润；对土壤要求不严格，一般园田地块均可种植。

（一）品种

大叶茼蒿近年栽培的品种有日本大叶新菊、香港板叶茼蒿、台湾圆叶茼蒿，产量和品质均较高。我国传统种植的小叶茼蒿品种有花叶茼蒿、细叶茼蒿，品质较差，产量低，但香味浓，较耐寒，生长快。此种类型在北京已培育成嫩茎用品种——蒿子秆。

（二）栽培季节

大叶茼蒿在春、夏、秋三季均可露地栽培，冬季可以温室内生产，但夏季由于高温，产量低，品质也差；秋播的生长期长，产量高。冬季温室生产，于11月中下旬到12月上旬播种，以保证春节期间供应。

（三）栽培技术

1. 整地施肥

选择肥沃、疏松的沙壤土，每667m^2施农家肥2500kg以上，氮磷钾三元复合肥10kg，深翻土壤，耙平后做成宽1～1.5m的平畦。

2. 播种

大叶茼蒿多为直播，条播、撒播均可，播种量为每667m^2撒播3～4kg。条播的，在畦内按15～20cm行距开沟，沟深1cm，每667m^2播种量为2kg，然后覆土，压实，浇水。早春播种的，覆盖地膜防寒；早秋播种的，应遮阳、防高温与日晒，并每天浇水，保持土壤湿润。一般播种后6～7d出苗。

3. 间苗、定苗

当幼苗长出1～2片真叶时，及时间苗，撒播的留苗密度为4cm见方，条播的株距3～4cm。

4. 肥水管理

间苗后浇第1次水，保持土壤湿润。当苗高10～12cm时开始追肥。

（四）采收

大叶茼蒿的采收分一次性采收和分期采收。一次性采收是在播后40～50d，苗高20cm左右，贴地面割收。分期采收有两种方法，一是疏间采收；二是保留1～2个侧枝割收，每次采收后追肥浇水1次，隔20～30d可再割收1次。

大叶茼蒿的采种多在春播田中选留具本品种特性的健壮种苗，行株距30cm见方，4～5月开花，6月上旬果实成熟。

（五）主要病虫害

主要病害：叶枯病、霜霉病、病毒病。

主要虫害：蚜虫、潜叶蝇。

第二节　茄果类蔬菜

一、樱 桃 番 茄

樱桃番茄（*L. esculentum* var. *cerasiforme*）是番茄栽培亚种的一个变种，为茄科番茄属，原产南美气候比较干燥冷凉的安第斯山地带，近十年来，我国栽培面积不断扩大。其果形有樱桃形、李形、梨形等，颜色多彩，果色有红色、粉红色、黄色、橙色等。果实品质好，糖度和维生素 C 含量大大高于番茄，而且富含矿物质。

樱桃番茄喜温，在管理上最重要的是保持一定的温差。樱桃番茄喜光，基本要求短日照，但要求不严格，对水分的要求属于半耐干旱类型。为避免徒长或发生病害，管理中应适当控制浇水。樱桃番茄对土壤要求不太严格，需肥较多。

樱桃番茄果实色泽鲜艳，柔软多汁，甜酸适口，可促进食欲，能做成多种菜肴，也可作为水果生食。

（一）品种

（1）红色品种　圣女、红玉、珍珠、红太阳、北极星、新星、樱桃红、红洋梨、京丹 1 号、3 号、5 号、8 号、粉玉 1 号等；

（2）黄色品种　丘比特、维纳斯、黄洋梨、黄莺 1 号、黄玉等；

（3）绿色品种　绿宝石等。

（二）栽培季节

樱桃番茄适于露地种植、塑料大棚春提前、秋延后种植和日光温室越冬栽培。

采取高畦覆膜大垄双行栽培方式，垄高 20cm，大行距 80cm，小行距 60cm，株距 45cm，每 667m^2 为 2500 株左右。

（三）栽培技术

1．育苗

72 孔穴盘育苗，苗龄 60～70d。壮苗标准：高 20cm，7～8 片叶，叶柄短粗，叶色浓绿，现大花蕾，但未开花。

2. 整地施肥

由于樱桃番茄植株高大，根系发达，且需肥量比较大，因此对整地施肥要求严格。结合深翻每667m^2 施入优质农家肥3000kg 以上，并按栽培方式做畦，做畦时每667m^2 施入50kg 三元复合肥做基肥。

3. 肥水管理

缓苗后第1 次追肥，果实膨大期第2 次施肥，以后根据结果情况分次追肥。追肥本着“少吃多餐分次施入”的原则，并结合叶面喷肥。每次追肥结合浇水，生长期间均匀浇水。

4. 植株调整

单杆整枝。苗高40cm 时搭架绑蔓，及时打杈，随着植株生长，多次绑蔓，并及时打掉植株下部老黄叶片。一年一大茬的樱桃番茄，由于生长期长，无限生长的植株持续生长，高度不断增加，要及时落蔓。

5. 保花保果

15~20mg/kg 2，4-D 沾花，并疏花疏果。

（四）采收

樱桃番茄成熟期不一，依据“成熟一批采收一批”的原则，随时采收。

（五）主要病虫害

主要病害：病毒病、早疫病、叶霉病、灰霉病、晚疫病、青枯病、脐腐病等。

主要虫害：白粉虱、棉铃虫、烟青虫、地老虎等。

二、树　番　茄

树番茄（*Cyphomandra batacea*）又名缅茄、洋酸茄、酸鸡蛋，为茄科树番茄属多年生小乔木。树番茄的果实可蔬菜、水果两用，果实成熟后果肉变软、多汁、味由酸变甜，富含多种维生素，可作为炖菜与炒菜的调料，也可做酱菜，还可生食。它有帮助消化、清热解毒等药用功能。树番茄起源于南美洲，在我国已有60 多年的栽培历史。树番茄栽培容易，结果期长，果实成熟期长，耐贮存运输，可供生食、熟食和加工。树番茄果实卵形，多汁，长 5 ~ 7cm，橘黄色或带红色，喜欢温暖，喜光，怕水涝，耐干旱。嫩梢易受冻，对土壤要求不高。

（一）品种

目前我国栽培的树番茄只有一个品种。

（二）栽培季节

春播在春季终霜后进行，可在苗床或营养钵中育苗；秋播一般在 8 月进行，方法同春播。

（三）栽培技术

1．育苗

树番茄采用扦插育苗。在 5—6 月选健壮枝条，剪成 20 ~ 30cm 的一段，常采用一年生的枝条中部或下部用于扦插。插条下端削成楔形或马蹄形，放在 2000 ~ 3000 倍吲哚丁液溶液中速蘸 10 ~ 15s，立即插入苗床或营养钵内，扦插深度为 10cm 左右。为了提高成活率，可将插条上留的叶片每一片剪掉一半，也可进行遮阴。

2．整地施肥

每株在定植前施优质农家肥 20kg 左右，填满定植穴后与土壤充分混合。

3．定植

夏秋季进行定植，行株距为 3m × 2m，每 667m^2 留苗 110 株左右。

4．肥水管理

开花前和果实膨大期各追肥 1 次，每次每株追速效氮磷钾肥 0.1kg。一般不需要单独浇水，可结合追肥浇水 1 ~ 2 次。

5．植株调整

第二年开始，在冬季或春季未萌发前，将过密枝条、病虫害枝条剪去一部分。

（四）采收

果实变红时即可采收。若早霜来临时果实尚未成熟，也要及时采收，采收后贮存，果实后熟后果味犹存。

（五）主要病虫害

主要病害：极少。

主要虫害：蚜虫、红蜘蛛。

三、耐贮运番茄

番茄是人们喜欢的蔬菜之一，其营养丰富，味道鲜美，还具有较高的保健功效。但目前种植的普通番茄品种货架期很短，贮存期只有7d左右，很难适应远距离运输和长时间贮存的需要，致使许多国家、地区的消费者不能常年吃到新鲜番茄。根据市场实际需要，农业科技部门培育出了耐贮运番茄（*Lycopersicum esculentum*）品种，并得以迅速推广，其经济效益、社会效益迅速增长。

耐贮运番茄果实大小中等，单果重150g左右，果皮红色；果皮厚，果实硬度大，耐贮存和运输，贮存期可达30d以上。耐贮运番茄喜温，喜光，耐肥，半耐干旱，要求地势高燥、排灌方便、土层深厚、疏松肥沃、有机质含量1.5%以上的土壤。耐贮运番茄一般为无限生长类型，每株结果6～10穗，最多可达20穗；结果期长，采收期可达6个月以上；需肥量多，需多种元素配合施肥。

（一）品种

耐贮运番茄的品种有宝发008、彩虹101、百利、189、870等。其中彩虹101适应性广，抗晚疫病，坐果性好，每株可采收10穗果以上，特别突出的是能成串采收，整串出售。

以上品种最适合保护地栽培，每667m^2用种量6～8g（2000～2500粒）。

（二）栽培季节

北京地区耐贮运番茄的栽培季节如表2－3所示。

表2－3　耐贮运番茄的栽培设施及季节（北京地区）

设施	育苗期	定植期	采收期
春季日光温室	12月下旬	2月上、中旬	5月下旬～7月下旬
春季塑料大棚	2月上旬	3月中、下旬	6月上旬～7月下旬
夏秋季塑料大棚	5月上旬	6月中旬	9月上旬～10月下旬
秋冬季温室	7月下旬	9月上旬	11月中旬～第2年5月

（三）栽培技术

1. 育苗

按无土育苗技术要求进行，选用72孔穴盘。

2. 棚室消毒

10%速克灵烟剂或45%百菌清烟剂，用药量为500g/667m^2，在棚室内均匀分布点3~5个，于傍晚点燃后，密闭熏蒸1夜。

3. 整地施肥

每667m^{2}施入腐熟优质农家肥3000kg以上，深翻25cm，整平后做成高15~20cm、宽80cm的高畦，畦沟70cm，高畦上覆盖地膜。

4. 定植

株高15cm左右，5~6片真叶，苗龄40d左右，于10cm地温稳定在12℃以上时定植，每畦定植2行，小行距50cm，大行距100cm，株距35~40cm，每667m^{2}定植2000~2500株。

5. 肥水管理

定植时，使用基肥，每667m^{2}使用氮磷钾复合肥20kg（注意化肥与小苗间隔3~5cm），定植后及时浇水。

采用膜下滴灌或暗灌方式。定植时浇足水，然后蹲苗，待第1穗果长2cm时开始浇水，以后小水勤浇，结果期维持土壤最大持水量60%~80%为宜。

第一穗果膨大时开始追肥，每10~15d追肥1次，每次每667m^{2}追入“一特”牌蔬菜专用肥10kg，拉秧前30d停止追肥。生长后期进行叶面喷肥4~5次。

6. 温度与光照控制

（1）温度　缓苗期：白天25~30℃，夜间15~18℃；开花结果期：白天23~30℃，夜间13~15℃；结果采收期：白天23~30℃，夜间15℃左右。

（2）光照　采用EVA农膜或转光膜，经常保持膜面清洁，5月底以前尽量增加光照强度和时间，6月初以后晴天时10:00—15:00在棚顶覆盖遮光率75%的遮阳网。

7．植株调整

采用单干整枝法，用银灰色塑料绳吊蔓来固定植株，及时去掉侧枝与老叶，每株留5~6穗果，摘去顶尖。

若进行长季节栽培，主干长至6穗果打顶，待果实即将采收完时，培育一个侧枝继续开花结果，将主干茎蔓向下放，侧枝留2~3穗果实打顶，再留新的侧枝继续生长结果，后依此类推。

（四）采收

果实顶部中心稍变红时为采收时期，不使用乙烯利催红，在10~20℃条件下，可贮存30d以上。

（五）主要病虫害

主要病害：晚疫病、叶霉病、病毒病。

主要虫害：蚜虫、白粉虱。

四、情　人　果

情人果（*Hylocereus* sp.）即矮生番茄，是北京市农业技术推广站近年培育的适于盆栽的蔬菜品种，系番茄属的小型品种，有限开花习性，既可观赏又可食用，生食、熟食均可，其营养成分高于大番茄。适于家庭阳台盆栽和观光农业园区作景观用。

（一）品种

从果实颜色上分，有红色、黄色两个品种。

（二）栽培季节

情人果属中光性植物，可全年栽培，生长适温为20~30℃，生育期为140天左右，从植株挂果到成熟均可上市，时间达80~90d。情人果抗逆性强，栽培土质以轻壤土和沙壤土为宜。

（三）栽培技术

1．育苗

采用穴盘基质育苗。

2．定植

播种后25~30d、苗高10cm左右、3~4片叶时定植。盆栽选用口径20cm、高25~30cm的塑料或陶瓷花盆。

3. 温度与光照控制

(1) 温度　定植后2～3d内提高温度，以利缓苗，保持温度白天为28～30℃、夜间不低于15℃，以后保持白天20～30℃、夜间不低于10℃。

(2) 光照　夏季栽培需适当遮阳。

4. 肥水管理

缓苗后及时浇水，开花坐果前适当控制水分，坐果后保持水分和养分充足。结合浇水10～15d追1次肥，追肥以有机肥为主。温室栽培的浇水后加强放风。每次采收后适当追肥。

（四）采收

情人果的成熟期不一，一般是从植株下部向上部依次成熟，成熟一批，采收一批。

（五）主要病虫害

主要病害：情人果基本无病害发生。

主要虫害：白粉虱、棉铃虫。

五、彩 色 甜 椒

彩色甜椒（*Capsicum frutescens*）是我国20世纪90年代从荷兰、以色列等国家引进的甜椒新品种，有红、黄、橙、白、棕、紫等多种颜色，为茄科一年生草本植物。彩色甜椒喜温，转色期最适温度为25～30℃，属短日照作物，对日照时间有较强的适应能力，但怕日光暴晒。由于彩色甜椒根系不发达，所以它既不耐旱又不耐涝；对土壤的适应性较强，但以土层深厚、肥沃、排水良好、保肥保水的沙壤土栽培为宜。彩色甜椒色泽艳丽，外形美观，果型大，果肉厚，果形方正，口感甜脆，维生素C含量高于普通甜椒，并具有极高的观赏价值，观赏及采摘时间较长，一直作为相对贵重的礼品菜和高档商品出现在市场上。果实成熟后采收期可达1～2个月。食用方法多样，可凉拌、蘸酱、清炒、做馅等。

（一）品种

(1) 红色种　红英达、红水晶、京彩红星、曼迪、新蒙德、玛祖卡。

(2) 黄色种 黄欧宝、塔兰多、京彩黄星、金多乐、丽妃星、白玉、黄玛瑙、橙水晶。

(3) 紫色种 紫贵人、紫星、紫晶。

近几年我国从日本、荷兰等国引入一些品种，如金钟、卡路比、森诺瑞塔、金狮、格丽、查可、佐罗、卞卡等。

(二) 栽培季节

华北地区彩色甜椒的栽培季节如表 2-4 所示。

表 2-4 彩色甜椒的栽培季节及方式（华北地区）

栽培方式	育苗播种期	定植期	收获期
秋冬茬日光温室	7月下旬至8月下旬	9月上旬至10月上旬	12月至第2年5月
冬春茬日光温室	11月下旬至12月下旬	1月中旬至2月中旬	4~6月
春季大棚	1月下旬至2月中旬	3月中下旬	6~8月
秋季大棚	5月中下旬	6月下旬至7月上旬	9~11月
日光温室周年栽培（一年一大茬）	6月	7月	10月至第2年5月

(三) 栽培技术

1. 育苗

50 孔穴盘基质育苗，按无土育苗技术要求进行，株高 8~10cm、4~5 片叶时定植。

2. 定植

高畦覆膜大小垄栽培方式，大行距 60~70cm，小行距 40~50cm，垄高 12~15cm，穴距 30~40cm，每穴单株。每 667m^2 保苗 3500 株左右。也可盆栽，具体要求同观赏小辣椒。

3. 肥水管理

缓苗期、门椒坐果期各浇 1 次水，以后每隔 8~15d 浇 1 次水。门椒坐果期、盛果期各追肥 1 次。

4. 植株调整

每株选留 2~3 条主枝，门椒和 2~4 节的基部花蕾及早疏去，从第 4~5 节开始留椒，以主枝结椒为主，及早剪去其他分枝和侧枝。收获前20d左右打掉全部顶尖，以保证商品率。棚室栽培的，采用银灰色吊绳固定植株；露地栽培的，可用竹竿搭围栏固定植株。结合整枝打杈，进行疏花疏果，每株可同时结果6个以内。

5．温度控制

白天：25～28℃；夜间：15～20℃。

（四）采收

当彩色甜椒完全转色以后，即为成熟，此时即可采收。生产中一般为成熟一批，采收一批。

（五）主要病虫害

主要病害：炭疽病、疫病、青枯病、病毒病等。

主要虫害：蚜虫、白粉虱、烟青虫等。

六、小 辣 椒

小辣椒（*Capsicum frutescens*）为茄科辣椒属，一年生或多年生草本植物。原产于中美洲或南美洲的热带和亚热带地区，目前遍及世界各地。果色艳丽，观赏性强，其嫩果老果均可食用，极辣，有刺激食欲、开胃健脾、驱寒发热、促进血液循环的功效。食用方法多样，可炒食、腌制，也可加工成辣椒面、辣椒酱、辣椒油等，富含胡萝卜素与维生素C，铁、锰、锌、硒含量较高。

小辣椒对环境条件要求比较严格，性喜温暖，怕霜冻寒冷，忌高温暴晒；喜湿润但怕水涝，畏干旱；较耐肥，不耐脊薄；对光照时间要求不严格，属中光性植物；适于中性或微酸性土壤，适于土层深厚、土质肥沃、通透性良好的壤土或沙壤土栽培；需肥量较大。

观赏小辣椒形状各异，有珍珠形、牛角形、灯笼形、元宝形、五指形、三角形等，颜色艳丽，有绿、白、橙、黄、红、紫色等，尤适于家庭种植、都市农业、观光采摘的需要，既可观赏，又可食用，有着广阔的发展前景。

（一）品种

（1）阳光五彩椒　根系较发达，茎直立，矮性，株高15～

30cm。果实圆锥形，向上直立生长，果实成熟时由乳白、紫、黄、橙色转为红果。早熟，播种至初收为90d，延续采收150~200d。适应性与抗逆性较强，耐旱，耐热，但不耐病毒病，观赏与食用均可。

（2）红鹰五彩椒　果实长圆锥形，比阳光五彩椒长近一倍，向上直立生长，其余同阳光五彩椒。

（3）迷你五彩椒　果实圆形，较小，向上直立生长，其余特征同阳光五彩椒。

（4）青蜡指天椒　植株高大，株高60~80cm，茎直立，一般为双叉状分枝。果实锥形，向上直立生长，幼果青色，熟果黄色。播种至初收90d左右，收获与观赏期7~8个月。分枝力强，结果多，耐旱，抗病能力强，耐寒性中等。

（5）黄蜡指天椒　根系较强大，茎直立，一般为双叉状分枝，株高60~90cm。果实锥形，幼果青色，熟果黄色。播种至初收90d左右，收获与观赏期7~8个月。分枝力强，结果多，耐旱，耐热，抗病能力强，耐寒性中等。

（6）幸运星　小果，圆形，大小如珍珠，果实朝上，每株可结果20多个，有如掛在树上的满天繁星。幼果奶白色，成熟后为鲜红色。

（7）黑珍珠　果小，圆形，大小如珍珠，果实向上，幼果紫黑色，成熟后转为鲜红色，每株结果80~100个。

（8）黄线椒　果瘦长，朝地下方向，幼果绿色，成熟后转金黄色，结果力强，长势健壮。

（9）彩女闹春　果似子弹头，小苗叶紫色，4叶后转绿色，花色紫白相间，嫩果紫色，有白、紫、红斑相间，最后成红色。

（10）发财椒　果似金元宝形，又像风铃，嫩果绿色，成熟后转红色。结果较迟，属晚熟品种。植株高大，约150cm左右，单株挂果40~50个。

此外，用于大面积生产的还有朝天椒、宝庆椒干、樱桃椒、七星椒等地方品种。

（二）栽培季节

小辣椒的生长适温为25℃，低于10℃不能发芽。因此，当室温稳定在10℃以上时即可播种，一般在春季3—4月进行。

（三）栽培技术

1. 栽培方式

（1）露地栽培　一般大面积做调味品栽培多用这种方式。按常规技术整地施肥，适当加大施肥量，按高畦覆膜大垄双行栽培方式整地，栽培密度一般大行距为60～80cm，小行距为40～60cm，株距30cm左右。

（2）盆栽　家庭庭院、阳台栽培、农业观光园区等多采用这种方式。盆内多用草炭、蛭石、珍珠岩做栽培基质，也可用肥沃园田土（茄科作物园田土不能用）和腐熟农家肥混后做基质。盆径10～30cm不等，一般苗期用10cm口径花盆，成株期移至20～30cm口径花盆。

2. 育苗

50孔穴盘育苗，按无土育苗技术要求进行，育苗期50～60d，苗高8～10cm，10片叶时移栽。育苗时间按栽培季节要求确定。

3. 肥水管理

及时浇缓苗水，开花结果前适当控制水分，不干不浇，坐果后保证足够的水分与养分。结合浇水10～15d追一次肥，用“一特”牌有机肥按1kg兑水20kg追肥。

4. 温度控制

白天：28～32℃；夜间：15℃。

（四）采收

小辣椒的采收时期及采收标准同彩色甜椒。

（五）主要病虫害

主要病害：小辣椒基本无病害发生。

主要虫害：蚜虫、白粉虱、茶黄螨等。

七、观　赏　茄

观赏茄（*Solanum melongena*）是最近两年来观赏蔬菜家族的一位新成员，为茄科一年生或多年生植物。其显著特点是没有食用价值，仅供观赏，是现代农业观光园中一枝独秀的植物。

（一）品种

（1）蛋茄　又名落苏，在热带是灌木状直立性多年生草本植物，我国做一年生草本植物栽培。早熟种植株较矮，株型紧凑，果实如鸭蛋挂在枝杈间，犹如圣诞树上张灯结彩。果实一般为紫色，也有少数为白色或绿色。

（2）非洲红茄　株高80~100cm，茎直立，根系发达。果实扁圆形，长2cm，宽1cm，嫩果浅绿色，老果红色。耐寒不耐热，生育期90~110d，观赏期60~90d。

（3）吉祥茄（黄茄）　是北京市农业技术推广站近年选育的一个观赏性品种。植株矮小，适合造型盆栽，株高40~60cm，生长旺盛，抗病性强，果实卵圆形，从白色逐渐变为金黄色，色泽美观。播种后90~100d坐果，观赏期150d左右。

（4）如意茄　是北京市农业技术推广站近年选育的一个观赏性品种。植株中等，株高60~110cm，适合造型盆栽，果实光滑有光泽，扁圆形，前期为乳黄色，后期为亮红色，色泽美观，极具观赏性。播种后100d左右坐果，观赏期150d左右。

（二）栽培季节

以盆栽为主，长江流域多于冬季至早春在苗床播种育苗，北方各省于早春利用温床或阳畦播种育苗。

（三）栽培技术

1．育苗

50孔或72孔穴盘基质育苗。苗龄50~70d，苗高10cm、3~4片叶时移栽。

2．定植

用20~30cm口径塑料盆或瓦盆或陶瓷盆移栽，基质为草炭2

份、蛭石1份，也可用腐熟优质农家肥4份加肥沃大田土（茄科作物园田土不能用）6份，每立方米基质加入氮钾磷复合肥1kg。

3．温度与光照控制

（1）温度　定植后2～3d提高温度，白天28～32℃，夜间15℃以上；以后保持白天20～30℃，夜间15℃以上。

（2）光照　夏季庭院露地栽培需适当遮阳。

4．肥水管理

缓苗后及时浇缓苗水，以后适当控水，保持见干见湿。第一穗果坐位后保证足够的水分。结合浇水每15d追1次肥，用“一特”牌有机肥按1kg兑水20kg追肥。

5．植株调整

株高30～60cm左右掐尖，留3～4个枝条。

6．保花保果

用番茄丰产剂2号喷花。

（四）采收

观赏茄无食用价值，其主要作用是用于观赏，一般在观赏茄老熟之后，任其自然脱落。

（五）主要病虫害

观赏茄基本无病虫害发生。

八、人　参　果

人参果（*Solanum muricatum*）也称香艳梨、香瓜梨、香艳茄，为茄科多年生草本植物，原产南美洲，20世纪90年代初引入我国种植。人参果既有观赏价值，又可当作水果食用，其果肉爽口，清香多汁，适口性好；果中含硒较高，故被誉为“生命的火种”、“抗癌之王”。人参果在我国可露地栽培，也可保护地栽培，当年栽种，当年即可结果，也可一年栽种，多年受益。

人参果除了作为水果直接食用外，还可以做为蔬菜食用，可煎可炒、凉拌、做汤等。

人参果喜温、喜光、怕热、怕霜，属长日照作物，较喜阳光；

喜肥及半耐干旱，不耐涝；对土壤要求不严格，适应性广；对钾肥需求量较高。

（一）品种

（1）长丽　植株高大，叶色浓绿，抗性较强，结实率高，单株全年结果量最多达50个。果实心脏形，大小整齐，单果重150～250g，成熟时果实金黄色，上带明显的紫色花纹，是目前重点推广的品种。

（2）大紫　生长旺盛，叶色浓绿，抗寒性较强，结实率高，单株全年结果量可达35个。果实心脏形，大小不太整齐，成熟时果实金黄色，紫色部分占全果的70%以上，故名“大紫”。

（3）爱斯卡　植株生长势强，茎秆粗壮，耐35℃高温。果实心脏形，个大。单果重平均为200g，最大为500g，成熟时果实金黄色，带明显的紫色条纹。单株全年结果量最多达40个。

（二）栽培季节

一年四季均可扦插育苗和播种。人参果在北方不能越冬，故需要设施保护，露地栽培主要为从春到秋一大茬，日光温室可分为秋冬茬与冬春茬。

（三）栽培技术

1. 育苗

（1）播种育苗　人参果种子小而少，千粒重只有1g左右，种子来源少，且出苗成活率较低，所以生产中很少用种子繁殖。种子可撒播或点播。

（2）扦插育苗　扦插育苗是目前生产上普遍采用的方法，只要温度适宜，一年四季均可进行。扦插时选用30cm长的枝条，一颗人参果一年萌发的枝条可以扦插繁殖30～50棵新株。扦插用的枝条应健壮无病，枝条顶端部分扦插后易成活，应充分利用。枝条选好后剪成12cm长的小段，去掉叶片，但要留下叶柄，下端削成斜面，并在50～200μL/L萘乙酸或吲哚丁酸溶液中快速蘸一下枝条下部的1/3段，然后插入土中5～6cm。扦插可以在苗床内按行距 15cm、株距 5cm 进行，最后插入营养钵中。

2. 定植

采取高畦覆膜大垄双行栽培方式，畦高 10 ~ 15cm，畦宽 40 ~ 50cm，畦距 50 ~ 60cm，栽植两行，大行距为 70 ~ 80cm，小行距为 40cm，株距为 35 ~ 45cm，每 667m^2 栽植 2500 ~ 3000 株。室内盆栽，选用口径为 40 ~ 50cm 的花盆，内装基质，每盆 1 株。

3. 肥水管理

土壤肥沃、基肥充足时，坐果前一般不追肥。当第一穗果核桃大小时追肥浇水，一般每结 1 穗果追 1 次肥。进入结果期后，人参果不断开花结果，应增加浇水次数，保持地面潮湿。

4. 植株调整

人参果发枝力极强，又是匍匐茎，加之结果后负重量大，所以必须搭架。一般大田栽培用竹竿搭成 1 ~ 1.5m 的三脚架或四脚架，温室栽培则用吊蔓的办法，把茎蔓有规律地绑在架杆或吊绳上，一般每结一穗果绑一道蔓。人参果的扦插苗多萌发 1 ~ 4 个主枝，主枝上各节又都能萌发侧枝，一般每株留主枝 2 ~ 4 个，前期不留侧枝，生育中期可留 1 ~ 2 个侧枝，这样，一株人参果可留 4 ~ 8 个侧枝。在华北地区，结果期每隔 10 ~ 15d 修剪 1 次，及时打去多余的枝条，选择好的枝条再扦插。

5. 温度控制

白天 15 ~ 25℃，最高不超过 28℃；夜间 10 ~ 15℃，最低不低于 5℃。

6. 保花保果

人参果每个花穗的花数为 8 ~ 10 朵，一般 1 个花穗留 4 ~ 5 朵，其余的去掉，然后用 15mg/kg 的 2，4 – D 在开花当天或开花后1 ~ 2d 内蘸花。

（四）采收

人参果定植后 120d，可陆续采摘已转黄色并带有紫色条纹的果实，如果作为蔬菜食用，已长大的青果即可食用。

（五）主要病虫害

主要病害：灰霉病、病毒病。

主要虫害：蚜虫、白粉虱、红蜘蛛、茶黄螨。

九、黄 秋 葵

黄秋葵（*Hibiscus esulentus*）又名秋葵、羊角豆，为锦葵科秋葵属多年生草本植物，作一年生栽培。原产非洲，我国从印度引进，已种植60多年。适于家庭庭院、阳台栽培，既可食用，又可观赏。黄秋葵以嫩果食用，可以凉拌、油炸、油煎、盐渍、炒食，也可做汤，素荤皆宜，味道鲜美。其叶片、菜花也可食用。黄秋葵还是一种保健蔬菜，具有治疗胃炎、胃溃疡、肝脏疾病的功能，并有一定的减肥和抗癌作用。

黄秋葵的果实为蒴果，圆锥形，形如羊角。嫩果为黄绿色或深绿色，老熟后褐色。黄秋葵性喜温暖，不耐严寒，耐热，高温条件下，发芽迅速整齐，生长茂盛；生育期间耐旱也耐湿，需水较多，但不耐涝；属短日照作物，对光照条件反映敏感；对肥料的要求，前期需氮肥较多，中后期需磷钾肥较多；对土壤适应性广，但以土层深厚、肥沃、排水良好的壤土栽培为宜。

（一）品种

（1）按茎秆高度分　矮秆品种，茎高0.5～1.0m；半矮秆品种，茎高1.3～1.5m；高秆品种，茎高2.0m以上。

（2）按嫩果颜色分　乳黄、深绿、紫红。

（3）按嫩果长度分　长果，长10～15cm，直径1.5～2.0cm；短果，长5～7cm，直径3～4cm。

具体推广的品种有北京黄秋葵、北京红秋葵、新东京5号、绿箭、绿丝卡、南海绿、翠星、星骑、黄丰1号等。

（二）栽培季节

一年种植一茬。南方2—9月均可播种，北方在春季终霜后即可露地播种，也可先育苗，终霜后定植，在秋季初霜前采收。

（三）栽培技术

1．播种或育苗

直播：北方地区断霜后播种，采用畦田平播方式，大行距100cm，小行距50cm，穴距45～55cm，每穴播种2～3粒种子，然后覆盖地膜。用种量为（300～400g）/667m^2。出苗后间苗，每穴留一株健壮苗。

育苗移栽：用营养钵在温室或大棚内育苗，苗龄30～40d、3～4片真叶时按株行距要求进行定植。

2．肥水管理

黄秋葵植株高大，需水量大，出苗后浇1次全苗水，移栽后浇1次缓苗水，开花坐果期要经常浇水，保持土壤湿润；7～8月份高温，又值采收盛期，需水量大，要保证水分供应。

黄秋葵整个生育期追肥3次，第1次结合缓苗水追肥，7～8月进入开花结果期，第2次追肥，生长后期追第3次肥。

3．植株调整

对于分枝强的品种，及时去掉部分侧芽，一般只保留2～3个健壮的侧芽发育成侧枝。

（四）采收

黄秋葵的采收期非常严格。短果型，果长5～7cm采收；长果型，果长7～10cm采收。采收适期一般为谢花后5～6d，初果期每2～3d采收1次，盛果期每天采收1次。

（五）主要病虫害

主要病害：病毒病。

主要虫害：棉铃虫、蚜虫、蓟马等。

十、酸　　浆

酸浆（*Physalisalkengi* var. *franchetii*）又名洋姑娘、红姑娘、挂金灯、灯笼草、洛神珠等，为茄科酸浆属多年生宿根草本植物。酸浆原产于中国，南北均有野生资源分布。酸浆以果实供食用，其味甜美清香，对再生障碍性贫血有一定疗效，还有清热利尿、外敷消炎的药效。酸浆膨大的宿存萼入药，有清凉化痰、镇咳、利尿的功效，全草有泻下作用，治痛风，因有堕胎之弊，孕妇忌服。

成熟的酸浆可直接食用，可以加工罐头、果酒、饮料、果酱、果子原液、果干等。

酸浆的野生性状很强，易于栽培，适于各种土壤；根系耐寒，在我国北方严寒地区可以露地越冬，第2年萌发新枝。一次栽植，多年收获。

（一）品种

酸浆品种较多，常见栽培的有引自日本的红果酸浆，别名红姑娘，果型较小，栽培容易，多作为观赏栽培；还有一种是法国的黄果酸浆，别名洋姑娘，果型较大，口感风味较红姑娘要好些，但栽培较困难。

（二）栽培季节

在华北地区，播种育苗分3个时期：冬育苗春定植；春育苗夏定植；夏育苗秋栽。夏天可在露地定植，早春、秋冬则在温室内定植。

（三）栽培技术

1. 育苗

一般为阳畦苗床育苗，无土育苗用72孔穴盘基质。当幼苗2～3片真叶时分苗，分苗行株距为10cm×10cm。

2. 定植

定植地块每667m^{2}施农家肥3000kg以上，三元复合肥40kg，深翻后耙平。春季栽培为平畦，夏秋季栽培用高畦。秧苗6～7片真叶、第1朵花现蕾时为定植适期。定株密度为行株距70cm×25cm，每667m^{2}定植4000株左右。

3. 肥水管理

定植缓苗后第1次追肥，第1果实膨大后第2次追肥，生育后期进行叶面施肥。定植后浇足定植水，追肥时结合浇水，以后浇水以保持土壤湿润为度。

4．植株调整

株高 30cm 时搭架，即用竹竿搭成人字架，并随植株生长及时人工绑蔓。酸浆生长发育中必须进行整枝打杈。整枝为双干式、三干式或多干式，其余侧枝均及早除去。另外，在绑蔓时及时打掉侧枝，拔秧前 40d 摘除顶心，及时打杈。

（四）采收

酸浆果实成熟时自行脱落，捡拾收获。留种植株要与茄科作物隔离，以防天然杂交，保持种性。采种时，选择生长发育健壮、无病虫害的植株上的果实，破碎后放在容器中发酵一天，除去杂质，将种子清水洗净风干即可留种。

（五）主要病虫害

主要病害：白叶病、病毒病。

主要虫害：蚜虫、菜青虫、棉铃虫。

十一、番　茄　椒

番茄椒（toma－p）是现代育种科学理论与技术造就的一项新成果，是番茄和甜椒杂交后形成的多年生植物，于 1995 年育成，1997 年开始在日本面市，1998 年大面积推广应用，中国、美国、菲律宾等国是首批引进种植的国家。番茄椒在形态、叶片、茎秆和株形上类似甜椒，而果实外形则与番茄相似，其产品具有多种保健功能，目前主要供应大城市高级宾馆和高档饭店，供不应求，被誉为“奇迹蔬菜”，市场前景非常广阔。

番茄椒果实色泽鲜红，上有 4～5 条棱，表皮光滑有蜡质，果皮较厚，果实内与甜椒基本相似，富含维生素、铁、磷，其含量是普通甜椒的几倍，口味甜，既可做蔬菜食用，又可作水果鲜食，具有一定的抗衰老和抗癌功能，被誉为“健康蔬菜”，而且又由于其株形漂亮，果形鲜艳美观，具有极高的观赏价值，可作为农业观光园区、庭院、家庭阳台的盆栽。

番茄椒的生长发育特性和栽培技术与普通甜椒、西红柿等茄果类蔬菜基本相似，育苗期 50d 左右，开花后 40～50d 果实成熟，果皮颜色先绿后红。

（一）品种

目前我国栽培的番茄椒只有一个品种，是从日本引进的。

（二）栽培季节

番茄椒在我国的栽培季节基本同于彩色甜椒，生产中可参照彩色甜椒的栽培季节进行操作。

（三）栽培技术

1．育苗

应用无土育苗技术，选用 72～128 孔穴盘，育苗期 40～50d，幼苗 2.5 片真叶时定植。

2．定植

选择三年内没种植过茄科作物的肥沃园田，每 667m^2 施优质农家肥 5000kg，然后翻地，平整后做成畦宽 1.2m、畦距 40cm、高 25cm 的高畦，畦中间修浅灌水沟或铺设滴灌设施，上覆地膜，每畦上栽植两行，行距 80cm，株距 50cm。移栽时浇足定植水，按穴施入氮磷钾复合肥，每穴 0.1kg。注意肥、苗有一定距离，移栽后用土封严。

盆栽的番茄椒，选用 20～30cm 的瓦盆，内装基质，基质由 6 份草炭、4 份蛭石加少量氮磷钾复合肥混合而成，并进行消毒处理。盆栽的每盆栽植 1 株。

3．肥水管理

第 1 次采收后追第 1 次肥，每 667m^2 追施三元复合肥 20～30kg，每个月浇水 1～2 次，生育后期经常进行叶面喷肥。盆栽的每 3～5d 浇一次水。

4．植株调整

第 1 分枝结果后适当剪除部分长势弱的枝条，以后任其自然生长。由于番茄椒枝条脆嫩，因此需要搭架或吊蔓。棚室栽培的，用银灰色吊绳吊蔓；露地栽培和盆栽的，用竹竿支架。要注意每一根枝条都要固定，以防折断。

（四）采收

果皮颜色由绿转黑、由黑转红时可以采收，采收后分级包装。

（1）一级品　单果重100～120g；

（2）二级品　单果重80～100g；

（3）三级品　单果重60～80g；

（4）四级品　单果重60g以下。

（五）主要病虫害

基本与甜椒相同。

第三节　瓜类蔬菜

一、水果型黄瓜

水果型黄瓜（*Cucumis sativus* var.）又称“迷你黄瓜”，为葫芦科甜瓜属一年生草本蔓生植物。与普通黄瓜相比，水果型黄瓜瓜型好，瓜码密，结瓜多，单株结瓜能力强，其果实表面柔嫩、光滑、无刺、色泽均匀，口感脆嫩，瓜味浓郁，经济效益显著高于普通黄瓜，是一个极有发展前景的果菜兼用型瓜类品种。

水果型黄瓜喜温，不耐寒，也不耐高温，发芽适温为28～30℃，出苗期适温为28～30℃，苗期白天适温20～24℃，夜间10～12℃，生长期白天适温为25～32℃，夜间14～16℃。水果型黄瓜的根系对温度十分敏感，适宜的地温是20～23℃。水果型黄瓜喜湿、怕涝，不耐旱；短日照作物，喜光，耐弱光能力较强；喜肥，要求充足的肥料供应，适于有机质丰富的壤土，适宜的pH为6.4～6.8。

水果型黄瓜果实翠绿，顶花带绿，脆甜多汁，清香可口，可当水果直接食用，也可凉拌、炒食、汤食、腌渍、制干等。水果型黄瓜是药用保健蔬菜之一，其皮可利尿，籽可以接骨，藤可以镇痛，秧可以降压，根可以解毒，叶可以治痢疾，果实还有减肥、美容之功效。

（一）品种

（1）戴多星　从荷兰引进的一代杂交种，强雌性，以主蔓结瓜为主，瓜码密，无棱无刺，果皮翠绿有光泽，皮薄，口感好，丰产。

（2）mk160　从荷兰引进的一代杂交种，强雌性，瓜码密，结果多，果皮翠绿色，果皮光滑，口感好，适于春秋季节种植。

（3）春光2号　中国农业大学选育的一代杂交种，全雌性，果皮亮绿色，皮薄，口感脆嫩、甜香，耐寒性强，不耐高温。

（4）京研迷你1号　国家蔬菜工程技术研究中心育成的杂种一代，适合越冬温室及春大棚种植。植株全雌，节节有瓜，无刺光滑，味甜，生长势强，耐霜霉病、白粉病和枯萎病。

此外，还有戴安娜、甜脆绿6号以及台湾的凤燕、秀燕、春燕、飞燕、密燕等品种，从日本引进的锦龙、飞龙、春秋节成等品种。

（二）栽培季节

北京地区水果型黄瓜的栽培季节如表2－5所示。

表2－5　保护地生产周年茬口安排表（北京地区）

茬次	播种育苗期	苗龄/d	定植期	采收期
日光温室早春茬	1月上中旬	35	2月中旬	3月中旬~7月中旬
塑料大棚春茬	2月下旬	30	3月下旬	4月下旬~7月下旬
塑料大棚秋茬	7月中下旬	25	8月上中旬	9月上旬~10月中旬
高效温室秋冬茬	8~9月	30	9~10月中旬	10月~第二年3月下旬
高效温室越冬茬	9月下旬~10月上旬	30	11月上旬	12月~第二年4月

（三）栽培技术

1．育苗

（1）采用（8×10）cm营养钵育苗，按无土育苗技术要求进行。

（2）应用嫁接技术。

2．整地施肥

选用土层深厚、有机质含量高、保水、保肥的壤土，定植前每$667m^2$施用优质有机肥3000kg以上、饼肥200kg、草木灰50kg，深翻混匀，耙平后做成高20～30cm高畦，畦宽140cm，畦距40cm，上覆银灰色地膜。

3．定植

在畦面上栽植两行，小行距60cm，株距30～40cm，每$667m^2$定值1800～2500株。

4．肥水管理

浇好定植水，然后蹲苗7～10d，以后采取小水勤浇的方式，一般5～7d浇水1次。方法为滴灌或膜下暗灌，切忌大水漫灌。进入采瓜期开始追肥，15d左右追肥1次，每次$667m^2$追施复合肥10～15kg。

5．植株调整

一般为单蔓整枝，侧蔓摘除。前5节产生的雌花均应及时摘去，自第6节起开始留瓜，以保证产量。当苗高25cm时，及时引蔓吊蔓，中部每节留2个瓜，疏掉多余的雌花。一般植株可以长到10m以上，单株结瓜60条以上。生长中后期，及时摘除下部老叶、病叶。

6．温度控制

定植后保持白天25～30℃，夜间18～20℃；缓苗后保持白天22～25℃，夜间16～18℃；盛果期保持白天25～30℃，夜间15～17℃。

（四）采收

雌花开放后6～10d，瓜长12～18cm、横径2～2.5cm、花已黄枯时及时采收。一般单瓜重80g左右，每$667m^2$产量可达7500kg左右。

（五）主要病虫害

主要病害：霜霉病、细菌性角斑病、枯萎病。

主要虫害：蚜虫。

二、网 纹 甜 瓜

网纹甜瓜（*Cucumis melo*）为葫芦科甜瓜属一年生植物，其外观漂亮、香味浓郁、含糖量高、品质好、耐贮耐运，是厚皮甜瓜中的高档类型，富有浓郁诱人的芳香，被人们称为瓜中皇后。网纹甜瓜中含有胨化酶，对肾脏病有一定疗效，另外具有止渴、除烦热、利尿、治口鼻的药效，是肾病、胃病、贫血、咳嗽、便秘及结石患者的食疗蔬菜。

（一）品种

（1）娜依鲁　从日本引进，果皮瓦灰色，果肉浅绿色，单瓜重1.5～2.0kg，产量高，抗病性强，适应性广，耐贮性好，口感脆嫩，果实中心甜度15°～17°，坐果后55d左右采收。

（2）阿鲁斯春系（莱特131）　从日本引进，果皮灰色，果肉浅绿色，单瓜重1.5kg，突出特点是网纹粗而均匀，凸起，典型的高档品种。果实中心甜度15°～17°，口感好，风味浓，抗病性强，耐贮存，坐果后55～58d可采收。

（3）中密2号　中国农科院蔬菜花卉所育成，果实圆形，果皮绿色，果肉浅绿色，网纹灰白色并突起，分布较密而均匀，肉质软，香甜，糖度15°，易坐果，坐果后55d成熟。

（4）京玉4号　国家蔬菜研究中心育成，果实圆球形，果皮灰绿色，果肉橙红色，表皮富有网纹，果实中心糖度15°，单瓜重1.3～2.2kg，耐贮存，货架期长。

（5）蜜龙　天津蔬菜研究所选育，果实高圆形，果皮黄色，果肉橙红色，口感爽脆，果实发育期50d，以子蔓结果为主，商品性好。

（6）绿艳　上海市农科院园艺研究所选育，果实圆球形，果皮青灰色，果肉绿色，单瓜重1kg左右，糖度14°。

（7）新皇后　新疆葡萄瓜果开发中心育成，瓜扁圆形，金黄色，单瓜重1kg左右，开花至成熟40～45d，抗病。

（8）新疆19　新疆农6师农科所育成，果实短圆形，橘黄色，单瓜重1kg左右，开花至成熟50d。

此外，还有从台湾某种苗公司引进的天蜜、玉露、蜜世界、翠芳等品种。

（二）栽培季节

北京地区网纹甜瓜的栽培季节如表 2－6 所示。

表 2－6　网纹甜瓜的栽培方式及季节（北京地区）

栽培方式	播种期	定植期	收获期
冬春季温室栽培	1 月上中旬	2 月上中旬	5 月上中旬
春季大棚栽培	2 月中旬	3 月中旬	5 月下旬～6 月上旬
春季改良阳畦栽培	2 月上旬	3 月上旬	5 月中下旬
春季露地栽培	3 月上中旬	4 月下旬	6 月中下旬
秋季大棚栽培	7 月上旬	8 月上旬	10 月上中旬
秋季温室栽培	7 月中旬	8 月中旬	10 月中下旬

（三）栽培技术

1．育苗

应用（10×10）cm 营养钵育苗，按无土育苗技术要求进行。

2．整地施肥

网纹甜瓜喜通透性良好的沙壤土，pH6.0～6.8。每 667m^2施用农家肥 3000kg、复合肥 50kg，结合深翻整地，做成高 15～20cm 高畦，畦宽 120cm，畦距 40cm。

3．定植

网纹甜瓜苗龄 30d、3～4 叶真叶时定植，每畦栽植 2 行，行距 80cm，株距 40～45cm，667m^2栽植 2000 株左右。

4．肥水管理

坐果后追肥，667m^2 追施膨化鸡粪 200kg 或复合肥 30kg。网纹甜瓜极不耐涝，定植后浇定植水，缓苗后若土壤干旱可轻浇 1 次水，开花授粉阶段不浇水。果实膨大期，采取少量多次的方式进行浇水。

5．温度与光照控制

（1）温度　网纹甜瓜为喜温作物，种子发芽适温 30℃；幼苗期要求日温30℃，夜温18～20℃；茎叶生长适温25～30℃，夜温16～18℃；结果期生长适温为日温27～30℃，夜温15～18℃。

（2）光照　网纹甜瓜为长日照作物，生长发育期要求每天10～12h日照。若光照不足，则生长迟缓，果实着色不良，且影响糖分积累。

6. 植株调整

（1）单蔓整枝，子蔓结果　一般保护地立架栽培采用此种方法。即当主蔓长到20～22片叶时进行摘心，选留10～15片叶之间的子蔓，将10片叶以下和15片叶以上的子蔓去掉。结果的子蔓生果后，选留1个生果子蔓，其余全部摘取，留1～2片叶进行摘心。

（2）双蔓整枝，孙蔓结果　立架栽培及露地栽培均可采用此种方法。当主蔓长到4～5片真叶时进行摘心，留两条子蔓，其余摘除；当子蔓生长到8～10片叶时选留孙蔓结果，其余摘除；孙蔓坐果后留3～4片叶摘心。

7. 人工授粉

上午9—10时进行，摘取当日开放的雄花，去掉花冠，露出花药，将花粉粘在雌花的柱头上，轻轻碰几下即可。

（四）采收

早熟品种开花后40～50d成熟；中晚熟种开花后60～75d成熟。收获宜在晴天上午进行，采收时保留果柄和部分茎蔓，呈"T"形，以延长贮存期。

（五）主要病虫害

主要病害：霜霉病、枯萎病、病毒病。

主要虫害：斑潜蝇、蚜虫。

三、小型西瓜

小型西瓜（*Citrullus* sp.）又名袖珍西瓜、迷你西瓜、礼品西瓜，为葫芦科西瓜属一年生草本植物。其果形美观，小巧玲珑，肉质细嫩，汁多味甜，品质上乘。随着社会经济的不断发展，人们生活水平不断提高，饮食观念不断更新，小型西瓜已被人们逐渐接受，迅速在全国推广种植，成为高效农业项目之一。

小型西瓜营养价值较高，含糖7.3%～13%，还含有丰富的矿物质和多种维生素。西瓜有消热解暑的作用，对肾炎、糖尿病及膀胱等疾病有辅助疗效。果皮可制果酱、蜜饯，种子可榨油、炒食、做糕点配料。

小型西瓜的生育特性如下：

（1）种子小，幼苗生长势弱　由于种子小，储存养分较少，出土力弱，下胚轴细，长势较弱。在早播时，苗期处于低温环境下，植株长势普遍比普通西瓜弱，表现为雄花发育不完全，前期花粉量少，雌花子房也小，由此影响正常结果和果实发育。而一旦气候正常，植株生长较旺，如不能及时挂果，往往造成植株徒长。

（2）对肥料反映敏感　尤其对氮肥反映敏感，氮肥过多容易引起植株营养失调。所以，小型西瓜的施肥量应比普通西瓜少1/3～1/2，而且要注意氮磷钾的配合施用，特别要注意适当增施钾肥。

（3）成熟早　从雌花开放到果实成熟的时间短，一般只有20～25d，在适宜的气候条件下较普通西瓜早7～10d。但在早熟栽培条件下，结果期气温低，头茬瓜仍需41～42d，二茬瓜需28～30d，三茬瓜需22～23d，每株可结瓜6～7个。小型西瓜由于果皮薄，在雨水多、长势旺、施肥多时易发生裂果。

（一）品种

目前小型西瓜品种较多，约20多种，其中推广面积较大的有10种左右。

（1）黄小帅　北京市农业技术推广站育成的一代杂交种。极早熟，黄肉，全生育期为85d，成熟期28d，生长稳健，结果力强，抗病，适宜保护地和露地栽培。

（2）红小帅　北京市农业技术推广站育成的一代杂交种。极早熟，果实自开花到成熟需26d，生长势强，分枝力强，低温生长性好，极易坐果，适宜春、秋、冬三季栽培。

（3）黄晶1号　北京市农业技术推广站育成的一代杂交种。极早熟，果实自开花到成熟需26d。果实圆形，果皮黄色有深黄条纹，生长势强，抗逆性强，易坐果，果肉红色，品质优良。

（4）早春红玉　1996年从日本引进的杂交一代新品种，极早熟，开花至成熟需28d。该品种生长稳健，耐低温弱光，适于大小棚早春设施栽培。果实椭圆形，果肉红色，但果皮薄，不耐贮存。

（5）金美人　由台湾某种苗公司培育，早熟，生长强健，结果力强，果皮金黄色，果实长椭圆形，果肉红色，肉质细爽多汁，品质优良，果皮薄但坚韧，耐贮运。

（6）京秀　国家蔬菜技术研究中心育成的杂交一代，早熟，果实成熟期为26~28d，含糖量13%，口感好，果肉红色，少籽。

（7）黄小玉　早熟，抗病力强，坐果率高，连续结果性强，单株可收获10多个瓜。果形整齐美观，果皮青绿色，果肉淡黄色，肉质细嫩，汁多味甜，口感极佳。

（8）红小玉　长势旺盛，耐病丰产，连续结果性好，单株可收获10个以上。果实整齐，呈高球形，瓜纹清晰，瓜皮青绿色，肉质脆嫩，味甜多汁，含糖量13%以上。

此外，还有宝冠、特小凤、天铃、秀铃、红铃、朱兰等品种，多为中国台湾某种苗公司选育。

（二）栽培季节

小型西瓜可进行露地栽培，塑料大棚春提前、秋延后栽培，日光温室越冬栽培。其播种期、定植期，可参照水果型黄瓜灵活安排。

（三）栽培技术

1．育苗

应用（8×8）cm营养钵育苗，按无土育苗技术进行，并应用嫁接技术。

2．整地施肥

定植前整地施肥，每667m²施有机腐熟肥1000~1500kg，氮磷钾复合肥50kg。

3．定植

当幼苗3~4叶时，地温稳定在15℃以上、气温在12℃以上时即可定植。爬地栽培，两蔓整枝的每667m²定植700~800株，三蔓整枝的定植500~600株；立架栽培，两蔓整枝的栽植1100~1300株。

4．植株调整

在小型西瓜长出5~6片真叶时留5叶摘心，促进子蔓萌发，当子蔓长至40~50cm时，选留2~3条健壮整齐的子蔓，其余全部去除。爬地栽培的，坐瓜后在坐果节上留10~15叶去顶。立架栽培的，进行2蔓或3蔓整枝后，直至藤蔓满架时再打子蔓顶。西瓜膨大后，顶部再长出的孙蔓，应根据田间分布密度决定去留。爬地栽培的，整枝时要使子蔓、孙蔓在田间均匀分布，以免相互盘节和遮阴。因小型西瓜果型小，易结瓜，尤其在多蔓栽培时可陆续结瓜，结瓜较多，所以在田间管理时要适当疏果，以提高果实商品等级。

5．人工授粉

设施栽培小型西瓜，风力小，昆虫少，为提高坐瓜率，应进行人工辅助授粉。人工授粉在上午9~11时进行。

6．肥水管理

小型西瓜栽培，在施足底肥、浇足底水的基础上，头茬瓜采收前原则上不施肥、不浇水。当头茬瓜多数已采收，二茬瓜开始膨大期，应进行1次追肥，每667m^2施三元复合肥50kg，于根外5~8cm处穴施覆土并浇水。

7．温度控制

利用设施在早春、秋季栽培小型西瓜的，温度管理十分关键。生长前期要求白天22~25℃，夜间12℃以上；坐果期要求白天25~28℃，夜间15℃以上；果实膨胀期要求白天28~35℃，夜间16℃以上。

（四）采收

小型西瓜一般开花后35~40d成熟，成熟瓜果柄、果蒂收缩内陷，果柄毛脱落，结果节位卷须干瘪，这时即可采收。采收时留6~8cm长果柄，并用泡沫网包装，成箱上市。

（五）主要病虫害

主要病害：猝倒病、立枯病、炭疽病、枯萎病、病毒病。

主要虫害：红蜘蛛、斑潜蝇等。

四、佛　手　瓜

佛手瓜（*Sechium edule*）又名菜肴梨、合掌瓜、福寿瓜、洋丝瓜，为葫芦科佛手瓜属多年生攀缘性草本植物。在热带、亚热带为多年生，温带地区多作一年生栽培。佛手瓜原产于墨西哥和中美洲，19 世纪传入中国。嫩果奶白色，老熟时果色有白、橙、绿和银嵌绿色条斑混合。单果重 250～400g，中熟，生育期为 90～120d。果内仅含一粒种子，种子无休眠期，成熟后如不及时采收，种子在瓜中很快萌发，这一现象称“胎萌”，是佛手瓜的一大特点。

佛手瓜营养丰富，是低热量和低钠食品，对肥胖症、高血压等有一定的食疗作用，其含锌量高，对促进儿童智力发育有重要作用。佛手瓜食用方法很多，凉拌、炒食、做汤均可。块根肥大，茎蔓生，分枝强，卷须大。

佛手瓜喜温耐热不耐寒，发芽适温 18～28℃，幼苗生长适温 20～30℃，种瓜贮存适温 8～10℃。属典型的短日照作物，较耐阴，在长日照条件下花芽不分化，要求空气湿润的气候条件。人工栽培，在夏季要增加浇水量，造成一个空气湿润的小气候环境。佛手瓜根系发达，对土壤要求不严格，但由于其地上部分生长茂盛，需肥需水量较大。

（一）品种

（1）绿皮类型　生长势强，蔓茎粗壮，结瓜多，瓜型较长而大，丰产性好，但味清淡。

（2）白皮类型　生长势弱，蔓茎细短，结瓜少，瓜型圆而小，风味较佳。

（二）栽培季节

佛手瓜的栽培季节因地区不同而异，我国南方各省多于秋季 9—10 月播种，可作多年生栽培；长江中下游地区，春季 3—4 月播种，9 月份开始陆续采收，直至霜冻，多为一年生栽培。

（三）栽培技术

1．育苗

（1）整瓜育苗　因佛手瓜在北方只能作一年生栽培，所以需要每年播种育苗。以山东为例，1 月中旬至下旬室内整瓜催芽；2 月下旬至 3 月上旬种子在花盆阳畦育苗。催芽时将种瓜装入塑料袋内，折叠袋口封闭即可。把装好的种瓜置于 15～20℃环境下催芽，一般经 15～20d，种瓜陆续裂口，生根发芽，当根系长至 3～5cm、芽长 2cm 左右即可转入育苗。育苗为基质育苗，每盆一瓜栽培，种瓜平放，顶端向下倾斜，上覆基质 4～6cm，最后浇透水，放入阳畦、大棚或温室，温度保持 25℃，基质相对含水量为 70%～80%，要保证充足的光照。

（2）扦插育苗　将种瓜提前育苗（一般比整瓜育苗提前 20d 左右），培育较多的健壮枝蔓，于 3 月上中旬将幼苗枝蔓剪下切段，每段 2～3 个节，然后将切段放入 500μL/L 萘乙酸水溶液中浸 5～10min，栽入装有基质的花盆内，保温保湿，促其生根。一般 5～7d 可恢复生长，10d 左右新根可达 1cm。

（3）块根繁殖　霜前采收果实后，将块根刨出，在室内以湿沙保存，保持水分与温度，温度以 0～5℃为宜。第二年清明前后，把保存良好的块根置于 25℃条件下催芽，把出芽的块根切成小块，每块留 2～3 个芽，切口处蘸上草木灰，稍晾后即可播种。

（4）护根越冬　因佛手瓜为多年生植物，在北方栽培，需采取措施保护根系安全越冬，来年才可继续发芽结瓜。具体方法是：霜前采收果实后，剪去秋蔓，移入大棚或日光温室内，第二年春季换上新的基质，适当水肥管理，即可萌发生长。

2. 定植

大田栽培，生长较大的幼苗，采取行株距为 6m×（3～4）m 栽培方式，667m^2保苗 25～30 株；切断扦插的小苗，采取行株距（6×2）m 的栽培方式，每 667m^2保苗 60 株左右。盆栽每盆一株，有机无土栽培，选用直径为 1.0～1.5m 的大口径陶瓷盆。

3. 肥水管理

缓苗期，白天适温 20～25℃，夜间 12～15℃，土壤水分保持见干见湿；生长期，每 10～15d 追复合肥一次，每次每株 0.5kg，采取环形追肥方法；7—9月，猛攻肥水；结果期，一般2d浇1次水，每15d追1次复合肥，每株1～1.5kg，及时抹去根部萌蘖。

4. 植株调整

佛手瓜侧枝分生能力强，所以要及时整枝，一般每株只留2～3条主茎，主茎基部1m内不留侧枝，并随时上架，上架后不再打侧枝，任其发展，但需要人工调整方向。

5. 人工授粉

棚室栽培时，在开花盛期采集雄花，剥掉花冠，一朵雌花上放置一朵雄花，进行人工辅助授粉。

（四）采收

开花后15～20d即可采收上市。采收后选择无伤、形正的进行贮存。在室温5～8℃、相对湿度80%的条件下，可贮存4～6个月。留种瓜应采收开花后30d以上的成熟果。

（五）主要病虫害

佛手瓜基本无病虫害发生。

五、金　丝　瓜

金丝瓜（*Cucurbita pepo* var. *medullosa*）又名搅瓜、金瓜、茭瓜等，为葫芦科南瓜属西葫芦的一个变种，以老熟果实供食用，一年生草本植物。原产非洲，我国在明代就有栽培，清代栽培较普遍，因其果肉加热或冷冻后就能分离成近2mm粗的细丝，故名金丝瓜，属蔬菜中的珍奇品种，具有开发前途。

金丝瓜嫩、老果实均可食用，营养价值较高，除含有一般瓜类的营养元素之外，还含有瓜氨酸、腺嘌呤、谷氨酸、天冬氨酸等，特别还含有一般瓜中所没有的葫芦巴碱，能调节人体代谢，具有清脑润肺、顺气撤火、防治便秘的功效和减肥、抗癌的作用，被称为“天然健康食品”。

金丝瓜的食用方法是把瓜肉加工成瓜丝后食用。鲜瓜加工：将成熟的瓜横切两半，取出瓜籽和瓜瓤，放入沸水中煮5min，再放入冷水中，待冷却后，用筷子搅拌瓜肉即可得瓜的粉丝。冻瓜加工：瓜解冻后，横切两半，取出瓜籽和瓜瓤，直接搅拌瓜肉即可得瓜粉丝。瓜粉丝可炒食、凉拌、做汤，还可以腌渍。

金丝瓜喜温，有一定的抗寒能力，耐高温能力差，属短日照植物，但对光周期反应不敏感，在长日照条件下，可正常开花结果，对光照强度要求较高。金丝瓜喜湿润，又比较耐旱，对土壤要求不严格，耐瘠薄，适应性强。

（一）品种

（1）小果型　形状椭圆形，果皮、果肉均为金黄色。果肉丝状物质地细密，品质优良，产量较低，最著名的栽培品种如瀛洲金瓜，每667m^2产量为3000～4000kg。

（2）大果型　果皮较粗糙，光洁度差，黄白色，果肉丝状物质比较粗糙，品质较差。但产量较高，单果重2kg左右。一般每667m^2产量为5000kg以上。

（二）栽培季节

金丝瓜一般不采食嫩果。长江流域3月中上旬保护地育苗，4月中上旬露地定植，7月初至8月份采收老熟瓜，可一直贮藏供应到冬季。利用保护地也可进行反季栽培，即7月中下旬用遮阳网育苗，8月上旬定植，9月下旬至10月份可采收老熟果。10月中下旬用大棚覆盖，可以采收到11月中旬。

（三）栽培技术

1. 育苗

金丝瓜可育苗移栽，也可在园田直播。育苗为10cm×10cm塑料钵基质育苗。

2. 定植

选择土壤肥沃地块，每667m^2施农家肥3000kg、三元复合肥50kg，结合翻地施入，然后做成平畦，畦宽1m，每畦1行。株距为50cm，每667m^2植苗1300株左右。园田露地栽培可采用地膜覆盖技术。

3. 肥水管理

生育期一般追肥2～3次。第1次在缓苗后，结合浇水；开花期适当控制肥水，防止营养过旺，影响坐果；开始坐果后第2次追肥；第1茬瓜采收后，视长势可少量追肥。金丝瓜有一定的抗旱能力，除结合追肥浇水外，在果实膨大期应供给充足的水分。

4. 植株调整

金丝瓜栽培有支架栽培和爬地栽培两种方式。支架栽培的，当苗高30cm、开始发生卷须时，应及时搭架，引蔓上架。金丝瓜以主蔓结瓜为主，坐果后将侧蔓摘去，结瓜2~3个后，在末瓜前留4~6叶摘心。爬地栽培时，生长期压蔓2~3次。

5. 人工授粉

开花期间上午9~10时进行。

(四) 采收

嫩果在谢花后15d左右、果实15~20cm长时即可采摘上市；老果宜在果皮坚硬、颜色金黄时采摘。老熟的金丝瓜，在常温下可存放3个月，在10℃左右的阴凉、通风、干燥处可存放6~7个月。尤其适合冻藏，冻藏后口味尤佳。

(五) 主要病虫害

主要病害：白粉虱、炭疽病。

主要虫害：蚜虫。

六、老 鼠 瓜

老鼠瓜（*Capparis spinosa*）又名变色瓜、野西瓜、白粉瓜，因其两头小、中间大，故称老鼠瓜。为葫芦科栝楼属一年生攀缘性草本植物。原产印度、马来西亚一带，我国南北方均可种植。老鼠瓜适应性强，对光照要求不严，耐高温，耐干旱，对土壤要求不严格，但以排水良好的沙壤土或黏壤土栽培为宜。

老鼠瓜是一种观赏和食用兼得的瓜类，它瓜型奇特，留种成熟的种瓜色彩红艳，经久不落，非常美丽，且产量奇高，单株结果可达200~300个，结果期长达4~5个月，每667cm^2产量为5000kg以上。嫩瓜食用味道好，炒食或做汤均可，口味清香。老鼠瓜性辛味苦，入肝经，而且具有祛风散寒、除湿等功效。其根皮、果、叶外用可治疗急慢性关节炎。近几年在现代农业观光园区中，老鼠瓜多作为观赏植物种植。

（一）品种

依瓜皮条纹分青皮白条和白皮青丝两种。

（二）栽培季节

可以露地栽培、棚室栽培，也可以盆栽。露地栽培，华南地区2—8 月均可播种，北方地区 3 月上中旬于棚室内育苗，终霜结束后定植。

（三）栽培技术

1. 育苗

应用无土育苗技术，用 50 孔穴盘，每穴 1 粒种子，苗龄 25 ~ 35d，当出现 1 ~ 2 片真叶时即可移栽。

2. 定植

可无土栽培、露地栽培、盆栽。盆栽时用口径 40 ~ 50cm 的花盆，每盆 1 株。露地栽培为高畦棚架栽培方式，行距 2 ~ 2. 5m，株距 1m，每 667m^2栽植 300 株左右。每 667m^2施农家肥 2000kg，最好穴施；定植时每穴再施入复合肥 0. 5kg，与土壤充分混合。

3. 植株调整

上架前只留主蔓，侧蔓全部打去。上架后不再打侧蔓，但要引蔓，使其在棚架上均匀分布。

4. 肥水管理

老鼠瓜上棚架后到开花前一般不追肥，以控制营养生长，促进生殖生长。当第一个瓜长到 100g 重时进行浇水和培土，连续结果后要持续供肥，每 10 ~ 15d 浇 1 次水。

（四）采收

开花后 12 ~ 15d，瓜皮呈灰白色、直径 3 ~ 4cm 时及时采收。做观赏用一般不采收，瓜皮呈鲜红色，十分艳丽。

（五）主要病虫害

老鼠瓜基本无病虫害发生。

七、蛇　瓜

蛇瓜（*Trichosanthes anguiua*）又名蛇豆、大豆角、蛇丝瓜等，葫芦科栝楼属一年生草本植物，原产马来西亚和印度，以嫩果、嫩叶、嫩茎供食用。瓜条细长，形状扭曲，表皮灰白色杂有浅绿斑，形状似蛇。蛇瓜性耐热，喜光，是高温期生长良好的蔬菜；喜温暖、湿润气候，也较耐旱；对土壤适应性强，喜肥，耐肥，也较耐贫瘠。

（一）品种

蛇瓜依果体分为短果型、长果型，依皮色分为灰白色系、绿色系、青黑色系。在广东地区，有些蛇瓜初成熟的时候为绿色，渐渐变老为黄色，有些留种的外皮可变成红色。

（二）栽培季节

蛇瓜可露地大田种植，也可于庭院菜园种植，在北方亦可在棚室做早春、秋后及越冬栽培。由于蛇瓜生长期长，一年只种一茬。长江流域以北，一般在3～4月播种育苗，生长期可延至10～11月；华北地区多在3～4月育苗，4月上旬～5月上旬定植，6月份开始采摘，直至初霜来临。

（三）栽培技术

1．育苗

蛇瓜可以露地直播，但为了早采摘、早上市，现在已推广应用育苗技术。育苗可采取阳畦育苗，也可以进行8cm×6cm塑料钵育苗。一般苗龄为30～35d，幼苗3叶1心时定植。

2．整地施肥

成片种植蛇瓜，结合整地施足基肥。基肥可撒施，也可沟施，每667m^2施入优质农家肥3000kg、复合肥50kg，然后整地，做成高垄，垄距1m。

3．定植

垄上植1行，株距60～80cm，每667m^2栽植800～1000株。

4．肥水管理

定植时浇足定植水，缓苗后追1次促苗肥，第1个瓜坐住后第

2 次追肥。追肥以氮、钾肥为好，以后看长势适当追肥。每次追肥结合浇水，坐果期要经常浇水。

5. 植株调整

抽蔓时搭棚架，植株上架后及时绑蔓，不打顶，但对细弱侧枝可及时疏去。

（四）采收

开花后 10d 左右采收嫩果，采收期从播种后 30d 开始，可延续至 90d。一般每 667m^2产量为 4000kg 左右。

（五）主要病虫害

主要病害：白粉病。

主要虫害：蚜虫。

八、特 长 水 瓜

特长水瓜（*Luffa cylindrica*）又名长丝瓜，为葫芦科一年生攀缘草本植物，植株蔓性。果实长 70 ~ 100cm，横径 3.5 ~ 4.5cm，果重 400 ~ 500g。果实细长筒形，绿色，有深绿色条纹。早熟，播种至初收 80 ~ 100d，延续采收约 150d。生长势强，主蔓结果为主。适应性广，对日照长短反应不敏感。结果多，每株结果 5 ~ 15 个。

（一）品种

特长水瓜主要品种有南京长丝瓜、特长丝瓜王等。

（二）栽培季节

露地栽培的，于早春设施育苗，然后移栽。也可以进行塑料大棚春提前、秋延后栽培。

（三）栽培技术

1. 定植

行距 2 ~ 2.5m，株距 60 ~ 70cm，每 667m^2种植 400 ~ 600 株。

2. 肥水管理

开花前 5 ~ 7d 追第 1 次肥，开花结果旺期，每 7 ~ 12d 追肥 2 次，每次追肥结合浇水。

3. 植株调整

及时引蔓上架，绑蔓，适当摘除下部侧枝。

（四）采收

特长水瓜采收过早，影响产量和品质；采收过晚，则因果实老化而影响其良好的适口性。一般当顶部花开始萎蔫时即可采收。生产中为成熟一批，采收一批，陆续采收上市。

（五）主要病虫害

主要病害：病毒病、白粉病。

主要虫害：蓟马、蚜虫、螨类等。

九、线　瓠　瓜

线瓠瓜（*Focniculum dulce*）又名扁蒲、瓠子，为葫芦科葫芦属一年生草本植物，原产非洲，以幼嫩瓜为食用，肉质细嫩，可作为两季作区夏季蔬菜淡季的蔬菜品种。

线瓠瓜喜温暖，不耐低温，遇霜冻则发生冻害，生长适温为20～25℃；喜强光照，阴雨天气多时易烂瓜；宜在土质肥沃、有机质含量丰富的壤土地块上种植。

线瓠瓜可炒食、做汤、做馅，切片切丝凉拌。一些地区用线瓠瓜加工成瓠条，晒干或烘干后贮存，蔬菜淡季食用或出口创汇。

（一）品种

（1）长圆柱型　果实长40～60cm，最长可达1m以上，横径7～13cm，代表品种有济南线瓠瓜。茎蔓生，长达3～4m；瓜长棒形，一般长30～60cm，最长可达1m；瓜粗10～13cm。皮绿白色，着生白色茸毛，肉白色，单瓜重0.25～0.5kg，肉厚，品质好。此外还有南京面条瓠瓜、湖北孝感瓠瓜等。

（2）短圆柱型　果实长20～35cm，横径13cm以上，代表品种有济南笨瓠子。瓜圆筒形，长20～30cm，粗13cm以上，瓜皮嫩绿色，有茸毛，肉厚，单瓜重0.5kg左右。此外还有江苏棒锤瓠子、湖北狗头瓠子等。

（二）栽培季节

多为露地春夏栽培。

（三）栽培技术

1．育苗

北京地区 3 月下旬于保护地内育苗，苗龄 30d 左右，4 月下旬定植，夏季陆续采摘上市。

2．整地施肥

选择土层深厚、土壤肥沃、保水保肥、能排能灌的地块，定植前整地施肥，做成宽 1.5m，高 20cm 的高畦，并覆盖地膜。

3．定植

4 月底定植，每畦栽植 2 行，行距 80cm，株距 30～35cm，浇透定植水。

4．肥水管理

幼苗 5～6 叶时第 1 次追肥，坐瓜后第 2 次追肥，追肥以复合肥为主，并结合浇水。

5．植株调整

株高 20～30cm 时及时搭架，并引蔓上架。主蔓长到 2m 时及时摘心，促进侧蔓抽生。侧蔓见瓜后留 2 片叶摘心。随着植株上架要及时绑蔓，并随时打掉已采过瓜的老枝、无效侧枝和老黄叶片。

（四）采收

嫩瓜淡绿色，密生白色绒毛，瓜皮由嫩绿色变白时及时采收。采收过早，影响产量；采收过晚，影响品质。

（五）主要病虫害

主要病害：白粉病、病毒病。

主要虫害：蚜虫。

十、袖珍西葫芦

袖珍西葫芦（*Cucurbita pepo* var.）又名香蕉西葫芦，为葫芦科南瓜属一年生草本植物，是南瓜中的一个新品种，以食用嫩果为主。它适应性强，喜温，喜肥，喜水，对土壤要求不严格，栽培范围较广，但对光照要求较严格，属短日照作物，在短日照条件下，雌花数量多。果实直而整齐，长圆筒形，果皮光滑如蜡，植株直立，矮生，适于生食（切丝凉拌或做沙拉），也可炒食，其嫩茎梢也可做菜。富含营养元素，含有瓜氨酸、腺嘌呤、天冬氨酸、葫芦巴碱等，能预防糖尿病、高血压以及肝脏、肾脏一些病变发生。早生，播种后 1 个多月开始开花结果，播种至初收 40 ~ 50d，开花后 5 ~ 7d 即可采收，延续采收 30 ~ 50d。每株结果 3 ~ 7 个。

（一）品种

袖珍西葫芦按植株的栽培性状可分为矮生型、半蔓生型、蔓生型三种类型。

（1）金皮品种　吉美、高迪、金门、金光、金黄 009。

（2）绿皮品种　真光、兴农、黑美丽、如意、珍珠、绿宝石、晋西葫芦 1 号。

（二）栽培季节

栽培季节为春季 1—3 月、秋季 8—11 月，育苗移栽或直播。

（三）栽培技术

1．育苗

采用 10cm × 10cm 营养钵无土育苗，3 叶 1 心时定植。

2．定植

可进行无土栽培、露地栽培、盆栽。高畦覆膜栽培，畦高 20cm，宽 1m，每畦 1 行，株距 50cm，每 667m^2 栽植 1300 株左右。

3．肥水管理

每 667m^2 施入腐熟农家肥 3000kg 做基肥，幼瓜坐住后第 1 次追肥，结瓜盛期第 2 次追肥。7 ~ 10d 浇水 1 次。

4．人工授粉

晴天上午 7∶00—10∶00 人工辅助授粉。

（四）采收

一般定植后 40 ~ 45d 开始采收，即开花后 7d 左右、瓜长 20cm 时采收。

（五）主要病虫害

主要病害：病毒病、白粉病。

主要虫害：蚜虫、白粉虱。

十一、观 赏 南 瓜

观赏南瓜（*Cucurbita pepo* var. *kintoga*）是随着近年来观光旅游农业的发展而兴起的一个蔬菜家族，多用于观光农业中的廊架栽培。观赏南瓜品种较多，形态各异，颜色亦多种多样，其中多数品种没有食用价值，只供观赏。

（一）东升南瓜

东升南瓜属西洋南瓜，葫芦科一年蔓生草本植物。早生，易结果，喜冷凉而不耐热，耐白粉病。果实通常为厚扁球形，橘红色，鲜艳夺目，肉厚，肉质粉质香甜。雌花开后约45～55d采收，贮存期长，生长适温20～30℃，耐旱，是一种既可食用又可观赏的南瓜品种。

以种子繁殖，可以露地或保护地栽培。可育苗移栽，也可直播。栽培密度行株距60cm×45cm，单蔓整枝结果，及时搭架引蔓。

（二）大吉南瓜

大吉南瓜属西洋南瓜，葫芦科一年蔓生草本植物。早生，果实扁球形，皮青黑色，稍有灰绿色斑纹。肉色橙黄，肉质粉质，品质优良。耐寒不耐热，宜单蔓整枝，适于密植，一株可结2～4个果，雌花开后约40d老熟采收。生长适温20～30℃，是一种既可食用又可观赏的南瓜品种。

以种子繁殖，可以露地或保护地栽培。可育苗移栽，也可直播。栽培密度行株距（80～100）cm×（55～60）cm，单蔓整枝结果，及时搭架引蔓。

（三）仙姑南瓜

仙姑南瓜属葫芦科中国南瓜，一年生蔓生草本植物。早生，耐病毒病与白粉病，适于密植。果实木瓜型或葫芦型，果面平滑，果皮橙黄色，有墨绿色斑纹。结果多，果重2.0～2.5kg，肉厚，果肉色泽橙黄亮丽，偏粉质而味甜。生长适温20～30℃，是一种既可食用又可观赏的南瓜品种。

可以露地或保护地栽培，可育苗移栽，也可直播。栽培密度行株距（50～60）cm×（40～60）cm，双蔓整枝结果，及时搭架引蔓。

（四）金童

金童为葫芦科一年生草本植物，植株蔓性。嫩果灰白色，老熟时果实鲜橙色，扁圆形，有明显的棱纹线，果重100～150g。早熟，生长期为90～120d。长势中等，主侧蔓均可结果，但以主蔓结果为多。耐寒不耐热，观赏期可长达1年，生长适温20～30℃，是一种只供观赏不可食用的小南瓜品种。

可进行无土栽培、露地栽培、盆栽。露地栽培行株距50cm×（40～50）cm。及时引蔓上架，适当摘除下部侧枝，花果期多施肥，可保持连续结果。盆栽时，可选用30cm×30cm的花盆，每盆一株。

（五）玉女

玉女为葫芦科一年生草本植物，植株蔓性。嫩果浅白色，老熟时果色雪白，果实扁球形，有明显的棱线浅，果肉黄色。果实小巧新奇，果实长5～7cm，横径7～10cm，单果重100～150g。早熟，生长期为80～100d。长势中等，以主蔓结果为主，耐寒不耐热，观赏期可长达1年，是一种只供观赏不可食用的小南瓜品种。

可进行无土栽培、露地栽培、盆栽。露地栽培行株距50cm×（40～50）cm。及时引蔓上架，适当摘除下部的侧枝。

（六）瓜皮

瓜皮为葫芦科一年生草本植物，植株蔓生。果实扁球形，小巧可爱，嫩果深绿色，有浅灰绿色条纹；老熟时果色绿色，有明显的浅绿色隔线。果实长5～8cm，横径8～10cm，单果重100～250g。早熟，生长期为100～120d。长势中等，以主蔓结果为主，耐寒不耐热，观赏期可长达1年，是一种只供观赏不可食用的小南瓜品种。

可进行无土栽培、露地栽培、盆栽、庭院棚架栽培。露地栽培行株距为60cm×60cm。及时引蔓上架，适当摘除下部的侧枝。盆栽时，可选用（30～40）cm×（35～45）cm的花盆。

（七）龙凤瓢

龙凤瓢为葫芦科一年生草本植物，植株蔓生。果实汤勺形，上方细长，具可握式的长柄，下为球形，长 10～20cm，横径 5～9cm，果重 150～200g。果实底部为深绿色，上方为橙黄色，各有淡黄色条纹相间。早熟，生长期为 80～100d。长势中等，主侧蔓均可结果，但以主蔓结果为多。耐寒不耐热，生长适温为 20～30℃，观赏期可长达 1 年，是一种只供观赏不可食用的小南瓜品种。

可进行无土栽培、露地栽培、盆栽。露地栽培行株距（50～60）cm×（40～60）cm。及时引蔓上架，适当摘除下部的侧枝。该品种结果性能强，生长旺盛应加强肥水管理。

（八）椪柑

椪柑为葫芦科一年生草本植物，植株蔓生。果实高球形，小果，长 5～8cm，横径7～10cm。果皮金黄或橙黄色，似柑橘，果重 100～200g。早熟，生长期为 100～120d。长势中等，以主蔓结果为主，耐寒不耐热，果实充分成熟后耐贮存，观赏期可长达 1 年，是一种只供观赏不可食用的小南瓜品种。

可进行无土栽培、露地栽培、盆栽。露地栽培行株距为 60cm×60cm。育苗 3～4 片真叶时移栽，及时引蔓上架，适当摘除下部的侧枝。盆栽时，可选用 35cm×40cm 的花盆。有机无土栽培，定植密度为 1 株/m^2，每株可结果 15～20 个。

（九）鸳鸯梨

鸳鸯梨为葫芦科一年生草本植物，植株蔓生。果实细小可爱，为西洋梨形，上细小而下大，长 8～9cm，横径 4～7cm，果重 100～150g。果实底部为深绿色，上方为金黄色，各有淡黄色条纹相间，生长期为 80～100d。长势中等，主侧蔓均可结果，但以主蔓结果为主，耐寒不耐热，观赏期可长达 1 年，是一种只供观赏不可食用的小南瓜品种。

可进行无土栽培、露地栽培、盆栽。露地栽培行株距为 50cm×50cm。及时引蔓上架，适当摘除下部侧枝。盆栽时，可选用30cm×40cm 的花盆。有机无土栽培，定植密度为1 株/m^2。

（十）白蛋

白蛋为葫芦科一年生草本植物，植株蔓生。果实为鸡蛋形小果，乳白色，果面光滑，长10～18cm，横径7～10cm，果重150～200g。早熟，生长期为80～90d。长势中等，主蔓结果为多，耐寒不耐热，观赏期可长达1 年，是一种只供观赏不可食用的小南瓜品种。

可进行无土栽培、露地栽培、盆栽。露地栽培行株距（50～60）cm×50cm。及时引蔓上架，适当摘除下部的侧枝。盆栽时，可选用35cm×40cm 的花盆。

此外，只供观赏不能食用的“玩具”小南瓜品种还有牵手、大花脸、大团圆、子孙满堂、七彩球、紫砂壶、金蝉脱壳、橘灯、雪绒花、金绣球、皇上黄、金色年华、黄金时代、金星宴、晨露、朝阳、泉水叮咚、猴子捞月、黑美人、小顽童、黑妞、星星点灯、电灯泡、绿绸带、一点黄、花姑娘、天峰、新世纪、丽妃星、金花猫、千岁等，其栽培方式与前述基本相同。

（十一）白皮南瓜

白皮南瓜为葫芦科一年生蔓生草本植物。果实长10～13cm，横径19～21cm，果重1.5～2.5kg，果皮白色，果实圆形，果面光滑。生长期为100～120d，长势中等，以主蔓结果为主，每株结果2～4 个。耐寒不耐热，是一种既可观赏又可食用的中型南瓜品种。

适宜播种期为春秋季。种子直播或育苗移栽均可，可露地栽培或庭院栽培，也可用基质无土栽培。露地栽培，行株距100cm×60cm。及时引蔓上架，并适当整枝，摘除下部的侧枝。温室有机无土栽培，密度为每2m^2定植1 株。

（十二）元阳南瓜

元阳南瓜为葫芦科一年生草本植物，植株蔓生。果实为上细小而下大的圆球形或长棒形，果面有白色斑纹，果实长30～60cm，横径5～10cm，果重3kg 左右。嫩果浅绿色，熟果黄白色。生长期为80～100d，长势中等，主侧蔓均可结果。耐寒不耐热，观赏期可达半年，是一种即可观赏又可食用的中型南瓜品种。

适宜播种期为 8 月 ~ 第二年 4 月，可露地栽培或无土栽培。露地栽培行株距为 100cm × 50cm，直播或育苗移栽均可。及时引蔓上架，适当摘除下部的侧枝。该品种结果多，生育期间注意肥水管理。采用温室有机无土栽培，密度为 $2m^2$ 定植 1 株。生长期注意防治病毒病、白粉病和瓜蓟马。

（十三）红皮南瓜

红皮南瓜属西洋南瓜，葫芦科一年生攀缘植物。早生，易结果。喜冷凉，不耐热，耐白粉病力强，果实通常为厚球形或梨形，纵径 19cm，横径 19 ~ 20cm，果重 1.2 ~ 2.0kg。果皮金红色，鲜艳夺目。肉厚，肉质粉质香甜。雌花开花后45 ~ 55d 采收，采收越晚，肉质越粉质而甜。贮存力强，生长适温为20 ~ 30℃，耐旱。

以种子繁殖，露地栽培播种期为 3 月，保护地栽培秋季 7—8 月。露地栽培行株距为 50cm × 40cm。及时引蔓上架，适当摘除下部的侧枝并适当进行整枝，其他管理参照白皮南瓜进行。

（十四）黄皮南瓜

黄皮南瓜属西洋南瓜，葫芦科一年生攀缘草本植物。早生，适于密植。果实扁球形，单果重 1.2 ~ 1.6kg。果皮橙黄色，具有均匀分布的浅沟，果柄深绿色，肉色橙黄亮丽，肉质粉质，香甜可口，风味优美。耐寒不耐热，宜单蔓整枝，1 株可结果 2 ~ 5 个。雌花开花后约 40d 可采收，生长适温为 20 ~ 30℃。

以种子繁殖，可进行保护地栽培、露地栽培、盆栽。露地栽培，行株距为（80 ~ 100）cm ×（55 ~ 60）cm，盆栽每盆 1 株。单蔓整枝结果，及时搭架引蔓、绑蔓，摘除下部侧枝。温室栽培要人工辅助授粉。生长期注意防治病毒病、白粉病与瓜蓟马。

（十五）花皮南瓜

花皮南瓜属西洋南瓜，葫芦科一年生蔓性草本。早生，易结果。果实通常为厚扁球形，单果重 1.2 ~ 2.0kg。果皮橘黄色，有明显的均匀分布的白色条纹或斑点。果柄较长，深绿色。肉厚，橙色，肉质粉质香甜，风味优美。雌花开花后 45 ~ 55d 可采收，采收越晚，肉质越粉质而甜。贮存力强，且风味不易变坏。生长适温为20～30℃，耐旱，耐白粉病力强，喜欢冷凉气候，不耐热。栽培要点参照黄皮南瓜进行。

（十六）飞碟瓜

飞碟瓜为葫芦科南瓜属美洲南瓜的一个变种。根系发达，茎蔓生、半蔓生或矮生。早熟，从播种至始收40～60d。果为瓠果，果色为白黄绿色三种，果缘具棱齿，腹部隆起，形似飞碟。果柄长7～8cm，果径10～15cm，单果重600～700g，以嫩瓜供食用，喜欢温暖、湿润、光照充足的环境。适宜生长发育的温度为白天22～28℃，夜间13～18℃。

可进行保护地栽培、露地栽培、盆栽。露地栽培行株距为（60～70）cm×（40～60）cm，盆栽每盆1株，苗高30cm左右时可以扦立竹竿防止倒伏。其主要病虫害有蚜虫、白粉病与病毒病。

十二、大型、巨型南瓜

单瓜重50～100kg，甚至更大，以追求单瓜重为观赏目标。在栽培中要留足单株生长的面积30～50m^2，每株只能选留一个正在膨大的瓜。

单瓜重15～50kg，追求瓜重兼顾结瓜数，单株生长面积应达到20～30m^2，单株结瓜数为1～3个。

（一）品种

（1）巨型南瓜　主要来源于欧美地区，颜色一般为白色或橙黄色，单瓜重一般都能达到100kg以上，一般作为饲料或药用南瓜开发。国内目前作为观赏栽培。

（2）大型南瓜　国内个别地方品种和台湾品种，颜色一般为白色或红色，单瓜重一般能达到50kg以上。食用、观赏、开发并举。

（二）栽培季节

大型、巨型南瓜的茬口安排原则是把瓜的膨大周期安排在本地一年中光照最佳、温差最大、温度最适宜的季节。在坐瓜前植株的

叶面积要达到 $20m^2$ 以上，要具有 3 个强壮分枝，以此向前推确定播种时间。一般华北地区的巨型南瓜膨大期为每年的 3～6 月和9～10 月，南方地区则是在每年的 9～11 月。夏季由于雨水多，光照少，温差小，反而不利于长成大瓜。

观赏南瓜栽培同样要避免重茬而带来的病害，可以通过更换基质或单株容器和基质消毒来实现。为保持温室持续稳定的景观效果，倒茬、换茬时要考虑局部错开进行。

（三）栽培技术

1. 育苗

用 10cm×10cm 营养钵基质育苗，育苗技术同其他蔬菜。

2. 定植

苗龄 35d、4～5 片叶时定植。定植穴直径 1m，深 60cm。

3. 肥水管理

大型、巨型南瓜需肥水较多，因此，在定植前集中穴施农家肥，每穴施入优质农家肥 40kg、三元复合肥 3kg，并与土壤充分混合。在其生长阶段根据长势每半个月追肥一次，以氮磷钾复合肥为主，并结合浇水。

4. 植株调整

大型、巨型南瓜单株不能同时结瓜太多，当第 2、第 3 雌花出现后，可以同时授粉 2～3 个瓜，待幼瓜膨大到直径 15cm 时，选择其中一个坐瓜节位合理、瓜型好、膨大速度快的保留，其余及时摘去。

大型、巨型南瓜的膨大周期为 60～90d，因此，在瓜果未定型前绝不能留第二个瓜。巨型南瓜在坐瓜后遇阴雨天气连续 3d 以上，就有可能引起化瓜；在开花授粉后 20d 内出现不利天气或根部受害均会引起化瓜。因此，遇到连续阴天或根部受害时要及时采取人工补光、根外追肥等补救措施。

（四）主要病虫害

主要病害：灰霉病、白粉病、病毒病。

主要虫害：蚜虫、蓟马、白粉虱等。

十三、葫　芦

（一）青葫芦

青葫芦为一年生攀缘草本植物，根系发达，茎蔓生。果实葫芦形，长25cm左右，上部横径8cm，下部横径15cm，中间缢细，果皮光滑，坚硬，绿色，单果重2000～2500g。中熟，播种至初收80～90d，延续采收120d左右。长势强，以侧蔓结果为主，耐热喜湿。

在葫芦中，还有一种小葫芦与一种圆葫芦，小葫芦果实青绿色，高7～10cm，横径2.5～4cm，果重20～30g，小巧玲珑，观赏性较高。圆葫芦果实高20cm左右，横径15～18cm，青绿色，上小下圆，果重1000～1500g。

适宜栽培季节为春季1～3月，秋季7～8月。爬地或支架栽培，可进行无土栽培、露地栽培、盆栽。露地栽培，株距80～100cm，行距1～1.5m。及时引蔓，捆蔓，摘除第八节以前的侧枝，大葫芦每株留果5～8个，小葫芦每株留果20～60个。生长期注意防治疫病、病毒病、白粉病与瓜蓟马。

（二）鹤首葫芦

鹤首葫芦为极具观赏性的奇形葫芦品种，为1999年中国昆明世界园艺博览会金奖获得者。一年生攀缘草本植物，植株蔓性。果实外形似鹤首，上方具细长柄，下方高球形，表面有明显的棱状突起，长30～80cm，横径15～20cm，果重1.5～2.5kg。果皮深绿色，中熟，生长期为100～120d。生长势较强，以侧蔓结果为主，适应性广。生长适温为20～30℃，观赏期可达1～3年。

可周年栽培。可进行温室无土栽培、露地栽培，也可进行庭院栽培。露地或庭院栽培时，行距2m，株距60～70cm。及时引蔓上架，适当摘除下部侧枝。该品种果实较大，结果期间应加强追肥浇水，特别是结果后期防止早衰。采用有机无土栽培种植，定植密度每$2m^2$种1株。需要人工授粉，每株结果3～7个。生长期注意防治病毒病、白粉病和瓜蓟马。

（三）长柄葫芦

长柄葫芦为极具观赏性的奇形葫芦品种，为1999年中国昆明世界园艺博览会银奖获得者。一年生攀缘草本植物，植株蔓生，果实长50~80cm，横径15~20cm，绿色，果重1.5~2.5kg。果实上方具细长柄，下方近圆球形，表面有光滑或有绿白色的斑纹。中熟，生长期为100~120d，长势中等，以侧蔓结果为主，适应性广，生长适温为20~30℃，观赏期可长达1~3年。干燥时也可用于雕刻观赏。

可周年栽培。可进行无土栽培、露地栽培，也可进行庭院栽培。露地栽培时，株距60~70cm，行距2m。及时引蔓上架，适当摘除下部侧枝，开花结果旺盛期，增加追肥浇水。有机无土栽培，定植密度为$2m^2$植1株。需要人工辅助授粉，每株结果3~7个。

（四）永乐葫芦

葫芦科一年生攀缘草本植物，植株蔓生。结果力强，结果数量多，果实长18~20cm，横径8~10cm，白绿色。果实短筒形，大小整齐，形状端正，单果重400~600g，早熟，生长期为70~100d，播后50~60d始收。长势强，主侧蔓结果，以侧蔓结果为主。耐白粉病和蔓枯病，适应性广，生长适温为20~30℃。对日照长短的反应不敏感，一年四季均可栽培。

可进行无土栽培、露地栽培。露地栽培，株距60cm，行距60cm。及时引蔓上架，适当摘除下部侧枝。温室栽培需要人工辅助授粉，每株结果3~7个。

此外，还有一些地方品种。如大腰葫芦、小腰葫芦、长瓠子、圆瓠子、小兵丹、苹果葫芦等。

十四、节　　瓜

节瓜（*Benincasa hispida* var. *chieh-qua*）又名毛瓜，为葫芦科冬瓜属一年生草本植物，是冬瓜的一个变种，原产我国南部，是我国特产蔬菜之一，在岭南地区栽培历史悠久，约300多年；在海南栽培面积较大，在广东、广西、台湾地区种植也比较普遍。近年来，在福建、上海、南京、北京、成都等地区发展较快，尤其山东省栽培面积迅速扩大，在春季露地栽培中，有逐渐代替冬瓜的趋势。

节瓜以食嫩瓜为主，其瓜肉质柔滑细嫩、清淡，风味品质优于冬瓜，食用方法为清炒、荤炒、做汤、做馅等。老瓜耐贮运，用于调节蔬菜市场。

节瓜是一种保健蔬菜，可用于减肥，还有清热、清暑、解毒、利尿、消肿等药用功效，是肾脏疾病、浮肿病、糖尿病患者理想的食疗蔬菜。

节瓜适应的环境条件与冬瓜基本相同，适于较高温度和较强的光照，种子发芽适温为30℃左右，幼苗生长适温20～25℃，茎叶生长和开花结果适温25℃左右；短日照作物，但不严格，低温短日照条件可以促进发育；要求较高的土壤水分，对氮肥反应敏感。节瓜生育期较短，开花结果迅速，从播种至初花50～70d，播种至采收90d左右。

（一）品种

节瓜的品种较多，在广西、广东栽培的品种多为七星仔、星毛节、菠萝种等地方品种，近些年广东省农科院蔬菜科学研究所选育的江心节、冠星2号、七星仔37号已大面积推广；山东农业大学选育的山农1号已在山东等地推广；此外，台湾某种苗公司的吉乐、清心等品种，也在各地推广种植。

（二）栽培季节

华北地区节瓜的栽培季节如表2－7所示。

表2－7 节瓜栽培方式及季节（华北地区）

栽培方式	育苗期	定植期	采收始期
日光温室越冬栽培	12月～1月上旬	1月中下旬～2月中旬	4月上旬
塑料大棚早春栽培	2月上中旬	3月上中旬	5月上旬
塑料大棚秋后栽培	7月下旬	8月下旬	10月中下旬
露地春季栽培	3月中下旬	4月中下旬	6月中旬

（三）栽培技术

1．育苗

用（8×8）cm 塑料钵无土育苗，苗龄 30～35d、3～4 片真叶时移栽。塑料大棚早春栽培的，在 2 月上中旬于温室内育苗；露地春季栽培的，于 3 月中下旬在塑料拱棚中育苗；塑料大棚秋延后栽培的，于 7 月下旬露地遮阳育苗。

2．整地施肥

结合翻地每 667m^2施农家肥 3000kg，然后做成宽 1m、高 15cm 的高畦。在做高畦时，畦内每 667m^2施入三元复合肥 40kg。在高畦上开浅浇水沟或铺设滴灌设施，然后覆盖地膜。

3．定植

每畦栽植 1 行，株距 50cm，浇透定植水，封严定植穴。

4．肥水管理

于生长繁茂初期、采收始期各追肥 1 次，每 667m^2追施硫酸铵 10kg 左右，并于缓苗期、生长繁茂初期、结瓜始期、结瓜中后期各浇水 1 次。露地栽培的，视天气情况适时浇水。

（四）采收

节瓜在开花后 7～10d 便可采收，采收标准为单瓜重 250～500g。

（五）主要病虫害

节瓜基本无病虫害发生。

十五、栝　楼

栝楼（*Trichosanthes kirilowii*）又名吊瓜、药瓜，为葫芦科多年生藤本植物，主产地为我国山东、河南、河北等省。栝楼的根、茎、叶、瓜皮、种子均可供药用，其种子可炒食，是炒货中的佳品，深受消费者欢迎。栝楼融药用和食用为一体，不仅使食用者享受口福，而且能起到抗病健身的作用。

栝楼性寒味甘，微苦，归肺、胃、大肠经，有扩张心脏动脉、增加冠脉流量的作用，对糖尿病、高血压、高血脂、高胆固醇都有辅助疗效。

栝楼性喜温暖湿润的环境条件，适宜在深厚、疏松、湿润的土壤中生长，不耐寒，不耐旱，忌积水，怕涝。

（一）品种

栝楼有野生种和栽培种之分，栽培种中以仁栝楼和糖栝楼为主。

（二）栽培季节

（1）块根种植　块根一般在3月中旬~4月上旬挖取，挖出后在太阳下稍晒即可栽植。

（2）种子种植　以营养钵进行无土育苗，于3月中下旬在棚室内播种，5月上旬定植。

（三）栽培技术

1. 种子选择

选择果实较大、花纹清晰的瓜做种瓜，在取种子时，要选择籽粒饱满、千粒重高的留作种子；如用块根种植，则选择无病、健壮的块根。

2. 整地施肥

基肥于春季整地挖穴时提前施入，每穴施腐熟农家肥15kg，再施入三元复合肥0.3kg，然后盖土15cm，耙平后准备栽植。以后每年冬前每穴都要施入农家肥15kg、过磷酸钙0.2kg。

3. 定植

块根栽植：行株距为3m×1m。

种子育苗栽植：第1年行株距为3m×0.15m，开花后去掉雄株，第2年留一半苗，以后逐年删稀。

4. 肥水管理

栝楼块根营养丰富，因此坐瓜前一般不追肥；对当年新种植的栝楼在坐瓜前要多次追肥。当苗高15cm时追1次壮苗肥，每穴追施少量尿素；6—8月再追肥2~3次，每次每穴追施复合肥0.2kg。每次追肥都要配合浇水。

5. 植株调整

新生长的栝楼引主蔓上架，上架后留取侧蔓，开花后及时删除雄株。已投产的栝楼根据架面空间选留 1～2 个根蔓，上架后打顶，并摘除坐瓜节位前的侧枝。同时应经常理蔓，保持蔓向上向前向同一方向生长。

（四）采收

栝楼是从植株下部开始依次向植株上部成熟，所以采收也是从植株下部向上部依次进行。采收原则为成熟一批，采收一批。

（五）主要病虫害

主要病害：蔓枯病。

主要虫害：瓜绢螟。

第四节　根茎类蔬菜

一、美 洲 防 风

美洲防风（*Pastinaca sativa*）又名芹菜萝卜、蒲芹萝卜，为伞形花科欧防风属中能形成肥大肉质根的二年生草本植物，以肉质根供食用。原产欧洲与西亚，在我国栽培有近百年历史，但面积不大。美洲防风含有极为丰富的营养物质和特殊的芳香物质，并且具有一定的医疗价值。可散风除湿、解表，对人体有保健作用。其食用方法较多，可炒食、煮食、做汤菜，或制作罐头，其嫩叶亦可做菜用。

美洲防风喜冷凉的气候条件，耐寒力较强，也比较耐热，植株生长适温为 22℃ 左右；喜光，耐干旱，忌过湿和雨涝；由于肉质根入土较深，要求在土层深厚、土质疏松、富含有机质的沙壤土地上栽培，需磷、钾肥较多。

（一）品种

（1）圆根类型　早熟种，肉质根近圆形，长 8～12cm。

（2）中根类型　中熟种，肉质根中等长，圆锥形，长 10～15cm。

（3）长根类型 晚熟种，生长期为120～125d，肉质根白色，圆锥形，长20～40cm。

（二）栽培季节

春秋两季均可播种，北方4月初开始播种，7月上旬开始采收；秋播在8月下旬至9月上旬，第二年春采收。

（三）栽培技术

1．整地施肥

每667m^{2}施农家肥3000kg、三元复合肥30kg，均匀撒施地面，然后翻耕30cm，整平耙细地面，做成高20cm、宽1.2m、畦距30cm的高畦。

2．播种

生产上多采用直播，撒播、条播均可，每667m^{2}用种量500～700g。条播时，按20cm的行距开沟，覆土3cm左右，播后压实，约15d出苗。

3．田间管理

2～3片真叶时第1次间苗，株距5cm、苗高10～12cm时，第2次间苗；株距10cm、幼苗4～5片真叶时定苗。条播的株距为20cm，撒播的行株距均为20cm。出苗至封垅前，中耕3～4次。

4．肥水管理

第2次间苗时进行第1次追肥，每667m^{2}追尿素15kg，加磷酸二铵15～20kg。由于美洲防风喜干旱，所以生育期间不宜多浇水，浇水量也不宜过大。

（四）采收

北方地区7月上旬开始采收，但以8—10月采收的产量较高，一般每667m^{2}产量为750～1000kg。

留种株时，在采收时选择生长健壮的植株，切去根端1/4，第2年4月定植于留种田，行株距为65cm×65cm。抽薹后及时支架绑缚，5—6月开花，7月种子成熟收获。每667m^{2}可收种子40～50kg。

（五）主要病虫害

主要病害：白粉病。

主要虫害：黄凤蝶。

二、辣　根

辣根（*Armoracia rasticana*）别名西洋山嵛菜，为十字花科辣根属，多年生草本植物，根有特殊辣味，有增进食欲、刺激肠胃的功能。我国做药用，有利尿、兴奋神经之功效。辣根原产欧洲东部及土耳其，我国山东省栽培较早。

辣根生长喜冷凉气候，生长适温为20℃左右；喜土层深厚、疏松肥沃、保水力强的土壤栽培，尤喜pH 6左右的微酸性土壤；较耐干旱，不耐雨涝，尤其冷凉地区产品品质优良，为长日照作物。

（一）品种

目前我国栽培的辣根只有一个品种。

（二）栽培季节

辣根春秋季均可播种，以春季栽植为主。由于其种子一般不宜成熟，故生产中多为无性繁殖。

（三）栽培技术

1. 整地施肥

辣根忌连作。选择土质肥沃、土层深厚的地块，栽种前施肥整地，一般每$667m^2$施农家肥2000kg，然后深耕30cm，做成宽120cm、畦距30cm的高畦，准备栽种。

2. 定植

辣根采用根状茎繁殖，选用直径1cm左右的根状茎，切成长约15cm做种苗。北方地区一般于4月下旬至5月上旬栽种，行株距各30cm。栽种时，先用尖木棒打洞，然后将根状茎栽入，栽深20cm左右，然后覆土并踩实。

3. 肥水管理

5月上中旬出苗，苗高15cm时第1次追肥，开浅沟施入，然后浇水；株高35cm时，第2次追肥。

4. 田间管理

生育期间2～3次中耕，1次培土。

（四）采收

春季种植的辣根，10月上旬收获，但产量不高，若第二年收获，产量较高。收获时要及时加工，妥善贮藏。贮藏要选择地势干燥处，挖1m深的穴，下部垫草，放上辣根，用草盖好，并覆土。冬前收获的辣根，可贮至第二年3月。

霜后收获辣根，选择1cm粗的侧根，切取长15cm左右做根苗。切根苗时，顶部平切，下部斜切，以便栽种时可以分清上下。可将20根根苗捆成1捆，埋藏保存，第二年春挖出栽种。每667m^2约需根苗5～8kg。

（五）主要病虫害

主要病害：疮痂病。

主要虫害：菜青虫。

三、根 甜 菜

根甜菜（*Beta vulgaris* var. *rapacea*）又名红菜头、绿菜头，藜科甜菜属二年生草本植物，原产地中海沿岸，栽培历史悠久。根甜菜肉质根色泽鲜艳，富含糖分，含糖量一般为13%～15%。耐贮存、运输，是北方制糖工业原料，也可作为蔬菜食用。

根甜菜食用方便，可生食、熟食、加工罐头。北方农村常用的食用方法是把根甜菜切成细丝，拌入豆面或玉米面蒸食，俗称“布落”，又甜又香，可为主食。

根甜菜为耐寒性植物，喜冷凉气候，在冷凉季节生成的肉质根糖分高、品质好；生长适温为12～26℃，成长的植株耐－2～3℃霜冻，耐热性弱；根甜菜通过春化最适温度为5～8℃，因此春季栽培不适宜播种过早；对光照要求比较严格，为长日照作物，在长日照条件下通过光周期反应；土壤水分含量要求达到田间持水量的60%，对土壤的适应性较强，但不宜在重黏地块上栽培。

（一）品种

（1）按熟期分　早熟种、中熟种、晚熟种。

（2）按肉质根颜色分　红色、黄色两种。

（3）按肉质根的形状分　扁平形、扁圆形、圆球形、圆锥形。

（二）栽培季节

露地栽培多于春季播种；温室可在春、秋、冬三季播种。

（三）栽培技术

1. 播种育苗

多为直播，也可用专用纸筒育苗，每个纸筒播种一粒种子，苗龄40d左右，移栽时连同纸筒一起栽植。直播每667m^2播种量为1～1.5kg，行距50cm，株距40cm。为提高产量，直播前或移栽前覆盖地膜，播后或移栽后及时封坨压膜。

2. 整地施肥

土地必须深翻，每667m^2施腐熟、优质农家肥3000～5000kg，并作成80cm宽的高畦，上播2行。露地栽培时，采用地膜覆盖技术。

3. 田间管理

播种后10d出苗，1～2片真叶时第1次间苗，3～4片真叶时定苗。间苗后中耕2～3次。

4. 肥水管理

分别于封垅前、块根膨大期追肥，并配合浇水。

（四）采收

露地栽培的，在冻前收获，收获后放置冷凉处，用干燥细沙埋覆，可保存3～4个月。留种的，在收获后选用典型品种特征的肉质根，单个重0.2～0.3kg，妥为保藏，于第2年4月上旬按株行距70cm×70cm定植，5—6月开花，7—8月种子成熟。

（五）主要病虫害

主要病害：根腐病、褐斑病。

主要虫害：地下害虫、甜菜夜蛾等。

四、藠　头

藠头（*Allium chinenes*）古名薤，别名荞头，百合科葱属，能形成小鳞茎的多年生宿根草本植物，可作为二年生蔬菜栽培。原产中国，主要在江南各省栽培，近几年北方已较大面积栽培。藠头适应性强，容易栽培，具有特殊辛香味，可周年供食，质嫩可口。在中医上可治盗汗、止带、安胎的功效，还有促进食欲、助消化、解油腻、健脾开胃、温中通阴、舒筋益气、通神安魂、散瘀止痛等疗效，是出口日本和东南亚的重要酱菜，嫩叶、嫩鳞茎也可炒食。

藠头喜清凉湿润的气候条件，生长适温为15～20℃，气温超过25℃即行休眠。在春夏季长日照条件下形成鳞茎，植株生长较耐弱光，忌连作，以选土层疏松、地力肥沃、排水良好的土壤栽培为宜。

（一）品种

有大叶种、细叶种和长柄种，著名的地方品种有云南开远甜藠头、湖北梁子湖畔藠头、江西新建县藠头等。

（二）栽培季节

一般为露地栽培，秋季播种，幼苗越冬。叶和鳞茎兼食的品种，第2年春夏陆续采收；以收获鳞茎为主的，第2年夏秋采收。温室栽培的，可随时播种，但要注意生长期温度不可超过20℃。用于留种的，一直长到9月播种前采收，整株扎成束，挂在阴凉通风处。

（三）栽培技术

1. 播种育苗

实行倒茬轮作，深翻施肥，作宽1.5～2m的高畦。播前选大小适中的鳞茎，剪去地上部分残叶，切断须根，然后在整好的高畦上，按行距20～25cm开与畦面垂直的浅沟，将藠头种按15cm的穴距排入沟中的一侧，每穴点排2～3个种藠头，然后再开第2条浅沟，进行下种，这样就将第2条沟的土覆盖在第1条播种沟上

（俗称“挤垅”），以稍露出柄端为宜。播后用稻草覆盖畦面保墒，7～10d 出苗。

2. 肥水管理

出苗后，越冬前和春季各追肥 1 次，第 1 次追肥以优质农家肥和适量氮素化肥为主，第 2 次追肥以复合肥为主，并结合浇水。生长期间要中耕和培土。

（四）采收

采收叶和小鳞茎兼用品种者，可在春季陆续采收；采收鳞茎者，在初夏以后采收。一般每 667m^2 产量为 1000kg 左右。

（五）主要病虫害

藠头基本无病虫害发生。

五、魔　芋

魔芋（*Amorphophallus rerieriA*）又名鬼芋、花杆莲等，天南星科魔芋属多年生草本植物，原产印度和斯里兰卡，以球状地下块茎供食用。我国主产于南方，近年来北方推广种植。魔芋是驰名的保健蔬菜，其块茎的食用方法主要是加工后制成精粉，再加工面条、面包、蛋糕等。魔芋制药具有化痰消积、行淤消肿、解毒止痛、护肤养发之功效。魔芋精粉具有清肠利尿、防肠癌、防便秘、防痔疮等功效，有肠道“清道夫”之称。魔芋还有减肥作用，也是糖尿病患者的保健食品。魔芋精粉加工后是高纤维、低热量的食品。

魔芋属半阴性植物，忌强光直射；喜湿润环境，怕旱、怕涝，在生长前期和块根膨大期，田间持水量以 80% 为宜；魔芋适应性较强，栽培时宜选择土层深厚、质地疏松、排水良好、富含有机质的微酸性的沙壤土或壤土土地栽培。

（一）品种

魔芋共有 100 多个品种，我国有 19 个品种，其中 9 种为我国特有，但大多数供做医药和工业原料。只有 6 个品种可供食用，即花魔芋、白魔芋、滇魔芋、东川魔芋、疏毛魔芋及疣柄魔芋，其中花魔芋和白魔芋栽培较多。

（二）栽培季节

魔芋喜温暖，忌高温，露地栽培要求年平均温度14～20℃、无霜期240d以上地区。近几年北方主要在温室内栽培，其适宜栽培温度为20～28℃。

（三）栽培技术

1. 育苗

魔芋的繁殖方法较多，可用种子繁殖、小球茎整芋繁殖、地下茎段育苗繁殖、切块育苗繁殖、顶芽带蒂繁殖和组织培养快速繁殖。生产上常用的繁殖方法为种子繁殖、根状茎育苗繁殖、切块育苗繁殖和小球茎整芋繁殖。

（1）种子繁殖　4月初在室内地面上铺垫3～5cm厚的细河沙，将带有花芽的种芋按15cm×20cm的距离摆放在沙层上，顶芽向上，上面覆盖10cm厚的河沙。花茎抽出后，再覆盖20cm厚的河沙，并保持湿润，但不施肥，开花后进行人工授粉，8—9月果实成熟及时收获种子，清洗干净，晒干后保存。种子贮存250d左右可度过休眠期。第2年育苗时，可用苗床育苗或72孔穴盘基质育苗，出苗后移栽，行株距35cm×15cm，当年可形成60g左右的地下球茎，就地越冬或挖出后贮存越冬，第2年定植到生产田。

（2）根状茎（芋鞭）育苗　播种前整地、施肥、作畦。将根状茎切断，每段带活芽2～3个，用草木灰沾裹切口，晒1～2d，于4月上旬按行株距40cm×30cm开穴播种，每穴2段，覆土4～5cm，出苗后搞好中耕、追肥、浇水等管理，当年可形成150～170g的球茎，挖出贮存后，第2年定植到生产田。

（3）切块育苗　春季选择较大的球茎进行切块，每块带1～2个芽眼，将切好的块用草木灰粘裹后晒1～2d，然后放置塑料拱棚内催芽，当幼芽出现后，按行株距50cm×30cm播种于准备好的苗床内，到秋末可形成50g左右的单个球茎，并形成大量芋鞭。

（4）小球茎繁殖　选择单块重 100～150g、不带花芽的球茎，晒晾 3～5d，于 4～5 月、日平均温度达到 12～13℃时栽植。行株距 40cm×30cm，每穴栽植一个种芋，每 667m^2 植苗 3000 株左右，栽后盖细沙 4～5cm。由于此种方法繁殖系数低，一般用于大田生产。

2．整地施肥

由于魔芋喜湿耐阴，叶片光合效能高，适宜在有遮阴的地块栽培，或与高秆作物间作。定植前整地施肥，做成宽 1～1.3m、高 23～30cm 的高畦，畦间留 30～40cm 宽的步道沟，并于高畦上覆膜。

3．定植

商品生产，以 250～750g 重的种芋为好，行株距为（50～60）cm×50cm，一般为穴播。

4．中耕除草

定植出苗后第一次中耕；5 月中下旬第 2 次中耕；6 月第 3 次中耕。

5．肥水管理

结合第一次中耕追施催苗肥；地下茎形成期第 2 次追肥。魔芋怕旱忌涝，要经常保持土壤湿润。

（四）采收

无性繁殖的栽后 1～2 年、种子繁殖的栽后 2～3 年即可收获，商品生产的当年收获。收获后，摘除鲜芋周围的健壮根茎留种，其余的贮存或加工。选留的种芋要保护顶芽，魔芋应在窖内贮存，保持一定的温度，注意通风，温度 7～15℃。

（五）主要病虫害

主要病害：软腐病、细菌性叶枯病、白绢病、根腐病。

主要虫害：甘薯天蛾、豆天蛾、斜纹天蛾。

六、菊　　芋

菊芋（*Helianthus tuberosus*）又名洋姜、鬼子姜，为菊科向日葵属中能形成地下块茎的栽培种，原产南美洲和北美洲。菊芋块茎质地细致，脆嫩，可生食、煮食、炒食和酱腌。块茎有消炎、降压之功效，对生疮、长疖、高血压、糖尿病有辅助疗效。菊芋属短日照植物，喜温暖、忌炎热，适应性强，对土壤要求不严，以砂质土壤栽培为宜。菊芋块茎耐寒，可在 $-30 \sim -25$℃的冻土中越冬。

（一）品种

（1）按块茎形状分　梨形、纺锤形或不规则瘤形。

（2）按块茎颜色分　红色、白色、紫色、黄色。

（二）栽培季节

菊芋生长期长，华北地区一般于 3 月上中旬播种，11 月上旬收获，一年一茬。但由于收获时难以将块茎收净，于是残留在土壤里的块茎第 2 年春又萌发生长，成为一个新的生长周期。

（三）栽培技术

1. 播种

由于菊芋块茎无栓质皮层组织，在空气中极易干萎，降低发芽率与产量，所以准备好的种块必须随用随从土中掘取，取出后即进行选种，以每个块茎重为 30g 左右的作种，每 667m^2 用种 80～100kg；也可用大块茎切成所需大小作种。菊芋可以在秋冬收获后即播种，也可在春季土壤解冻后进行播种，以 50～60cm 见方点播为好，一穴种植一块，播种深度 7～10cm。第 1 年播种后 3～4 年内不再播种，每年收获后残留在土壤内的块茎所生出的苗足够第 2 年使用。

2. 肥水管理

播后 30d 左右出苗。在幼苗期、现蕾期、开花期为关键的灌溉时期。第 1 次追肥在 5 月中下旬，第 2 次追肥在 8 月上中旬。追肥以氮磷钾复合肥为宜，每次 10～15kg/667m^2。

（四）采收

菊芋的茎叶是很好的饲料，收获时，由于菊芋地上茎的下部已经木质化，不宜饲用，所以在收获茎叶时，应在距地面 15～30cm 处用镰刀收割。收获块茎时尽量避免损伤块茎，随用随取，不急用的就地贮存。

（五）主要病虫害

主要病害：菌核病、灰腐病、赤腐病。

主要虫害：地下害虫。

七、草　石　蚕

草石蚕（*Stachys siebolidii*）又名螺丝菜、宝塔菜、地蚕、甘露子，俗名“地环”，唇形科水苏属多年生草本植物，以地下块茎供食用，原产我国北部和东亚。草石蚕营养丰富，独具风味，为酱菜之珍品。

草石蚕块茎营养价值较高，肉质脆嫩，口味清甜，既可炒食，又可盐渍、醋泡、糖浸，尤以酱菜风味更佳，为名贵蔬菜。其块茎可入药，性味甘平，入肺、脾经，有润肺益肾、滋养补血之功效，可治疗气喘、肺虚咳嗽、肾虚腰痛、淋巴结核、咯血等病症；地上茎叶有治疗风湿性关节炎、肝炎、毒蛇咬伤等功效。

草石蚕喜温暖，不耐高温，怕严寒，地上部遇霜冻即枯死，以地下块茎越冬；短日照作物；生育期间怕高温干旱；对土壤要求较严格，以疏松肥沃、排水良好的沙壤土最适宜，土壤 pH 要求 5 ~ 7。草石蚕生育期长，但产量较低，属中等需肥量作物。

（一）品种

草石蚕的品种、类型目前尚无明确划分，有的将其分为地蚕和银条两种类型，常见的品种有地蚕、地藕、荆门玉环、银条等。

（二）栽培季节

草石蚕为多年生草本植物，为地下茎与块茎在地下越冬，第 2 年春季萌发成株。栽培一年后，采收不净的块茎于第 2 年仍可自由生长，但产量不高，所以生产中为年年播种，做一年生栽培。

（三）栽培方式

1. 育苗

生产上多用块茎进行无性繁殖。由于草石蚕的块茎易受热腐烂，不易贮存，所以在生产中于秋季草石蚕收获后，选择背风向阳处，将留种用的小块茎均匀撒于地面，覆盖4～7cm厚的细土，防止冻害和干燥，温度保持在2～4℃越冬，第2年春即可萌发出苗，准备定植。

2. 整地施肥

每667m^{2}施腐熟的农家肥2500kg，深翻耙细整平，做成260cm宽的高畦，畦沟宽40～50cm。

3. 定植或直播

3月下旬～4月上旬，在做好的畦面上覆盖地膜增温，当温度稳定在10℃、苗高3～4cm时即可定植。未育苗的，可用块茎直播（栽植）。密度要求行株距（28～35）cm×（22～30）cm，开穴播种，穴深5～6cm，每穴栽2株，覆土压实，若土壤干燥可少量浇水，每667m^{2}用块茎20kg左右。

4. 肥水管理

苗期多次中耕。进入旺盛生长期追肥1～2次；地下块茎膨大时再追肥1次。草石蚕喜湿润但忌涝，生长前期可随追肥浇水1～2次；进入夏季高温期，增加灌水的次数，一般3～5d 1次；立秋后控制浇水。

（四）采收

土地封冻前采收，一般每667m^{2}产量为500～800kg。收获后选较大块茎上市或加工，较小块茎留种。

（五）主要病虫害

主要病害：霜霉病。

主要虫害：红蜘蛛、蚜虫。

八、香　芋

香芋（*Eolocasia esculenta*）又名菜用土栾儿，天南星科宿根草本植物，由于其香味独特，故俗称香芋。香芋以块根食用，可以做成香芋扣肉、香芋糕、拔丝香芋等一系列美味佳肴；香芋的粉剂还可以提取做糕点；香芋的茎叶也可做菜食用。由于其含有较多的粗纤维，故能促进人体肠胃蠕动，帮助消化，有清热解毒、健脾强胃、滋补身体之功效。

香芋是我国的传统蔬菜，多在我国南方种植，主要产区是湖南、广西等省区，已有几百年的栽培历史，大量出口日本、韩国和东南亚。近几年来，随着香芋潜力的挖掘，这一传统蔬菜呈放异彩。

香芋性喜温暖，忌炎热，生长适温 15～35℃，在高温多湿地区生长良好；怕霜冻，不耐旱，怕水涝，宜在排水良好的疏松砂质壤土中栽培。

（一）品种

细皮香芋：表皮较细滑，质量较好，产量偏低；

粗皮香芋：表皮较粗糙，质量较差，产量偏高。

（二）栽培季节

香芋多于我国长江以南地区栽培，于 3—4 月播种，霜冻前收获。

（三）栽培技术

1．整地施肥

选择排水良好的中性或偏碱性砂壤土，每 667m^2 施入农家肥 3000kg，撒施后耕翻土壤，平整后作成 2～3m 宽的高畦。

2．播种

用无食用价值的小香芋作种芋，要求种芋的两侧必须保留一小段细根。每 667m^2 大田用种芋 50～100kg。一般在清明前后播种，播种时按行株距（40～70）cm×（10～20）cm 开穴，每穴种 1 块香芋，播种深度 3cm 左右。播后覆盖地膜，以提温保墒。

3．肥水管理

出苗后土壤干旱时应及时浇水，浇水时忌大水漫灌；在植株旺盛生长期结合灌水追施氮磷钾复合肥 1 次，每 667m^2 施肥 10～15kg。管理过程中加强中耕除草。

4．植株调整

苗高10～15cm时，用2m长竹竿支架，三脚架、四脚架、人字架均可，然后进行引蔓和布蔓。

（四）采收

霜冻来临前，地上茎叶枯死，此时挖掘块根，并适时放入窖内贮藏。

（五）主要病虫害

香芋基本无病虫害发生。

九、蕉　芋

蕉芋（*Canna edulis*）又名蕉藕、姜芋、食用美人蕉、芭蕉芋等，为蕉科美人蕉属多年生草本植物，原产南美洲，20世纪中叶引入我国，在福建、江西、浙江有种植，为国内稀有蔬菜，近几年栽培面积不断扩大。蕉芋在亚洲已成为高价值淀粉新的原料来源。

蕉芋取根茎（蕉藕）供食用，可炒食、腌渍，还可以提取淀粉用于加工粉条、粉丝；茎叶可作饲料和造纸的原料。

蕉芋的观叶期长，是一种很好的观赏植物，可作为现代农业观光园区的观赏植物，也可作为庭院、阳台的盆栽景观植物。

蕉芋本身较抗病虫，很少施用农药，尤其在丘陵山区种植，产品很少受有害物质污染，是一种天然的无公害农产品。

蕉芋喜阳光充足、高温环境条件；对土壤适应性较强，但宜于湿润肥沃的深厚土壤中栽培；较耐干旱，忌水涝。

（一）品种

目前我国栽培的蕉芋只有一个品种。

（二）栽培季节

华北地区于4月中下旬至5月上旬、月平均气温10℃时栽种。

（三）栽培技术

1．育苗

蕉芋的繁殖方法为分株繁殖。春季栽植前，将蕉芋的根茎用利刀分切开，使每块根茎上都保留2～3个芽，然后将切开的根茎拌上草木灰，放在室内或塑料小拱棚内催芽，待幼芽露出时即可栽培。

2．整地施肥

蕉芋栽植前先行整地施肥，每 667m^2施入农家肥 3000kg、三元复合肥 50kg，然后翻地，平整后做成宽 1.2m 的平畦。

3．定植

每畦两行，穴距为 1.0m，每 667m^2栽植 1000～1200 穴。

4．肥水管理

蕉芋由于植株高大，所以在生长期间要给予充足的水分，整个生育期间追肥 2～3 次，每次追复合肥 10～15kg。每次追肥都要结合培土，并注意防旱排涝。

（四）采收

华北地区在霜降前后收获。收获时先剪去地上茎叶，仅保留根上部 10～15cm，将根茎挖出，适当晾晒几天后，再用干沙埋藏，温度保持在 5～10℃，可安全越冬。

（五）主要病虫害

蕉芋基本无病虫害发生。

十、毛　芋　头

毛芋头（*Colocasia esculenta*）又名芋、芋艿，为天南星科多年生草本植物，在我国主要分布于南方地区，近几年北方地区的栽培面积逐渐增多，常作一年生栽培。毛芋头既可做蔬菜食用，可炒、烩、烧、煨等；也可做主食食用，最常见的作法是把毛芋头煮熟或蒸熟蘸糖吃，但一次不能食用过多。毛芋头还有保健功能，久食能补肝胃、添精益髓、丰润肌肤，具有解毒消肿、益脾胃、调中气之功效，可预防肠道疾病和心血管病。毛芋头是我国出口创汇的主要蔬菜品种之一。

毛芋头喜高温多湿的环境，13～15℃开始萌发，生长期适温为 20℃以上，球茎发育适温 27～30℃；较耐阴，不需要太强的阳光；生长需较充足的水分，不耐干旱，比较适宜在潮湿地区栽培。

（一）品种

我国毛芋头品种资源非常丰富，江西的牛脚芋头、山东的白塔芋头、广西的荔浦芋头等，都是国内外很有名气的品种。

（二）栽培季节

以当地土壤5cm深地温稳定在12℃为适宜播种期。

（三）栽培技术

1．催芽

选择单个重40g以上的子芋做种，首先晒种2～3d，以打破休眠，然后进行催芽。催芽的一种方法，是将种芋混合在含有适当水分的麦秸里，放在背风向阳处，保持温度20～25℃，早晚用草苫或薄膜覆盖；另一种方法是把种芋放入室内或塑料拱棚内，保持温度20～25℃，一般30～40d出芽。注意催芽期间经常翻动种芋，以保证出芽均匀。

2．整地施肥

整地施肥一般要求在秋季进行。选择土质疏松、地力肥沃、有排灌条件的沙壤土或壤土地块，每667m^2施入农家肥3000kg，深翻30cm。

3．播种

种植方式采取大垄双行密植的方式，大行距为70cm，小行距为40cm，株距30～35cm，播种时每667m^2施入三元复合肥40kg做种肥，注意种、肥隔离，覆土7～8cm，在两小行上覆盖地膜，地膜要拉紧压实。每667m^2播种量为250kg左右。

4．放苗

当有5%的毛芋头出苗时，要及时领苗放苗，坚持每天一次，否则地膜易将刚出土的小苗灼伤，放苗后把地膜破口用土封严。

5．肥水管理

当小苗5～6叶时，进行第1次追肥，每667m^2追施碳酸氢铵40～50kg；当苗高30cm时进行第2次追肥，肥料品种和数量同第1次追肥。毛芋头苗期不宜浇水，在6—8月份、毛芋头进入结芋期和芋头膨大期，应及时浇水，保持土壤湿润。

6. 植株调整

当子芋开始膨大时，会长出蘖芽，这些蘖芽要随时、及时去掉。

（四）采收

在当地初霜到来之前及时收获。收获后，选择无病虫害、顶芽饱满、单个重40～60g的芋头留种，其余的分级，并进行贮存。

（五）主要病虫害

主要病害：软腐病、芋疫病、叶斑病。

主要虫害：红蜘蛛、螨类。

十一、葛

葛（*Pueraria lobata*）别名粉葛，为豆科多年生藤本植物，起源于中国、日本和东南亚。葛以其肉质块根为产品，富含淀粉，可加工成葛粉、葛干等多种产品；葛根入药，有解饥退热、生津止渴等功效。葛的块根耐贮存，在适宜条件下，可贮存两个月以上。

葛喜温耐热，茎叶生长适宜温度为20～30℃，块根的形成需要25～30℃的高温，块根的淀粉积累则以15～20℃为宜。葛对土壤条件适应性较广，但要求土壤比较疏松肥沃，尤以壤土和砂壤土为好。葛较耐旱，但不耐湿涝；为喜光植物，生长发育过程中要求较好的光照条件。南方多为露地栽培，近几年北方温室中也有栽培。

（一）品种

（1）大叶粉葛　块根长棒形，中间较粗，表皮黄白色，多褶皱，肉白色，晚熟，生长期约300d，每667m^2产量为750～1000kg。

（2）细叶粉葛　块根近纺锤形，表皮黄白色，褶皱少，较早熟，生育期为270～300d，每667m^2产量约1000kg，耐旱性强，但不耐涝。

（3）苍梧粉葛　生育期较短，为240～270d，淀粉含量高，纤维少，味甜，每667m^2产量约1000kg。

（4）柴葛　块根长棒形，状如柴，耐热耐旱，晚熟，生育期为300d以上，每667m^{2}产量约1500kg，纤维多，品质较差，多作药用。

（二）栽培季节

栽种头年培育的种苗在3月下旬葛根萌发前，将葛根苗挖起，尽量不伤根系。当年培育的葛根种苗在5月中下旬至6月上旬移栽。

（三）栽培技术

1．育苗

晚秋收获后随即选择无病虫的小块茎进行催芽育苗。催芽在温室苗床进行，待芽萌发成长为80～100cm时，割取茎蔓基部和中下部作为繁殖用。要求切下的插条长4～5cm，带有2个或2个以上节，将插条在水中浸泡1d脱胶后，在阴凉潮湿处存放几天后埋插于苗床。可以一层砂一层插条多层堆叠育苗，每层砂厚2～3cm，3～5层均可，最后盖上草帘。经常浇水保持潮湿，20～30d后，腋芽萌发，待芽长1～2cm时即可定植。

2．整地施肥

选择土层深厚、有机质含量较高的地块种植葛。翻地前每667m^{2}撒施农家肥3000kg，然后翻地，翻后耙细地面，做成畦沟25～30cm、畦面宽2.6～2.7m、畦高25～30cm的高畦。在畦面上按行距1.5m、株距65cm开两行定植穴准备定植。

3．定植

在开好的定植穴上做成直径约20cm、高5～6cm的土墩，在土墩上栽植，可以斜插也可以平放，深度以刚露出幼芽为宜。栽后在整个畦面上覆盖稻草，以利保温保湿。

4．肥水管理

定植苗高20cm以后，每月追肥1次，并在块根膨大期追肥，追肥以有机肥为主。葛耐旱不耐涝，一般是结合追肥进行浇水，保持土壤湿润即可。

5．植株调整

当一个插条抽生多条茎蔓时，保留1～2条健壮的茎蔓，其余去除。当保留的茎蔓长到30～40cm长时，进行搭架引蔓，搭架可用竹竿搭成人字架或三脚架，架高1.4～1.6m。茎蔓基部1.4～1.8m的侧蔓及时去掉，但保留上部侧蔓。在块根迅速膨大期，扒开植株基部土堆，露出块根头部，并只保留2～3条下扎的块根，去掉水平生长或斜长的须根和块根。

（四）采收

南方露地栽培及北方温室栽培，为保证块根质量，都要达到其生育日数，南方多于冬至前后收获，然后在适宜条件下贮藏。

（五）主要病虫害

葛一般不发生病虫害。

十二、山　　药

山药（*Dioscorea opposita*）又名山薯，为薯蓣科薯蓣属草本植物。山药的食用部分为地下块茎，营养丰富，富含皂苷黏液质、胆碱、淀粉酶、尿囊素等，常作滋补强壮剂入药。山药做菜，细腻滑爽，别具风味，可蒸、煮、炒、烩，还可以加工成山药干、山药粉。入药性甘味平，入肺、脾、胃肠，有健脾补肺、固肾、益精的功能，是我国大众化的滋补佳品。山药产量较高，一般每667m^2产量为2000～5000kg，供应期正值蔬菜供应淡季，所以其经济效益较好。

山药茎叶喜高温、干燥，畏霜冻，最适生长温度为20～25℃；块茎极耐寒，在土壤结冻后也能露地越冬，块茎生长适温为20～24℃。山药耐阴，喜干燥气候，对土壤的适应性强，但以土层深厚、疏松肥沃的沙壤土最适宜栽培。

（一）品种

（1）淮山药　块茎粗大，圆柱形，平均单个重0.5～1.5kg，形状整齐，产量高。

（2）嘉祥细长毛山药　平均单个块茎重0.4～0.6kg，品质好，块茎肉质细、面，味香甜。适应性强，菜药兼用。

（3）菜山药　由淮山药中的变异单株选育而成，其经济性状优于淮山药，尤其外皮变薄，表面光滑，利于加工。

（4）花子山药　平均单个块茎较重，宜生食或熟食。块茎皮薄，含水量高，质脆，味甜，产量高。

（二）栽培季节

以当地土壤深5cm地温稳定在15℃时为适宜播种期，华北地区一般在4月上旬。温室栽培的，可随时播种。

（三）栽培技术

1. 催芽

山药的繁殖方法有3种，即栽子栽植法、地下块茎切块栽植法和零余子栽植法。生产中常用的繁殖方法为零余子栽植法和切块栽植法。

（1）用零余子（山药豆）繁殖　第1年秋选用大型零余子砂藏过冬，第2年春季于晚霜结束后按行株距（16～26）cm×（7～10）cm露地条播；也可在早春于温室内栽植，秋后挖取整个块茎供来年做种。3月下旬将选好的种茎晒3～5d，并用40%的多菌灵胶悬剂300倍液浸种15min，捞出晒干后放入温室或塑料小拱棚内催芽，待萌发率达到90%以上时播种。

（2）用地下块茎切块繁殖　在正常播种期前15～20d，将地下块茎横切成7～10cm的小段，用赤霉素处理后，置于温室或育苗床内催芽，见芽后用于大田播种。

2. 整地施肥

选择土层深厚、疏松肥沃的沙壤土地，秋后每667m^{2}撒施优质农家肥3000kg以上，然后深翻，并挖沟距1.0m、沟宽25cm、沟深1.0～1.4m的栽植沟，进行晒垡土壤。第2年春土壤解冻后，分次把土填回沟内，每填回30cm踩压1次，使沟内土壤紧密，回填完毕后，做成宽50cm，高30cm的土垄，待播。

3. 播种

每垄播一行，株距25～30cm。播种时先在垄上开7～10cm深的小沟，将种茎横平顺垄向放在沟内，芽朝上且方向一致，覆土

8～10cm。

4. 肥水管理

出苗后轻追1次壮苗肥，块茎开始膨大时，重追肥。追肥以速效氮磷钾复合肥为主。在播种前浇足底墒水的基础上一般不浇水，块茎膨大期可浇1次水。

5. 植株调整

1条茎只留1个健壮苗，其余及时打去。蔓高30～60cm时，用竹竿搭人字架，及时引蔓上架。如不用零余子繁殖，及时抹除零余子。

（四）采收

霜降后，在土地封冻前，及时采挖干净。山药在南方可以露地越冬，但一般为秋季收获后贮存，贮存期间保温保湿；北方贮存山药，一般为窖内贮藏。

（五）主要病虫害

主要病害：黑斑病、炭疽病、叶斑病。

主要虫害：山药叶蜂、地下害虫。

十三、银　　苗

银苗（*Stanchys* sp.）又名银条菜、银根菜，唇形科多年生草本植物，地下茎白色，肉质脆嫩，含水较多，营养丰富，主要用于制作酱菜、罐头等。银苗原是河南名菜，尤以洛阳偃师银苗出名。近年来北京、河北等地已引入种植，而且发展较快。

银苗对环境条件适应性较强，有一定耐旱抗寒能力，一般菜田均可种植。

（一）品种

传统的银苗品种有两种：一是粗银条，株高40cm，根状茎粗1cm，节间短，不倒伏，产量高；二是细银条，株高50～60cm，根状茎粗0.5cm左右，易倒伏，品质好。经多年栽培选育，目前广泛栽培的品种为“二细银条”，茎粗介于前二者之间，产量高，品质好，667m^{2}产量可达1500kg以上。

（二）栽培季节

露地栽种以5cm深地温稳定在8℃以上为适宜时期。温室栽培，可根据需要随时播种。

（三）栽培技术

1．整地施肥

选择前茬种植萝卜、白菜等蔬菜的地块，播前浇一次底墒水，然后每667m^2施农家肥3000kg以上，整地作畦或起垄。

2．播种

播种即栽种根段。栽种方式为穴播与直播。穴播行距40～50cm，穴距20～25cm，穴深5～7cm，每穴3～5根，每根2节。条播行距30～40cm，根状茎不需折成小段，而是整条头尾衔接，深度同穴播，然后覆土。

3．肥水管理

苗高20cm结合追肥开始浇水，一般每隔10d浇水1次，连浇3次。追肥以有机肥为主，配合速效氮肥，隔10～15d追肥1次，连追2次。立秋后停止浇水，以控上促下，利于丰产。

4．植株调整

株高30cm时，开始打顶，抑制地上部生长，促进根茎膨大。

（四）采收

银苗在地上部枯死后，地下部即休眠，所以银苗无明显的采收期，但应在土壤封冻前结束采收。采收后要立即加工。

银苗收获后，残余在地里的根茎虽然在第2年萌发生长，但产量不高，所以均把它当作一年生蔬菜栽培。留种地块当年不采收，于第2年春随挖随种，选用节短、粗壮的作为种用。

（五）主要病虫害

银苗基本无病虫害发生。

十四、婆 罗 门 参

婆罗门参（*Curculigo orchioides*）又名西洋牛蒡，是菊科婆罗门参属能形成肥大肉质根的二年生草本植物，其肉质根、嫩茎叶均可食用，还具有治疗黄疸病、提神和利尿的功效，也可用于室内花卉盆栽。婆罗门参原产希腊、意大利，我国上海、江苏一带有栽培。

婆罗门参肉质根的食用方法为煮食或切片裹面煎食。

婆罗门参适应性较强，耐寒，喜在排水良好的壤土、沙壤土上种植。

（一）品种

婆罗门参只有一个品种，名为大荚心岛，成熟期为120d，肉质根乳白色，长20cm以上，直径为2.5～5.0cm。

（二）栽培季节

播种期为当地终霜结束前后。

（三）栽培技术

1．整地施肥

婆罗门参以根系为产品，以选择疏松肥沃、排水良好的壤土、沙壤土为宜。整地时深翻30cm以上，并随着翻入腐熟农家肥3000kg/667m^2以上。

2．播种

婆罗门参以种子繁殖为主，但由于其种子不耐贮藏，所以年年播种都要使用新种子。播种采用开沟条播或穴播，行距为35cm左右，穴距15cm，每穴留1株。条播的留苗株距也为15cm，覆土2～3cm，播后稍压实，并浇水。

3．肥水管理

婆罗门参出苗缓慢，需经常浇水，以利全苗。以后视土壤墒情随时浇水，但不宜过多。追肥要多施磷钾肥，以利于肉质根形成。

（四）采收

降霜后收获。在不太寒冷的地区可在地内越冬，随用随挖，在寒冷地区挖出根部后入冷窖贮藏。

采种用的种株在冬前收获时挑选根形整齐、生长健壮的留作种株。第2年春按行株距80cm×30cm定植于采种田，加强中耕、施肥、浇水等管理，抽薹后及时立支架，以防倒伏。种子成熟后，搓去种子上的冠毛，清选后贮藏。

（五）主要病虫害

婆罗门参基本无病虫害发生。

十五、地 涌 金 莲

地涌金莲（*Musella lasiocarpa*）又名千瓣莲花，为芭蕉科象腿蕉属多年生丛生草本植物，原产我国云南。由于地涌金莲花期长，花形奇特，花色金黄，绿化和观赏效果极佳，常作为园林观赏运用；又因其假茎开花前，四季生长，肥壮鲜嫩，且富含淀粉和多种维生素，因此也可作为蔬菜食用，兼具减肥、保健等功能，被消费者称为“吉祥富贵花”。

地涌金莲花形奇特，花色金黄，花期长达200d，适于现代农业观光园区作为景观植物栽植，也适合家庭庭院、阳台盆栽观赏。

地涌金莲性寒味苦，民间利用其茎汁解酒醉；花可入药，有收敛止血之功效，可治疗白带、红崩、大肠下血等症。

地涌金莲于夏秋季花期采收鲜花，鲜食或晒干食用，可凉拌，亦可炒食或做汤。

地涌金莲喜充足的阳光和温暖的气候，也较耐寒和半耐阴，生长适温为20～25℃，0℃时叶片枯死，花序也会受冻；在长江流域露地栽培稍加保护可以越冬；在全光照和散射光条件下均能正常生长开花，北方常在温室内栽培或盆栽。地涌金莲要求夏季湿润、冬季稍干燥的气候；喜排水良好、肥沃而疏松的土壤，但对土壤要求不严格，耐旱并耐瘠薄；生长健壮，抗逆性强，病虫害少，易于种养。

（一）品种

目前地涌金莲只有一个栽培品种。

（二）栽培季节

地涌金莲常用分株法繁殖。于春末将根部滋生出的分蘖苗连根挖起，另行栽植。也可播种繁殖，种子不宜久藏，宜随采收随播种。

（三）栽培技术

1．育苗

（1）种子繁殖　用苗床或穴盘基质育苗，播后保持地温 20～30℃，一周后即可出苗，但播种苗生长比较缓慢。

（2）分株繁殖　地涌金莲是丛生性植物，每个单株的植株茎部每年可萌生 3～6 株根蘖苗。每年春季或秋季可将部分分蘖长成的新株连同地下的匍匐茎（带根系）一起从母株上用利刀切开后另行栽植。

2．整地施肥

选择地力肥沃、地势平坦、有排灌条件的地块，每 667m^2施入有机肥 2000kg，然后深翻、整地、作畦。

3．定植

春季利用分株繁殖将根蘖苗按行株距（80×60）cm 定植。

4．肥水管理

整个生长阶段注意浇水，保持土壤湿润。每 3 个月施 1 次有机肥，并经常进行根外追肥；在假茎基部培以肥土，以促进生长和开花。花败后假茎逐渐枯死，应及时砍除。

5．光照管理

夏季高温时，予以遮阳。

6．盆栽

北方地区盆栽，盆土可用草炭 6 份、园田土和河沙各 2 份配制，另加少量饼肥做基肥。生长季节浇水宜干湿相间，每月追肥 1～2 次，追肥以稀薄饼肥水为宜。春、秋、冬三季摆在阳台培养，夏季注意遮阴，冬季保持室温 6℃以上，每年春季换一次盆土。

（四）采收

地涌金莲于夏秋季采收鲜花，鲜花可以直接食用，也可晒干后食用。

（五）主要病虫害

主要病害：地涌金莲基本无病害发生。

主要虫害：蚜虫、白粉虱。

十六、豆　　薯

豆薯（*Pachyrhizus erosus*）别名沙葛、凉薯、地瓜、土瓜，为豆科豆薯属一年生或多年生草质藤本植物。豆薯原产美洲热带，我国以西南、华南地区和台湾省栽培较多，近几年引入北方温室种植。豆薯肉质块根富含淀粉、糖分和蛋白质，脆嫩多汁，皮薄而坚韧，容易剥除，可供生食或炒食。块根耐贮存，可调节蔬菜供应，也可用于制作淀粉。种子及茎叶对人畜有毒，不可食用，但可用于制杀虫剂。豆薯块根性味甘平，具有止渴、生津、解酒、降血压等功效。

豆薯性喜高温，生长适温为20～30℃，肉质根膨大期适温为20～25℃。属短日照作物，要求日照充足，长日照条件下适于块根膨大。自播种至块根收获为120～180d。豆薯要求土层深厚、排水良好的土壤。由于豆薯根系强大，耐旱、耐瘠力强，在过分肥沃的土壤上栽培，往往茎叶徒长，其肉质根反而不易肥大。

（一）品种

按豆薯块根形状分为扁圆、扁球、纺锤或圆锥形等，按其熟性分为早熟种、中熟种、晚熟种三类。

（1）早熟种　生长期为130～150d，植株生长势中等，叶片较小，块根膨大较早，块根扁圆或纺锤形，皮薄纤维少，单块重0.4～1.0kg，适于鲜食和炒食。如贵州黄平地瓜，广东、广西的东水沙葛等。

（2）晚熟种　生长期为150～180d，块根扁纺锤形或圆锥形，皮较厚，纤维多，淀粉含量高，单块重1～1.5kg，适于加工淀粉。如广东湛江大葛薯、广州的迟沙葛、广西田阳大凉薯、台湾圆锥豆薯等。

（3）中熟种　介于早熟种及晚熟种之间，如广东顺德沙葛、四川遂宁地瓜等。

（二）栽培季节

由于豆薯生长期较长，所以北方地区应尽早播种。露地播种可在晚霜过后立即进行。山东等地在4月中下旬进行。播种稍晚，则由于生长期不足而大大影响产量。

（三）栽培技术

1．育苗

豆薯种子坚硬，生产上多用催芽播种。育苗时，用(8×8) cm的营养钵。早春育苗可在塑料薄膜小拱棚或温室内进行，2 片真叶时定植。

2．整地施肥

深耕 20～25cm，每 667m^2施农家肥 3000kg 以上、三元复合肥25kg。

3．定植

豆薯的栽培方式分为爬地栽培和支架栽培。爬地栽培不设支架，任茎蔓匍匐地面生长，但产量较低。爬地栽培行距 50～60cm，株距 35cm，每 667m^2为 3500 株左右，直播或育苗移栽均可。支架栽培采用密植、支架、打杈、摘心等措施，可促进早熟，产量比爬地栽培高 1 倍。支架栽培采用高畦，畦高 20～25cm，宽 90cm，沟宽 40cm，每畦栽两行，两行间距 50cm，穴距 33cm，每穴留苗 2～3株，每 667m^2可栽 3000 穴、9000 株左右。

4．田间管理

直播豆薯齐苗后按预定的行株距间苗定苗，育苗移栽的缓苗后发现缺苗及时补齐。齐苗后追施 1 次壮苗肥，进行中耕、除草、培土等一系列田间作业。

5．植株调整

植株抽蔓时搭人字架，每穴一根架材，2～3 株植株缠绕一根架材，及时理蔓、引蔓上架。

一般豆薯仅留主蔓，摘除侧蔓。主蔓 18～24 叶时摘心，并随时摘除花序。

（四）采收

露地栽培的在霜冻前收获，温室栽培的在播种后 5～6 个月后收获，以耐贮存。在不受冻害的情况下，可贮存 3～4 个月。一般每 667m^2产量为 2000～2500kg。豆薯可当水果食用，也可凉拌、炒食或熟食，但主要用于加工淀粉。

豆薯属短日照作物，只有在短日照条件下才能开花结实，开花后需经3个月种子才能成熟。无霜期短的地方，一般不易留种，需从南方调种。

豆薯留种应首先在田间选择生长健壮、侧蔓少的母株，每株留最早开花的花序2～3个，每个花序留荚4～5个，将主蔓和侧蔓顶梢全部摘除，使养分集中供种子发育，种子成熟后及时采收。

（五）主要病虫害

豆薯基本无病虫害发生。

十七、玉 笋 萝 卜

玉笋萝卜（*Raphanus sativus* var.）又名手指萝卜，属四季萝卜品种，为十字花科萝卜属二年生草本植物。玉笋萝卜食用方法多样且方便，根和叶都可食用。叶可炒食、凉拌、腌制、做馅等；根可生食、熟食、腌制等，口感甜脆，品质佳，最适宜蘸酱鲜食，另外还有祛痰、消积、利尿、止泻等功能，其所含芥子油对大肠杆菌等有抑制作用。

玉笋萝卜抗逆性强，为半耐寒性蔬菜，保护地、露地均可种植，温室内可周年种植，适宜冷凉湿润的气候，耐寒耐瘠薄，适应性广，但宜在土层深厚、土质疏松、富含有机质、保水保肥性好的沙质壤土中栽培。玉笋萝卜属中光照植物，对光照要求不严格。

（一）品种

目前玉笋萝卜在生产应用上的品种只有一个。

（二）栽培季节

玉笋萝卜生育期短，30～50d一茬，比较灵活，没有固定茬口，一般冬春季栽培较多。

（三）栽培技术

1．播种

种植方法以直播（撒播）为主。施肥以基肥为主，做好宽0.8～1.0m的平畦，浇足底水，撒播后覆土1.5cm左右。种子发芽适温为20～25℃，茎叶生长适温为15～20℃，肉质根生长适温为 18 ~ 20℃。播种后 2 ~ 3d 出苗。

2. 田间管理

一般在 1 片真叶露心时间苗，3 片真叶前定苗。

3. 肥水管理

水分管理要求严格，土壤不能过干或过湿，浇水要均匀及时。由于生长周期短，一般不追肥。室内栽培保持通风，冬季防寒保湿，夏季遮阳降温。

（四）采收

当肉质根直径达 2.0cm 时即可陆续采收。采收要及时，以防老化。

（五）主要病虫害

主要病害：玉笋萝卜基本无病害发生。

主要虫害：菜青虫。

十八、根 用 芥 菜

根用芥菜（*Brassica juncea*）又名大头菜、辣菜疙瘩、大头芥，是芥菜的一个品种，为十字花科二年生草本植物，是我国的一种特种加工蔬菜。栽培历史悠久，分布广泛，我国南北方栽种普遍。根用芥菜芥辣味重，不宜鲜食，其肉质根可腌可酱。

根用芥菜耐寒力较强，但不同的生育期对温度有不同的要求。播种至肉质根开始膨大期，要求 20 ~ 25℃ 的较高温度；肉质根膨大到收获期，要求 10 ~ 20℃ 的温度和较大的昼夜温差。根用芥菜要求充足的光照；对水分的要求比白菜类蔬菜低，但前期要求较高的土壤湿度和空气湿度；对土壤的要求不严，但以富含有机质的土层深厚（pH6 ~ 7）的黏壤土最宜；对肥料的要求以氮肥为最多，钾肥次之，磷肥又次之。

（一）品种

（1）圆锥类型　油菜叶、萝卜叶、济南辣疙瘩、板叶大头菜、狮子头、鸡啄叶。

（2）圆筒类型　大花叶、小花叶、红缨子、马尾丝、成都大头菜、成都萝卜叶。

（二）栽培季节

华北地区露地栽培一般于7月下旬至8月上旬播种，多为直播，也有育苗移栽。

（三）栽培技术

1．播种或育苗

直播一般进行穴播，行株距为40cm×30cm，1穴播种3~4粒种子，留苗1株，每667m^2播种量为100~150g。

育苗移栽的，多为苗床育苗，比直播的早7~8d播种，也按行株距40cm×30cm移栽。

2．整地施肥

前作收获后，每667m^2施农家肥3000kg以上，并施入适量的磷钾化肥，然后深翻20~30cm，整地后做成高畦或起垅。

3．肥水管理

播种后3~5d齐苗，出苗后7~10d间苗，15d后定苗。当幼苗进入快速生长期后施壮苗肥，并配合浇水；肉质根进入膨大期后进行第2次追肥，并配合浇水；后期浇水2~3次。

（四）采收

当基部叶已枯黄、根头部由绿色转黄色时开始收获，收获后用刀齐头割去茎叶、削去侧根，用于贮存或加工。

对于留种的植株，保留青头和侧根，按栽培季节定植，多于春季栽植，夏季收获种子，用于当年秋季播种。栽植密度行株距为75cm×60cm，并进行追肥浇水等田间管理，整个生长期去杂去劣，种子成熟后采收、脱粒保存。

（五）主要病虫害

主要病害：病毒病、黑斑病、白斑病、锈病。

主要虫害：菜青虫、地蛆、蚜虫等。

十九、袖珍胡萝卜

袖珍胡萝卜（*Daucus carota* var.）又称红萝卜、黄萝卜、番萝卜、丁香萝卜、赤珊瑚、黄根等，为伞形花科胡萝卜属二年生草本植物，原产于欧洲温带地区、西亚、北非等地，目前我国栽培广泛。袖珍胡萝卜营养价值很高，富含蔗糖、葡萄糖、淀粉和胡萝卜素，含硼量是蔬菜中最高的。袖珍胡萝卜极耐贮存，生食、熟食、酱渍、腌制、加工果汁均适宜。

胡萝卜入肺、脾经，有健脾、化滞、解毒、透疹的功效，可治小儿百日咳、麻疹、水痘、夜盲症。现代医学证明，胡萝卜可降血脂、降血压，有抗癌作用。

袖珍胡萝卜生育周期为60～70d。喜冷凉气候，种子发芽适温为15～25℃，35℃以上发芽困难；长日照作物；适应性很强，容易栽培，但要求土壤疏松，否则根系会分叉、畸形。

（一）品种

主要品种有红小町人参、红福四寸、三寸胡萝卜、迷你胡萝卜、迷你指形胡萝卜等。

（二）栽培季节

露地栽培8月下旬或翌年3月均可播种。大棚栽培12月至翌年1月播种。播种过早易抽薹，播种太迟易发生病虫害。

（三）栽培技术

1．整地施肥

选择土质疏松的壤土，施入农家肥和三元复合肥做底肥，翻耕后耙平耙细，做成1.0～1.2m平畦。

2．播种

播前浇足底水，撒播种子，种子间距为1～2cm，然后覆土，再覆盖地膜，以利出苗。注意在种子拱土时应及时揭掉地膜以防烧苗。

3．肥水管理

苗出齐前应浇水2～3次，以保证出苗。小苗4～5片真叶时定苗，小苗间距为3～4cm。以后每5～10d浇水1次，并于定植后、肉质根膨大前期随水追施三元复合肥。采收前10d左右停止浇水，以便于采收、贮存。

（四）采收

待胡萝卜肉质根膨大、具有食用价值后，即可根据需要，随时采挖。

（五）主要病虫害

主要病害：黑腐病、灰霉病。

主要虫害：袖珍胡萝卜基本无虫害发生。

二十、芦　笋

芦笋（*Asparagus officinalis*）又名石刁柏、龙须菜，为百合科天门冬属多年生宿根雌雄异株草本植物，原产地中海沿岸，我国已有百年的种植历史，是世界十大名菜之一。由于我国南北气候条件都可以种植，所以栽培面积逐年扩大。芦笋适应能力强，能在40℃的高温下正常生长，同时也能在－30℃的低温下安全越冬，较耐旱但不耐涝，土壤 pH 5～9 都能正常生长，但要求土壤耕层深厚、疏松、能排能浇。一次种植，多年收获。

芦笋是低热量高营养蔬菜，以嫩茎供食用，芳香鲜美，柔软可口，可增进食欲，助消化。芦笋富含天冬氨酸等多种氨基酸，其中的药用成分，如天冬�胺、多种甾体苷类化合物、芦丁、甘露聚糖、胆碱、叶酸等在食疗保健中占有特殊的地位，可以缓解疲劳和辅助治疗心脏病、高血压、肾炎、肝硬化等病症，并且有利尿、镇静、抗癌等作用。

芦笋可以炒食、做汤、凉拌、加工罐头，在欧美、日本、中国台湾等国家和地区都是极受欢迎的蔬菜。

（一）品种

主要栽培品种有玛丽华盛顿500、阿波罗、UC115、NJ977、荷兰全雄、NJ1016、紫色激情、泽西紫芦笋、加州72、加州大学71、加州309等。目前推广面积较大的是加州309和玛丽华盛顿500。

（二）栽培季节

华北地区于4—6月播种育苗，一次定植，多年收获。

（三）栽培技术

1．育苗

种子需要特殊处理，即用25～28℃的水浸泡2d，每天早晚各水洗一次（搓洗），同时换水，并进行催芽处理，播在直径10cm的营养钵内，也可以播种在苗床内。播种后10～15d齐苗，苗龄30d、苗高15～20cm、地上茎达3根以上时定植。

2．整地施肥

芦笋定植后，可连续收获10～15年，因此要选择土层深厚、土质肥沃、有灌溉条件、通透性良好的沙壤土。定植前施足农家肥，要求每667m^2施入5000kg，分撒施和沟施两种方式。所谓撒施，即撒施地面，结合翻地施入；所谓沟施，即在整地挖沟后集中施入沟内。整地时，按行距1.5m打直线挖沟，沟宽40～50cm，深30～40cm，沟内施入农家肥后，每667m^2再施入三元复合肥50kg，并使农家肥、化肥和土壤充分混合。

3．定植

将幼苗地下茎着生鳞芽的一端顺沟向排列，株距为30cm，然后覆土。覆土分两次进行，第1次厚5cm，并浇透水，过10d左右进行第2次覆土，使根茎盘离地面10cm，并覆盖地膜。

4．定植后的管理

（1）定植当年的管理　芦笋定植当年生长缓慢，行间空地较大，可适当间种一些矮生作物，如花生、绿豆、地豆、薯类等，也可间种箭舌豌豆等一年生矮秆绿肥作物，以提高土地利用率和光能利用率。芦笋缓苗后追1次壮苗肥，每667m^2施复合肥15kg左右，以后根据生长情况再追肥1～2次，但霜前两个月停止追肥，以防徒长。夏季高温干旱时及时灌水，生长期间及时中耕除草，适时培土，雨季到来之前填平定植沟。土壤封冻前浇1次结冻水，当植株地上部分全部枯死后，将茎叶全部割除，清洁地面，然后培土2～5cm，以利保温越冬。定植当年和第2年不采收，以培养壮株。

（2）第2年的管理　春季干旱，要及时浇水，浇水后及时中耕保墒和除草，并注意病虫害的防治。夏、秋季的管理同定植当年。

(3) 第3年及以后的管理　芦笋定植后第3年进入采收期，为获得高产，在生产中要加强管理，管理的重点是追肥、浇水、培土和病虫害防治。

① 追肥：采收前15d追第1次肥，每667m^2追复合肥10～15kg；采收后结合培土追第2次肥，每667m^2追复合肥15～20kg；8月份秋苗旺盛生长时追第3次肥。每年入冬前施一次农家肥，每667m^2施入3000kg，方法是离植株根部5cm开沟条施。

② 浇水：采收期每10～15d浇水1次，高温干旱时适当增加浇水次数，每年土壤封冻前浇1次结冻水。

③ 培土：为获得鲜嫩、洁白、柔嫩、美观的嫩茎，一般在春季芦笋萌发前10～15d进行培土，培土前清洁田园，并结合追肥。培土的宽度定植后第3年为16～20cm，第4年以后从23～26cm逐渐扩大到33～36cm。培土的厚度以地下茎埋入地下25～30cm为准。采笋结束后，应将培土扒开，使地面恢复到未培土前的高度，保持地下茎在地表下约15cm处。北方寒冷地区冬季培土，可提高地温和土壤含水量，使芦笋安全越冬，且有利于改善产品品质和提高产量。

④ 覆盖地膜：早春可用黑色地膜覆盖畦面，地膜覆盖不但提高了前期地温，而且还保持了土壤湿度，同时还能造成抽生的幼芽不见光面而呈白色柔嫩状态，减少了培土，降低了劳动强度，可使芦笋增产15%以上。

(四) 采收

定植后第3年即可以少量采收，以后逐年提高产量。第4年进入采收高产期。每年当地温稳定在10℃以上时，即进入采笋期，北方一般在4月中旬开始采笋。采收绿笋时，栽培过程中可不必培土，在定植后第2年即可采收少量嫩茎，当茎高21～24cm时，齐土面割下即可。采收白芦笋时，栽培过程中应进行培土管理。进入采收期后，每天早晨观察垄面，发现有拱土裂痕时，即可扒开培土20cm进行采笋。采笋时，应注意刀具清洁，防止切口感染；切口要倾斜，防止雨水、露水停在刀口表面造成感染。春季第1次采收采取“剃光头”的办法，即一次性全部割掉，以后分期分批采收。

（五）盆栽观赏

可栽培在花盆内，主要观赏绿叶，长相似文竹。

（六）主要病虫害

主要病害：枯萎病、褐斑病、茎腐病。

主要虫害：蚜虫、十四点负泥虫。

二十一、百　合

百合（*Lilium brownii* var. *viridulum*）又名夜合、山蒜头，为百合科百合属多年生宿根植物，是珍贵的稀有蔬菜，原产我国和日本。其茎分为地上茎和地下茎，地下茎变态为鳞茎，由鳞片层层抱合而成，呈扁圆形或圆球形。鳞片肥厚，白色或微黄色，可供食用，其花可供观赏。

百合有很高的药用价值，有去肝气、腹胀、心痛，利大小便，补中益气之功效。其花梗、鳞茎皆可入药，性甘，味淡，微寒，入心、脾经。鳞茎有滋补强身、润肺止咳、利脾健胃、宁心安神、清热利尿等功能，其在治疗呼吸系统疾病方面的效果尤为显著，素有“中条参”之称，是多种滋补药的成分。

百合除了作为高档蔬菜供炒、炸、煮、蒸之外，还可以加工成饮料、糕点、百合干和罐头食品。

百合地上茎叶不耐霜冻，地下鳞茎可耐－10℃低温；地上茎叶生长适温为16～24℃，长期高于33℃时茎叶枯死，适于长江流域及长江以北地区生长；喜半荫条件，为长日照作物；喜干燥，怕涝；喜肥沃深厚的土壤；比较耐肥，生长发育过程中需较多的肥料。

（一）品种

我国食用百合约有10个品种，广为栽培的为宜兴百合、兰州百合、龙芽百合，此外，栽培面积较大的还有浙江的湖州百合、江西的万载百合、山西的平陆百合等。

（二）栽培季节

南方地区于秋分至立冬播种，北方地区于早春融冻后播种。

（三）栽培技术

1. 培育种球

栽培百合都是用籽球、鳞片、珠芽和鳞瓣繁殖。

（1）用籽球培育种球　此法适于兰州百合。兰州百合在收获时，150g以下、30g以上的籽球可直接用于播种，而30g以下的籽球要经2～3年培育达到30g以上后用于播种，培育方式是苗床栽培。

（2）用鳞片培育种球　此法适用于龙芽百合，也可用于兰州百合，是百合无性繁殖中最常用、繁殖系数最高的方法。其做法是，选择宽大肥壮的鳞片用于苗床播种培育种球。鳞片经3年培育后，长成种球，用于大田播种。

（3）用珠芽培育种球　此法适于宜兴百合。百合在地上茎的叶腋间产生的气生鳞茎称为珠芽，长成的气生鳞茎采下后进行播种可培育成种球。

（4）用鳞瓣培育种球　此法适用于宜兴百合和龙芽百合。百合鳞片腋间有腋芽，腋芽被小鳞片层层抱合成鳞瓣，鳞瓣生长成熟成为新鳞茎，可用于大田播种。

2. 整地施肥

百合栽培用种量大，一年内仅增殖2.5～3.5倍，有相当长的时间地面是空闲的。为提高土地利用率和光能利用率，可与多种作物间种或套种。百合忌连作，前茬亦不可选择百合科的葱、蒜、韭和茄科的烟草、辣椒和茄子。地块选好后，结合翻地每667m^{2}施入优质农家肥3000kg、三元复合肥50kg。

3. 播种

选择重30～50g的种球播种。整地施肥后开沟距30～40cm、宽13～16cm、深20cm的播种沟，穴距16～20cm，每沟播种3～4行，每穴播种1个种球，播深10～16cm，种球顶端距地面3～5cm。每667m^{2}用种球量200～250kg。

4. 肥水管理

冬前播种的百合，在土壤封冻前追肥 1 次；春季出苗前撒施农家肥。春播和秋播百合都是在出苗后苗高 8 ~ 12cm 时追 1 次肥，6 月下旬鳞茎膨大转缓时追 1 次肥。百合怕涝，一般根据天气和土壤状况每年浇水 1 ~ 2 次即可，并注意防水排涝。

5. 植株调整

生长中后期采取措施抑制地上部分营养生长，促进地下鳞茎发育膨大。其主要措施为摘心、去除花蕾，抹珠芽。

6. 地膜覆盖

南方地区一般在 2 月上旬覆盖地膜，北方地区于播种后即覆盖地膜。当 5% 见苗时即揭去地膜，以免幼苗灼伤。

（四）采收

不同的百合品种生长期长短不一，宜兴百合生长一年即可收获，而兰州百合播种后 3 ~ 4 年才能收获。一般地上部分全部枯死时即可采收，北方地区一般于秋季土壤封冻前采收；南方地区于 6 月下旬至 7 月上旬、7 月下旬、8 月上中旬分期收获。第 1 期收获的做蔬菜用，第 2 期收获的用于加工和药用，第 3 期收获的留作种子。

（五）主要病虫害

主要病害：立枯病、灰霉病、疫病。

主要虫害：金龟子。

二十二、根　芹

根芹（*Apium graveolens* var. *rapaceum*）又名洋芹、球根塘蒿等，为伞形科芹菜属芹菜种的一个变种，能形成肉质根的二年生草本植物，以柔嫩的肉质根供食用。原产地中海沿岸，在欧洲栽培比较普遍。

根芹的肉质根和嫩脆叶柄均可食用，可凉拌、炒食、煮食、做汤菜香料，具有降血压、镇静等作用。

根芹喜冷凉湿润的气候条件，在低温长日照条件下可促进苗端分化发芽，栽培中宜在苗期经受低温；要求土层深厚、肥沃、排水良好的壤土或沙壤土栽培。

（一）品种

（1）根芹1号　国家蔬菜研究中心选育，中熟，植株生长旺盛，叶片深绿，根圆球形，球重0.4～0.8kg，耐寒，耐抽薹，适合保护地和露地栽培，每667m^2产量为1500～2500kg。

（2）根芹2号　国家蔬菜研究中心选育，中早熟，植株生长旺盛，叶片绿色，直立性强，根圆球形，球重0.4～0.6kg，地上部分比例大，耐寒，耐抽薹，适合保护地及露地栽培，每667m^2产量为1500～2500kg。

（二）栽培季节

温室栽培：6月上旬至7月上旬播种育苗，8月上旬至9月中旬定植，12月至次年3月收获。

露地栽培：2—3月塑料棚育苗，4—5月定植，8—9月收获。

（三）栽培技术

1．育苗

采用72～128孔穴盘基质育苗。首先浸种12～24h，然后在15～20℃条件下催芽。催芽期间，每天需要淘洗一次，并甩干水分，8d左右即可出芽。

种植667m^2大田需播种128孔穴盘60盘，每穴播种2～3粒，用种量5～10g。苗龄60d左右，6～7片叶片时定植。

2．定植

畦田栽植。畦宽1.33m，中早熟种栽植4行，株距33cm，每667m^2定植5000～6000株；晚熟种加大株距，667m^2定植4000株左右。

3．肥水管理

定植后注意降温、保湿、保苗、促苗、防雨涝，适时、适当地进行水肥管理。根部膨大阶段，白天温度为15～20℃，夜间温度为3～10℃，适时追肥浇水，保持土壤湿度，及时打掉底叶。

（四）采收

根芹球长到0.5kg时即可以根据球的大小分期收获，即先收获大的，留下小的继续生长。收获后去掉外层大叶，削掉须根，即可出售。一般每 667m^2 产量为 2000kg。

（五）主要病虫害

主要病害：菌核病、叶斑病、斑枯病、病毒病、软腐病。

主要虫害：蚜虫。

二十三、樱 桃 萝 卜

樱桃萝卜（*Raphanus sativus* var. *radiculus*）又名袖珍萝卜，为十字花科萝卜属一年生植物，原产我国，栽培历史悠久。可四季栽培，生长适温为 15～20℃；生长周期短，25～45d 一茬；生产安排比较灵活，没有固定茬口；一般冬春季节栽培较多。樱桃萝卜抗逆性强，喜冷凉湿润气候，耐寒、耐瘠薄。对光照要求比较严格，保护地、露地、庭院均可栽培。食用方法多且方便，根与叶都可食用，叶可腌制、凉拌、炒食、做馅等；根可生食、熟食、腌制等，亦可做水果食用。营养丰富，口感甜脆，有祛痰、消积、利尿、止泻等功效。

（一）品种

品种有二十日大根（从日本引进）、四十日大根（从日本引进）、扬花萝卜（南京地方品种）、上海小红萝卜（从国外引进）、四缨萝卜（北京地方品种）、红算盘（甘肃地方品种）、晋萝卜 3 号（山西省蔬菜所选育）等。

（二）栽培季节

春季露地栽培，4 月中旬至 5 月中旬陆续播种，分期收获；秋季露地播种，8 月上旬至 9 月中旬播种，分期收获；春提前、秋延后、冬季棚室栽培，10 月上旬至第 2 年 3 月上旬陆续播种，分期收获。

（三）栽培技术

1. 整地施肥

一般为平畦栽培，整地要求地平土细，并结合施入农家肥，每 667m^2 施肥 2000kg，然后做成 1m 宽畦。

2. 播种

在平畦内浇透底水，水渗后均匀撒种子，然后覆土，覆土厚度为1～1.5cm，每667m^2播种量为500g。

3. 肥水管理

由于樱桃萝卜生育期短，一般不追肥。子叶展开后，进行疏苗；3～4片叶时及时定苗，苗距3～4cm。整个生育期间浇水要均匀，保持田间湿润。冬季注意防寒保温，夏季注意遮阳降温。

（四）采收

播种后30d左右陆续收获，注意不可收获过迟，以免糠心。

（五）主要病虫害

樱桃萝卜由于生育时间短，基本无病虫害发生。

第五节 甘蓝类蔬菜

一、芥　蓝

芥蓝（*Brassica albograbra*）为芥蓝属十字花科芸薹属中以花薹为产品的一年生或二年生草本植物，是我国的特产蔬菜，主要采食花薹，其茎叶含有甘蓝类特有的芳香物质，因此很受西方人欢迎，是我国华南地区出口创汇的重要蔬菜。芥蓝可炒食、做馅、腌制等。

芥蓝喜温暖湿润的气候条件，耐高温，种子发芽和幼苗生长的适温为25～30℃，花薹形成期以15～20℃最为适宜；属长日照植物，但对日照长短反应不敏感，喜光而不耐阴；喜湿润，不耐干旱，有一定的耐涝力；喜肥耐肥，尤对氮肥需求量大；喜欢保水、保肥能力较强的壤土。

（一）品种

芥蓝分为白花芥蓝和黄花芥蓝两种类型。白花芥蓝主食嫩薹，叶质较粗，为目前主要栽培类型；黄花芥蓝为叶薹兼用，叶质比较柔嫩。白花芥蓝中，分为早熟种、中熟种和晚熟种。早熟种适于夏秋季播种，主要品种有柳叶芥蓝、细叶早芥蓝；中熟种适于秋冬季栽培，主要品种有蒜塘芥蓝、南边中花；晚熟种适于冬春季栽培，主要品种有迟花芥蓝、铜壳叶芥蓝等。

（1）香港白花　早熟种，从播种到始收需60～70d，栽培密度为行株距18cm×18cm。

（2）中迟芥蓝、台湾中茬　中熟种，栽培密度为行株距30cm×20cm。

（3）梧州早芥蓝　广西地方品种，早熟种，从播种到始收需60d左右，栽培密度同香港白花。

（二）栽培季节

一般根据当地气候条件排开时间播种，以陆续供应市场。

（三）栽培技术

1．直播或育苗

芥蓝可以直播，也可以育苗。芥蓝直播时多采用条播法，每667m^2用种500g左右；育苗可采用阳畦、小拱棚、日光温室等设施，生产上多采用苗床育苗。随着农业科学技术的发展，现已采用穴盘育苗。育苗每667m^2用种量为75～100g左右。

2．整地施肥

每667m^2施农家肥2500kg，复合肥30kg，然后翻耕15～20cm深，作成宽140cm、畦距40cm的高畦。

3．定植

定植行株距为24cm×20cm，直播的留苗密度同此密度。

4．肥水管理

缓苗后及时追肥浇水，现蕾后追肥浇水，以加速植株和花薹生长发育，生长后期保持土壤湿润。生育期间追肥2～3次，每次10～15kg速效氮肥。分期培土，以防植株倾斜倒伏。

（四）采收

早熟种播种至初收需60～70d，中熟种需70～80d，晚熟种需90～100d。芥蓝主薹采收后又能发生侧薹。要达到高产、优质，必须及时采收主薹，当主薹薹高与叶片高度相齐时进行采收，从花蕾到茎部留3～4片叶切下，以后每一侧枝留1～2片叶切下花薹，以

2、3侧薹质量最佳。切薹时注意切口倾斜，以免切口积水而引起腐烂。

春播芥蓝于6月份采收种子，夏播芥蓝于11月份采收种子。由于芥蓝易与甘蓝类蔬菜天然杂交，所以芥蓝留种田要设隔离区。

（五）主要病虫害

芥蓝基本无病虫害发生。

二、芜菁甘蓝

芜菁甘蓝（*Brassica napobrassica*）又名洋蔓箐、洋大头菜，为十字花科芸薹属二年生草本植物，原产地中海沿岸，近代引进并广泛栽培。其适应性广，抗逆力强，易栽培，产量高，在河北、河南、山东、内蒙古、上海、江苏、福建、云南、贵州等地均有栽培。

芜菁甘蓝的肉质根组织柔嫩致密，煮食风味良好，也可以腌制和炒食，又是很好的饲料。

芜菁甘蓝性耐寒，喜冷凉气候，对温度有较强的适应性；喜较强的光照条件；要求较湿润的土壤，但也有一定的抗旱能力，宜于中性或微酸性沙壤土或壤土种植。

（一）品种

芜菁甘蓝根据其肉质根形状可分为椭圆形和圆锥形两种类型。椭圆形品种生育期短，产量偏低，品种有坝上狗头（河北品种）、温州盘菜、焦作芜菁等；圆锥形品种生育期长，产量偏高，主要为山东地方品种。出口品种主要为引自日本的杂交种，如白翠、玉波、夏小町、白马、玉姬、福小町等。

（二）栽培季节

华北地区，4月中下旬播种，6月上旬定植，9月中旬收获；黄河流域，7月上中旬播种育苗或7月中旬直播，立冬前后收获；长江流域，8月上中旬播种育苗或8月中旬直播，11月下旬或12月上旬收获；广东福建，9—10月播种，第2年1—2月收获。

（三）栽培技术

1. 直播或育苗

直播：起垄，行距 60～66cm，株距 26～33cm，条播或穴播；平畦栽培，行距 40cm，株距 30～40cm。3～4 叶间苗，5～6 叶定苗。

育苗：播种期比直播早 7～10d，育苗期 30d 左右，5～6 片真叶时移栽。

2. 肥水管理

生长阶段两期追肥，定苗或移栽成活后第 1 次追肥；肉质根膨大期第 2 次追肥。肉质根生长盛期一般 5～7d 浇水一次。

（四）采收

北方，严霜后收获；南方，定苗或定植后 100d 左右收获。一般每 667m^2 产量为 2500～3000kg，收后沟窖埋藏。

收获后选择根形整齐、无损伤、大小中等的植株作种株。北方，窖藏后第 2 年春季栽培，行株距 33cm×50cm。江南可采收后直接定植。

甘蓝极易与油菜、白菜、菜薹、芥菜类、甘蓝等天然杂交，所以留种田要设 2000m 以上的隔离区。

（五）主要病虫害

主要病害：芜菁甘蓝基本无病害发生。

主要虫害：蚜虫、菜青虫、菜螟、跳甲等。

三、羽 衣 甘 蓝

羽衣甘蓝（*Brassica oleracea* var. *acephala*）又名洋芥蓝，十字花科芸薹属甘蓝中的变种，二年生草本植物，原产地中海沿岸。叶不结球，叶面皱缩。有白黄、黄绿、粉红、紫红等色。

羽衣甘蓝性喜冷凉，极耐寒，生长期可忍受短期 -4℃ 低温，也较耐高温；属长日照作物；喜湿润，幼苗期及莲座期能忍耐干旱，在产品形成期要求较充足的土壤水分和湿润的环境；对土壤的适应性较强，但宜于土质肥沃的壤土和沙壤土中栽培；喜肥耐肥，由于生长期长，采收期长，需肥量较多。

羽衣甘蓝是一种以观赏为主的蔬菜，可食用，口感柔嫩，味道清香，可凉拌、清炒、做馅、涮火锅等，营养价值较高，并有健胃功能，是健美、减肥者的理想食品，也是联合国卫生组织推荐的防治儿童夜盲症的食品。近年研究发现，它还具有很强的防癌作用。

（一）品种

（1）观赏品种　红莲花、红牡丹、黄牡丹、白牡丹、紫凤尾、白凤尾、金凤尾、红寿、红鹰 2 号、白鹰 2 号、桃鹰 2 号、红孔雀、白孔雀。

（2）食用品种　维塔萨、沃斯特、特斯、阿培达、科伦托内、京引 104003、京引 10420。

（二）栽培季节（华北地区）

（1）露地春播　2 月下旬保护地育苗，4 月上、中旬定植，5 月上旬开始采收；

（2）露地秋播　7 月下旬遮阳、防雨育苗，8 月下旬定植，9 月中下旬开始采收；

（3）冬春日光温室种植　7 月下旬至 8 月下旬播种，9 月下旬至10 月中旬定植，10 月下旬至第 2 年 2 月陆续采收。

（三）栽培技术

1．育苗

50 孔穴盘育苗，苗龄 30 ~ 40d，3 ~ 4 片真叶时定植。

2．定植

（1）露地栽培　采用高畦覆膜栽培方式，畦高 20cm，畦宽 1.0 ~ 1.2m，每畦栽植 2 行，即行距 50 ~ 60cm，株距 30 ~ 40cm。

（2）盆栽　选用直径 20 ~ 30cm 花盆，每盆栽植 1 株。作为路边观赏用，可采用直径 100cm 的花盆，每盆定植 5 ~ 7 株。

3．肥水管理

前期尽量多中耕、少浇水，10 片叶左右时开始增加浇水次数，以小水勤浇为好。莲座期宜追一次发棵肥；进入采收期，每 15 ~

20d 追肥 1 次。

（四）采收

一次定植多次采收，采收期可达 6 个月以上。长至 10 片叶左右时即可陆续采收下部的嫩叶，每次采 2 ~ 3 叶，7d 采收 1 次。应及时打掉下边的黄叶、老叶、病叶。

（五）主要病虫害

主要病害：霜霉病、黑斑病、黑腐病。

主要虫害：蚜虫、菜青虫、甘蓝夜蛾、美洲斑潜蝇等。

四、抱子甘蓝

抱子甘蓝（*Brassica oleracea* var. *gemmifera*）又名芽甘蓝、子持甘蓝，为十字花科芸薹属甘蓝种二年生草本植物，是甘蓝类中腋芽能形成小叶球的变种，原产地中海沿岸，由普通甘蓝进化而来。抱子甘蓝在各叶基部长出 2 ~ 3cm 的小叶球，发育成微型小甘蓝，数量多，结球紧，绿色，单球重 10 ~ 20g。抱子甘蓝播种至初收需 90 ~ 110d，延续采收 30 ~ 40d。

抱子甘蓝是一种食用和观赏兼用型蔬菜，多用于西餐中做汤，也可炒食，近年来在宾馆、饭店颇受欢迎，也是礼品菜之一。抱子甘蓝有补骨髓、利关节、壮筋骨、利脏器和清热止痛的作用，尤其对胃和十二指肠溃疡有愈合作用。

抱子甘蓝性喜冷凉湿润的环境条件，耐寒性较强，但耐热性较弱，生长适温为 12 ~ 20℃；属长日照作物，在营养生长期需要充足的光照；生长期要求充足的土壤水分和空气湿度，但不耐涝，忌积水；对土壤适应性广，但以土层深厚、有机质含量高的肥沃土壤栽培为宜。抱子甘蓝生育期较长，需要养分较多，尤其需磷钾肥较多。

（一）品种

抱子甘蓝分为高矮两个类型，按小叶球的大小区分，可分为大叶球、小叶球两个类型。品种有早生一持（极早熟，90d）、长冈交配早生子持（早熟，100d）、王子（早熟，96d）、科仑内（中熟，130d）、多拉米克（中熟，120～130d）、京引1号（中熟，120d），绿橄榄（100～120d）、卡普斯它（早熟，90d）、斯马谢（晚熟，130d）、温安迪巴（中晚熟，130d）、探险者（晚熟，150d）、摇篮者（中熟，110d）、增田子持（中熟，120d）、佐伊思（中熟，110d）等（注：生育天数指从定植到收获）。

（二）栽培季节

北京地区春季露地栽培要用早熟品种，2月上旬保护地育苗，3月下旬至4月初定植于露地，6月下旬收获完毕；秋季栽培于6月中上旬育苗，早熟矮生种于7月下旬定植，10—11月收获；早熟高生种则于8月上旬定植露地，10月下旬始收至11月上旬，于严冬前带土坨挖起，移栽于保护地，继续收获至第二年3月。

（三）栽培技术

1．育苗

用72～128孔穴盘无土育苗，苗期25～35d。

2．定植

可盆栽、露地栽培，也可温室栽培。露地和温室栽培，行株距（50×45）cm，667m^2保苗3000株左右。

3．肥水管理

每667m^2施有机肥3000kg、三元复合肥40kg，全生育期追肥3次，于定植后30d、芽球膨大期、芽球始收期分期追肥，并结合浇水。

4．植株调整

抱子形成初期需插立支柱绑茎防倒伏，并定期进行培土，接近地面不结球的芽和老叶要及时摘除。

（四）采收

当芽球膨大后即可进行分期分批采收。如采收过晚，芽球易出现破裂，影响品质。

（五）主要病虫害

主要病害：猝倒病、软腐病。

主要虫害：小菜蛾、菜青虫、跳甲等。

五、球 茎 甘 蓝

球茎甘蓝（*Brassica oleracea* var. *caulorapa*）又名水果苤蓝，为十字花科芸薹属甘蓝中的一个变种，二年生草本植物。20世纪90年代末从欧洲引进的特菜新品种，为装箱礼品菜之一，是芽膨大形成的肉质球茎，圆形或扁圆形。球茎甘蓝中含有丰富的维生素和铜、铁、锌、钙等矿物质与蛋白质，具有消食积、去痰的保健作用。球茎脆嫩清香，适宜凉拌鲜食；嫩叶适宜凉拌、炒食、做汤。单球茎重0.5～1.5kg，播种至初收需90～100d，耐寒性强而耐热性差，生长适温为18～25℃。最适宜在疏松、肥沃、通气性良好的壤土种植，光照充足生长健壮，产量高，品质好。是一种食用与观赏兼用型蔬菜。适于露地栽培、温室栽培或盆栽。

（一）品种

目前普遍推广应用的品种是利浦和紫苤蓝，两个品种均为定植后60d采收。

（二）栽培季节

我国北方一般春秋两季栽培，南方秋冬季和冬春季栽培。内蒙古、新疆、黑龙江等高寒地区，多为一年一茬。

（三）栽培技术

1. 育苗

72孔穴盘基质育苗，苗龄30d左右，5～6片叶定植。

2. 定植

（1）露地栽培　做成1.3m宽的平畦，每畦种植3行，株距30cm。2叶期间苗，3～4叶定苗。

（2）盆栽　采用口径20cm的花盆，每盆栽植1株。

3. 肥水管理

栽后及时浇缓苗水；缓苗后中耕1～2次，蹲苗10d左右，以后及时浇水，球茎膨大时期均匀浇水；并追肥1次。

（四）采收

心叶不再生长时要及时采收，以免茎皮变厚变硬、茎肉老化而影响品质。

（五）主要病虫害

主要病害：球茎甘蓝基本无病害发生。

主要虫害：蚜虫、甘蓝夜蛾。

六、紫　甘　蓝

紫甘蓝（*Brassica oleracea* var.）又名紫洋白菜、红甘蓝，为十字花科芸薹属甘蓝中能形成紫色叶球的一个变种，二年生草本植物，原产地中海沿岸，含有各种维生素和矿物质，尤其富含维生素 C。

紫甘蓝喜温和气候，有一定的抗寒性和耐热性，生长发育适宜温度为 20～25℃；为长日照作物，对光照条件要求不严格；对土壤适应性较强；喜肥耐肥。

（一）品种

目前国内紫甘蓝品种主要引自国外。

（1）紫甘 1 号　株型较大，单球重 2～3kg，每 667m^2 产量为 3000～3500kg，从定植到收获 85～90d，耐贮存，每 667m^2 留苗 2000～2200 株。

（2）早红　早熟种，从定植到收获 65～70d，中等植株，单球重 0.75～1kg，每 667m^2 产量为 2500kg，每 667m^2 留苗 2500～2800 株。

（3）红亩　中熟种，从定植到收获 80d，单球重 1.5～2kg，每 667m^2 留苗 2000～2200 株，产量为 3000～3500kg。

（4）特红 1 号　植株中等，早熟种，从定植到收获 65～70d，单球重 0.75～1kg，每 667m^2 产量为 2500kg 左右。

（5）鲁比紫球　杂种 1 代，晚熟种，自播种到收获 95～100d，单球重 1.2kg，耐热性强，低温期结球性好。

（6）中熟鲁比紫球　杂交 1 代，晚熟种，自播种到收获 110～120d，单球重 1.6kg，耐寒，低温期结球性好，耐贮存。

（二）栽培季节

华北地区紫甘蓝的栽培季节如表2－8所示。

表2－8　紫甘蓝的栽培方式与季节（华北地区）

栽培方式	育苗期	定植期	收获期
春季保护地栽培	12月上中旬	2月中旬至3月上旬	5月
春季露地栽培	3月上中旬	4月下旬至5月上旬	7月上旬
秋季保护地栽培	7月下旬	8月中下旬	11月中下旬
秋季露地栽培	6月中下旬	7月中下旬	10月上旬

（三）栽培技术

1．育苗

一般采用苗床育苗移栽方式。育苗播种采用撒播，每$667m^2$用种量为50～100g。近2年来已推广穴盘无土育苗技术。苗龄70～80d，幼苗5～6叶时移栽。

2．整地施肥

紫甘蓝对土壤适应性较强，但宜选择土质疏松、肥沃的壤土或沙壤土，定植前结合整地每$667m^2$施农家肥3000kg、三元复合肥40kg，并做成20cm高畦，畦宽50～60cm，畦距30cm。早春露地栽培、棚室春提前、秋延后、越冬栽培，要覆盖地膜。

3．定植

早熟品种行株距为50cm×50cm，每$667m^2$定植2600株左右；中晚熟品种行株距为60cm×50cm，每$667m^2$保苗2200株左右。

4．肥水管理

育苗期分别在播前、分苗、定植前各浇1次透水，定植后浇1次缓苗水，然后蹲苗。进入莲座结球期，需水量较大，一般地面见干就浇水，一直到采收，并于莲座期、结球期结合浇水各追肥1次，以速效氮肥为主。

（四）采收

早熟品种定植后60～70d采收，中晚熟品种定植后80～90d左右采收。

（五）主要病虫害

主要病害：猝倒病、软腐病。

主要虫害：蚜虫、菜青虫。

七、青　花　菜

青花菜（*Brassica oleracea* var. *italita*）又名绿花椰菜、绿菜花、西兰花，为十字花科芸薹属一、二年生草本植物，系甘蓝中的一个变种，演化中心为地中海东部沿岸。花球为绿色，食用部分为肉质嫩花茎和花蕾群。青花菜营养价值高，风味佳，属高档蔬菜。其胡萝卜素、B族维生素、维生素C及钙、铁、磷等物质含量明显高于甘蓝和花椰菜。除可鲜菜炒食、凉拌、醋酱拌外，花茎还可以做泡菜或腌渍。青花菜喜温和冷凉气候，生长发育适温为18～20℃，需水量较大但不耐涝，对土壤条件要求不严，能适应pH5.5～8的各种土壤，但以壤土为宜。喜肥，耐肥。日光温室、塑料大棚和露地均可栽培种植。

（一）品种

目前我国推广种植的品种多为从日本引进，如绿岭、里绿、哈依姿、斯力梅因、加斯达、东京绿、绿辉等，也有从韩国引进的，如绿秀、绿丰、绿浪等。近几年中国农科院蔬菜花卉研究所育成了“中青1号”和“中青2号”，多于北方地区种植；上海农科院园艺研究所育成的“上海1号”和“上海2号”，也已推广种植。

（二）栽培季节

春茬花椰菜：1—2月在保护地内播种育苗，3—4月露地种植，6—7月收获。

秋茬花椰菜：6—7月播种育苗，8月定植，10月收获。

在日光温室或塑料大棚种植的，可根据要求随时育苗定植。

（三）栽培技术

1. 育苗

用72～128孔穴盘基质育苗。每穴播1粒种子，每667m^{2}用种50g。露地栽培，3月下旬至4月上旬塑料大棚或小拱棚育苗，苗龄30d左右，5月上旬移栽。春、秋大棚及冬季日光温室栽植可根据要求随时育苗，一般苗龄40d，幼苗4～5叶时可定植。

2. 定植

无论露地栽培还是棚室栽培，都要采用高垄大、小行覆膜栽培方式。先行整地施肥，然后做成高畦，大行距70cm，小行距50cm，株距50cm，每667m^2保苗2200株左右。日光温室越冬栽培，还要覆盖地膜，以提早上市和提高产量。

3. 肥水管理

定植后及时浇缓苗水，20d后第1次追肥，现花球后第2次追肥，每次追肥都结合浇水。另视苗情，一般7～10d浇1次水。

4. 温度管理

花球生长期要求白天20～22℃，夜间10～15℃。

（四）采收

由于青花菜花球易松散或枯蕾、开花，所以必须及时采收。采收标准为花球紧密、花蕾无黄花或坏死、花球直径为12～15cm，在花茎与主茎交界处下2cm处切割采收。

（五）主要病虫害

主要病害：霜霉病、黑腐病。

主要虫害：菜青虫、蚜虫。

第六节　豆类蔬菜

一、蚕　　豆

蚕豆（*Vicia faba*）又名罗汉豆、佛豆、寒豆等，为豆科蚕豆属一年生植物，在我国广为栽培，不仅可播种于整块土地上，还可以在庭院、地边、路旁种植，另外还可以与其他作物间、套、复种。蚕豆做蔬菜食用，可炒、烧、煮，还可做粉、酱、油等原料，花、果荚、种子及叶均可入药，有止血、利尿、解毒、消肿的功能。

蚕豆为适应性较强的蔬菜，喜温和、湿润气候，不耐炎热干燥，也不耐严寒。蚕豆根系较深，耐旱力较强，但不耐空气干旱。对土壤要求不严，较适应稍黏重而湿润的土壤，在轻盐碱地上也能种植，但不适宜酸性土壤。

（一）品种

（1）大粒种　粮菜兼用，以菜用为主，优良品种有上海青皮、上海白皮、南京青皮、杭州青皮等。

（2）小粒种　抗性强，丰产，品质差，常用作饲料。

（二）栽培季节

蚕豆耐寒，可于2月下旬至3月中旬播种，6月下旬至7月上旬陆续收获。

（三）栽培技术

1. 整地施肥

选择2~3年内未种过豆类的地块，结合翻地每667m^2施入有机肥2000kg，然后在整地的基础上作宽1.3m的平畦，畦长可根据地势确定。

2. 播种

蚕豆可条播也可穴播。穴播行距33~50cm，穴距20~33cm，每穴2~3粒；条播行距26~33cm，株距10~13cm，667m^2用种8~10kg左右。

蚕豆还可以育苗，苗龄15d、2片真叶时定苗。

3. 肥水管理

适当控制追肥，一般多追磷钾肥，少追氮肥。出苗后进行2~3次中耕。秋播蚕豆在苗期追肥1次。

4. 植株调整

春播蚕豆生育期短，主要依靠主茎开花结实，侧枝一般不结荚，可适当剪去侧枝；秋播蚕豆分枝多，主茎开花结荚数比茎部第1个或第2个分枝少，需要整枝。当秋播蚕豆植株长有16个节、株上出现由6~7个小叶组成的复叶时进行摘心。

(四) 主要病虫害

蚕豆基本无病虫害发生。

二、四　棱　豆

四棱豆（*Psophocarpus tetragonolobus*）也称翼豆、翅豆、杨桃豆、四角豆等，为豆科四棱豆属一年生或多年生（南方）蔓性草本植物，起源于巴布亚新几内亚、毛里求斯、印度等地。四棱豆根系发达，植株蔓生，主蔓长3～4m；分枝力强，主侧蔓结荚。嫩荚四棱形，在四棱上有波浪形的“翅”。荚长6～25cm，横径1.5～3.5cm，单荚重20～25g，内含种子7～18粒。四棱豆的嫩茎、嫩叶、嫩荚均可做菜食用，可凉拌、鲜炒、盐渍、制作酱菜和罐头，种子则可做芽菜、豆奶、豆腐、炒食，其地下部的肉质块根亦可烤后食用。

四棱豆源于热带，喜温，生长适温为20～25℃；短日照植物；喜温暖多湿的气候条件，不耐干旱，但有一定的抗旱能力；对土壤要求不太严格，耐瘠薄，适应性强。

(一) 品种

(1) 印度尼西亚品系　多年生，在南方全年播种。豆荚较长，为18～20cm。

(2) 巴布亚新几内亚品系　一年生，早熟种，播种至开花55～80d，豆荚长6～26cm。

近年来，我国科研单位新选育出一些适合我国无霜期较短的北方地区栽培的早熟品种，如中国农业大学选育的“早熟2号”、华南植物园和国家蔬菜研究中心选育的“83871”、中国农科院华南植物研究所选育的“早熟翼豆833”等，可在北方一些地区种植。

(二) 栽培季节

北方地区一年生栽培是春种秋收。南方地区多年生栽培，第1年3月下旬至5月上旬播种，8—11月采收，地下块根越冬；第2年温暖季节块根发出新芽开始继续生长发育结实。华北地区露地种植，3月下旬至4月上旬保护地育苗，终霜结束后定植大田；棚室栽培，1 月份播种育苗，2 月中下旬定植，秋茬则于 6 月下旬至 7 月上旬直播，10—12 月采收。

（三）栽培技术

1. 直播或育苗

既可直播又可育苗移栽。北方主要采用田间直播。直播先做畦，畦宽 1.2m，畦内种植两行，行距 60cm，穴距 50cm，每穴内播种 2～3 粒，出苗后间苗，每穴留 1～2 株。育苗移栽，一般采用 72 孔穴盘育苗，苗龄 30～35d，3～4 片真叶时定植，每 667m^2 定植 1500～2000 株。

2. 肥水管理

四棱豆施肥以基肥为主，生育前期偏重施氮、磷肥，后期适量追氮、钾肥。现蕾开花结荚期开始追肥，每 667m^2 追施复合肥 15kg，以后每隔 20d 左右追肥 1 次，全生育期配合叶面追肥。由于四棱豆不耐旱，所以在整个生长期要保持土壤湿润，一般 5～7d 浇水 1 次，以防干旱。

3. 植株调整

出苗后 30～40d 或移栽定植后 20～30d，要及时搭架，架高 1.5m 左右；抽蔓后及时人工引蔓上架，使植株均匀分布在架上。10 叶期摘心，促进节位分枝。现蕾初期，除去第 2、第 3 次分枝，以利通风透光和提高结荚率。

（四）采收

由于四棱豆的嫩叶、嫩荚、块根、干豆均可食用，所以在采收时应分别进行。采收嫩叶，在枝叶生长过旺时可采摘顶端 20cm 长嫩茎叶食用，可以做汤、做馅、凉拌或做配菜；开花后 15～20d，豆荚色绿、柔嫩时采收嫩荚，用于荤炒、素炒；采收块根，北方地区在初霜前挖出，可栽于温室内作种块，第 2 年定植大田，也可食用；采收干豆，一般于开花后 45～50d 豆荚成熟，及时采摘晒干脱粒，选择大而饱满的留作种子，余则为干豆，用于加工。

（五）主要病虫害

主要病害：四棱豆基本无病害发生。

主要虫害：蚜虫、豆荚螟。

三、荷　兰　豆

荷兰豆（*Pisum sativum*）又名豌豆，为豆科豌豆属一年生草本植物，主要以嫩荚供食用。原产地中海沿岸及亚洲西部。荷兰豆的营养价值很高，鲜荚质脆清香，风味鲜美，主要用于清炒、荤炒和做汤，有些品种（如水果豌豆，也称甜豌豆）还可以生食或做凉拌菜。荷兰豆还可以腌渍、加工罐头或速冻，其种子可以生产芽苗菜。因此，荷兰豆是一种很有发展前途的蔬菜。

荷兰豆属于半耐寒性作物，喜冷凉湿润的气候条件，是长日照作物，要求较高的空气湿度和充足的土壤水分，荷兰豆对土壤要求不太严格，忌连作，对氮肥要求较高。

（一）品种

荷兰豆是豌豆的一个变种。栽培的豌豆有三个变种，即粮豆豌豆、菜用豌豆和软荚豌豆。粮用豌豆以成熟的种子作粮用；菜用豌豆以鲜豆粒做菜用；软荚豌豆以嫩荚做菜用。

按荷兰豆茎的生长习性又可分为矮生种、半蔓生种和蔓生种。矮生种：株高 60～80cm，品种有京引 8625、大荚荷兰豆、溶糖、京引 92－1、京引 92－2；半蔓生种：株高 100～160cm，品种有京引 92－3、夏滨豌豆、子宝三十日软荚豌豆种蔓生种：株高 170～200cm，品种有台湾 11、大荚豌豆、松岛三十日。日光温室栽培品种用蔓生种、半蔓生种。

（二）栽培季节

长江流域及以南地区可分为三季栽培：越冬栽培，10 月下旬播种，第 2 年 4 月陆续采收；春季栽培，2 月中下旬播种，5 月中旬开始采收；秋季栽培，8 月中下旬播种，10 月下旬开始采收。华北地区春季露地 4 月上旬至 5 月上旬播种，5 月下旬至 6 月下旬收获，塑料大棚可分别于 2—3 月、8—9 月播种，做春提前、秋延后栽培。

（三）栽培

1．播种

既可育苗栽培，也可直播。主要采取园田直播。播种期根据不同栽培季节确定。矮生种按行距45～50cm开沟条播，蔓生种按行距80～100cm、株距10cm穴播，每穴2～3粒种子。矮生种每667m^{2}播种量为8～10kg，蔓生种每667m^{2}播种量为5～8kg。

2．整地施肥

按蔬菜栽培的技术要求进行整地施肥、中耕除草等进行正常管理。

3．植株调整

苗高20～30cm开始抽蔓时，及时支架，引蔓上架。

4．肥水管理

分别于苗期、抽蔓期、结荚期追肥。苗期一般不浇水，开花期、豆荚膨大期要供给充足的水分。

（四）采收

由于荷兰豆多为鲜食，因此当荚长4～6cm、鼓豆初期即可采收。采收过晚，虽可提高产量，但影响品质。

（五）主要病虫害

主要病害：锈病、白粉病、霜霉病、褐斑病。

主要虫害：潜叶蝇、豆荚螟。

四、甜　豌　豆

甜豌豆（*Lathyrus odoratus*）又名水果豌豆，是豌豆的一个栽培种，与豌豆同属一个科属，近几年从国外引进，主要在长江中下游以南和东南沿海地区种植。

甜豌豆的可食部分是嫩荚和籽粒，质嫩清香，甘甜可口，风味独特，营养丰富，因此人们喜欢食用。甜豌豆的嫩梢也可以做为青菜，汤食或炒食。嫩荚多用于炒食，嫩籽粒除用作炒食或做汤外，还可以与粮食混后作主食。甜豌豆的嫩荚、嫩籽粒速冻和什锦菜深受消费者欢迎，产品远销到日本、美国、欧洲等地，是出口创汇的蔬菜品种，市场前景广阔。

甜豌豆的适宜生长温度为10～20℃，对低温的适应性很强，种子可在4℃时发芽，幼苗期可耐0℃以下低温；甜豌豆不耐高温，温度超过20℃时，分枝减少，结荚少，品质下降。甜豌豆不耐旱，且又怕涝；喜土层深厚、有机质含量丰富的地块。

（一）品种

目前我国栽培的品种，一部分来自台湾地区，如合欢豌豆，一部分引自日本和西欧，如南海绿、久留米丰、岛育1号、岛育2号等。

甜豌豆分矮生种和蔓生种两种，北方栽培多用矮生种，南方栽培多用蔓生种。

（二）栽培季节

甜豌豆的栽培季节可参考荷兰豆。

（三）栽培技术

甜豌豆在生产中很少有育苗移栽的，大多数为直播。

1. 播种

选择三年内未种过豆科作物的地块进行整地施肥，种植矮生种做成宽1.0m的平畦，每畦种植2行，穴距20cm，每穴播种2～3粒种子；蔓生种实行垄作，垄距1.5m，穴距34～40cm，每穴也播2～3粒种子，但在幼苗4～5片真叶时间苗，每穴只留1株。

2. 肥水管理

播种时为保证全苗，要浇足底水；出苗后因时浇水；花荚初期进入需水高峰期，要经常浇水，保持土壤湿润。甜豌豆进入开花期开始追肥，每667m^2追施氮、钾速效肥10～20kg，进入结荚期，进行叶面喷肥。

3. 支架

甜豌豆长至15cm高时要进行支架，以防倒伏。矮生种支架1.2m高，蔓生种支架2.0m高。

（四）采收

当甜豌豆荚长6～8cm，籽粒饱满，颜色青绿时适时采收，采收后加工、贮存、销售。

（五）主要病虫害

主要病害：白粉病、褐纹病。

主要虫害：潜叶蝇。

五、扁　豆

扁豆（*Lablab purpureus*）又名鹊豆、面豆、肉豆、沿篱豆、蛾眉豆。热带为多年生草质蔓性植物，温带为一年生草本蔓性植物，原产亚洲，主要分布在印度和热带国家，我国以南方栽培较多，华北次之。扁豆主要以嫩荚供食用，豆荚炒食、煮食有特殊的香味，也可以腌制、酱制做泡菜或干制。成熟的豆粒可煮食、做豆沙或豆泥。

扁豆的荚果、种子、种皮、开放的花均可供药用。豆和豆皮的功能为和中化湿，健脾胃，止泻痢；花能消暑化湿、治下痢脓血。

扁豆喜温暖，较耐热，能耐35℃高温，生长发育适温为23～25℃，在温暖湿润的条件下生良良好；为短日照植物，故我国南北各地均可种植；根系发达，耐旱力强，对土壤适应性广；喜温怕冷，所以一般在春季播种，夏秋季开始收获。

（一）品种

有矮性和蔓性两种。矮性种高约60～70cm；蔓性种茎高约3～4m。从花的颜色分，为红花品种与白花品种。

目前我国种植面积较大的品种有：红面豆（广东省地方品种），猪血扁（我国南方地方品种），猪耳朵扁豆（河北省地方品种），红花1号扁豆（早熟品种），红花2号扁豆（也称德扁2号，早熟品种），肉扁6号，紫扁豆（山东济南地方品种），白扁豆（四川成都地方品种）等。

（二）栽培季节

扁豆的栽培方式有早春大棚栽培、日光温室越冬栽培、春季地膜覆盖早熟栽培和春季露地栽培。

早熟品种，4月上旬播种育苗；中熟品种，4月中旬至6月中旬播种育苗，苗龄 30～35d。越冬栽培的，可根据扁豆上市时间推算育苗播种期。

（三）栽培技术

1. 直播或育苗

直播：行距 80cm，穴距 40～45cm，每穴 3～4 株。

育苗移栽：育苗采用无土育苗技术。

2. 整地施肥

做畦时结合整地，每 $667m^2$ 施农家肥 3000kg，然后做成宽 1.2m 的平畦，每畦种（栽）植 2 行，行距 60cm，株距 40cm。种（栽）植时每 $667m^2$ 施用磷酸二铵 10～15kg，施用方法为在两种（栽）植穴中间点施，严禁与种子或幼苗接触。

3. 肥水管理

生长前期不必追肥，开花结荚期追肥。育苗移栽定植后，浇缓苗水，开花结果期结合追肥浇水 2～3 次，遇干旱时注意浇水。

4. 植株调整

抽蔓前搭好棚架，人字架或直立架均可。抽蔓后，将蔓引上架子，将蔓整理清楚。

（四）主要病虫害

主要病害：扁豆基本无病害发生。

主要虫害：蚜虫、美洲斑潜蝇。

六、豇　　豆

豇豆（*Vigna unguiculata*）又名带豆、筷豆，为豆科豇豆属一年草本植物。我国早在新石器时代就有栽培，是世界上最古老的作物之一。豇豆含有丰富的蛋白质、胡萝卜素及钙、磷、铁等矿质，是豆中上品，嫩荚可炒食、凉拌或腌制。豇豆性平，味甘无毒，中医临床上有健脾利湿、清热解毒、止血消渴等功效，用于治疗脾胃虚弱、泻痢、吐逆等症。

豇豆耐热，耐高温，不耐霜冻，生长适温为 20～30℃，属于短日照植物，耐干旱，忌雨涝，对土壤适应性强。豇豆的花有白色、黄色、淡黄色之分，每花序一般结荚2~4个，荚长30~120cm。

（一）品种

栽培的豇豆多为蔓生性，也有直立型与半直立型。从荚果的颜色上区分，分为白荚、青荚与红荚三类。目前我国种植面积较大的品种主要有28－2、张塘豇豆等。

（二）栽培季节

北方于春季播种，一年一季；南方可春秋两季播种，分期收获。

（三）栽培技术

1. 整地施肥

选好地块，勿与豆科作物连作，施足基肥，精细整地。一般每667m^2施入农家肥3000kg、三元复合肥40kg。北方多做平畦栽培，南方多做高垄栽培。

2. 播种

春作一般采用露地直播法，在宽1.8m畦中定植2行，株距20~27cm。

3. 肥水管理

豇豆因其根瘤菌不发达，加之生育期短，所以比其他蔬菜需肥多，尤其对磷肥需求较高。幼荚3~4cm时第1次追肥浇水第1次收获后第2次追肥浇水，后期随着气温的升高，逐渐加大浇水量，一般5~7d浇1次。

4. 植株调整

蔓生豇豆在抽蔓前搭架，并引蔓上架。

（四）采收

豇豆于鼓豆中期即可采收。采收过早，影响产量；采收过晚，影响品质。

（五）主要病虫害

主要病害：灰霉病、病毒病。

主要虫害：蚜虫。

七、刀　　豆

刀豆（*Canavalia gladiata*）又名大刀豆、刀鞘豆、关刀豆、肉豆等，为豆科刀豆属一年生半直立缠绕性草本植物，原产墨西哥和中南美洲（一说原产东半球的印度），我国已有1000多年的栽培历史，在广东、湖南、湖北、江苏、山东、四川、陕西、浙江、安徽等省区栽培较多。

刀豆的嫩荚可作蔬菜食用，其质地脆嫩肉厚、鲜美可口、清香淡雅，是菜中佳品。其食用方法为可单做鲜菜炒食，也可和猪肉、鸡肉煮食，还可以腌制酱菜或制作泡菜，花和嫩叶蒸熟后可做调味品，另外干豆可同肉类煮食或制作面粉，种子炒熟后可作咖啡的代用品。刀豆的种子在食用时必须熟食。

刀豆全株皆可入药，性温、味甘、无毒，归胃、肾二经，有温中下气、利肠胃、止呕吐、益肾补气之功效。

刀豆原产热带，喜温耐热，不耐霜冻，生长发育期需较高温度，适温为20～25℃，可耐35℃高温；喜充足的水分，但也有一定的耐旱能力；对光周期反应不敏感，要求不严格，为短日照作物；对土壤适应性较广，但以在土层深厚、排水良好、肥沃疏松的壤土中栽培为宜。

（一）品种

刀豆的品种可分为硬荚型和软荚型，硬荚型不适宜做蔬菜食用，一般做粮豆用；软荚型品种其豆荚纤维少，即使豆粒饱满，也可做菜食用。从生长形态上分，可分为直立型和半缠绕型两类。

具体品种主要是各地的地方优良品种，如大刀豆（江苏省连云港、海州等地品种）、大田刀豆（福建省大田、永春、德化地方良种）、十堰刀豆（湖北省地方良种）、沙市架刀豆（湖北省地方品种）、青刀豆（安徽省地方良种）等。

（二）栽培季节

刀豆生育期较长，自播种至开始收获嫩荚约90～150d，因此，一般是一年一季露地栽培。

（三）栽培技术

1．育苗

我国北方无霜期短，可选择生育期短的品种作为露地栽培品种；设施栽培的，可选择生育期偏长的品种，或在设施中育苗，终霜结束后露地栽植。南方地区则选用生育期长的品种，一年一季露地栽培。

选好地块，施足农家肥，选择大而饱满的种子进行催芽，然后播种。播种时间根据各地区的终霜期确定，一般于终霜期前7d左右播种。播种行距为60cm，穴距为60cm，每穴2粒种子。育苗的，苗床育苗按行株距各10cm下种或50孔穴盘育苗，每穴1粒种子，终霜后幼苗2～3叶真叶时定植。

2．定植

行株距为80cm×40cm。丛生型刀豆品种，密度为行距100～150cm，株距80～100cm。

3．肥水管理

苗高10cm左右时，中耕除草2次，并在4叶期追肥1次，每667m^{2}追施三元复合肥30kg，要求按株（或按穴）追施。开花结荚后及时追肥浇水，结荚时追施第2次肥，以速效氮肥为好，结荚中后期再追肥1次。每次追肥都要结合浇水，无雨时每10～15d浇水1次。

4．植株调整

蔓生刀豆株高35～40cm时插支架，架高2m以上。

（四）采收

刀豆一般在荚长12～20cm、豆荚尚未鼓粒时采收，直至初霜来临。收获种子的，选下部先开花、所结果实大而肥厚、具有本品种标准特征的豆荚留种，其余嫩荚及时采摘。当留种荚成熟后，及时收获，脱粒晒干贮藏。

（五）主要病虫害

主要病害：根腐病、疮痂病。

主要虫害：蚜虫。

八、毛　豆

毛豆（*Glycine max*）即大豆黄熟时采摘后做菜食用，为豆科一年生草本植物，原产我国，自古就有栽培。毛豆做菜食用，可充分补充蔬菜市场空间，一年四季均可上市。毛豆营养丰富，具有大豆的营养成分。据有关资料报道，毛豆可降低人体胆固醇含量，对高血压、心脏病、动脉硬化等患者颇有益处。毛豆性甘温，宽中下气，消水健脾，补益健康。毛豆的食用方法很多，新鲜豆粒可炒食和加工罐头，常用食用方法是制作五香毛豆，为酒店、宾馆和家庭常备菜肴，其香气可口，回味无穷。

毛豆的生长发育条件有如大豆，喜温暖，发芽适温为15～20℃，生长适温为20～25℃。毛豆属短日照作物，对日照的反应，因品种不同而不同，因此，在南北方相互引种时，要考虑这一因素。毛豆需水量较多，因此播种时应选择有灌溉条件的地块或下湿地，如丘陵坡地种植毛豆，则干旱少雨年份产量极低。毛豆对土质要求不严格，对土壤适应性较强。

（一）品种

毛豆依开花结果习性分为有限生长类型和无限生长类型。

毛豆的品种很多，据不完全统计，约有上百种。毛豆品种的分类，可按成熟期分类，即早熟种、中熟种和晚熟种。早熟种生育期为80～90d左右，中熟种生育期为100d左右，晚熟种生育期为110d以上。各地可根据当地气候条件和市场需求选择品种。

（1）早熟种　鲁青豆1号、特早1号、小寒王毛豆、华春18、特早菜用大豆95～1、早豆1号、青酥2号、台湾75、AGS292、超早丰、日本大粒早等。

（2）中熟种　楚秀、宁青豆1号、绿光、No12、六月白、扬州843、五月半等。

（3）晚熟种　南陵青果豆、绿宝珠、岩手青毛豆等。

（二）栽培季节

露地栽培：长江流域3—6月均可播种，6—10月嫩荚供应上市；华北地区4—5月播种，7—9月供应上市。

保护地栽培：长江流域主要在大棚内进行，冬季或早春播种，春末至夏初收获；华北地区可进行塑料大棚春提前、秋延后栽培，以加大市场供应期。

无论是露地栽培还是保护地栽培，一是在选择品种时充分考虑品种对日照长短的反应，二是市场需求问题。

（三）栽培技术

毛豆的栽培技术基本同于大豆的栽培技术。

1. 整地施肥

选择地力肥沃、有灌溉条件、三年内没种过豆科作物的地块，深翻后进行平整，播种时每667m^2施农家肥2000kg，集中条施。由于毛豆对磷肥需求量大，播种时每667m^2施磷酸二铵10～15kg做种肥。

2. 播种

实行垄作，行距50cm，播种时顺垄撒播种子，每667m^2播种量为5kg左右。也可与玉米、小麦等粮食作物间作或套作，以提高单位面积产量和效益。

3. 中耕除草和培土

苗期中耕2～3次，苗高30cm时培土。

4. 肥水管理

毛豆在苗期控水蹲苗，于初花期、结荚期、豆粒膨大期各浇水1次，保持土壤湿润，可提高产量和品质。于苗高30cm时结合培土追肥1次，每667m^2追施尿素10kg、硫酸钾5kg。

（四）采收

毛豆应在豆荚和种子达到饱满、但尚持绿色时及时采收。

（五）主要病虫害

主要病害：白粉病、锈病、病毒病。

主要虫害：蚜虫、豆荚螟。

第七节　芳 香 蔬 菜

一、紫　　苏

紫苏（*Perlla frutescens*）又名赤苏、白苏，唇形科紫苏属以嫩叶及种子为食的一年生草本植物，原产我国。紫苏的根、茎、叶及种子均有很高的营养价值，种子含紫苏醛、紫苏醇、薄荷酮、薄荷醇、丁香油酚及白苏烯酮等。紫苏除食用外，还可入药，其味辛，微温，具有祛毒散寒、理气化痰、安胎润肠之功效。

紫苏的嫩叶可生食或做汤，可做蒸、煮鱼的调料，植株可腌渍，种子可入药，也可用于榨油，紫苏油是高级工业用油。北方一些地区，把紫苏的种子炒熟压细，加上少许精盐末，用来蘸食，味道十分鲜香。

紫苏喜温暖湿润的气候，8℃以上种子即可发芽，开花期适宜温度为 26 ~ 28℃，是典型的短日照作物。紫苏不耐干旱，耐涝、耐湿性较强，对土壤适应性较广，庭院栽培还具有观赏价值。

（一）品种

品种有皱叶紫苏、尖叶紫苏等。

（二）栽培季节

长江、黄河流域及华北地区以露地栽培为主，3—4 月冷床或露地育苗，4—5 月定植，6—9 月采收，至抽薹为止。设施栽培可随时播种。

（三）栽培技术

1．整地施肥

结合整地每 667m^2 施入有机肥 2000kg，并施入饼肥 50kg、三元复合肥 25kg。

2．直播或育苗

紫苏可以直播，也可以育苗移栽。直播可以撒播、条播、穴播，出苗后按行株距（30 × 30）cm 间苗、定苗。育苗采取穴盘基质育苗，出苗后15d按行株距（30×30）cm定植。

3．肥水管理

紫苏开始旺盛生长时适当浇水，并追肥2次。

4．植株调整

紫苏分枝力极强，如以收获嫩茎叶为目的，则可摘除已进行花芽分化的顶端，使之不开花，保持嫩茎叶生长；留种株的适当摘除部分茎尖和叶片。

（四）采收

设施栽培，以取食嫩茎叶的，多于幼苗3～4叶时，用剪刀整齐剪断后装箱出售。也有的在温室内每3～4株栽为一丛，丛距10～12cm，进行遮光短日照处理，一般6～7片叶抽穗、穗长6～8cm时，及时采收扎把上市。

采收种子的，应在40%～50%成熟时一次性收割，晾晒后脱粒。

（五）主要病虫害

主要病害：白粉病、锈病。

主要虫害：紫苏基本无虫害发生。

二、韭　　葱

韭葱（*Allium porrum*）又名洋蒜、葱蒜，百合科葱属二年生草本植物。原产欧洲中南部，20世纪30年代引入中国，全国各地均有种植，但面积不大。韭葱以嫩叶、假茎、地下鳞茎和花薹供食用，可炒食、煮汤或做调料。

韭葱适应性强，栽培容易，产品供应期长，可作为调剂补淡的蔬菜。韭葱抗寒、耐热，能耐－10℃低温和38℃高温，生长适宜温度为白天18～22℃，夜间12～13℃；对土壤适应性广，适于沙壤土、壤土和黏质土壤种植；耐肥，需肥量较大。

（一）品种

我国韭葱栽培较少，品种也少，种植面积较大的是河北邯郸韭葱和广西韭葱。

（二）栽培季节

我国华北、华中、华南等地可春季育苗，夏季定植，初冬收获假茎。温室栽培的，可根据实际需要，随时育苗移栽。

（三）栽培技术

1. 育苗

每667m^2 播种量为2.5kg，可定植10000m^2 大田。育苗一般用苗床，也可用228孔穴盘。苗床育苗，浇水下渗后撒播，覆土1cm，苗高5~6cm间苗1~2次，苗龄50~60d时定植。

2. 定植

定植密度，采收嫩苗的行株距为20cm×5cm；采收假茎、花薹的行株距为（60~70）cm×（10~15）cm。采收假茎的，在定植前挖定植沟，沟深20~25cm，沟距40~50cm，内栽2行。沟内施农家肥和适量化肥，并与沟内土壤充分混合。

3. 培土

韭葱整个生长期间，分三次培土，以保证假茎长度和质量。每次培土培至生长点处，但不可埋及心叶。

4. 肥水管理

追肥分两次进行。第1次于定植缓苗后，第2次于韭葱进入繁茂生长期。每次每667m^2 追肥尿素10kg加复合肥20kg，并结合浇水。采收前半个月浇水1次，以后停止浇水。

（四）采收

春播的10月份可以收获，并根据市场需要随时上市，也可冬贮1~2个月后上市。秋播的在第2年4—5月陆续采收上市，也可在5—6月采收花薹，一般每667m^2 产葱苗4000~5000kg。留种的一般秋播，幼苗越冬，入冬后浇水覆盖越冬，第二年4—5月抽薹，抽薹后少浇水，花球形成时适当加大浇水量，开花后结合浇水追肥1次，7—8月采收种子。

（五）主要病虫害

韭葱基本无病虫害发生。

三、细　香　葱

细香葱（*Allium schoenoprasum*）又名香葱、四季葱，百合科葱属多年生草本植物，作二年生栽培。原产北美、北欧、亚洲等地，现广泛分布于热带、亚热带。以嫩叶与假茎供食用，具有特殊香味，我国长江以南各地均有栽培，其中广东省栽培面积较大，近年来山东省有集中栽培。随着温室工程的发展，各地均有栽培，尤其水培面积不断扩大。

细香葱分蘖力极强，在适宜的条件下很快长成稠密的株丛，生长到第二年抽薹，花茎细长，聚伞花序，但一般不结种子。

细香葱喜凉爽气候，耐寒也耐热；需水量较少，但不耐旱；不耐强光；适宜在土质疏松肥沃、排灌方便的壤土地块上种植。

（一）品种

目前生产中常用的品种是福建农家品种和四季小香葱等。

（二）栽培季节

露地可在春、秋两季种植，夏季种植需覆盖遮阳网；保护地可于早春、晚秋和冬季种植。

（三）栽培技术

1．育苗

一般为苗床育苗，采用撒播或条播的方式。

2．定植

定植前精细整地，施足基肥，播种后40～50d即可移栽定植，定植行距为12～20cm，穴距为8～10cm，每穴为8～10株。

3．肥水管理

缓苗后结合浇水轻追一次复合肥，进入生长旺盛期结合浇水追一次肥，每667m^2追施尿素10kg。一般7～10d浇水一次。

4．培土

为提高细香葱产量，生育后期培土1～2次。

（四）采收

播种后60～80d、移栽后30d可陆续收获上市。

（五）主要病虫害

主要病害：霜霉病。

主要虫害：地下害虫、潜叶蝇。

四、结球茴香

结球茴香（*Foeniculum dulce*）又名意大利茴香、甜茴香、球茎茴香，为伞形科茴香属茴香种的一个变种。原产意大利南部，我国于近年引进栽培，以叶柄基部形成的叶球为菜用。具有独特的芳香甜味，主要作为肉食菜肴的配料，也可凉拌，嫩叶可做馅。

结球茴香可增进食欲，具有温肝胃、暖胃气、散寒结、健胃、祛风邪的保健疗效。

结球茴香喜清凉气候，耐寒、耐热，适应性广，苗期耐 -4℃的低温。长日照有促进花芽分化和抽薹开花的效应，低温短日照条件下，花芽分化迟，当年不抽薹。对土壤要求不严格，宜于疏松肥沃、保肥保水的沙壤土上种植。对水分要求比较严格。

（一）品种

（1）球玉 1 号　杂交一代，中早熟，品质好，单球重 0.4～0.5kg，每 667m^2 产量为 2000kg。

（2）扁玉 1 号　生长势强，抗病，耐裂，耐抽薹，单球重 0.5kg 左右。

（二）栽培季节

多为露地栽培，也可温室栽培。露地栽培以夏播秋收为主。北方则多为春播夏收，南方秋播冬春采收。北方温室栽培，一般于 11 月中旬至 12 月播种育苗，12 月中旬至第 2 年 1 月下旬定植，1 月下旬至 2 月下旬采收。

（三）栽培技术

1．直播或育苗

夏秋季可以直播。结合整地每 667m^2 施入农家肥 2000kg，化肥（复合肥）30kg，然后做畦，畦宽 1.5m，种两行，株距为 20～

25cm，每穴播 7 ~ 8 粒种子。分次间苗，最后定苗留 1 株。育苗移栽，苗长到 3 ~ 4 片叶时分苗，5 ~ 6 片叶即可定植，行株距为（60 ~ 70）cm ×（20 ~ 25）cm，切忌过密，以免球茎变小，品质下降。

选 72 ~ 128 孔穴盘无土育苗。每 667m^2 大田需种量为 170 ~ 200g。

2. 肥水管理

追肥两次，分别于定植后 20d 和 40d，每次每 667m^2 追复合肥 25kg。叶片旺盛生长期要经常浇水，叶柄膨大期需水量大，后期需适当控水。

3. 光照、温度控制

长日照、高温极易使结球茴香抽薹，所以在春季 4—5 月播种的极易未熟抽薹。为扩大播种期，实现周年供应，常进行遮光短日照处理。夏播的可提前至 6 月份播种，4 片真叶时，用黑色遮阳网在下午 4—5 时以后覆盖遮阴；秋冬季育苗的，可在苗期至定植后连续遮阴 50d 左右，真叶长到 12 叶以前处理，均能促进球的增大，防止先期抽薹。

（四）采收

播种后 75d 或定植后 40 ~ 50d 即可采收。采收过早，因球茎还未充分膨大，影响产量；采收过晚，纤维增多，影响品质。

（五）主要病虫害

主要病害：菌核病、白粉病、根腐病。

主要虫害：茴香凤蝶、蚜虫。

五、香　　椿

香椿（*Toona sinensis*）又名椿甜树、椿阳树，为楝科香椿属多年生落叶乔木，是为数不多的木本蔬菜之一。香椿以其嫩芽和嫩叶供食用，具有特殊香味，可鲜食、油炸、凉拌、炒食和腌渍，香椿炒鸡蛋、香椿拌豆腐和炸椿鱼等皆为传统名菜。香椿原产我国中部，现华北至东南、西南各地均有栽培，其中以河北、山东、河南、安徽等地出产香椿较多。

香椿有防治感冒和肠炎的药用功能，还具有止血固精、清热收敛、去燥湿、消炎解毒等功效，对疮疖、白秃、赤痢、赤白带、跌打肿痛等有较好的疗效。

香椿喜光，不耐阴，对温度的适应性较强，幼苗可耐 -10℃的低温，成树可耐 -20℃的低温；生长期间喜光照充足、昼夜温差大；适于生长在深厚、肥沃、湿润的沙质土壤中，在中性、酸性土壤中生长良好，也能耐轻度盐渍；较耐水湿；有一定的耐寒力。

（一）品种

（1）红香椿　芽初生时芽薹及嫩叶为棕红色，鲜亮，长成商品芽需 6～10d，品质上等。

（2）褐香椿　芽初生时芽薹及嫩叶为褐红色，鲜亮，芽粗短，8～12d 长成商品芽，香气极浓，微有苦涩味，品质上等，稍差于红香椿。

（3）红叶椿　芽初生时芽薹及嫩叶为棕红色，鲜亮，8～10d 长成商品芽，外形与红香椿极相似，品质上等，但芽薹粗壮程度及色泽艳丽程度均不及红香椿和褐香椿。

（4）红芽绿香椿　芽初生时芽薹及嫩叶为淡棕红色，鲜亮，5～7d 后除尖端为淡红色外，其他部分均变成黄绿色，6～10d 长成商品芽，整个芽体均为绿色，品质中上等。

（5）黑油椿　芽初生时芽薹及嫩叶为紫红色，油亮，8～13d 长成商品芽，叶片较肥厚，香气特浓，品质上等。

（6）红油椿　芽初生时芽薹及嫩叶为鲜红色，鲜亮，5～7d 后颜色加深，8～12d 长成商品芽，嫩芽粗壮，香气浓，品质上等。

（7）青油椿　芽初生时芽薹及嫩叶为紫红色，6～7d 变为绿色，油亮，10～14d 长成商品芽，芽脆嫩，香气淡，品质中上等。

（8）薹椿　芽初生时芽薹及嫩叶为淡褐色，芽薹与叶轴特别粗壮且长，形如菜薹，8～13d 长成商品芽，嫩芽粗壮脆嫩，香气淡，外形不美观，品质中等。

（二）栽培季节

适宜春天栽培。

（三）栽培技术

1．育苗

（1）播种育苗　种子需进行催芽处理，常用方法为温水浸种，即于3月上、中旬用30～45℃温水浸种1昼夜。种子吸足水分后，捞出放于蒲包内，并放置在温暖处，每日早晚用清水各洗1次，并不时翻倒均匀，使其通气。待有5%种子发芽时，即可用于播种。有条件的，可于恒温培养箱中催芽。育苗应用基质穴盘，选用50～72孔穴盘，其具体方法同无土育苗。

（2）扦插育苗　可进行插根和插茎。在早春起苗时，将过长的主、侧根截成长15～20cm的插穗，进行插根育苗，随采随育，按行株距30cm×15cm埋在苗床内，上覆土5～10cm。插茎时，于秋季落叶后，选1～2年生枝条，剪成20cm长的插条，插入8cm×8cm的塑料钵内，插入深度10cm，保护过冬，第2年春季萌发，进行定植。

2．定植

于早春未萌发前挖出苗木定植大田。大田每667m^{2}施农家肥4000kg、磷酸二铵10kg，撒匀深翻，然后起垄栽苗，垄距为60～70cm，垄高为20～30cm，株距为15～20cm，每667m^{2}保苗6000～7000株。定植后要浇足水。

3．植株调整

温室或露地的香椿芽采收结束后，加强肥水管理，于6月下旬开始，由香椿苗的基部向上8～15cm处平茬，以促进植株分枝。到7月上、中旬，香椿苗长到40～50cm高时，打顶尖，促使侧芽萌发，以长成侧枝，此期间要控制肥水。打顶时间可根据苗木的生长情况进行不同处理，对生长势弱的植株晚打顶，并从植株基部向上打去1/3～1/2的叶子。

4．肥水管理

7月下旬以后，每667m^{2}追施尿素15～20kg，并结合浇水，以保证香椿苗入冬时高度可达0.8～1.5m，主干直径2～3cm，侧枝2～3个。

5. 温室越冬栽培

11月份扣棚或将大田香椿苗移栽于温室内，按行距60～70cm、株距15～20cm定植，不加温，使香椿苗继续休眠。进入12月份后保持白天18～24℃、夜间12～14℃，经40～50d即可长出香椿芽。一般于1月下旬接近春节采收第1次香椿芽，以后还可采2～3次或4～5次侧芽。

（四）采收

在适宜温度条件下（白天18～24℃、夜间12～14℃），棚室香椿经10～20d即可采收嫩芽，大田约需30d以上。第1茬香椿芽摘取丛生在芽薹上的顶芽，要保留芽薹，以便继续分生叶片。一般一年可采收3～4次香椿芽。棚室栽培的，采收结束后及时揭去覆盖物，进入露地管理。

将香椿芽洗净甩干，200g为1把装入塑料袋中，速冻24h，再放入-10℃的冷库中贮藏，8个月品质不变。也可进行盐渍，一层香椿芽一层盐，盐分含量在10%～20%之间，轻轻揉压，装坛密封，可保存3个月，食用时泡开即可。

（五）主要病虫害

主要病害：立枯病、叶锈病、白粉病。

主要虫害：香椿毛虫、刺蛾、云斑天牛。

六、芫　荽

芫荽（*Coriandrum sativum*）又名香菜、香荽，为伞形科一二年生草本植物，原产地中海沿岸及中亚。芫荽的食用部位是叶片与叶柄，营养价值较高，具有特殊香味，既可凉拌生食，又可炒食、腌渍，或做汤调味。

芫荽还能入药，具有健胃透疹的作用，其果实入药可平利五脏，补筋脉，帮助消化。

芫荽为耐寒性蔬菜，抗寒性很强，能耐-10～12℃低温，最适生长温度为17～20℃，30℃以上停止生长；为长日照作物；对土壤要求不严格，但以有机质含量较高、保水性较强的壤土最为适宜；喜湿润环境。

（一）品种

（1）大叶品种　植株较高，叶片大，产量较高，但适应性和香味不如小叶品种。

（2）小叶品种　植株较矮，叶片较小，较耐寒，适应性好，香味浓郁，但产量较低。

（二）栽培季节

芫荽以春秋两茬露地栽培为主，也可在温室内冬季栽培。

（三）栽培技术

1. 整地施肥

选择适宜的地块，结合翻地每667m^2施入农家肥1500～2000kg，并平整地面，做成宽1.5m的平畦。

2. 播种

春播于3～4月播种，保护地栽培可提前到2月；秋播于7月下旬至8月下旬播种；越冬栽培可于10月底—11月中下旬播种。播种时先将种子搓开，然后撒播或条播于畦内，每667m^2播种量为1.0～2.0kg，播后覆土压实浇水，以保证出苗。

3. 肥水管理

芫荽进入旺盛生长期后结合浇水追肥1～2次，每次每667m^2追施尿素15～20kg。芫荽不耐干旱，所以要保持小水勤浇。

（四）采收

芫荽在播种后40～60d即可采收，采收时连根铲起，去除泥土和黄老叶，捆把上市。一般每667m^2产量为1000～2500kg。秋播芫荽可进行贮藏保鲜，以满足冬季的市场需求。贮藏方法有沟藏法和冷冻窖藏法两种。

芫荽留种需单建种子田，有老株采种和小株采种两种方法。老株采种即于秋季播种，冬季保护越冬，第2年6月份采收种子，每667m^2产种子75～100kg；小株采种即于早春播种，当年7月采收种子，每 667m^2 产种子 50～75kg。种子采收后脱粒、干燥、清洗干净、贮藏。

（五）主要病虫害

芫荽基本无病虫害发生。

七、珍 珠 花 菜

珍珠花菜（*Artemisia lactiflora*）又名四季菜、白苞蒿、乳白艾，是菊科艾蒿属多年生直立草本植物，在我国南北方广大地区均可栽培。珍珠花菜以嫩绿清香的叶片供食用，其茎叶含芳香物质，具特殊香气，含丰富的维生素、矿物质和多种氨基酸，适合多种烹调方法，切碎与豆腐干丁凉拌，口味颇好。叶片还可炒食或做成荤素汤，清香可口，亦可做馄饨、水饺的馅料。

珍珠花菜性喜温暖，不耐严寒和干旱气候，耐高温高湿，对温度要求不严格，－5℃以下，地上部受冻严重，但根茎能安全越冬；在 35～38℃高温下，植株生长仍良好。珍珠花菜是典型的短日照作物，在长江流域及以北地区自然条件下不能开花坐果，在强光照射下生长良好。珍珠花菜对土壤要求不高。

（一）品种

有青梗、红梗两种。

（二）栽培季节

珍珠花菜以无性繁殖为主，用分蘖和扦插进行育苗繁殖。北京地区以春、秋两季为扦插季节。

（三）栽培技术

1．育苗

在健壮植株上剪取 15cm 左右、带 3～5 个芽的茎段，去掉下部 2/3 的叶片，经生根药剂溶液处理后，插入苗床或 8cm×8cm 的塑料钵内，保持适宜的温度和湿度，15～20d 生根，25～30d 后开始长出新叶，即可定植。

2．整地施肥

定植前整地施肥，每 667m^2 施农家肥 3000kg 以上，并深翻或旋耕土地，然后平整做畦，畦宽 1.3m。

3. 定植

每畦栽植 3 行，平均行距为 40cm，株距为 30～40cm，注意不可栽得过深，栽后及时浇水。

4. 肥水管理

缓苗后及时中耕松土除草。缓苗后追肥 1 次，以促进发棵。整个生长期间，追肥 2～3 次，采收前 7～10d 施尿素 1 次。采后及时除去老叶，除草松土，追肥促发棵。

(四) 采收

定植后 30d 即可采收，陆续采收嫩叶和嫩梢。注意一次不可采收过多，以后每隔 20d 采收 1 次，采收期可达 3 个月以上。采收以从地面上 2～3cm 处下刀。

(五) 主要病虫害

主要病害：白粉病、菌核病。

主要虫害：珍珠花菜基本无虫害发生。

八、罗　　勒

罗勒（*Ocimum basilicum*）又名毛罗勒、兰香、九层塔，为唇形科罗勒属一年生草本植物，属珍贵的保健蔬菜，食用部位为嫩梢和叶片，富含蛋白质、维生素和矿物质，还含有芳香性植物油，有消暑解毒、去痛健胃、益力增精、强壮身体、通利血脉等功效。其含有的芳香油对消化系统有极大的益处，可刺激胆汁的流动，促进食欲。其食用方法为可凉拌、油炸、做汤，也可做炖肉的香料，与海鲜共食有去腥效果。

罗勒由于其株形漂亮，叶色翠绿或紫红，分枝多，可于路边、花坛、庭院、阳台栽植，既可观赏，又可驱避蚊蝇。

罗勒抗逆性强，为喜温类蔬菜，喜湿润，怕干旱；对光照要求不严格；不耐寒；耐热；耐贫瘠。

(一) 品种

目前已应用的品种有甜罗勒、圣罗勒、紫罗勒、绿罗勒、密生罗勒、矮生紫罗勒、柠檬罗勒等。

（二）栽培季节

露地、庭院可于春、夏、秋季种植，温室内可全年种植。

（三）栽培技术

可苗床育苗，生产中多采取直播繁殖方法。

1. 整地施肥

结合整地每 667m^2 施农家肥 3000kg，并施入 20kg 化肥做基肥，然后做成 1.3m 宽的平畦，每畦种（栽）3 行，平均行距为 43cm，株距为 30cm。

2. 播种

浇透水后撒播，播后覆细土 1cm。幼苗 3～4 片叶开始疏苗、间苗、定苗。

3. 肥水管理

当幼苗长出 10 片叶以后，增加浇水次数，保持土壤湿润。结合浇水追肥 1～2 次，追肥以速效氮肥为主。

（四）采收

1 次种植多次采收。当株高 10cm 时，可以陆续采收嫩梢和叶片。采收要用剪刀剪下，以避免伤口染病。

（五）主要病虫害

主要病害：罗勒基本无病害发生。

主要虫害：蚜虫。

九、香　　芹

香芹（*Apium groweolens*）又称荷兰芹、欧芹、洋芫荽，为伞形花科欧芹属 1～2 年生草本植物，原产地中海沿岸。因其株形漂亮，也被当作花卉栽培。食用嫩茎叶，有特殊芳香味，是西餐常用菜，主要用于盘菜的点缀和烹调水产品的调料，也可生食、做汤、涮火锅等，是出口欧美、日本的蔬菜品种之一。其营养价值很高，含有胡萝卜素、硒、钾、钠和维生素 B_1、维生素 B_2。抗逆性强，耐热，耐贫瘠，露地可在春、夏、秋季栽培，温室和盆栽可以全年种植。

香芹属耐寒性蔬菜，要求较冷凉和湿润的气候条件；长日照作物，生长期要求充足的光照条件；对水分和养分要求严格，不耐旱也不耐涝；适于有机质丰富、保水保肥性强的壤土和沙壤土种植。香芹对硼肥反应敏感，缺硼时易裂茎和发生烧心病。

（一）品种

香芹分为皱叶、板叶、芹叶、蕨叶 4 种类型，目前以皱叶品种在市场上最受欢迎，品种有柏拉马温涛、中里等。

（二）栽培季节

香芹的栽培季节如表 2 –9 所示。

表 2 –9 香芹的栽培方式与季节

种植方式	播种期	定植期	采收期
秋冬季保护地	6 月中旬 ~7 月	9 月	10 月 ~ 第 2 年 3 月
春夏季保护地	11 ~12 月	1 ~3 月	3 ~7 月
冷凉地区露地越夏	2 ~4 月	4 ~6 月	6 ~10 月

（三）栽培技术

1．育苗或直播

多数地区为育苗移栽，育苗用 128 孔穴盘无土育苗；部分地区用直播方式。由于种皮较厚，播种前要将种皮碾裂，以便于种子萌发。直播时，做成宽 1m 的畦田，浇足底水后，均匀撒播种子，然后覆土 1cm 左右。当苗高 2 ~3cm 时，适当疏苗、间苗。

2．定植

整地施肥后，做成高 15cm、畦面宽 40 ~50cm、畦沟 30 ~40cm 的高畦，上覆地膜，每畦定植 2 行，株距为 20cm。盆栽时，用直径 20cm 的花盆，每盆栽植 4 ~5 株。

3．肥水管理

生长前期土壤见湿见干，后期适当增加浇水次数。结合浇水追施活性有机肥 1 ~2 次。盆栽时，参照大田管理进行。

4．温度、光照控制

间苗后，温室栽培的，保持白天 25 ~28℃，夜间不低于 10℃，要求中等光照。

（四）采收

定植后 30d 左右开始采收，可多次采收。当有 12 ~ 15 片复叶时，保留下部老叶片，陆续采收心叶以下的 1 ~ 2 片嫩叶，使心叶继续生长。

（五）主要病虫害

主要病害：香芹基本无病害发生。

主要虫害：蚜虫。

十、观　音　菜

观音菜（*Allium hookeri*）原名宽叶韭，又名大叶韭、野苤菜、神仙菜，为百合科葱属多年生草本植物，是石蒜的一个品种，原产我国，主要分布于云南、贵州、四川、西藏、及两广地区，生于海拔 1000 ~ 4000m 的湿润山区。观音菜形似韭菜，但其叶片较宽，具有葱蒜的香味，以嫩叶、花薹供食用，其食用方法为可以炒食、煎蛋、做馅等。

观音菜富含蛋白质、铁质和纤维素，具有清洁肠胃、壮腰健肾等作用。

观音菜喜冷凉湿润的环境条件，生长适温为 15 ~ 20℃，地上部可忍受 -3℃的短期低温，但不适应持续低温或高温；忌强光照，强光照会导致植株矮小、叶片发黄、品质下降；对土壤的适应性较强，但宜在土质肥沃、通透性良好的微酸性沙壤土或壤土中栽培。

（一）品种

观音菜只有一个品种。

（二）栽培季节

一般于春季进行分株繁殖。一次种植，多年多次采收，可连续采收 3 ~ 4 年。

（三）栽培技术

1. 分株

观音菜采用分株进行繁殖。每年 3 ~ 5 月或 9 ~ 10 月从观音菜老株丛中分取带根植株，剪去上部叶片及下部老根，直接栽入大田。也有些地区通过对观音菜老菜田更新而扩大栽植面积，即将观音菜生长多年的老菜田的根株全部挖出，去掉老叶老根，另行栽植于新观音菜菜田里，通过分株，从而扩大栽培面积。

2. 整地施肥

选择有机质含量丰富、排灌方便、疏松肥沃的沙壤土或壤土地块，农家肥以腐熟的秸秆肥为好，每 667m^2 施入 3000kg，再施入过磷酸钙 50kg，深翻土地，南方多雨地区以做成龟背形宽 1.4m 的高畦为好，北方干旱地区则以做成平畦为宜。

3. 定植

行穴距为（30×30）cm，每穴 3～5 株，定植后浇透定植水。

4. 温度和光照控制

南方地区夏季需用遮阳网进行遮阳栽培。华北地区栽培，可于日光温室内栽培，冬季覆盖棚膜及保温被生产，夏季去掉覆盖材料进行露天管理。

5. 肥水管理

观音菜定植缓苗后要及时追缓苗肥、浇缓苗水，每 667m^2 追碳酸氢铵 10kg 左右，做到随浇水追施，以免烧伤叶片。以后每采收 1 次追肥 1 次，化肥品种数量及方法同上。秋末或第 2 年初春，于田间铺施 1 次农家肥，仍以充分腐熟的秸秆肥为宜，每 667m^2 施 2000～3000kg，并配合施入氮磷钾复合肥 30kg，以保证观音菜持续生长对肥料的需求。

6. 植株调整

观音菜连续采收后，叶片变窄变细，品质下降，产量也降低，使观音菜寿命变短。为解决这一问题，生产上一般采取“养茬”的措施，即一年中有 2～3 个月中不采收，用于培养根茎，以利以后的采收。

（四）采收

当观音菜长至 25cm 时即可采收，采收时用专用刀贴地面割下。在适宜的栽培条件下，每 20d 即可采收 1 次。

（五）主要病虫害

主要病害：灰霉病、根腐病。

主要虫害：观音菜基本无虫害发生。

十一、芝　麻　菜

芝麻菜（*Eruca sativa*）又名紫花南芥、芸芥、德国芥菜、火箭生菜等，为十字花科芝麻菜属一年生草本植物，原产欧洲南部，我国西北、华北、四川、甘肃、新疆等地均有分布，多为野生或做小油料作物栽培。目前栽培的芝麻菜是中国农科院从地方品种筛选出的一个稀特蔬菜。

芝麻菜以采收嫩株做蔬菜用，部分地区采收种子做药用，名为“葶苈子”，其种子还可用于制作菜籽油供食用。芝麻菜叶片似小萝卜或芜菁，具有浓烈的芝麻香味，其食用方法为可炒食、煮汤、凉拌、做沙拉和蘸酱生食，其营养丰富，味道鲜美。芝麻菜还可用于生产芽菜和水培。

芝麻菜味甘、平，性微寒，有降肺气、利肺水之功效，也可用于治疗喘咳痰多、久咳、水肿、尿少尿频等疾病，近年来医学研究表明，芝麻菜中含有防癌抗癌的活性物质。

芝麻菜喜温和、冷凉、湿润的气候，具有较强的耐寒能力，可忍耐短期 -2℃以下的低温，种子发芽适温为 25℃左右，植株生长适温为 20 ~25℃；弱冬性，在春末、秋初均可开花结实；对水分要求比较严格，比较耐涝；喜光也较耐阴；对土壤适应性较强，适于在任何土壤中生长，但在肥沃疏松的土壤中生长良好，耐盐碱。

（一）品种

芝麻菜分为白叶品种、花叶品种和小裂叶品种 3 种类型，生产中普遍推广应用的是花叶品种。

（二）栽培季节

南方地区露地栽培可全年播种，但夏季栽培需要遮阳。北方地区可于春季 4—5 月、8 月上中旬分期播种，也可在塑料大棚中春提前、秋延后栽培和在日光温室内做短时间的越冬栽培，冷凉地区也可越夏栽培。

（三）栽培技术

1. 播种

芝麻菜生长期短，播后35d左右即可采收上市，因此生产中多采取直播方式。选择土质肥沃疏松、排灌方便的地块，播前施足农家肥和速效化肥，然后整地作畦，播种时可撒播或条播。条播按行距8～12cm开浅沟播种，一般每667m^2播种量为250～300g，播后浇透水，一般4～5d即可齐苗。

如果要采收芝麻菜菜薹，则要育苗移栽，育苗采用无土育苗技术，定植行株距为30cm×20cm。

2. 肥水管理

小苗2～3片叶时可结合采收幼株进行间苗和定苗，条播的定苗株距为10cm左右 。定苗后追1次速效氮肥，一般每667m^2追施碳酸氢铵20kg，随浇水冲施。生长期间经常浇水，尽量保持土壤湿润。

（四）采收

芝麻菜生长迅速，因此适时采收非常关键。采收嫩叶的，播后35d左右即可陆续采收小苗上市；采收菜薹的，在定植或定苗后45d开始采收。

（五）主要病虫害

主要病害：芝麻菜基本无病害发生。

主要虫害：黄曲条跳甲、小菜蛾。

十二、迷　迭　香

迷迭香（*Rosmarinus offiunalis*）又名“海洋之露”，为唇形科迷迭香属常绿灌木，原产地中海沿岸，我国1981年引进，现在云南、湖南、四川、贵州等地有一定的种植面积。迷迭香具有浓郁的清香味，做蔬菜食用，主要是用鲜叶或干叶做西餐香料或食物配料，也可用于制作饮料。

迷迭香有消除胃胀、增强记忆力、提神醒脑、减轻头痛等药用功能，可用于强化肝脏功能、降低血糖及动脉硬化的治疗。

迷迭香一般株高为60～80cm，生育期为90～110d；喜温暖的气候条件，生长适温为20～30℃；较耐干旱，忌高温高湿环境；要求阳光充足和良好的通风条件；栽种的土壤以富含有机质、排水良好的沙壤土地块为宜。

（一）品种

迷迭香的分类，依外形可分为直立型、半匍匐型和匍匐型三种类型。

（二）栽培季节

我国南方地区一年四季均可定植，但以春秋两季定植为好；北方地区则为春季定植。

（三）栽培技术

1. 育苗

（1）播种育苗　采用72～128孔穴盘进行无土育苗，苗高10cm时定植。

（2）扦插育苗　选用（8×8）cm的营养钵，用生长的迷迭香顶芽进行扦插，每钵1株，苗期1个月左右即可定植。

2. 整地施肥

定植前先进行整地施肥，每667m^2施入腐熟农家肥3000kg、三元复合肥40kg，然后翻耕土地，耙平后做成高20cm、宽1.2m的平畦。

3. 定植

定植密度为40cm×40cm，每667m^2保苗4000株左右。定植时浇足定植水。

4. 肥水管理

缓苗后轻施1次壮苗肥，进入生长旺期第2次追肥。追肥以速效有机肥为主，如腐熟的饼肥、人粪尿、鸡粪等，每次每667m^2施肥200～400kg。生长期间适时浇水。

5. 植株调整

每年春季打顶去尖，抑制顶端优势，使侧枝发达，可获得较多的产品。

（四）采收

移栽当年不采收，以促进枝叶生长。当植株长到60cm以上、有一定株型时采收。如保留干叶，可烘干或自然风干备用。

十三、琉　璃　苣

琉璃苣（*Borago officinalis*）为紫草科琉璃苣属一年生草本植物，原产地中海沿岸，现在北美和欧洲地区已广为栽培。琉璃苣的鲜叶可以做菜食用，用于炖菜、做汤、做饮料的调味剂，鲜叶可以生食，琉璃苣还是蜜源植物。种子可榨琉璃苣油，因其γ－亚麻酸（GLA）含量较高，可以改善人的皮肤状况，舒缓女性经期不适，具有美容作用；其花可以用于制作糖果。用新鲜的琉璃苣叶片切成小碎块，开水冲泡10min当茶饮，香气宜人，饮后可安定神经、平抚情绪。

琉璃苣可缓解心理压力，治疗干咳，促进母乳分泌，治疗风湿、月经不调等症，近代科学家研究，琉璃苣有辅助治疗癌症的效果。

琉璃苣由于株形美观，花色艳丽，具有浓郁的香味，所以它还是很好的观赏植物。它的花蓝色带有白点，下垂而呈喇叭状，可用于现代农业观光园区和家庭盆栽。

琉璃苣喜温暖湿润的环境条件，生长适温为22～25℃，生长期间需较充足的光照，要求疏松肥沃的微碱性土壤。

（一）品种

琉璃苣目前只有一个品种。

（二）栽种季节

3—4月播种繁殖。

（三）栽培技术

1．整地施肥

选择地力肥沃、土质疏松的壤土地块，结合翻地每667m^2施入优质农家肥4000kg，耙平整细后，做成高20cm、宽1.2m的平畦，然后按每 667m^2 施入 30kg 三元复合肥，并使肥土相融。

2．播种

当当地气温达到 15℃时即可播种。播种方式为撒播，播后覆土 0.5～1.0cm，并保持土壤湿润。

3．间苗、定苗

当苗高 3～4cm 时进行间苗、定苗，定苗行株距为 20cm 见方。

4．肥水管理

当苗高 10cm 时进行第 1 次追肥，在进入生长旺期时进行第 2 次追肥。追肥以速效有机肥为好，如腐熟饼肥、鸡粪等，每次每 667m^2 施 200～300kg。

5．植株调整

当苗高 20cm 时，为了增加花的数量和促进分枝，要进行 1 次摘心。整个生长期间注意适时浇水，保持土壤湿润。

（四）采收

采收嫩叶可在株高 15cm 后随时采摘食用。

采收种子应选择在晴天下午，采收时将报纸铺在植株下面，轻轻摇动枝干，种子落下后收集。

（五）主要病虫害

琉璃苣基本无病虫害发生。

十四、百　里　香

百里香（*Thymus vulgaris*）又名银斑百里香、地花椒、山胡椒、麝香草等，为唇形科百里香属多年生草本植物，主要产地为法国、西班牙、地中海沿岸国家和埃及，我国多产于黄河以北地区，特别是西北地区。

百里香作为菜用，其应用部位是花和叶，适于作为食物的调料，用于炖肉、煎蛋和做汤，尤适用于鱼类、海鲜的烹调。有些调料加工厂用百里香为主要原料加工调料，很受消费者欢迎。

百里香是很好的蜜源植物。北方深秋季节，百里香依然开花，成为很少的蜜源植物。百里香蜜香气溢人，含糖量高，是优质蜂蜜。

百里香还是园林、花坛的地被植物也可用于盆栽，作为观赏。

百里香可以改善消化系统和治疗妇科疾病，促进血液循环，增强免疫力，减轻神经性疼痛，提升记忆力及注意力。因其有微毒，故不能长期食用。

百里香适应性很强，为喜温作物，生长适温为20～25℃；生长期间要求有充足的光照；较耐寒，在北方地区可以露地越冬；也较耐旱，在干旱地区可以正常生长；对土壤要求不严格。

由于我国北方的百里香多为野生，人们根据需要可随时采收，很少有人工栽培的。近几年由于各地农业科技园区、农业观光园区的兴起和发展，百里香成为这些园区内山野菜人工栽培的示范基地，科技人员正在大胆尝试百里香的人工栽培技术。应该说，百里香的人工栽培技术并不复杂，可以按常规技术整地施肥做畦，通过种子繁殖育苗和扦插繁殖育苗，按20cm×20cm或30cm×30cm的行株距定植，生长期间加强肥水管理，及时采收。

（一）品种

我国常见的品种有开白花的百里香（直立型），以及开红花的铺地香（又名红花百里香，匍匐型）。

（二）栽培季节

百里香最合适的生育适温为20～25℃，一般于春季播种或扦插。

（三）栽培技术

百里香的繁殖方法较多，可播种繁殖、扦插繁殖。

（1）播种繁殖　多为苗床育苗，由于种子千粒重低，播种时为撒播。小苗4～6片叶时分苗，8～10片叶时移栽定植。目前已推广应用穴盘无土育苗技术。

（2）扦插繁殖　选用尚未木质化的枝条，每个枝条上带3～5个节，并带有顶芽，按5cm的间距插于苗床内，7～10d即可生根，待长至5～8cm时移栽定植。如小面积栽培或家庭盆栽，也可以直接扦插于定植地内或盆内。

十五、牛　　至

牛至（*Origanum vulgaris*）又名五香草、匹萨草、土香薷等，为唇形科牛至属常绿宿根草本植物，原产于欧洲，从地中海沿岸至印度地区均有分布，我国华北、西北至长江以南各地也有分布。

牛至做菜用，主要用于西餐，做西餐时把牛至晾干磨成粉末使用，是西餐调料中不可缺少的一部分，尤其是做比萨。由于其具有浓郁的辛香，在烹饪时常用于添香去除肉类的膻味，在做烤肉时，常用牛至粉做调料。

牛至味辛，性微温，有清暑解表、利水消肿之功效，可用于治疗因暑湿所引起的发热、头痛、身体困倦、呕吐、腹泻，也用于治疗急性胃肠炎。

牛至还是一种良好的地被植物。

牛至喜光，生长期间需较长的日照时间；适应性较强，适于各种土壤栽培，尤耐盐碱；比较耐旱，生育期间无须多次浇水；较耐寒。

（一）品种

目前我国仅有野生种，尚无栽培种。

（二）栽培季节

在冬季寒冷地区作一年生栽培时，于春季播种。冬季用保护地栽培及温暖地区为多年生栽培，春季或秋季播种都可以。

（三）栽培技术

1．育苗

北方种植牛至，因无霜期短，春季育苗定植后，在大田生长的时间偏短，其根部贮存的营养物质不足，加上冬季寒冷，导致第2年返青率低，所以北方种植牛至，一般选择秋季大棚于7月上旬至中旬育苗，育苗采取穴盘无土育苗技术。

2．整地施肥

选择土质疏松肥沃的地块，结合翻地每667m^2施入农家肥1500kg，然后平整做畦，畦宽1.2～1.5m。

3. 定植

于春季4月中下旬至5月上旬将头一年秋季塑料大棚育的苗挖出，按行株距30cm×30cm定植，定植时施定植肥、浇定植水。定植肥为每667m^2施入磷酸二铵或三元复合肥20kg。定植时按定植穴施入，注意定植肥一定要与土壤充分混合，以避免灼伤幼苗根部。

4. 肥水管理

缓苗后进行正常肥水管理。一般于6月中旬、8月上旬各追肥1次，追肥以速效氮肥为主，每667m^2追肥15~20kg。生长期间适时浇水。

（四）采收

牛至于10上旬收割地上部分，收割时留10cm高的茬，浇越冬水。在北方地区要用秸秆覆盖，保温越冬。

（五）主要病虫害

主要病害：牛至基本无病害发生。

主要虫害：红蜘蛛。

十六、神　香　草

神香草（*Hyssopus officinalis*）又名柳薄荷、牛膝草，为唇形科神香草属半常绿灌木，自古以来就是有名的香料与芳香植物。神香草为多种花色，其花可拌入沙拉，也可与茶制成花草茶；叶可少量加入食物中以增加风味，其味与薄荷气味相似，可增加甜食和酸辣菜的口感。

神香草有增进食欲、帮助消化、去痰杀菌的药用功能，药用可制成收敛剂、神经镇静剂、祛痰剂、发汗剂等多种内服药剂。神香草有分解脂肪的作用，可用于减肥，还可以用于泡澡或用于蒸脸护肤。

神香草可以用于园林栽培，可用于岩石园、宿根花坛、丛植、片植观赏。

神香草成熟时间为70~80d，种子发芽适温为18~25℃，生长适温为15～25℃，喜冷凉干燥的气候条件，在南方种植越夏栽培需遮阳；喜日照充足、通风良好的环境；对土壤的适应性较强；宜在排水良好的沙壤土上栽培；需肥量较大。

（一）品种

中国有硬尖神香草（H. cuspidatusBoriss）及宽唇神香草（H. latilabiatusC. Y. WuetH. w. Li）2种，均产自新疆。

（二）栽培季节

于春季4—5月露地播种。

（三）栽培技术

神香草的繁殖方法较多，可以播种繁殖、扦插繁殖、分株繁殖、压条繁殖，目前生产中多用播种繁殖的方法。

1. 整地施肥

按常规方法进行整地，每667m^2施腐熟农家肥4000kg、三元复合肥40kg，然后做成宽1.2m的平畦，浇足底墒水，待播。

2. 播种

种子直播，行距为50cm，穴距为40～50cm，播种时每穴2～3粒种子。

3. 定苗

种子播种后2～3周发芽，6～8cm时定苗，每穴留1株。

4. 肥水管理

神香草需肥量比较大，生长期间每20～30d追肥1次，每次追施速效氮肥15kg左右。充分浇水，以保证植株生长茂盛，提高产量。

5. 植株调整

定期摘心、修剪，一般于30cm高时摘心，有利于侧芽生长。

（四）采收

株高30cm时陆续采摘嫩茎叶，可于霜冻来临前将根移入温室，冬季也可采摘。以药用为目的的收获在开花初期进行，以精油为目的的收获在开花中期进行。

（五）主要病虫害

神香草基本无病虫害发生。

第八节 药用蔬菜

一、牛 蒡

牛蒡（*Arctium lappa*）又名大力子、蝙蝠刺、东洋萝卜，为菊科牛蒡属、肉质根的二、三年生草本植物，原产亚洲及北欧，我国各地均有野生。牛蒡的肉质根具有香气，能防止便秘，降低胆固醇，可预防高血压、直肠癌，其种子是中药，主治咳嗽、风疹、咽喉肿痛等症。近年研究表明，经常食用牛蒡可防止人体过早衰老，并可防止高血压的发生。

牛蒡的主要食用部位是肉质根，其叶柄和嫩叶也可食用。牛蒡的根可炒食或煮食，还可以酱渍和盐渍，或加工成汁液做饮料。我国生产的牛蒡主要出口日本。

牛蒡适应性强，属耐热性蔬菜，适宜在温暖潮湿的条件下生长，其地下根耐寒，可在-20℃的气温下越冬；牛蒡要求较强的光照，但有一定的耐阴力，所以在森林、草丛中有较多的野生牛蒡生长。

（一）品种

泷野川、渡边早生、大浦、博根、柳川理想、札幌、白肤、新田、中密等。

（二）栽培季节

牛蒡为2~3年生草本植物，可春播、夏播，还可秋播。也可以进行设施栽培，以满足市场需求。生产上一般进行露地栽培。

春播夏收是最主要的栽培方式。3—5月播种，7月下旬开始收获，陆续收获到入冬；夏播冬前收获，7月上旬播种，11月上旬收获完毕；秋播越冬，第1年8—11月播种，第2年4月上旬陆续收获。

（三）栽培技术

1．整地施肥

牛蒡忌连作，因此应选择前茬为非菊科作物的地块。由于牛蒡为深根型蔬菜，对土地要求比较严格，宜在土层深厚肥沃、质地疏松的壤土或沙壤土栽培。冬前进行整地开沟，沟深 80cm，宽 60cm，沟间距 60cm，然后结合回填土逐层施入农家肥和三元复合肥，每 667m^2 施农家肥 3000kg、复合肥 50kg。

2．播种

一般为露地直播，方式可以采取条播、撒播或穴播。播种量为每 667m^2 播种 250g，在上年冬季整地的沟面上进行。条播时行株距为（40～45）cm×（8～10）cm。3 月上中旬播种的，播种后 10～15d 出苗；4 月初播种的，播种 7d 左右出苗。也有些地区秋播越冬，于第 1 年 8 月初播种，第 2 年春夏收获。保护地栽培，可在早春、秋后播种。

3．间苗、定苗

2 片叶时间苗，3～4 叶时定苗，株距为 24～30cm，每 667m^2 保苗 3500～4500 株。

4．中耕培土

中耕 2～3 次，封垄前培土。

5．肥水管理

植株 30～40cm、植株生长旺盛期、肉质根膨大期追 3 次肥，每次追肥都要结合浇水。另视天气情况，随时浇水。

（四）采收

春夏播种的，生长期为 100～130d，9 月到第 2 年 3 月随时收获。秋播的到第 2 年 5—8 月采收。一般每 667m^2 产量为 1500～2500kg。采收前，首先割去叶片，留 10～15cm 的叶柄，然后沿牛蒡的一侧挖宽 20～30cm、深 60～70cm 的沟，散开土壤，握住基部连根拔出，注意防止折断和损伤，去掉泥土，分级、打捆。

（五）主要病虫害

主要病害：菌核病、黑斑病。

主要虫害：根接线虫、蚜虫等。

二、蕺　菜

蕺菜（*Houttuynia cordata*）又名鱼腥草、野花麦、臭菜，为三白草科多年生草本植物。蕺菜主要以鲜嫩的茎叶和地下茎供食用，营养丰富。嫩茎叶和地下茎可凉拌、煮汤或炒食，地下茎可腌渍加工后长期食用。蕺菜含有鱼腥草素，性寒味辛，在医药上有抗菌、抗病毒、利尿、清热解毒、散痛肿等作用，内服能利尿、解毒、解热、止咳、祛风、顺气、健胃，而且对尿道炎、水肿、胃病及各种化脓性疾病等有一定疗效，还可作服毒急救的催吐剂；外用可治湿疹、痔疮等。

蕺菜供应期长，可周年挖掘地下茎，春秋两季均有嫩茎叶上市。蕺菜在我国江南地区均有分布，近几年北方温室中已有种植。

蕺菜属阴性作物，对光照条件要求不严格，怕强光，弱光条件下也能正常生长发育。适宜在温和气候条件下生长，对温度的适应范围较广。其萌芽的适宜温度为16～20℃，地上茎叶生长适温为13～18℃，地下根茎在长江中下游地区可正常越冬。蕺菜喜湿润环境，对土壤水分要求严格，生长期间必须经常保持土壤具有田间最大持水量的75%～80%以上。蕺菜能在各种土壤条件下生长，但以沙壤土为好，pH要求为6.5～7.0，对土壤氮磷钾的比例要求为1∶1∶5。

（一）品种

蕺菜目前只有一个品种。

（二）栽培季节

可春栽和秋栽。春栽时期为2—3月，秋栽时期为9—10月。由于春栽生长期长，产量高，因此生产上多为春栽。温室栽培，以满足早春蔬菜市场需求随时栽植。

（三）栽培技术

蕺菜为多年生宿根植物。栽培蕺菜每年用老熟的地下根茎进行无性繁殖。用于繁殖的根茎称为母根，母根先由其上部2～3节的芽萌发出土，逐渐形成地上茎，以后母根上发生的各级地下根茎也有侧芽萌发出土而形成地上茎。而在母根上萌发的芽，未出土者则发育成地下根茎。直接在母根上发生的地下根茎，称为一级根茎，一级根茎上发生的侧生根茎，称为二级根茎，以后有萌发三级、四级、五级根茎者。各级地下根茎集中分布在土表深 11 ~ 12cm 的土层中。

1. 整地施肥

蕺菜可连作。种植前选择湿润保水地块，然后深翻耙细耙平，做成宽 130 ~ 150cm 的平畦，再横向掘宽 15 ~ 18cm、深 20 ~ 24cm 的种植沟，沟距为 40cm，将腐熟厩肥按 3000 ~ 5000kg/667m^2 施入沟内，与土拌匀。

2. 定植

蕺菜可用种子繁殖，也可用分根繁殖，生产中多用分根繁殖。将挖出的蕺菜地下茎剪成 4 ~ 6cm 长的短段，剪时从节中间剪，以保证种茎上有节，然后将短段平放在种植沟中，约 6 ~ 8cm 距离放一短茎，放满一沟后，立即覆盖 7cm 左右的细泥土。如土壤过于干燥，播后立即浇水。每 667m^2 需种茎 140kg 左右。

3. 肥水管理

幼苗高 3cm 时即开始追肥，每 10 ~ 15d 追肥 1 次，追肥以氮、钾肥为主。生长中后期，由于形成大量根茎，需肥量大，追肥以速效氮肥为主，配合磷钾肥，尤其要追钾肥。根据墒情掌握浇水，使土壤经常保持在最大持水量的 75% ~ 80%。

4. 植株调整

及时摘除刚出现的花蕾，以免开花消耗大量养分而抑制地下茎的生长。

（四）采收

蕺菜生长期为 260d 左右。生产中多采取错开播期，以达到四季均有收获。春播的，夏季可采收 1 ~ 2 次嫩茎叶，冬季采掘地下根茎。一般每 667m^2 产量为 1500 ~ 2000kg。温室栽培的，移栽后一个月可进行第一次采收嫩茎叶，以后 10 ~ 15d 采收 1 次嫩茎叶。采收地下茎时不要拣净，留下的断头第二年气温回升时又可萌发出芽，苗齐时及早松土、间苗、追肥。用这种方法可连续生产多年。

（五）主要病虫害

蕺菜基本无病虫害发生。

三、荆　　芥

荆芥（*Schizonepeta tenuifolia*）又名香荆芥、线荠，为唇形科荆芥属一年生草本植物，是栽培历史悠久的一种夏季绿叶辛香蔬菜。其野生种为多年生草本，广泛分布在华北、华中、西北、西南各地。随着蔬菜的开发利用，有些地方已作为一年生蔬菜进行人工栽培。

荆芥的嫩茎叶可做凉拌菜，有清凉香味，可防暑并增进食欲，其花穗入药有解热发汗、祛风、利咽之功效，是我国常用草药之一，性辛，归肝肺经，能镇痰、祛风、凉血，可消除咽喉肿痛、火眼等病症，并常被用作调味品。

荆芥适应性强，喜温暖，耐热，种子萌发适温为 15 ~ 20℃，生长适温为 20 ~ 25℃.

（一）品种

栽培类型主要有两个品种，即尖叶荆芥和圆叶荆芥；野生类型有 N. catariaL. 和 N. tenuifo – lia Benth。

（二）栽培季节

荆芥适合我国南北各地栽培，春夏秋均可播种。

（三）栽培技术

1．育苗

荆芥直播植株矮小，抽薹早，种子成熟早；育苗植株大，产量高，供应期长，所以生产上多用育苗移栽的方法。可用传统的苗床育苗方法，现多采用穴盘基质育苗，穴盘以 72、128 孔穴盘为好，2 ~ 3 片叶时移栽。

2．整地施肥

选择疏松肥沃、排水较好的沙壤土，每 $667m^2$ 施 2500 ~ 4000kg 农家肥，精细整地后，做成 1m 宽的平畦。

3．定植

在畦内栽植 2 行，行距为 40cm，穴距为 20～25cm，每穴栽 3～4 株。因荆芥根系再生能力强，栽后容易成活。

4．肥水管理

苗期及时浇水，保持土壤湿润，每次采收后及时追肥，追肥以速效氮肥为主，适当配合钾肥。

（四）采收

荆芥以嫩茎叶和芽为食，当嫩茎 10cm 以上、芽 4～6 片叶时即可采收，一般每隔 7～10d 采收 1 次，采收期可达 4 个月。采收次数越多，萌发嫩茎嫩芽越多，品质越好，产量也越高。

留种植株不采收茎叶，任其生长，苗期去杂去劣，保留健康、旺盛的植株，6 月份抽薹开花，7 月底种子成熟。当种荚刚刚变黄时及时采收，以免成熟过度种子自然脱落。

（五）主要病虫害

荆芥基本无病虫害发生。

四、叶用枸杞

叶用枸杞（*Lycium chinense*）又名菜用枸杞，为茄科枸杞属多年生小灌木，作一年生绿叶蔬菜栽培的植物。原产我国，以药用为主，早在唐代就有用枸杞嫩芽作蔬菜食用的记载。与宁夏枸杞不同，叶用枸杞叶片发达，很少开花结果，主要采收嫩叶做蔬菜用。现在全国各地均有枸杞作蔬菜栽培的。枸杞性味甘平，入肺、肝、肾三经，具有滋肾益精、养功明目之功效。近代研究表明，枸杞具有一定的防癌抗癌功效。叶用枸杞的食用方法很多，可炒、炸、做汤。

枸杞做蔬菜食用一般为 2 年生栽培。利用中、基部枝条扦插后，10d 萌发新根，20d 左右可出新梢，再经 30～40d 的生长，枝条长达 40～50cm，即可从基部割取食用。在第 1 次采收后，每隔 20d 采收 1 次。

枸杞在年平均气温 14.5℃、1 月份最低气温 -14.5℃、7 月份最高气温 27℃的地区均可栽培；对水分要求严格，即枸杞生长缺水会导致生长不良，而水多了又不利于开花结实；对土壤的适应范围较广，但疏松、肥沃、深厚的土壤更宜枸杞生长；是强阳性树种，生长和发育要求充足的光照。

（一）品种

品种有大叶枸杞、细叶枸杞。叶用枸杞多选用大叶品种。

（二）栽培季节

露地栽培，春季播种，夏秋季采收；温室栽培，8 月育苗，9 月移栽，冬季采收。

（三）栽培技术

1. 育苗

枸杞以种子繁殖为主，也可采用扦插繁殖。

（1）种子繁殖　多采取苗床育苗，其育苗方法同其他蔬菜育苗。当苗高 3～5cm 时，按行株距 25cm×5cm 疏苗；当苗高 10cm 时，按行株距 25cm×15cm 定苗；当苗高 30cm 时，及时除去基部侧枝。对距地表处 40～60cm 的侧枝适当疏剪，在苗高 60cm 以上处打顶。春季播种育苗的苗木，当年秋后可出圃移栽于大田。

（2）扦插繁殖　3—4 月份，选用一年生健壮枝，剪成 15cm 长的短枝作插条，经吲哚丁酸或生根粉处理后，按行距 25cm、株距 12cm 斜插于事先准备好的苗床内，插深为插条的 2/3，上露出地面 1～2 个节，10～15d 成活。

2. 定植

移栽前深翻整地，施足基肥，于 3 月下旬至 4 月初定植。定植行株距为 50cm×40cm，栽后及时浇水。

3. 中耕除草

每年春夏中耕除草 3～4 次，生长中后期进行人工除草或化学除草。

4. 肥水管理

4—5 月灌水 2 次；进入 6 月份，15d 左右灌水 1 次；7 月份灌水次数适当增加；8 月份以后，仍要适当灌水抗旱。追肥须农家肥与化肥相结合，早春萌芽阶段，每 667m^2 追施尿素 15～20kg；6 月份，每 667m^2 追施三元复合肥 20kg，加尿素 10kg，每次追肥都要结合灌水；秋后或早春，施农家肥 1 次。

（四）采收

叶用枸杞是收获嫩枝叶做菜肴，植株高 30～40cm 时即可开始收获，先收获生长旺盛的枝条，留下的枝条继续生长，当新发枝条长到 40～50cm 时，在茎部又可割取嫩枝条，以后依此分次采收嫩枝叶。5 月底、6 月初以后，气温升高，不利于枝叶生长，可不采收嫩枝条而留种。留种期间不追肥、不灌水，抑制枝条生长。

（五）主要病虫害

主要病害：叶用枸杞基本无病害发生。

主要虫害：负泥虫、28 星瓢虫、蚜虫。

五、薄 荷

薄荷（*Mentha canadensis*）又名野薄荷、夜自香，为唇形科薄荷属多年生宿根草本植物，是药用经济作物，原产我国。薄荷的叶片可做蔬菜食用，可炒食、炸食和做清凉饮料。薄荷性味辛凉，入肺肝二经，具有散风退热、解郁疏气的功能。薄荷上清头目，下疏肝气，是治疗头痛头风、眼目、咽喉、口齿疾病和小儿惊热的良药，做菜久食，却肾气，避邪毒，除劳气，令人口气香洁。治疗阴阳毒、伤寒头痛，四季宜食。春季薄荷返青后，自幼苗发芽到幼苗分枝一般需 40d 左右，从幼苗分枝至现蕾一般需 80d 左右，进入 10 月，地上部停止生长，进入休眠期。

薄荷喜温暖气候，气温 2～3℃时，地下茎开始生长；地上茎生长适温为 25℃左右，气温超过 30℃也能生长；在 −30～−20℃的地区，可安全越冬。薄荷性喜湿润，不耐干旱；属长日照作物；适应性强，一般土壤都可以种植，但忌连作；喜肥。

（一）品种

目前世界上薄荷约有 30 个品种。

（1）亚洲薄荷 有小黄叶种、738 薄荷、紫茎紫脉薄荷、青茎圆叶薄荷、409 薄荷、687 薄荷、119 薄荷等。

（2）胡椒薄荷　欧洲种、主产美国、前苏联、保加利亚等国家。

（3）留兰香薄荷　又称绿薄荷，现有两个栽培种，主产国是中国和美国。

（4）香柠檬薄荷　原产欧洲，主产美国与埃及。

此外，还有苹果薄荷、橘子薄荷、香水薄荷等，大多数是以其独有的香气而命名。

（二）栽培季节

春天播种育苗；扦插繁殖为5—7月份。

（三）栽培技术

1．育苗

（1）种子繁殖　苗高15cm时移栽到大田。由于种子繁殖使植株发生变异，降低产量和品质，一般生产上不宜采用。

（2）无性繁殖　剪取未现蕾开花的枝条10～15cm长，削去下端1～2对叶片，插入苗床或大田土中，插入1/2，插后灌水，适当遮阴，保持土壤湿润，10d左右成活。

分株繁殖因方法简单而广为应用。春季苗高10～15cm时，从老薄荷田里，连苗带根一同挖出栽入大田，行距20cm，穴距15cm，每穴2株。

根茎繁殖是目前生产上普遍应用的方法。具体方法是用种根茎，随用随挖，按行距30cm开条沟，沟深7～8cm，把种根茎放入条沟内，下种密度以根茎首尾相接为好，也可以切成7～10cm长的小段播入，然后覆土，压实，如土壤干旱，可浇蒙头水。用这种繁殖方法，注意避免根茎晒干或风干，以提高成活率。

2．整地施肥

宜选土质肥沃、地势平坦、排灌方便的壤土，避免连作。整地要深耕、耙平、作畦。耕翻时每667m^2施入农家肥2500～3000kg，并用三元复合肥50kg作基肥。

3．播种

薄荷生产主要用地下茎作繁殖材料，一般播种时间在立冬与小雪之间，北方宜适当提早，南方则相应推迟。播种过早，气温偏高，当年即可发芽出苗，小苗易受冻害死亡；播种过迟，因土壤冻结而影响播种质量。

4. 植株调整

薄荷出苗后，苗高12～15cm时，及时拔出野薄荷和杂草，以保证质量。为了获得高产，田间留苗必须保持一定的密度。一般头茬苗每667m^2留2.5万株，在行距30cm的前提下，株距为10～13cm；头茬割后二茬留苗5万株。匀密补稀的具体方法是：当田间密度偏稀时，要进行移苗补栽，也可以打顶促分枝，以增加密度；当田间密度过大时，适时拔出弱小苗、野杂苗。

5. 肥水管理

追肥原则为两头轻、中间重，即轻追壮苗肥，重追分枝肥，补施保叶肥。因薄荷根茎和须根入土浅，既不耐涝又不耐旱，所以在管理上要注意干旱灌水、雨渍排涝。

6. 中耕除草

封垅前中耕除草2～3次。

7. 二茬薄荷的管理

二茬薄荷生育期短，头茬收获后，要抓紧时间铲除残留的地上茎秆、匍匐茎及杂草，并立即追肥灌水。

（四）采收

薄荷一般一年收割2次。由于薄荷除当蔬菜食用外，主要生产薄荷油和薄荷脑，所以适时采收是实现油、脑高产丰收的关键。一般头茬薄荷在现蕾期、有少量开花时即应开始收获；二茬薄荷在开花30%～40%、顶层叶片反卷皱缩时收获。收获回来的地上茎叶进行摊晒，晒至五、六成干时进行蒸馏，蒸馏不完的茎叶及时摊晾。

为给大田提供纯净、足量的良种，必须建立留种田。留种田要用纯度高的根茎，并在其生长过程中及时去杂去劣。

（五）主要病虫害

主要病害：锈病、斑枯病、黑胫病、病毒病。

主要虫害：小地老虎、造桥虫、五花虫、钻心虫。

六、车 前 草

车前草（*Rlantago asiatica*）又名车轱辘菜、牛舌草等，为车前科车前属一年生或二年生草本植物。它适应性强，全国各地均有分布。其嫩幼苗及嫩叶可食用，种子可药用。车前草性味甘、寒，全草有清热、止咳祛痰、通淋等作用；车前籽有利于清热、明目、祛痰的功效，可治小便不通、淋浊、带下、尿血、暑湿、黄疸、水肿、泻痢、滋痹、目赤障翳等症。

车前草适应性强，喜温耐寒，喜湿耐旱，喜光耐阴，喜沙耐黏，喜肥耐瘠，丘陵、山区、平原均能生长，在温暖、潮湿、向阳、沙质沃土中生长良好。茎叶在5～28℃范围内都能正常生长，可耐－10℃低温，但不耐32℃以上高温。对土壤要求不严，一般土地、田边角均可栽种，栽培中增施磷、钾、硼肥，可达优质高产。

（一）品种

车前草主要品种有车前、大车前、平车前三种。

（二）栽培季节

长江流域及其以南地区，车前草为越冬栽培，一年两熟或三熟；黄河流域及其以北地区，车前草为春夏播种秋季收获一年生栽培，一年一熟或二熟。

（三）菜用车前草栽培技术

菜用车前草以采收幼嫩叶片为主，人工栽培时采用平畦栽培方式。

1．整地施肥

在施足底肥的基础上，深翻，然后按细、平、实、湿的整地要求，做成宽1.3m、长不限的平畦。播种时，每667m^2再施入磷酸二铵10kg做种肥，种肥要和畦内土壤充分混合均匀。

2．播种

4月下旬终霜结束后播种，每667m^2用种50g左右。将50g种子和2kg细沙充分拌匀后进行撒播，播后覆0.3～0.5cm细土，再盖草帘遮阴保湿，以利发芽。

3．间苗定苗

在第2、第4片真叶时，两次间苗，做到$10cm^2$留苗1株，并拔尽畦内杂草。

4．肥水管理

播后1星期内，坚持每天淋水1次，以保持床土湿润。齐芽后及时揭除盖草，以防止长成高脚苗。定苗后，根据幼苗生长情况浇水追肥。

（四）药用车前草栽培技术

药用车前草以采收种子为主。

1．整地施肥

每$667m^2$施用农家肥5000kg左右，施入后深翻入土，整地后做畦，畦宽1.5～2.0m。移栽前，每$667m^2$施复合肥15kg、硫酸钾5kg、硼砂1kg做种肥。

2．定植

长江流域及以南地区，越冬栽培，立冬前后移栽；黄河流域及以北地区，早春育苗，清明前后移栽。移栽密度行距30cm，株距20cm，每$667m^2$栽植1万株左右。移栽后，及时浇1次缓苗水。

3．中耕

栽后每隔7d进行1次中耕，共2～3次。

4．肥水管理

苗期、抽穗期2期追肥，前轻后重，配合浇水。

（五）采收

对于菜用车前草，当其幼苗长至6～7片叶、苗高13～17cm时进行采收。

对于药用车前草，由于其种子成熟参差不齐，所以要分期分批适时收获。收获的标准是车前草果穗下部果实外壳开始变淡褐色，中部果实外壳初显黄色，上部果实膨大，穗顶已收花，此时即可收获。过早收获籽粒欠饱满，过晚收获则种子自然脱落。

（六）主要病虫害

主要病害：褐斑病、白绢病、病毒病、缺素症。

主要虫害：蚜虫。

七、藤　三　七

藤三七（*Boussingaultia gracilis* var. *pseudobaselloides*）又名洋落葵、藤子三七、川七等，为落葵科落葵属多年蔓生藤本植物，是一种中草药。原产巴西，我国主要分布在云南、四川、湖北、台湾等地。叶片、珠芽、块茎、嫩梢均可食用，质滑嫩，多汁，纤维少，可素炒或配姜丝、蒜蓉旺火爆炒，也可炖汤、焯后凉拌，还是很好的火锅配料，株芽和块根可与肉类炖食。藤三七具有滋补、壮腰腿、消肿散瘀及活血等功效，用块茎或珠芽入药，消肿散瘀，止血补血，治无名肿痛、腰膝无力等，具有补肾功效，是一种新型保健蔬菜。

藤三七喜温暖气候，耐高温高湿，生长适温为25～30℃，耐寒性较落葵强，能短时耐0℃低温；对土壤适应性广，但在沙壤土中栽培能获得较大的地下块茎（即珠芽团）；较耐干旱。

（一）品种

目前藤三七只有一个品种。

（二）栽培季节

在南方温暖地区表现为多年生，四季可种。如作一年生栽培则为春种，种后70～80d进入采叶盛期，秋后挖取地下肉质珠芽团另行种植。北方保护地可全年栽培，露地栽培可在当地终霜期后地温稳定在10℃以上时定植，至初霜期收获。

（三）栽培技术

1．育苗

（1）珠芽繁殖　珠芽选用已萌发芽长1cm以上的，如用珠芽团则需要剥离成单个珠芽。珠芽繁殖需用营养钵基质育苗，将珠芽栽入营养钵后，要浅覆土，不要把珠芽埋没，要能见到芽眼，三周后，当小苗长到高约6cm时定植。如苗期太长，幼蔓会相互缠绕，不易分开。

（2）扦插繁殖　从植株上中部节间较短处截取双节带叶枝蔓做插条，插入装有基质的营养钵中，入土深度为插条的1/2左右，插后保湿保温，温度在20℃左右时1周长出新根，30d成苗。

（3）地下块茎繁殖　取藤三七部分地下块茎，扦插繁殖。

2. 整地施肥

每667m^2施入农家肥3000kg左右，然后深耕、耙平，做成宽1.2m的平畦。

3. 定植

可以育苗定植，也可以以茎蔓、珠芽、块茎直接种植。每畦栽植两行。露地栽培，采取行株距60cm×60cm的密度。也可盆栽，选用20～30cm口径的花盆，每盆1株。

4. 肥水管理

定植后及时浇缓苗水。由于藤三七生长势强，蒸发量大，所以在植株生长进入旺盛期后，每次采收后都要及时浇水，盆栽的每天都要浇水，并增施速效氮肥。

5. 植株调整

当植株达30cm时，及时搭架或立支柱，摘心促进侧芽萌发。为防止夏季开花以达到全年生产绿叶，可覆盖遮阳网抑制花芽分化，或摘去花芽。

（四）采收

株高30cm时可结合摘心采收嫩梢茎，定植后30d可适当采摘叶片，约75d进入盛收期。采收叶片及嫩芽梢，时间以清晨为好。鲜叶片和嫩梢采收后分成小包装上市，也可用保鲜膜包装，在5℃下可存放1周。块根一般秋后收获，作为药用；株芽可待植株长大后随时收获。

（五）主要病虫害

藤三七基本无病虫害发生。

八、藿　香

藿香（*Agastache rugosa*）又名野藿香、合香，为唇形科多年生草本植物。幼苗及嫩茎叶为食用部分，可软炸、炖鱼、入汤，也可做烹饪佐料。藿香有特殊香味，具有解暑化湿、行气和胃功能，主治感冒暑湿、脘腹胀满、恶寒发热、腹痛吐泻。

藿香喜温暖潮湿的气候条件，怕干旱和霜冻，耐寒、耐热、耐贫瘠，对环境适应性强，一般土壤均可种植。

（一）品种

藿香的品种很多，我国各地均有分布。绿岭藿香是从众多品种中筛选出的一个适合北方种植的品种。

（二）栽培季节

露地、庭院栽培，春、夏、秋季都可种植，温室内可周年种植。

（三）栽培技术

1．整地施肥

选择地势高燥、排水良好的沙壤土或壤土地，每667m^2施农家肥3000kg、复合肥30kg，均匀撒施，深翻入土，然后做成1.2～1.3m的高畦，畦高20cm。

2．播种

（1）种子繁殖　春播于3—4月，按行距25～30cm划1.5～2cm深的浅沟，将种子均匀撒播于沟内，每667m^2用种3～4kg，然后覆土，适当压实。

（2）扦插繁殖　于3—4月扦插育苗。选用生长健壮的枝条，剪成10～15cm带3～4个节的小段，在营养钵内装入基质，将枝条插入1/3，然后浇水。

3．定植

苗高6～10cm时定苗或移栽。种子繁殖的，在原有的行距上，按株距10～15cm定苗；扦插育苗的，按行距30cm、株距15cm定植，定植后及时浇水。

4．肥水管理

当第7、8片真叶长出时，追1次肥，以后可结合浇水再追肥2～3次，浇水宜见干见湿，但不宜积水。

（四）采收

植株长出15片真叶时即可采收。采收时不要损伤茎尖和侧芽，以利植株生长和新芽萌发。随着植株的生长，采收量逐渐增加，采收3～4次后，重采1次，防止侧枝发生过多。

（五）主要病虫害

主要病害：轮纹病、枯萎病。

主要虫害：红蜘蛛、夜盗虫。

九、费　菜

费菜（*Sedum aizoon*）又名土三七、救心草、见血散，为景天科费菜属多年生草本植物，分布于我国北部和长江流域各省，其中以江苏省栽培面积较大。费菜口感好，可炒、炖、煮，是一种很有前景的保健蔬菜。费菜全株皆可入药，具有宁心平肺、安神补血、清热凉血、止血化瘀的功效。据测定，费菜含有生物碱、谷留醇、黄酮类、景天庚糖等药用成分，对心脏病、肝病、高血压有奇特疗效。

费菜属阳性植物，稍耐阴、耐寒、耐干燥瘠薄，在山坡和荒地上均能旺盛生长，又因其株丛茂盛，枝脆叶绿，花色全黄，因此适合城市中一些立地条件较差的裸露地面绿化覆盖。

（一）品种

目前费菜在生产上只有一个品种。

（二）栽培季节

费菜播种期为3月底至4月初，120d左右即可移栽定植。一般采用分株扦插繁殖，春夏、早秋及冬季在大棚温室内扦插即活，成活率高达99%。当年定植，当年采收，次年便进入盛产期。

（三）栽培技术

1．整地施肥

生产中多采用露地栽培方式。由于耐干旱瘠薄，所以对选地要求不严格，绝大多数地块均可种植，但以土质肥沃、疏松的地块生长良好。有条件的地方，每667m^2可施农家肥1000kg以上，亦可不施农家肥。

2．定植

将在棚室内扦插繁殖的幼苗于春夏两季在露地上栽植，行株距一般为 80cm × 50cm。定植时浇足定植水，以保成活。

3．肥水管理

一般情况下不必灌水，如遇干旱可适当浇水。为提高产量，可分别于缓苗期、采摘期适当追肥，每 667m^2 每次施复合肥 5 ~ 10kg。

（四）采收

费菜为 1 次定植、多次采收的植物。一般采收嫩茎芽为食。当费菜长到 6cm 时摘心，以促进分枝，15cm 时可以采收。

（五）主要病虫害

费菜基本无病虫害发生。

十、食 用 大 黄

食用大黄（R. *rhaponticum*）又名丸叶大黄、圆叶大黄，为蓼科大黄属多年生草本植物，原产我国内蒙古（一说原产英国），以叶柄供食用。因叶片中草酸钙含量较高，所以叶片不能食用。食用大黄叶柄味酸清口，是一种保健蔬菜。其食用方法，在欧美以叶柄煮熟后滤渣，加糖做酱；在国内多为焯后凉拌，或炒食，或做糕点馅。

食用大黄的叶柄长 30 ~ 40cm，扁平肉厚，刚长出的叶柄呈鲜红色，艳丽美观，因此，食用大黄还可以作为观赏植物，用于观光园区、庭院、阳台盆栽。

食用大黄喜冷凉气候，地下茎较耐寒、耐干旱，不耐炎热，喜在土质疏松肥沃、排水良好的中性土壤中栽培。北方地区夏季生长，冬季休眠；南方地区可周年生长，休眠期不明显。

（一）品种

食用大黄有绿叶柄和红叶柄两类。绿叶柄类叶柄肥厚，产量较高，栽培面积较大；红叶柄常见品种有樱桃红。

（二）栽培季节

播种期多在春季，一次播种，可连续采收 10 年。食用大黄的繁殖方法有种子繁殖和分株繁殖两种，分株繁殖是利用根株的分蘖芽，选择生长健壮的芽进行分切，南方于秋季栽植，北方于春季栽植。

（三）栽培技术

1. 育苗

种子繁殖系数高，适用于大面积栽培，但种子繁殖易产生变异株，而且生长缓慢，需要 2～3 年才能采收。现采用穴盘无土育苗技术，用 128 孔穴盘育苗，苗龄为 50d 左右。

2. 整地施肥

选择肥沃土壤，每 $667m^2$ 施入农家肥 3000kg，耕翻入地，然后做成宽 1.5～2.0m 宽的平畦。

3. 定植

行穴距为 80cm×50cm，穴深 20cm，每穴栽植 1 株已育成的幼苗或切开的分蘖芽，并施入一定数量的定植肥，每 $667m^2$ 施入三元复合肥 20kg 左右，切记种肥与幼苗（芽）分开，浇足定植水。秋季栽植分蘖芽时，覆土厚度要达 5～7cm，以防冻害。

4. 肥水管理

食用大黄一年中追肥 3 次，第 1 次于 5 月份，每 $667m^2$ 追施氮磷钾复合肥 30kg；第 2 次于 7 月份，追肥的种类和数量与第 1 次基本相同；第 3 次于越冬前，每 $667m^2$ 追施农家肥 2000kg，并配合磷钾化肥 30kg，用作越冬肥，并进行培土。

5. 植株调整

食用大黄栽植后 3～4 年，每年 5—6 月抽薹开花，除作为留种田外，要及时打去花薹，以利茎叶生长。

（四）采收

作为药用、收获根茎的，在春季栽培的第 3 年、秋季栽培的第 4 年可以采收，于 7 月份种子成熟后先采收种子，然后收获根茎。根茎不宜收获太晚，否则易腐烂，影响药效。

作为菜用、收获叶柄的，在栽植后第 2 年 5—6 月即可陆续采收，每次采收要留下数片叶片，以保持长势。进入 8 月份，叶柄变粗硬，品质差，不宜采食。

（五）软化栽培

食用大黄的根茎可进行越冬软化栽培，于秋末冬初挖出根茎，密植于日光温室中，保持20℃的温度和一定的湿度，在黑暗条件下，经30d左右即可得到黄红色的叶柄，食用味道更佳。软化栽培的采收期在春夏季，采收期可持续50～60d，每次采收下位叶，保留上位叶继续生长。

（六）主要病虫害

食用大黄基本无病虫害发生。

十一、益　母　草

益母草（*Leonurus japonicus*）又名益母蒿、益母艾、坤草、九节草、红花艾等，为唇形科一年生或二年生草本植物，分布于亚洲东部、非洲和美洲等地，我国各地均有分布，多为野生，多生于山坡、草地、荒地或路边，近几年一些地区已进行人工栽培。

益母草以幼嫩的植株供食用或整株煮汤供饮用，其食用方法多样，可炒食或做汤，营养丰富，味道鲜美。

益母草味辛、苦、凉，有活血、祛瘀、调经、消水之功效，用于治疗妇女月经不调、胎衣不下、产后血晕、崩中漏下、尿血、泻血等症，并能养颜美容、抗衰防老，是女人的“好朋友”。

益母草喜光，在阳光充足的条件下生长良好，也较耐阴，但花期必须具有良好的光照条件；喜温，生长适温为22～30℃，在35℃时植株仍可正常生长，15℃以下时生长缓慢，0℃以下时植株会受冻害；喜潮湿的环境条件；对土壤的适应性较强，但宜于土质肥沃疏松、排灌方便的沙壤土栽培。

（一）品种

食用益母草有两个品种，一种是红花品种，生产中栽培面积较大；另一种是白花品种，是益母草的一个变种。两个品种的功效和用途基本相同。

（二）栽培季节

益母草生育期较短，南方地区3—10月均可播种，华北地区4—8月均可播种。一年中可分批播种，分批采收。

（三）栽培技术

1．播种

益母草由于生育期偏短，育苗移栽易导致品质下降，因此多为直播。播种为条播、穴播和撒播，平川区域多为条播，丘陵区多为穴播，每667m^2播种量为1.0～1.5kg。播种前整地，农家肥于播种时集中条施或穴施。条播时按行距25cm开沟，条播种子，条施种肥，每667m^2施磷酸二铵或三元复合肥15kg左右，条施农家肥，覆土4～5cm。土壤墒情好时，播后压实1～2次，以利保墒出苗；土壤墒情差时，播后浇水。穴播时，穴行距为25cm，穴距为25cm，集中施种肥，种肥种类和数量同条播，注意种子和种肥隔离，集中穴施农家肥，然后覆土。土壤墒情不好时，要座水点种。

2．间苗、定苗

苗高5cm时间苗，10～15cm时定苗。条播的按株距10cm定苗；穴播的每穴留苗2～3株。

3．中耕除草

苗期中耕除草2次。

4．肥水管理

定苗后追第1次肥，每667m^2追施硫酸铵15kg。从定苗至收获浇水2～3次。南方地区夏季高温多雨，要覆盖遮阳网和搭建防雨棚。

（四）采收

益母草播种后30～40d即可采收嫩株，产品一般长为20～30cm，一般是一次性采收；干品则为夏季叶片繁茂、花未开或初开时采收，收后晒干贮存。

（五）主要病虫害

益母草基本无病虫害发生。

十二、茵　　陈

茵陈（*Artemisia Capillaris*）又名白蒿、茵陈蒿、白毛蒿等，为菊科多年生草本植物的幼苗，我国大部分地区均有分布。茵陈原本是一种蒿草，春季生长出来的幼芽称为茵陈，长大了就是蒿草。

茵陈是一种野菜，其食用方法较多，可蒸食，可凉拌。将茵陈洗净切碎，加入葱、姜、蒜，拌上面粉蒸食，其味清素鲜美；将茵陈焯后凉拌，加入蒜泥、香油、精盐，是春季佐食的佳品；茵陈还可以用于煮粥。

现代医学证明，茵陈富含维生素 C 和 B 族维生素，并含有人体所需要的多种微量元素和氨基酸，具有良好的保健功能，有扩张血管、排除胆汁的药效；茵陈烃还有消炎作用。

茵陈有较强的耐寒性，我国华北及东北一些地区可露地越冬，日平均气温达到10℃时即可迅速生长；茵陈生命力极强，既抗旱又耐涝；对土壤要求不严格，但以土质肥沃、疏松的壤土和沙壤土栽培为宜，人工栽培可获得较高的产量。茵陈整个生长期间不发生病虫害，无需施用农药，是一种天然无污染的保健蔬菜。

（一）品种

春季采收的习惯上称“绵茵陈”，秋季采收的称“茵陈蒿。”

（二）栽培季节

当地温稳定在8℃时即可播种。

（三）露地栽培技术

1. 整地施肥

选择土壤肥沃、排灌良好的地块，结合翻地每667m^2施入3000kg农家肥做基肥，然后做成高20cm、宽1m的东西向高畦，种植行南北向。

2. 播种

每667m^2用种50～100g。将种子与细沙拌匀后撒播，薄薄覆土，保持湿润，幼苗出齐后除草浇水。

3. 肥水管理

苗高 4 ~ 5cm 时间苗，行株距均为 5cm，播后 1 个月进行松土除草，并进行第 1 次追肥，追肥以速效氮肥为主。一般春季不采收，使其根系粗壮，以利秋季栽植。

（四）保护地栽培技术

1. 整地施肥

茵陈是多年生深根植物，母根定植前，在温室或大棚内深翻土壤和施肥，每 667m^2 施入腐熟有机肥 4000kg，然后整细耙平。

2. 挖取母根

秋季初霜来临前，地上部分植株开始凋零，选择根粗壮的野生茵陈或于露地人工栽培的茵陈，挖出并去掉泥土，待栽植。

3. 定植

采挖的母根立即定植，每隔 15cm 开 10cm 宽的沟，沟内浇足定植水，株距为 15cm。

4. 肥水管理

定植后在新叶生长前一般不浇水，如果土壤干旱，可人工淋水。新叶长出后进行培土打垄。在施足基肥的基础上，整个生长过程不追肥，以保证产品质量。

5. 温度管理

棚室内温度保持在 10℃ 以上。

（五）采收

当茎高 6 ~ 9cm 时采收第 1 茬，采收后经过 20d 左右新芽开始分化，形成多枝的株丛，长到 6 ~ 9cm 时再次采收。

俗语“少为茵陈大为蒿，老了割掉当柴烧”。茵陈可药用或作为蔬菜食用。一般于 3—5 月采收，过期采收已无药用或食用价值。

（六）主要病虫害

茵陈基本无病虫害发生。

第九节 人工栽培山野菜

一、马 齿 苋

马齿苋（*Portulaca oleracea*）又名蚂蚱菜、长命草、五行草、酸子菜、瓜子菜等，为马齿苋科马齿苋属一年生草本植物，起源于印度。我国的马齿苋多为野生类型，现已有人工栽培品种。马齿苋以幼嫩的茎叶为食，风味独特，营养丰富。马齿苋性寒、味酸，可清热解毒、散血消肿、杀虫杀菌、利水去湿，具有消炎利尿的功效，对糖尿病有一定的辅助治疗作用。外用可治丹毒、毒蛇咬伤等，还可制土农药防治蚜虫。

马齿苋食用方法较多，可炒食、拌食、煮汤等。因其抗病性强，适应性广，宜栽宜种，不需施用农药，可作为绿色保健无公害蔬菜，发展前景广阔。

马齿苋性喜高温、高湿、强光，耐寒耐涝，适应性强，具有极高的抗旱能力，对土壤要求不严格，在任何土壤中都能生长。选择保水保肥良好的沙质壤土栽培，只要稍加管理就能很好地生长。

（一）品种

分为野生种和栽培种，栽培种也称荷兰菜。

（二）栽培季节

马齿苋可用种子繁殖，也可用茎扦插繁殖。从野生植株上采收种子后于春季播种；也可在夏季采集马齿苋的嫩茎扦插，保持土壤中有一定的水分即可成活。露地栽培，华北地区于5月上、中旬播种；温室栽培的，可根据需要于8月至第2年3月随时播种。

（三）栽培技术

1. 整地施肥

露地播种，春季断霜后即可播种。因马齿苋种子细小，所以要求精细整地，在施足基肥的基础上，深耕15cm，整地要达到平、松、软、细的要求，做成宽 1m 的畦，畦面开 20cm 宽的两条播种浅沟。

2. 播种

播种条播方式。为使播种密度均匀，将种子用细沙增至 100 倍后再播种，播后轻耙表土，无需再行覆土。如土壤干燥，用洒水壶喷湿畦面即可。茎扦插的一般在夏季进行，密度同上。

3. 间苗

播后 20d，当苗高 15cm 左右时，开始间拔幼苗供食或栽植，留苗株距保持 9 ~ 10cm。

4. 肥水管理

马齿苋耐旱力很强，一般情况下不需浇水，栽植后为尽快缓苗，可浇 1 次缓苗水。为使马齿苋长得肥嫩，可随水冲施一定量的粪肥。

5. 植株调整

为提高产量和质量，应把顶端现蕾部分摘除，促其长出新的分枝。为使下一年继续生长，也可适当留一部分花蕾开花结籽，任其自然洒落在地面上，第 2 年春萌发生长。这样栽种 1 次，可连续生长几年，不必年年种植。

（四）采收

春季未现蕾前可摘食全部茎叶。进入现蕾期，不断摘除顶尖，促进营养生长，可以连续采摘新长出的嫩茎叶，直到霜冻。

（五）主要病虫害

马齿苋基本无病虫害发生。

二、蒲 公 英

蒲公英（*Taraxacum officinale*）又名黄花地丁、婆婆丁、乳汁草、黄花三七，菊科多年生草本植物，多年来一直处于野生状态，近年来随着对其开发利用价值的深入研究，已经开始大面积人工栽培。蒲公英营养成分极为丰富，除含有钙、磷、铁、胡萝卜素、B 族维生素、维生素 E 外，还含有有机醇、天冬酰胺、苦味质、皂苷、树脂、菊糖、果胶、胆碱、果糖、亚油酸等。蒲公英性味甘平，具清热解毒、消肿散热、泻肝明目、健胃利水之功效，并具有解食毒、散滞气、化热毒、消恶肿、壮筋骨、乌须发等作用。

蒲公英的食用部分是幼苗，可生食、凉拌、做汤、炒食或盐渍。

蒲公英适应性极强，人工栽培极易管理。其对温度的适应性广，既耐寒又耐热，生长适温为15～22℃；为短日照作物；耐旱、耐盐碱，可在各种类型的土壤中生长。

（一）品种

蒲公英分为野生种和栽培种。我国各地都有不同类型的野生品种，约60多种。蒲公英在我国栽培驯化时间不长，尚未形成品种，但基本上栽培种可分为大叶型和小叶型两类。国外（如法国）已培育出适宜人工栽培的厚叶品种。国家蔬菜研究中心已选育出蒲公英栽培种——“京英1号”，已在京郊推广种植。

（二）栽培季节

春季露地播种，夏季采收；温室栽培，8月播种，冬季到第2年春季采收。

（三）栽培技术

1．播种

种子无休眠期，种子成熟后即可采收播种。一般为早春撒播，采取畦田播种，畦宽为80～90cm。撒播或条播方式，每平方米播种1g左右，施肥浇足底水后播种，覆土3～5cm，然后覆盖地膜。出苗后揭去地膜。

2．播种当年的田间管理

生长季节追肥1～2次，以速效氮肥为主，并结合浇水；冬前和早春各浇1次水，即上冻水和解冻水，当年不进行采收。

3．多年生植株的田间管理

蒲公英的生育年限越长，其根系就越发达，植株生长也越繁茂，产量越高，品质越好。为适宜市场需求，生产上一般采取早春覆盖地膜、搭建中小拱棚或塑料大棚等方式，一般3月底至4月初即可采收。每667m^{2}产量可达650～800kg。

（四）采收

蒲公英生长2年后逐渐增加开花朵数和种子产量，在生产上应有固定的留种田。一般开花后13～15d种子即可成熟。为防种子随风飘落，要及时采收，采收时将花序摘下，放在室内后熟1～2d。

（五）软化栽培

蒲公英可以进行软化栽培，其方法同软化菊苣。

（六）主要病虫害

蒲公英基本无病虫害发生。

三、发　　菜

发菜（*Nostoc commune* var. *flag－elliforme*）又名头发菜、龙须菜、仙菜、发藻、地毛菜，为藻类植物蓝藻门念珠藻科念珠藻属陆生藻类中能食用的野生种。该植物属一种低等植物，为土壤气生藻类。发菜是我国的珍贵蔬菜，具有滑、柔、嫩、脆、润等特点，与海参、鱼肚、燕窝、鱿鱼、猴头、鱼翅、熊掌并称美味八珍。可炒食、凉拌、汤食。近年来，由于发菜生产的兴起，采挖强度加大，资源锐减，急需采取有效措施保护现有资源，并采取人工繁殖的方法，以满足市场需要。

发菜风味独特，富含蛋白质、氨基酸，尤其是含钙量甚高，对预防心血管疾病、抗癌与延缓衰老有重要意义。发菜还有较高的药用价值，其性平、味甘淡，有平肝潜阳、清肠止痢的功效，可清热解毒、止咳化痰、凉血明目、通便利尿，对高血压、佝偻病、痢疾、气管炎、鼻出血等疾病有一定的治疗功效。

发菜非常耐干旱和高温，抗寒，耐瘠薄，但怕长期积水。发菜在植物群落中处于最低层，可以有效地利用低弱光照。

我国发菜适宜生长范围为东经104°17′～107°27′、北纬35°44′～39°33′的地区；适宜生长温度为15～25℃，要求年降水量为200～300mm；对土壤要求不严；对环境条件具有很强的耐受性。

（一）品种

发菜从植物学分类讲，是相同的；按产区区分，我国有宁夏发菜和内蒙古发菜。

(二) 栽培季节

我国北方地区的宁夏、内蒙古等地人工栽培发菜的，多于春季（3—5 月）用藻丝进行繁殖，深秋或第 2 年早春采收。

(三) 栽培技术

1. 整地施肥

选择渗透性好、偏碱性、肥力较高的沙质土壤，做成平畦，播前在地面上铺一薄层细沙。

2. 播种

发菜是用藻丝繁殖的，一般将藻丝切成 3cm 的小段，一端埋入土中 0.2cm 左右，密度为 200 ~ 300 根/m^2，播种后再覆一层细沙。

3. 肥水管理

播后每天喷水 2 次，以保持湿润，以利藻丝成活、生长，生长过程中适当增施肥料。

(四) 采收

当藻丝长成块状时即可收获，一般在早春、深秋的清晨进行采收。采收后去掉其中的泥土、杂草、杂物，即为净菜。将净菜作初步加工：摊平、喷水、抖散。然后把初加工的发菜经过水洗、分级、晾晒或烘干，分成 1 ~ 4 级，分别包装贮存。

(五) 主要病虫害

发菜基本无病虫害发生。

四、蕨　　菜

蕨菜（*Pterdium aquilinum* var. *latiusulum*）又名拳头菜、龙头菜、如意菜等，为蕨科蕨属多年生草本植物。当蕨类植物幼株尚未展开，先端呈卷勾状时，全株幼嫩，可采集食用。蕨菜营养丰富，被誉为“山菜之王”，维生素含量比一般的蔬菜高 1 ~ 8 倍，无农药化肥污染，在国外被誉为“天然食品”，并兼有治病功效，其性辛、甘、寒、滑，可清热、滑肠、降气、祛风、化痰，《本草纲目》记，蕨菜能“去暴热、利水道、令人睡、补五肠不足。气壅经络、筋骨间毒气”。

蕨菜可鲜食，炒、拌、做馅均可，还可以盐渍或做干菜，是我国大量出口日本的蔬菜品种之一。

蕨菜抗逆性强，适应性广，全国海拔800m以下山地均可生长，特别喜欢肥沃、湿润、凉爽的环境条件。蕨菜对光照不甚敏感；对气温要求比较宽，在－36℃低温下能安全越冬，孢子发育适温为25～30℃，要有一定的昼夜温差；对降水量要求不严格，年降水量为500～1800mm都能生长，但不耐长期的干旱，尤其孢子繁殖时，要求土壤相对湿度为90%左右。土层深厚、有机质丰富、植被覆盖率高、中性或微酸性土壤，蕨菜尤为生长良好。

（一）品种

蕨类植物种类繁多，全世界约有1万多种。我国蕨类植物资源非常丰富，其中可供食用的也很多。有些地方把可供食用的一些蕨类统称为蕨菜，但在植物学上叫蕨菜的与蕨是两个不同的种，通常所讲的蕨菜实质上是植物学上的蕨，在全国各地都有分布。其中按产地分，可分为河北承德蕨菜、辽宁蕨菜、内蒙古蕨菜、黑龙江蕨菜、贵州蕨菜、四川蕨菜。

（二）栽培技术

1. 育苗

（1）有性繁殖　通过孢子进行。蕨菜（孢子体）生长发育到一定的时间，叶缘产生孢子囊群，内生孢子。孢子成熟后散落，在适宜的土壤条件下，萌发成为叶状的原叶体。原叶体在接触地表一面（腹面）生有假根和雌雄生殖器，精子成熟后，借助水的流动，与卵子结合，形成受精卵，受精卵发育成胚，即生长成为具有根、茎、叶的蕨菜。

大面积进行蕨菜人工栽培时，人工进行有性繁殖。先收集孢子，选择外观棕褐色、孢子囊未开裂的孢子囊群，用消毒过的剪刀将带孢子的叶片剪下，放入纸袋中风干待用。然后制作培养基质，近几年培养基质多选用草炭、河沙和草皮，按一定比例混合，蒸汽灭菌0.5h，放入玻璃器皿中。播种时，将孢子撒播在培养基上，并浇入浅层水进行培养，保持25℃、80%以上的湿度，光照每天4h。一个月后孢子萌发，长成配子体，这时每天喷雾2次，连续一周，使精子与卵子结合成胚，一周后发育成孢子体小植株。孢子体长出3～4片叶后，进行第1次移栽，用72孔穴，内装基质，每穴1株，7～15d后移到室外，小苗长大后定植于露地。

（2）无性繁殖　在野生情况下，蕨菜的无性繁殖即营养体繁殖。人工栽培时，将根茎挖起，切成一定长度的短段，每段上带根带叶，经培植促进隐芽萌发，长成蕨菜。

从山野挖回来的野生蕨菜根茎比较细弱，直接用于栽培，产量较低、质量也差。一般需要经过一年的培养，使根茎长的粗壮，才能获得丰产。

选择富含有机质、土层深厚肥沃、光照条件好的土壤，施入膨化鸡粪（或无毒有机质）、草木灰，进行深翻、整地。随后按宽60cm、深10cm开沟。早春将从山野上挖出来的尚未萌发的根茎切成6～8cm的段，一条接一条的平摆在沟内，然后覆土，浇水后上覆地膜。土壤干旱时适当灌水，经常除草。经一年培育，蕨菜根茎的直径可达1～1.5cm。秋后挖出根茎，假植于窖内，用于第2年露地或温室栽培。

此外，蕨菜还可以进行组织培养和杂交育种。

2. 露地栽培

整地做床，床长10m，宽1m，床土为生长蕨菜的山坡土和草炭土各1/2（体积），并按每667m^2苗床施入消毒鸡粪5000kg、草木灰150kg拌入其中，混拌均匀后，用硝基腐殖酸调pH为5.5。栽植密度为行距12cm、株距5cm，每平方米可生产蕨菜1kg左右。栽植早春将经人工培育的根茎、小苗或临时从山上挖来的根茎进行定植。按上述行株距，斜向平摆于床上，并压实，上覆混合土10cm，立即压实并浇水；栽植后分期追肥，以有机肥为主，以防倒伏，并配合多次灌水；苗床四周种植1～2行遮阴物。

3. 温室栽培

温室栽培不受季节限制，可在冬季或早春生产新鲜的蕨菜。温室栽培采用基质栽培的方法。一般在根茎或小苗移栽20d左右即可收获第1次，以后每隔2～3d收获1次。收获6～8次后，应及时更换新根茎。

（三）采收

蕨菜栽植1次，可连续收获多年。蕨菜采收的时间性很强，早采植株幼小、产量低；晚采植株已纤维化，不能食用。一般当蕨菜长到20～25cm、小叶尚未展开而呈拳勾状时，为最佳采收时间，可连续采收2～3茬。采收时用刀割，尽量贴近地面下刀。采收后可干制或腌制。

（四）主要病虫害

蕨菜基本无病虫害发生。

五、酸　　模

酸模（*Rumex acetosa*）又名山菠菜、酸不溜等，为蓼科酸模属及相近属的一些野生种，多年生草本植物，是经济价值较高的野生资源，主要分布在我国东北、华北、华东、西南、西北等地，近年来已开始较大面积的人工栽培。酸模含有较丰富的胡萝卜素、维生素B、维生素C，还有较高的医用价值，味酸、苦、寒，可清热、利尿、凉血、杀虫、消肿、解毒等，用于治疗内出血、痢疾、便秘、内痔出血等症。酸模可生食，也可焯后凉拌、做汤、素炒等。

酸模喜阳光，但又较耐阴，适应性很强，较耐寒。

（一）品种

国内有皱叶酸模（也叫洋铁酸模），俗称山大黄。

（二）栽培季节

春秋两季播种或分株移栽。

（三）栽培技术

1. 整地施肥

酸模对土壤要求不严，但要求土壤湿度适中。由于酸模根系较深，所以要求播种前深翻土壤；又因其以食用叶片为主，因此土壤中应施入足够的农家肥与氮肥。

2．播种或移栽

酸模春秋季都可在室外播种或分株繁殖。播种深度为2cm，条播行距为30～40cm，因其可以分蘖，播种不应太密。除种子繁殖外，还可以分株移栽，把密集的苗分出一些移栽到新地块，一、二个月后就可重新生长。

3．肥水管理

酸模由于长期处于野生状态，适应性很强，只要稍加管理即可。应注意的是要控制其过旺生长，保持每丛8～10株为宜，每年轻追两次氮肥，保持经常浇水。

4．植株调整

对非留种田，要将生长中出现的花梗及时摘除，以促进植株生长叶片。

（四）采收

当植株长成就可以采收莲座外部的叶子，以促进其分枝，更好地发育。采收时通常是摘取外边的叶子，留下幼嫩的莲座，使其继续生长，每年可采收几茬。酸模的叶片要随采随用，摘下的叶片去掉叶柄洗净后可直接食用，也可开水烫软后再用冷水冲洗一次后食用。对于留种植株，种子成熟时及时采收，以防自然脱掉形成野生酸模。

（五）主要病虫害

酸模基本无病虫害发生。

六、薇　　菜

薇菜（*Osmunda japonica*）又名牛广毛，为蕨类植物中紫萁科紫萁属紫萁类孢子体嫩叶的加工品，多年生草本植物，分布于我国吉林、辽宁、黑龙江、四川、江西、广西等省区，过去是救荒草，但作为蔬菜食用已有悠久历史，现已进入高级餐厅，其经济效益是一般蔬菜的4～5倍。野生薇菜鲜嫩味美，营养丰富，嫩茎叶焯后可凉拌、炒、蒸、做汤、做馅，又可腌制和干制。薇菜还有较高的药用价值，性微寒，味苦，入肝、脾、肺经，具有清热解毒、利尿镇痛、止血杀虫、治痢疾与白带等功效。近年来由于过度采摘，部分地区的野生资源已日渐枯竭，人工栽培面积逐年扩大。

薇菜喜温，但不耐高温，怕旱而又怕涝，当气温、地温达到8℃时即可萌发，到20℃以上时生长缓慢，而达到30℃时便停止生长。薇菜喜湿润，怕干旱，对水分要求严格，对土壤的适应性较强。

（一）品种

薇菜各地都有生长，包括两个变种：分株紫萁和桂皮紫萁。

（二）栽培季节

多于3—4月进行人工栽植，第2年开始采收。

（三）栽培技术

1. 育苗

（1）野生栽子　定植前一天挖取野生薇菜地下根茎，选择较大的根茎（茎粗1cm，长20cm），并带原土，注意运输过程中不要弄掉土坨和失水。去外地引种时，要提前挖取栽子，并用塑料袋等包装好，注意长途运输中保护水分。

（2）自育种苗　于5月底6月初采集薇菜孢子，用（20～40）$\times 10^{-6}$的赤霉素处理1h，播入装有基质的72～128孔穴盘中，放入温室中有光的地方，孢子很快萌发，长出营养叶后，减少光照使其加速生长。幼苗高10～12cm时即可栽植，栽植前将幼苗连同基质一起挖出，以保证成活。

2. 整地施肥

选择土壤湿润的疏林地或人工林地，翻地作平畦，选用含氮磷较多的有机肥并配合适量的草木灰，每667m^2施1000～2000kg，不宜施化肥，畦宽1.5m、长10m左右。

3. 定植

将幼苗或根茎按9株/m^2的密度摆放在定植沟或穴中，并覆土，浇一次透水。

4. 肥水管理

栽植后及时进行除草、追肥、浇水。

5. 光照管理

畦的四周种植1～2行玉米，用于遮阴。

（四）采收

种植当年不采收，第 2 年采收 1 次，第 3 年以后每年采收 2 次。采收标准是幼苗出土 6 ~ 9d、叶柄 18cm 以上时，采收未完全展开的嫩叶。当叶柄卷钩半伸时即开始老化，不应采收，可使其自然成熟散发孢子，以进行自然繁殖。第 1 茬采收后 7 ~ 10d，第 2 茬幼叶出土，6 ~ 7d 后高度可达 20cm，及时采收。

薇菜除鲜食外，主要用于加工后出口创汇。薇菜采收后很快老化，所以采收后应立即加工。

（1）去毛　先将薇菜放入水中泡一会儿，然后取出用手撸去表面的细绒毛。

（2）水煮　把菜放入开水锅内急火煮沸，边煮边翻动，使其均匀煮沸，切忌不要使薇菜露出水面和贴锅底，以免变成“死菜”而不能食用。煮沸约 4min 左右，或先捞出 1 ~ 2 根菜，试着从根部顺长劈开，如能劈到头便为已经煮好，即可捞出；如不能劈到头说明还未煮好，需继续煮。煮好的薇菜捞出后立即放入冷水中冷却，降到常温时捞出晾晒。

（3）晒搓　将已煮好的薇菜放到席子上摊开晾晒，晾晒时要多次揉搓，揉搓次数越多越好，而且一次要比一次用力，但不能把菜的表皮搓硬。晒干后挑出老化根和黑死菜即可进行包装。晒搓过程中切忌用火烤、电烤，一定要坚持日光晾晒。

（五）主要病虫害

薇菜基本不发生病虫害。

七、荠　菜

荠菜（*Capsella bursa - pastoris*）又名护生草、清明草、鸡脚草等，为十字花科荠菜属一年或二年生草本植物，以嫩茎叶供食。荠菜营养价值很高，根、叶、花均可药用，有凉血止血、清热利尿、明目降压等药用功能。对肾结石、胃寒、肺寒、尿血、高血压、产后子宫出血、月经过多、肺结核咯血、高血压、感冒发热等症有一定疗效。荠菜种子含油 20% ~ 30%，可用于制皂或油漆。荠菜的食用方法以做馅最为鲜美，也可凉拌、炒食、做汤。

荠菜为耐寒性蔬菜，喜冷凉湿润的气候，是北方地区越冬根菜，可作为早春蔬菜的一个品种。由于其忌高温干旱，所以很少夏季栽培。荠菜对土壤要求不严格，适应性较广。其种子休眠期较长，播种时选用隔年种子。

（一）品种

荠菜分为野生种和栽培种。栽培种有板叶荠菜和花叶荠菜两种。

（1）板叶荠菜　上海地方品种，抗寒力和耐热力均较强，但冬性较弱，春栽易抽薹，生长快、产量高，商品性好。

（2）花叶荠菜　较耐热，耐旱，冬性较强，适于春栽，生长慢、产量低，目前栽培较少。

（二）栽培季节

北方地区露地栽培，可于春季土壤融冻后播种，也可于秋后播种，小苗可在地上越冬，第2年早春收获，如同北方地区越冬菠菜的栽培方式。春季大棚栽培，2月份播种，3—4月收获；秋季大棚栽培，于10月播种，第2年2、3月份收获；冬季温室栽培，10—12月播种，第2年1—3月收获。

（三）栽培技术

1．整地施肥

选用肥沃、杂草极少、保水保肥性强的沙壤土田块，结合深耕施足基肥，每667m^2施入农家肥3000kg、复合肥50kg，然后整细耙平，做成宽2m的高畦，畦面整平整细。

2．播种

多采取直播方式。秋播每667m^2用种量为1.0～2.5kg，春播每667m^2用种量为0.75kg。播种时，将种子与3倍细土拌匀后撒播，播后覆土1cm并踏实，小水勤浇，保持土壤湿润。

近几年来一些地区已推广荠菜的无土育苗技术，进行育苗移栽，产量高，品质好。

3．间苗、定苗

春播荠菜7~15d出苗，秋播荠菜5~8d出苗。幼苗2片真叶时间苗，5片真叶时定苗或移栽定植，行株距为10cm见方。

4. 肥水管理

幼苗10cm时第1次追肥，第2次追肥于采收前7~10d进行，以后每收获1次追施1次。追肥以速效氮肥为主，每次每667m^{2}施肥5~10kg。每追1次肥，配合浇水1次，经常保持土壤湿润。

（四）采收

真叶10~13片时即可采收。秋播荠菜可分期采收，采收3~5次，每次每667m^{2}产500kg左右，总计每667m^{2}产2500kg左右。春播荠菜可采收1~2次，总计每667m^{2}产1000kg左右。

栽培荠菜需单独建留种田，播种宜稀，每667m^{2}用种量0.75~1.0kg。播种出苗后进行间苗定苗，以行株距12cm×10cm为宜。种荚由青变黄、七八成熟时适时采收，并晒干、脱粒、保存。

（五）主要病虫害

主要病害：菌核病、霜霉病。

主要虫害：菜蛾、蚜虫。

八、沙　　芥

沙芥（*Pugionium cornutum*）又名山萝卜，为十字花科沙芥属中一种沙生蔬菜，二年生草本植物，主要分布在内蒙古、宁夏、甘肃、陕西、东北等沙漠地区，在草原沙地也有发现。沙芥根可晒干或腌制酸菜，肥厚的鲜叶可供炒食、烩菜和凉拌。沙芥除食用外，全株均可入药，有止痛、行气、消食、止咳、解毒、清肺之功效，常用于治疗消化不良、胃肠胀气和气管炎等症。

沙芥生于沙漠，适应性很强，耐贫瘠，耐干旱，适于生长在沙丘的向阳背风坡。沙芥也要求有一定的土壤养分，它在很肥沃和很贫瘠的土壤中都不能很好地生长，也不能生长在明沙或农田里，适宜的生长条件是氮磷钾养分介于明沙和农田之间但偏于明沙的土壤。沙芥耐旱，但种子发芽必须有较充足的水分，出苗后对水分要求不多，土壤含水量保持在4%~7%为宜，湿度过大反而对生长不利。

鉴于沙芥对环境条件的要求，一般地区不宜栽培，只有在沙漠或沙丘地区才能种植。引入种植或在温室种植，要人为地创造适于沙芥生长的条件。

（一）品种

目前沙芥只有一个品种。

（二）栽培季节

人工栽培于4—5月播种，食用嫩叶者，可从6月一直采收到霜冻前；食用根部者，霜冻前采收。

（三）栽培技术

1．播种

多为人工直播，一般于谷雨过后，选雨后墒情好的时候挖穴播种，行距为50～60cm，株距为40cm，每穴3～4粒种子，深度为10cm，上露沙土3cm厚。

2．间苗、定苗

播后4～5d即可萌发出苗，20d左右间苗，株高15cm时定苗，每穴留1株苗。

3．肥水管理

沙芥生命力极强，无需施肥、浇水，但如果在很贫瘠的沙土中种植，则需适量施些有机肥，但切忌太多，否则效果适得其反。

（四）采收

可随时采收其基部嫩叶。在第1年营养生长期间，从6月初可一直采收到冻前。食用根部，则在冻前将地上、地下部分一起挖取采收。

选好的留种株，只将地上部分采收，留根系在土壤中，第2年4月份沙芥根株重新发芽出土，5月份摘掉顶梢以促其分生侧枝，多结种子，6月中旬开花，8月份收获种子。

（五）主要病虫害

由于沙芥长期处于野生状态，几乎不发生病虫害。

九、山　芹　菜

山芹菜（*Sanicula chinensic*）又名大叶芹、假茴芹、矮果茴香，伞形花科宿根多年生草本植物，我国东北、华北等地呈野生状态分布，近年来已引入人工栽培。山芹菜是一种营养极为丰富的山野菜，其维生素 C 的含量是普通蔬菜的十几倍。山芹菜以鲜食为主，可凉拌、炒食、做馅和腌渍，清香可口，为色香味俱全的山野菜，另外还可以加工腌渍。

山芹菜适应性很强，喜冷凉气候，对生长环境要求不严格，一般土质都可以生长，但以表土深厚、排灌方便、较肥沃的壤土或沙壤土栽培为宜。其细根较多，吸收能力强。

（一）品种

目前山芹菜的栽培品种为三种，一种是我国的野生种，其中有红骨种和白骨种；另一种是日本关东种；第三种是日本关西种。

（二）栽培季节

露地直播通常在 4—5 月，一次播种，多年采收。

（三）栽培技术

1．育苗或直播

育苗可选用 72、128 孔穴盘基质育苗，也可用苗床育苗。为提高发芽率，可用 400×10^{-6} 赤霉素溶液浸种 2h。

如在平畦内条播，行距为 25cm，上覆土 1cm，踩实后浇水，第 2 年春萌发出土。

2．整地施肥

选择普通地块，若选用贫瘠地块应施入适量的基肥。为方便管理，可做成宽 1m 的平畦。

3．定植

育苗后 30 ~ 35d、苗高 5 ~ 6cm 时在准备好的平畦内栽植，行距为 25cm，株距为 15cm；直播的可在苗高 5 ~ 6cm 时定苗，行距为 25cm，株距为 15cm。

为了提早上市和增加产值，可进行小拱棚、塑料大棚、日光温室栽培。

4. 肥水管理

山芹菜栽植当年一般不采收，第 2 年早春萌发，小苗 10cm 高时，每 667m^2 追施 15kg 硝酸铵。天气干燥时，适当浇水，保持土壤湿润即可。

（四）采收

春播后 85 ~ 100d、幼株长到 40 ~ 50cm 时，即抽薹前就可采收，不过每年只能早春采收 1 次。以后再长出的植株用于转向生殖生长而开花结实和增殖新株，这样既可采收种子又可增加密度。

山芹菜的加工多为腌渍。

（五）主要病虫害

山芹菜基本无病虫害发生。

十、聚　合　草

聚合草（*Symphyturn officinale*）又名紫根草、紫草，为紫草科聚合草属，多年生草本植物，是从俄罗斯引进的优质高产饲料作物，适于全国各地栽培，种植一次可连续收获 7 ~ 10 年。原为栽培牧草，人类很少食用，近年来已开发成为蔬菜进行人工栽培。以食用大而肥厚的嫩叶为主，其味道胜过菠菜，具有黄瓜清香，可炒食、做汤、做色拉、制作饮料。其根去皮后即可食用。聚合草具有较高的营养价值和药用特性，其营养成分和苜蓿接近；用聚合草的提取液制成饮料可治疗内出血；其鲜叶做成茶，可治疗胃痛、嗓子痛和牙痛；其叶和根中含有一种叫“尿囊素”的物质，有愈合作用，可用于治疗刀伤、跌打损伤，常被称为“接骨草”。

聚合草适应性极强，适应各类土壤，露地种植其根可安全越冬。聚合草喜光、喜肥和水，有较强的耐旱、耐寒性。

（一）品种

原为俄罗斯的一种优良饲料作物，近年来引进作为食用，目前只有一个品种。

（二）栽培季节

多为早春定植，一次定植，多年收获。

（三）栽培技术

由于聚合草种子数量极少，所以大量繁殖一般用根来进行，多用扦插法（根插条从直根得来）和根茎法（插条从接近地表的根茎蘖得来）。聚合草生命力极强，只要有一小块根留在地里就可以再生。

1．定植

首先把植株分开根茎，分成单株，每株带一些叶子和一条相连的根。种植地块深翻松土，施足基肥，然后按行株距30cm×30cm栽植，深度6~10cm，即将土埋到根颈处，但不要盖在叶片上，栽后浇水。

2．中耕除草

苗期中耕除草2~3次，株高20~30cm时培土。

3．肥水管理

天气干旱时经常浇水，冬季覆盖一层堆肥，既可满足聚合草对养分的需要，又有利于越冬；生长季节施入少量速效氮肥。

（四）采收

聚合草生长速度快，平均15d即可采收1次，一年中可多次采收。进入夏季将其剪到离地面10cm左右高度，以免其抽薹开花，入秋前仍要修剪2~3次，秋天可再进行采收。冬季聚合草进入休眠。

（五）换茬

人工栽培的聚合草第3年进入生长旺盛期，10年左右植株开始衰老，这时需进行更新换代，重新栽植。由于聚合草的根生命力极其顽强，所以栽植时要选好地块，不能轻易变更，否则需要几年时间才能把聚合草的根全部清除。

（六）主要病虫害

聚合草基本无病虫害发生。

十一、人　参　菜

人参菜（*Talinum trianglare*）又名栌兰、朝鲜红参、土人参、假人参，其根为药用，为马齿苋科土人参属多年生草本植物，原为野生，现经开发种植成为一种蔬菜、药材及观赏兼用的植物。其叶、根及嫩梢可食用，可炒、可涮、可炖或做汤，均鲜嫩可口，风味独特；其肉质根具有大补元气、润肺生津、调节经期的功效，用于治疗神经衰弱、病后体虚、多尿、吐血等症；植株及花可供观赏。

人参菜适应性强，喜温暖湿润的环境，较抗热耐湿，发芽适温为25℃，在13℃的条件下，27d后尚不发芽；生长适温为30℃。在我国北方露地栽培不能越冬，但温室栽培可周年生产。一般土壤均可种植，但以肥沃、疏松和排水良好的沙质壤土为好，忌积水。

（一）品种

目前我国人工栽培的人参菜只有一个品种。

（二）栽培季节

分株繁殖于温暖季节进行；扦插繁殖一般露地于春夏季进行，温室栽培的则可周年进行。

（三）栽培技术

1．育苗

人参菜可种子繁殖、分株繁殖、扦插繁殖。种子繁殖可在苗床直播育苗或72～128孔穴盘无土育苗，苗龄30d左右移栽。分株繁殖的单株要带部分根系，以利成活。扦插繁殖要选择健壮的枝条，长6～10cm，并带1～2个叶片。扦插可在育苗床内进行，也可直接扦插定植于田间。在育苗床内扦插，行株距为10cm×5cm，深度为插条的1/3，也可用8cm×8cm的塑料钵基质扦插育苗。

2．整地施肥

选择肥沃的沙壤土地块，结合翻地每667m^2施入农家肥3000kg，整好地后做成宽1.3m、高10～15cm高畦，畦距为33cm。

3．定植

播种前每 $667m^2$ 施入磷酸二铵 10～15kg，与畦土充分混合，然后移栽，行株距为 30cm×25cm。

4. 中耕除草

定植后中耕除草 2 次。

5. 肥水管理

苗期轻追速效氮肥，采收前追肥 1 次，生长期进行沟灌。以后每采收 1 次追肥 1 次，一般每 $667m^2$ 追速效氮肥 5～10kg。人参菜喜湿润，夏秋两季注意浇水。

（四）采收

5—6 月开始采收嫩茎叶做蔬菜用，每 25～30d 采收 1 次，可采收 2～3 次；作药用则于 8—10 月挖取地下根，洗净泥土，刮去表皮，蒸熟晒干备用。

（五）主要病虫害

人参菜基本无病虫害发生。

十二、马　兰

马兰（*Kalimeris indica*）又名马兰头、红梗菜、紫菊、马兰菊、竹节草等，为菊科马兰属多年生草本植物，我国各地极为常见，以长江流域分布较广。目前我国已有人工栽培，且在一些城市郊区有了一定的种植面积。马兰具有淡雅似菊花的特殊清香味，可炒食、凉拌、做汤。我国南京有一道名菜“马兰松”，即是以马兰为主要原料做成的。马兰性味辛凉，全株可入药，具有清热解毒、凉血止血、利湿消肿、抗菌消炎、降压明目等功效。马兰拌竹笋具有清热降火、利尿的功效，常饮马兰汤可治疗口腔炎、牙周炎、咽喉肿痛。

马兰适应性广，抗逆性强，喜冷凉湿润气候，耐寒耐热。野生马兰多生于山坡、林地旁、草丛、溪岸、路边等地。种子发芽适温为 20～25℃，嫩茎叶 10～15℃开始生长，生长适温为 15～22℃，在 -10℃以下，地下根茎能安全越冬。高温条件下叶片易纤维化，品质变劣。喜充足光照，对土壤条件要求不严，但人工栽培时宜选肥沃、湿润、疏松的土壤，以便提高产量。

（一）品种

目前马兰只有一个品种。

（二）栽培季节

立春至清明进行播种繁殖；北方春季4—5月、秋季8—9月均可进行根块茎繁殖。

（三）栽培技术

1．整地施肥

选择土壤肥力较高的地块，结合翻地每667m^{2}施农家肥3000kg、复合肥50kg做基肥，然后做成高畦或平畦，畦宽1.2～1.5m。

2．播种

（1）种子繁殖　每667m^{2}用种500～750g。播种前将种子与3～4倍细土混匀，播种宜稀不宜密，条播按行距25cm进行，开浅沟约1cm，播后踩实畦田土或稍压实，并浇透水，覆盖地膜保持土壤湿润。种子萌发出土后揭去地膜，但仍要保持畦面湿润。及时清除田间杂草。

（2）根状茎繁殖　于秋季茎干枯后或春季返青前挖取马兰根状茎，切成5～8cm长的小段，整地后平铺在10cm深的沟底，行距20cm，覆土后踏实浇水，5～7d即可成活。

3．肥水管理

以浇水、施肥为主。种子出苗或定植成活后，适当追提苗肥，生长期保持土壤湿润。采收季节一般每采收1～2次追肥1次。

4．植株调整

夏季如有抽薹开花者，如非采种植株则要剪去花枝。

（四）采收

春季播种或定植的马兰，一般要到秋季才能收获，且当年收获量小。越冬马兰在春季4—5月份，当植株长到10cm时即可采收，采收时应留茬3～5cm，一般每隔半个月可采收1次。夏季由于高温，叶片品质变质，可不采收。北方地区为了周年供应，需要温室和露地配套种植。

（五）主要病虫害

主要病害：灰霉病、白粉病。

主要虫害：马兰基本无虫害发生。

十三、风　轮　菜

风轮菜（*Clinopo dium chinense*）又名豆草、蜂窝草、节节草、九层塔等，为唇形花科多年生草本植物，原产欧洲南部，我国东北、华北、西南各地均有分布。风轮菜是一种山野菜，生于草地、山坡、路旁，春季人工播种或野生的自然返青后，于秋季采收。

风轮菜的新鲜嫩叶具有香辛味，可用作烹调时的香料，常用于制作香肠和烹调鱼类的香料，其开花的枝端亦可用于泡菜。

风轮菜性凉、味苦平，有疏风清热、解毒消肿的功效，用于治疗感冒、中暑、肝炎、肠炎、痢疾、腮腺炎、乳腺炎、过敏性皮炎、急性结膜炎等症。

风轮菜还可用作园林中的地被植物，因其株型漂亮，花的颜色韵雅，具有很高的观赏价值。所以还可以盆栽，用于现代农业观光园区建设和家庭庭院及阳台栽培。

风轮菜适应性很强，既耐寒又耐热，在我国东北地区可露地越冬，在南方35℃高温条件下也能正常生长；生长期间要求充足的日照；对土壤要求不严格，但适宜在排水良好的沙壤土上栽培；较耐干旱，栽培中很少浇水。

（一）品种

目前风轮菜只有一个品种。

（二）栽培季节

我国东北、华北地区多于3—5月份进行露地直播或育苗移栽。

（三）栽培技术

1. 整地施肥

选择有机质含量比较丰富、有排灌条件的地块，结合整地进行施肥，每667m^2 施入农家肥2000kg左右，然后做成宽1.0～1.2m

的平畦。

2. 直播或育苗移栽

风轮菜可育苗移栽，也可种子直播。

育苗用 50～72 孔穴盘，按无土育苗的技术要求进行，苗高 5～8cm 时定植，定植时浇足定植水，定植密度为行株距 40cm×30cm。

种子直播时采取穴播的方式，穴距按育苗移栽的行株距标准，每穴 2～3 粒种子。播种时施用种肥，每 667m^2 施用磷酸二铵或三元复合肥 10kg 左右，按种植穴施入，但切记种子和肥料分离，以免种肥腐蚀种子。干旱贫水地区播种时可采取座水点种的方式；水源丰富地区可小水漫灌浇足出苗水。苗高 5cm 时定苗，每穴留 1 株苗。

3. 肥水管理

风轮菜整个生长期间追肥 2 次，分别于缓苗后、生长繁茂期追施，每次每 667m^2 追施速效氮肥 10kg。为获得风轮菜的高产优质，生育期间浇水 2～3 次。

4. 植株调整

风轮菜每年春前或秋后修剪 1 次，使其枝条均匀分布。

（四）采收

每年夏秋两季进行采摘，采收新鲜的嫩叶和开花的枝端，进行加工、包装、贮存、上市。

（五）主要病虫害

风轮菜基本无病虫害发生。

十四、苋　　菜

苋菜（*Amaranthus mangostanus*）又名荇菜、赤苋、米苋，为苋科一年生草本植物，以幼嫩的茎叶供食用。苋菜适应性广，供应期长，是一种重要的蔬菜。苋菜具有清热利湿、凉血止血、解热消毒的功效，具有补气除热、利大小肠、治初痢的作用。

苋菜的食用方法很多，可焯后凉拌、炒食、做汤、做馅等。

苋菜喜温暖气候，耐热性强，不耐霜冻，生长适温为 23～27℃；对土壤要求不严格，但以中性偏碱的土壤为好；有一定的抗旱能力；属长日照作物，在长日照条件下营养生长旺盛，在高温短日照条件下易开花结实。

（一）品种

（1）绿苋　叶片与叶柄黄绿色或绿色，耐热性较强。代表品种有白米苋、柳叶苋、木耳苋。

（2）红苋　叶片与叶柄紫红色，耐热性中等，适于春季栽培。代表品种有大红袍、红苋、宽叶红苋。

（3）彩色苋　叶边缘绿色，叶脉附近紫红色，早熟，耐寒性较强。代表品种有尖叶红米苋、尖叶花红苋、鸳鸯红苋菜。

（二）栽培季节

露地播种苋菜，华北地区 4 月下旬至 8 月上旬均可播种，南方一些地区可进行周年露地播种。北方棚室栽培苋菜，可在早春、晚秋和冬季播种。

（三）栽培技术

1．播种

播种多采用撒播，播后用脚踏实，然后浇水，播后覆盖地膜，以利保墒增温，提早出苗。当有 5% 出苗时，及时揭去地膜，以免灼伤幼苗。播种量为每 667m^2 早春播 3～5kg，晚春播 2kg，秋播 1kg。

2．肥水管理

幼苗 2 片真叶时第 1 次追肥，过 20d 左右第 2 次追肥，以后每采收 1 次追 1 次肥，结合追肥浇水。

（四）采收

苋菜为一次播种，多次采收。第 1 次采收为间苗，以后再采收用刀割取嫩茎即可。采割时，茎部留桩 5cm。春播苋菜一般是株高 10cm、有真叶 5～6 片时进行第 1 次采收，20～25 片叶以后进行第 2 次采收，待侧枝萌发长至 15cm 时进行第 3 次采收。一般每 667m^2 产 1200～1500kg。

因苋菜为风媒花，所以留种田要设立 200m 以上的隔离区，栽培中及时去杂去劣，收种时按穗分期分批收获。

（五）主要病虫害

主要病害：白锈病。

主要虫害：蚜虫、红蜘蛛。

十五、鼠　尾　草

鼠尾草（*Salvia farinacea*）又名洋苏草，唇形科多年生草本芳香植物，原产地中海沿岸地区（一说北美洲），在我国广为分布，分布于浙江、安徽、江苏、江西、湖北、福建、广东、广西等省区，呈野生状态，生于山坡、路旁、荫蔽草丛、水边、林荫下。鼠尾草的干叶和鲜叶可用作多种食物的调味料，特别是用于香肠制作、家禽和肉类烹饪的填充料；其干叶气味浓厚，常用于煮汤或味道浓烈的肉类如牛羊肉的炖食，加入少许，可缓解其味道，也可用于拌沙拉，是西餐的常用调料。

鼠尾草用于泡茶，有滋补身体、养颜美容之功效，还有舒缓神经系统、帮助记忆的药用作用。此外，鼠尾草还有消除体内脂肪、帮助血液循环、防腐、抗菌、止泻的效果。但由于鼠尾草含有雌性激素，孕妇禁用。

鼠尾草株高30～50cm，发芽的适宜温度为20～25℃，发芽所需时间为10～15d，成熟时间为60～80d，生长发育的适宜温度为15～30℃，需要良好充足的日照条件，适宜在排水良好、地力肥沃、有机质含量较高的沙壤土地块种植。

鼠尾草在我国多为野生，人们可根据需要随时采收，很少有人工栽培的。近年来由于农业科技园区和农业观光园区的兴起，鼠尾草成为这些园区内的主要芳香植物；另外，一些山野菜、特菜的开发公司根据需要，有目的、有计划地种植鼠尾草，以供市场需求。

（一）品种

目前鼠尾草在我国只有一个品种。

（二）栽培季节

露地栽培多于春季进行种子直播，现代农业科技园区或农业观光园区可根据需要随时进行人工育苗和定植。

（三）栽培技术

1．播种或育苗定植

鼠尾草一般为种子直播，直播前按常规整地施肥，直播的间距为20～30cm，每穴播种3～5粒种子，成株期再疏苗、间苗，增大间距。随着育苗技术的发展，许多农业园区已经应用无土育苗技术，用72或128孔穴盘育苗，苗龄20d左右、苗高5cm时定植。

2．肥水管理

由于鼠尾草生育期比较短，生产中一般在定苗或移栽缓苗后、生长旺盛期追两次肥，每次每667m^2追施碳酸氢铵15～20kg。根据天气情况因时浇水，保持土壤湿润。

（四）采收

野生鼠尾草可根据需要随时采收，人工栽培鼠尾草一般定植后20d即可陆续采收。

（五）主要病虫害

鼠尾草基本无病虫害发生。

十六、酢　浆　草

酢浆草（*Oxalis corniculata*）又名三叶酸、三角酸、酸母等，为酢浆草科酢浆草属多年生匍匐性草本植物，原产南美洲，我国南方各地均有野生分布，近几年河北、陕西等地也有种植。酢浆草有一定的药用功能，性寒味酸，清热利湿、解毒消肿，对感冒发热、肠炎、小便血淋、二便不通、赤白带下、痔疮出血等症有一定疗效。

酢浆草以嫩茎叶供食用，其含有丰富的草酸盐、酒石酸、苹果酸等，食用方法为焯后凉拌、炒食、做汤、做馅等。

酢浆草株形、叶、花均非常美观，花期长达7个月，周年常绿，是珍稀的优良彩叶地被植物，极具观赏价值，可作为现代农业园区的景观植物，也可用于室内和庭院盆栽。

酢浆草喜温暖湿润的环境和排水良好、富含腐殖质的沙壤土，全日照、半日照环境或稍荫处均可生长，生长适温为 24 ~ 30℃。以根状球茎在土壤中越冬，第 2 年春萌发新株。

（一）品种

世界上约有 300 多个野生种，我国主要有红花酢浆草、白花酢浆草、大花酢浆草、九叶酢浆草、山酢浆草、腺叶酢浆草、银斑酢浆草等几个品种。

（二）栽培季节

酢浆草可用地下球形根茎分株繁殖，在南方可全年进行，华北地区则于春季进行。

（三）栽培技术

1．育苗

分株时先将植株挖出，掰开球茎分植；也可将球茎切成小块，每小块留 3 个以上的芽眼，放入沙床中培育，或用 8cm × 8cm 塑料钵基质培养，待生根长叶后移栽定植。

2．整地施肥

定植前整地施肥，每 667m^2 施农家肥 2000kg、三元复合肥 30kg，然后深翻土地并进行平整。

3．定植

按行株距 20cm × 20cm 定植，浇透定植水。

4．中耕除草

中耕除草 2 ~ 3 次。

5．肥水管理

每半个月至 1 个月追肥 1 次，每次每 667m^2 追施碳酸氢铵 5 ~ 10kg，并配合浇水。

（四）采收

酢浆草以嫩茎叶为食用，且大多数品种株高仅 15 ~ 20cm 左右，因此，当酢浆草长至 10cm 高时即可采收，一年中可采收多次。

（五）主要病虫害

酢浆草基本无病虫害发生。

十七、刺　龙　牙

刺龙牙（*Aralia elata*）又名刺嫩芽、刺老鸦、鹊不踏、虎阳刺等，为五加科野生有刺灌木或小乔木，生于林中或林地边缘，分布于我国东北的黑龙江、吉林、辽宁等地，俄罗斯的西伯利亚地区，朝鲜、日本等地亦有分布。原为东北地区传统的山野菜，近几年已大面积人工栽培，出口量逐年增长。

刺龙牙嫩叶芽鲜嫩清香，微甜可口，营养丰富，可凉拌、炒食、做汤，是一种集保健和营养为一体的天然食品。味辛、微苦、甘、性平，具有益气补肾、祛风利湿、活血止痛的功效，主治肾虚阳痿、胃脘痛、失眠多梦、风湿骨痹、腰膝无力等症。

刺龙牙花色淡黄，果实成熟时呈紫色，叶片在秋天艳红色，具有一定的观赏价值，因此可作为园林观赏植物栽培，同时又由于刺龙牙根系发达，还可以作为水土保持植物。

刺龙牙是落叶植物，耐寒性极强，适应范围广；根系强大，入土深，分布广，吸收能力强，所以耐旱，但不耐涝；对光照适应性也很强，在强光下生长良好；对土壤要求不严格，一般土壤均可栽培。

（一）品种

目前刺龙牙只有一个品种。

（二）栽培季节

刺龙牙多为野生。人工栽培刺龙芽，于春季土壤解冻后进行移栽，也可于春季播种。

（三）栽培技术

1. 育苗

（1）无性繁殖　无性繁殖有根蘖苗繁殖和根段扦插两种方法。

① 根蘖苗繁殖：刺龙牙侧根上有不定芽，秋季已经形成。春季土壤解冻后，形成根蘖苗，将根蘖苗挖出后栽植到预定地块后即

可成活。

② 根段扦插：春季土壤解冻后，挖取侧根，选择直径0.5～1cm左右的侧根，剪成20cm的根段，上端剪齐，下端剪成斜口，插于苗床或8cm×8cm的塑料钵内，15d左右即可成活。

无论是根蘖苗繁殖还是根段扦插，其繁殖密度均为行距30cm，株距20cm。

（2）种子繁殖　播种用的刺龙牙种子，必须经过越冬处理。将成熟的种子晒干，于11月中下旬用20～30℃的温水浸泡种子4～6h，捞出后进行层积处理。所谓层积处理，就是用种子体积5倍的清洁河沙，与种子掺匀后装入木箱，保持0～5℃的温度，相对湿度为60%～70%，15d翻动1次，第2年1月上旬移到－5～0℃的地方进行冷冻处理，直到播种为止。

刺龙牙育苗采用苗床育苗和穴盘无土育苗两种方法。苗床育苗首先做床，床宽1.2m，高15cm，在苗床内均匀施入有机肥，播种方法分为撒播和条播，每667m^2用湿种1～2kg，播后覆土2cm，并浇透水分，上覆地膜，待5%小苗出土后及时揭去地膜。穴盘育苗的，选择50孔穴盘，按无土育苗技术要求进行。当苗高3～5cm时进行分苗，将小苗分入8cm×8cm的塑料钵内。

苗床育苗的，苗出齐后要及时间苗、定苗，定苗密度为行株距8cm见方。

2. 整地施肥

每667m^2施农家肥2000kg，翻耕后按行距50～60cm开沟。

3. 定植

苗木株高30cm、根茎粗1cm时即可定植。按株距40～50cm栽苗，栽后踏实，按沟浇足定植水，水渗后封严。

4. 肥水管理

刺龙牙栽植后，每年春季和夏季进行中耕除草，一般不追肥。

5. 植株调整

刺龙牙长到3年时，萌发出许多枝条，使树体呈现丛状，这时要及时除去明蘖，保留3～4个粗壮枝条，形成主侧枝分布合理的树形，以提高产量。

（四）采收

刺龙牙在春季木本植物中最早萌发顶芽，在温度15℃左右时，芽苞开始膨大，3～5d伸出2～3枚鲜嫩枝叶，这时应及时采收。

（五）主要病虫害

刺龙芽基本无病虫害发生。

十八、面 条 菜

面条菜（*Silene conoidea*）又名麦瓶草、香炉草、梅花瓶、广皮菜、麦黄菜、灯笼草等，为石竹科麦瓶草属一年生草本植物，是麦瓶草幼苗的俗称。面条菜分布广泛，为麦田常见杂草，国内分布于西北、华北地区及江苏、湖北、云南等省，是黄河中下游地区（河南、山东）人们爱吃的一种野菜。

面条菜的食用方法较多，多以蒸食为主，也可生食、涮火锅、腌渍，还可炒食、凉拌、做汤等，风味颇佳。

面条菜味甘、微苦、性凉，入心、肝经，可清热养阴，止血调经，具有润肺止咳、凉血止血之功效，可治疗虚劳咳嗽、鼻衄、吐血等症。

面条菜适应性强，既抗旱又耐涝，对土壤要求不严格，一般土壤均可种植。由于其病虫害极少，不施用任何农药，是一种天然的无公害蔬菜。

（一）品种

目前面条菜只有一个品种。

（二）栽培季节

春季播种。

（三）栽培技术

1. 整地施肥

选择有灌溉条件的一般地块，首先进行整地施肥，每667m^2施入农家肥1000～1500kg，深翻后耙平，做成宽1.2m的平畦。

2. 播种

由于面条菜从播种到采收仅需 25～30d，所以生产中很少有育苗移栽的，多为直播。直播采用撒播的方式，将种子均匀地撒播于畦面，然后覆土 1cm 左右并踏实，随后浇“蒙头水”，以保证出苗。

3. 肥水管理

为获得面条菜的高产，可在第 1 次间苗后轻施 1 次化肥，每 $667m^2$ 追施碳酸氢铵 15kg 左右，追肥时勿使化肥触及叶片，以免灼伤，可采取随水追施的方法。整个生长期间，浇水 1～2 次。

（四）采收

当苗高 4cm 时即可间拔食用，当苗高 15～20cm 时一次性收获。

单设留种田，留种田在进行 1～2 次间拔后不再间拔，待种子成熟后采收保存。

（五）主要病虫害

面条菜基本不发生病虫害。

第十节　水 生 蔬 菜

一、豆　瓣　菜

豆瓣菜（*Nasturtium officinale*）又名西洋菜、水田芥、水焊菜等，为十字花科豆瓣菜属多年生匍匐性水生草本植物，原产欧洲。我国已有 100 多年的种植历史，全国各地均有种植，其中两广地区种植较多，在北方一些水沟旁常有野生。豆瓣菜具有很高的药用价值，味甘微苦，性寒，入肺、膀胱经，能清热解毒、化痰止咳，对治疗气管炎、肺热燥咳、食积胀满、皮肤瘙痒等症有一定作用。豆瓣菜主要食用部位为幼嫩茎叶，质脆可口，有辛香味，生食熟食均可，风味独特，主要供给各大旅游饭店。其种子富含植物油，可做工业用油。因此，豆瓣菜具有广阔的发展前景。

豆瓣菜为多年生水生蔬菜，在北方表现为一、二年生蔬菜，要求冷凉和晴朗的气候，生长适温为20℃，15℃以下生长缓慢，20℃以上品质变劣。豆瓣菜对土壤适应性很强，在旱地栽培也能生长，需肥较多。

（一）品种

有开花和不开花两个品种，这两个品种的其他性状基本一致。具体品种有广西百色豆瓣菜和广州豆瓣菜。国外品种主要分为绿色和褐色两种。从叶形上分，可分为圆叶、尖叶两种。

（二）栽培季节

由于豆瓣菜定植后即可采收，且适合冷凉气候，因此北方地区可于春季和秋季进行露地栽培，尤其可以利用北方一些水源丰富的高寒山区进行夏季露地栽培。早春、深秋和冬季则可进行设施栽培，以保证周年供应。南方地区可进行冬季露地栽培。

（三）栽培技术

1．育苗

（1）扦插育苗　选择健壮无病的枝条，剪成长10～15cm，去掉下部2～3片叶片，于苗床或8cm×6cm塑料钵内扦插，扦插后保持温度20～25℃，并保持适宜的土壤湿度和空气湿度。

（2）种子育苗　应用72～128孔穴盘无土育苗。

2．整地施肥

首先选择有灌溉条件的地块，施肥整地。由于豆瓣菜是一次定植多次收获的蔬菜，因此要施足基肥，一般结合翻地每667m^2施入优质农家肥3000kg、复合肥100kg，与土壤充分混合后做成平畦，畦宽1.3～1.5m。

3．定植

扦插育苗的经过15～20d、种子育苗的经过20～30d，植株高度为10～15cm时即可定植。定植密度为行株距30cm×20cm，每667m^2保苗10000株。

4．肥水管理

豆瓣菜生长期短，一般定植成活后，新芽刚萌发时，每667m^2追施尿素20～25kg。结合定植浇1次水。春秋露地栽培，每5～7d

浇1次水；冬季保护地栽培，10～15d浇1次水。

（四）采收

豆瓣菜产品器官形成快，从定植到采收只需20～30d，在1个生长季可连续采收多茬。采收必须及时，否则易老化和长不定根，一般在茎高25～30cm时采摘嫩茎上市，每667m^2每次可采收1000kg左右，留下1/4为下茬定植用。

（五）主要病虫害

主要病害：褐斑病、病毒病。

主要虫害：黄条跳甲、蚜虫。

二、草　　芽

草芽（*Typha orian talis*）又名象牙菜，为香蒲科香蒲属多年生水生草本植物，作为蔬菜栽培，我国仅有一百多年的历史，是国内的珍稀蔬菜。其食用部分为地下肥嫩而洁白的匍匐茎，营养丰富。草芽可炒食、做汤，味道鲜美，还可腌制加工成咸菜、罐头等。草芽的成株叶片可用于编织，花称蒲黄，是一种良好的止血药。我国草芽的主产区为云南省，在国内外具有很高的知名度。

草芽喜高温多湿，适宜水生，在亚热带地区四季常绿，在较寒冷的地区冬季地上茎叶枯死，地下短缩茎越冬，第2年早春再抽生新株。草芽极耐肥，易选肥沃的土壤种植。草芽的光合作用效率高，较强的光照条件可使茎叶生长茂盛。

（一）品种

目前草芽在生产上只有一个品种。

（二）栽培季节

每年6—8月进行分株繁殖，一次种植，连续采收3年。

（三）栽培技术

1. 整地施肥

草芽一般是种植1次连续采收3年，然后换地轮作，如果多年连作病虫害严重。宜选用肥沃、土质松软的糊泥田，每667m^2施入2500kg以上的优质农家肥做基肥，然后翻耕、耙细、整平。

2. 定植

草芽采用分株繁殖。选择叶片较多、株高150cm左右、尚未形成花茎的新壮株做种苗，按行株距2.5m×1.5m定植，每667m^2定植150~180株，栽植深度为9~10cm。栽植时要注意方向，即栽植时着生叶片的两侧要与行向垂直，使地下茎有一定的走向空间，便于采收。

3. 田间管理

（1）水层　草芽为浅水层水生植物，常年保持7~10cm深的浅水层。

（2）施肥　除施足基肥外，还需要追肥，一般每隔3~4个月追肥1次，每次每667m^2追施尿素10~15kg。

（3）间苗　草芽的分蘖能力很强，常形成大量的新株，从而使得株丛过密，通风透气不良，影响产量和品质。因此，在栽植2~3个月后，结合采收，拔去过密的新株，拔去已近衰老的母株（已抽生地下茎3~4层），拔去开花的植株，合理的密度为5~6株/m^2。

（4）除草　随时除去浮萍等水生杂草。

（四）采收

草芽采收一定要及时，过早或过迟采收影响产量和品质。一般栽植后50~60d开始第1次采收，匍匐茎长20~30cm，色白，脆嫩时品质最佳。在温暖地区，一年四季均可采收，1—2月每隔15~20d采收1次，3—8月每隔4~5d采收1次，9—10月每隔6~7d采收1次。草芽的采收要十分细心，由于草芽的伸长方向与叶的排列方向基本一致，为避免踩断泥中根状茎，采收时应沿着不长叶片的方向行走，用手沿植株侧后方插入泥里，将达到采收标准的草芽从茎部掐断，再从植株侧后方抽出，洗净泥土，捆成把后趁鲜出售，也可暂放在清水中浸泡保鲜。草芽全年每667m^2产量可达2000kg左右。

（五）主要病虫害

主要病害：草芽基本无病害发生。

主要虫害：蚜虫。

三、蒲　　菜

蒲菜（*Typha latifolia*）又名香蒲、蒲草，为香蒲科香蒲属多年生草本植物，在植物学分类上与草芽是同一个种，但食用器官不同，栽培方法也有所不同。其食用部位，一是由叶鞘相互抱后的假茎，二是根状茎的幼嫩部分，三是花茎，其质地脆嫩、洁白清香、营养丰富。现山东省和江苏省栽培面积较大。蒲菜是我国在世界上独一无二的蔬菜。

蒲菜不仅是美味佳蔬，而且还是食疗良药，其味甘性凉，能解热利水、凉血。久食有轻身耐老、固齿明目和聪耳之功效；生食则有消渴、补中气、和血脉的效果。其食用方法为宜扒、烧、烩，也可用于炒、熬、汆、煮等。

蒲菜性喜高温多湿环境，气温达到 10℃ 时开始萌芽，20 ~ 30℃时抽生匍匐茎形成新株，依次可抽生 2、3 次分株，并陆续抽薹开花。白露后停止分株，立冬后地上部茎叶枯黄，地下部分越冬。蒲菜适宜在糊泥田中生长，耐肥，且需常流的灌溉水。

（一）品种

分为青皮类型和红皮类型。

（二）栽培季节

春季采用分蘖繁殖，一次种植，连续采收 3 年以上。

（三）栽培技术

蒲菜种植 1 次，可连续收获 4 ~ 5 年后换茬，要求在土壤松软、淤泥层深厚、富含有机质的浅沼湖荡中生长，适宜水深为 50 ~ 100cm。

1. 定植

主要采用分蘖繁殖。春季新株高达一百多厘米时，选用生长健壮的新株作秧苗，在 4—5 月进行移栽。移栽时按行株距 50cm × 30cm，将植株根颈部埋入泥里深 15 ~ 20cm，以不倒伏不漂浮为原则。如果秧苗叶片太长，可剪断上端 1/3，以免风吹倒伏，影响生根。

2. 肥水管理

春季每667m^{2}施有机肥1500~2000kg，尽量不施化肥。水层控制，萌芽前1个月水深不宜超过15cm，以后水位加深到80~100cm。水层控制应稳定，切忌大涨大落。

3. 植株调整

新栽植株成活后，要勤除草，去掉黄叶，改善田间通风透光条件。假茎形成时，可保留少量浮萍作水面覆盖，促进假茎软化以提高产量。田间株丛密度过大时，可去掉部分细弱老株。

（四）采收

当新株发展到原有株的2~3倍时，即可进行第1次采收，以后在5—9月陆续采收。采收要及时，用镰刀割或用手拔均可。收获后切取45~60cm长的假茎，剥去外叶，捆扎成束即可上市。红皮类型的蒲菜肉质由肥变瘦速度较慢，供应期长，出菜率较高；青皮类型则相反，因此要求小暑前将青皮类型采收完毕。

（五）主要病虫害

蒲菜基本无病虫害发生。

四、茭　　白

茭白（*Zizania latifolia*）又名菰、水笋、茭瓜、茭笋，为禾本科茭白属多年生宿根性水生植物，原产我国。茭白在我国栽培地区极为广泛，北至黑龙江，南到海南岛均有栽培，尤以江浙的太湖流域栽培为多，其中北纬34.5°以南能稳定生产两季茭白。

这种花茎不开花结实。如果没有黑穗菌寄生，花茎则不能膨大，可以正常抽薹开花，这种植株称为雄茭。如果黑穗菌以厚垣孢子状态存在，茎内成为一包黑粉，不能食用，这种植株称为灰茭。在采收期和留种期要及时拔除雄茭和灰茭，然后进行补栽。

茭白的食用部位为受黑穗菌侵染刺激后形成的幼嫩肥大花茎。

茭白洁白柔嫩、鲜美可口，营养丰富，为古今名菜，可炒食、凉拌、蒸炖、做汤。还具有解烦热、调肠胃的药用功能，有生津止渴、利大小便、通乳催乳之功效。

茭白还可用于园林水体的浅水区绿化布置。

茭白喜温暖湿润的气候条件，对土质要求不严。

茭白的生长发育分为四个阶段：

（1）萌发阶段　最低温度5℃以上时，芽开始萌发，10～20℃为最适温度。

（2）分蘖阶段　一般为4月下旬至8月下旬，每1新株可分蘖10～20个，适宜温度为20～30℃。

（3）孕茭阶段　两熟种6月上旬至6月下旬第1次孕茭，8月下旬至9月下旬第2次孕茭；一熟种8月下旬至9月上旬孕茭。孕茭适温为15～25℃，低于10℃或高于30℃，一般不孕茭。

（4）生长停滞和休眠阶段　孕茭后，温度15℃以下，分蘖停止，地上部分生长也停止；温度5℃以下，地上部分全部死亡，地下部分在土中越冬。

茭白喜温暖、需水分，在阳光充足、土层深厚及肥水供应好的条件下，可达高产优质。

（一）品种

（1）一熟茭白　又称单季茭白或秋冬茭白，收获期在秋季或初冬。品种有一点红、象牙茭、罗汉茭、杆担茭、大青苗茭等。

（2）两熟茭白　又称双季茭或四季茭，一般在春季或夏季栽培，第一熟在当年秋分至霜降采收，成为秋茭；第二熟在第2年小满到夏至采收，称为夏茭。品种有梭子茭、小蜡台、中介茭、鱼尾茭、广益茭、刘谭茭等。

（二）栽培季节

茭白栽植1次可收获2～3年，但以1年1栽为好。春栽，适用于一熟茭白和两熟茭白的晚熟品种，常在谷雨至立夏间进行。秋栽，适用于两熟茭白的早、中熟品种，于立秋前后栽植。

（三）栽培技术

1．育苗

茭白多采用无性繁殖方法，有育苗移栽和分蘖苗栽植两种方法。

（1）育苗移栽　选择1株中所有的分蘖都被黑穗感染成茭而且茭肉洁白者为种株。种株另植别处，冬季淹水越冬（两熟茭白可在本田越冬）。入春后秧苗萌发，当苗高30cm左右时，用刀割断根茎，进行分株，按行株距30cm×20cm，1穴1株栽植。当幼苗长到高60cm左右时，选大小一致、叶梢扁平的植株进行定植。

（2）分蘖苗栽植　将入选种株老墩连泥挖出，用刀顺着分蘖着生方向，分为7～12个小墩，每小墩要求带有老茎和匍匐茎，并有健全的分蘖苗3～5个。要求随挖、随分、随栽。

2．选地施肥

选择通风透光、土层深厚、富含有机质的土壤，可与藕、慈姑、水稻等作物轮作。深翻35cm以上，定植前每667m^{2}施有机肥3000kg以上，翻入土中，耙细耙平，四周田埂整理结实，也可与黄鳝、泥鳅、螃蟹或其他鱼类共生。

3．定植

春栽，行穴距为（65～75）cm×65cm，每穴5～8个分蘖苗，栽植深度为6～7cm；秋栽，行株距为（40～45）cm×（25～30）cm，栽入土中深约15cm，以栽没薹管为度。

4．肥水管理

茭白植株较高大，生长期长，需肥量较大。在施足基肥的基础上，分别在苗期、分蘖期、孕茭期追肥，追肥以速效肥为主。

水分管理掌握“浅水栽插，深水活株，浅水分蘖，中后期逐渐加深水层，深浅结合”的灌溉方法。栽插时灌2～3cm水层，栽后保持5～6cm水层4～5d，以后降到2～3cm；当每墩分蘖达到18～20根时，加深水层到10～15cm；茭白膨大时，灌水深35cm以上；采收期间保持深水层，以不超过“茭白眼”为度；采收后应逐渐落水到3～6cm。

生长期间为方便除草，可以分别在栽插后 4～5d、12～14d、18～20d 时进行露田。

5．植株调整

当分蘖苗 35cm 左右时进行疏苗，将细小密集的分蘖打去，每 9～12cm 见方留 1 强壮分蘖，同时向根际压一块泥，使蘖芽向四周散开。夏秋季剥除老黄叶 1～2 次，以改善田间通风条件。及时挖掉雄茭、灰茭，并补满缺苗。

（四）采收

当叶鞘裂开、微露茭肉时，即为采收的适宜时期。

将采收的水壳茭装入蒲包浸于水中，可贮存 1 周；也可进行低温贮藏，在 1～3℃条件下，可贮藏 3～4 个月。

在开始采收茭白时，注意田间选种。选择茭墩中无雄茭和灰茭、生长势适中、株型整齐、孕茭率高、茭形肥大、成熟一致、茭肉色白的茭墩留种，作为第 2 年繁殖之用。对于发现的灰茭、雄茭、野茭应及时挖去。

（五）主要病虫害

主要病害：锈病、纹枯病。

主要虫害：大螟和二化螟、蚜虫、叶蝉。

五、慈　　姑

慈姑（*Sagittaria sagittifolia*）又名剪刀草、茨菰、燕尾草，为泽泻科慈姑属能形成球茎的栽培种，多年生水生草本植物，原产我国，我国华南、长江流域、太湖地区栽培面积较为广泛。慈姑可食部位为球茎，营养丰富，风味佳，煮炒皆可，荤素皆宜，还可用于加工淀粉。慈姑还有药用价值，性凉，生津润肺、补中益气、清热、利尿解毒，有止咳止血之功效。

慈姑叶形奇特，适应能力强，可做水边、岸边的绿化植物，也可作为盆栽观赏。

慈姑喜温喜光和水湿，不耐霜冻和干旱，水深以 9～15cm 为宜，要求肥沃的土壤。气温是影响慈姑生长发育的主要因素。温度

14℃以上，慈姑开始萌发；15~16℃抽生叶片，23~26℃时抽生叶片速度快，叶片大；9月上旬气温下降时，养分转向地下贮存，此时抽生大量的匍匐枝；当气温下降到15℃以下时，匍匐枝先端形成膨大的球茎，25~40d球茎成熟；气温下降到14℃以下时，新叶停止抽生；气温下降到8℃以下时，植株地上部分枯死。

（一）品种

品种有苏州黄、刮老乌（侉老五）、沈荡、沙菇、梧州慈姑等。

（二）栽培季节

慈姑的栽培分为春栽和秋栽。春栽单独用顶芽于清明后插秧；秋栽用带球茎的顶芽，于6月下旬至7月上旬播种。

（三）栽培技术

1. 育苗

生产上一般利用球茎上的顶芽繁殖，可采用带球茎的顶芽或不带球茎的顶芽。

（1）单独用顶芽育苗时，球茎收获后，选择球茎肥大、成熟、顶芽弯曲、无病虫及机械伤害的顶芽做种，在紧贴球茎与顶芽的交界面摘下顶芽，摊成薄层，置阳光下稍晒1~2h，蒸去表面水分，然后放入地窖内贮存。第2年清明前后取出顶芽，洒少许温水，置晴天阳光下晒暖，然后将芽堆积，上盖湿草，保持15℃以上温度，经10~15d出芽。出芽后，按行株距6cm×6cm进行插芽，15d左右长出不定根，即可按行株距50cm×40cm插秧。

（2）秋栽慈姑，采用带球茎的顶芽做种。种慈姑收获后，除去泥土，摊在阴凉处晒干，然后堆积在房内阴凉处，用塑料薄膜或稀泥封住，使之不透气，贮至6月下旬至7月上旬进行播种。播种时将球茎埋于地下，而顶芽露出水面，行株距为10cm×8.5cm，秧龄为25~30d。

2. 整地施肥

定植前选择土壤肥沃的地块，深翻25cm，结合深翻每667m^2施优质农家肥3000kg，并适当加入钾肥，耙平。

3．定植

按行株距50cm×40cm定植。定植的适宜时期为6月上旬，秋栽的定植适期为7月下旬至8月上旬。栽插深度应越过3节。

4．肥水管理

除了施足基肥外，在缓苗后10～15d、生长盛期、立秋后三期追肥，追肥以速效氮肥为主，并合理搭配磷钾肥。

慈姑生长期间不能脱水。苗期保持3cm浅水层；大田定植成活至匍匐枝抽生前，保持7～10cm水层；匍匐枝抽生后的高温炎热季节，保持13～20cm水层；生育后期天气转凉时，维持水层7～10cm；收获前期将水放干以便收获。

5．中耕除草

田间杂草应通过中耕尽早除去，并根据植株长势，剥去老黄叶片及部分侧芽。

（四）采收

初霜后，慈姑茎叶枯黄，球茎成熟，即可开始采收。在北方1次采收完毕，在南方可陆续采收到第2年2月。采收时，先排干水层，挖出地下球茎即可。

（五）主要病虫害

主要病害：黑粉病、斑纹病、小菌核病。

主要虫害：钻心虫、大螟、二化螟、花蓟马等。

六、菱

菱（*Trapa bispinosa*）又名菱角，为菱科菱属一年生水生草本植物，原产我国。食用部分为种子的子叶，其营养丰富。菱有较高的药用价值，性寒，有解积暑烦热、生津健脾、和胃益气、利尿通乳、抗癌之功效，适用于胃溃疡、痢疾、食道癌、乳腺癌的防治。我国从广东到山东均有栽培。

菱性喜温湿，不耐霜冻，栽培地区需要有6个月以上的无霜期。气温13℃以上菱开始萌发；菱盘形成时，要求气温20～30℃；开花结果时，要求白天保持20～30℃，夜间15℃。菱要求充足的光照条件，要求有机质含量较高、含磷钾多而含氮较少的偏酸性土壤，要求种植区水面浪小、平稳。发芽期水深1~1.2m有利生长，生长旺盛季节水深1.5~2m有利分枝发根。

（一）品种

（1）四角菱类　馄饨菱、小白菱、邵伯菱、沙角菱、水红菱、大青菱；

（2）两角菱　扒菱、蝙蝠菱、五月菱、七月菱；

（3）无角菱类　南湖菱。

（二）栽培季节

菱的栽培有直播和育苗移栽两种方式。长江流域，无论直播还是育苗移栽，均于春季进行。

（三）栽培技术

1. 直播或育苗移栽

一般水深3m以下用直播，水深3~5m用育苗移栽。

（1）直播　当水温达到13℃时开始播种。肥水条件好、晚熟品种密度稍稀；反之，稍密。播种方法有撒播、条播、穴播三种。撒播是把发芽的菱种均匀洒在水中，其优点是操作简单，省工省力，缺点是用种量大；条播是根据水面地形，划成行距为2~2.5m的几个纵行，两头插杆标记，一人撑船，一人按纵行均匀撒种；穴播是用直径10~15cm的草袋，内装营养土，一个草袋内放入3~5颗菱种，浇湿后按行株距2m×1.5m投放播种。

（2）育苗移栽　选择背风向阳、土质肥沃的塘池做苗床，播前1个月放干水晒塘10d，再灌深1m的水。当水温达到13℃时，按行距2.5~3m条播，每667m^2用种75kg，可供3500~5000m^2大田移栽之用，出苗后逐渐加深水位。当菱苗开始分盘时即可移栽，先行起苗，用双手轮流将菱株向上提拉，见到白根为止。先把菱苗8~10株为1束，下部用草绳结扎，移栽时划船而行，按穴距1~1.5m见方，用菱叉将菱株逐束插入水底土中，要随起苗随移栽。

2. 扎菱垅

菱株出水后，为防风浪冲击、杂草飘入等，要扎菱垅。具体方法是菱群外围打竹桩，桩入土 30～60cm，高出水面 100cm，桩距 20～30m，竹桩上系上草绳，草绳上系水花生。此外，还要在菱面中间，每隔一定的距离，顺流向扎好菱垅。

3．除草

湖、池常见的杂草有水鳖草、青苔等，此外还有野菱，要及时、经常地认真清除。

4．肥水管理

菱需肥量较大，施肥的关键在于培肥底土、加厚底土淤泥层，一般每 $667m^2$ 施优质草塘泥 3000～5000kg。菱初花期，可对叶面进行喷肥。

（四）采收

长江中下游地区在处暑或白露开始采收，每隔 7d 采收 1 次，共采收 6～7 次，霜降时结束采收。采收时，应轻提轻放轻摘菱，将已成熟的菱摘下，防止把尚未成熟的菱摘下。

用菱盛果期的果实，即第 4、第 5 次采收的菱作种。留种标准为具有本品种典型特点，形状端正整齐，皮色深，无病虫害，充实饱满。按上述标准选出后，再进行水选，除去浮果、半浮果，留下沉果做种，贮于水中。

菱需在中水贮藏。在流动的水中修建贮藏仓，一般用竹编成，置于水中，使底面离水底 30cm，上面离水面 30cm，将菱角置内贮藏，可贮藏到第 2 年春季。

（五）主要病虫害

主要病害：菱瘟。

主要虫害：菱叶钾、蚜虫。

七、芡　　实

芡实（*Semen euryales*）又名鸡头、雁头，为睡莲科芡属多年生水生草本植物。芡实主要以种仁供食用，称为芡米，其叶柄和花茎可以作为蔬菜食用，营养丰富。我国南北各地的池塘、水沟中均有分布，江苏和浙江等多湖泊地区是我国芡实的主产地。

芡米可做芡米粥，甜腻糯黏，香气浓郁，具有健脾强精、补中益气、收敛镇静的作用，对治疗慢性脾虚泄泻、小便频数、梦遗滑精、腰酸腿疼等症有一定功效，是理想的滋补食品。

芡实是观叶植物，在中国式园林中，与荷花、睡莲、香蒲等配制水景，尤多趣味。

芡实性喜温暖和水湿，不耐霜冻和干旱，气温达15℃以上时，种子开始萌发，生长适温为20～30℃，低于15℃时，果实不能成熟。全生育期为180～200d，适宜水深为30～90cm，偏肥的土壤有利于芡实的生长发育，生育期间需全光照。

（一）品种

品种有苏州紫花芡、苏州白花芡、刺芡等。

（二）栽培季节

清明前后播种育苗，播种后1个月进行分苗，当叶片直径达9～12cm时，进行定植。当年定植，当年采收。

（三）栽培技术

1. 育苗

栽种芡实时，多以茭白为前茬作物。因此，生产中采用育苗移栽。

清明前后取种子进行淘洗，置阳光下暴晒，至种子壳发白时，放于盆中用浅水浸没种子进行催芽，日晒夜盖，白天保持温度20～25℃，夜间保持15℃，约15d后，待种子萌芽时播种。播种前，准备好苗池，苗池事先翻耕、除草、耙平，灌水8～10cm，使泥土澄实，水质澄清，这时将已萌发的种子贴近水面均匀撒下，每平方米播种子300粒左右。

播种后约1个月，幼苗有箭形叶和蹄形叶2～3片时进行分苗。先准备好分苗田，将幼苗带子带根起出，洗去附泥，放入盆中覆盖，以免萎蔫，然后按行株距60cm×60cm移栽于分苗田，移栽深度以没及种子和发芽为度，切忌埋没心叶。分苗后灌水3～6cm，经常检查，防止漂浮。缓苗后，逐渐加深水层至9～15cm，使叶柄伸长，待叶片直径为9～12cm时，即可定植。

2．定植

选择水位平稳的湖泊或池塘栽种，水位以 0.3 ~ 1.0m 为宜。定植一般在夏至前后进行，起苗时务必小心，勿伤根系和叶柄及茎，以手抓须根向上提起。定植密度按行株距 2.5m × 2.0m，开深 12 ~ 15cm、直径 1.2 ~ 1.3m 的定植穴，将挖出的芡实苗栽插于定植穴中。注意不可栽插太深，以防泥沙淤住心叶。

3．肥水管理

如定植地块地力较差，可施基肥，每 667m^2 施有机肥 1500 ~ 2000kg。生长期间，如叶片薄而发黄，可适当追肥。

一般水层控制在 15 ~ 18cm。夏季高温季节，为防叶片灼伤，可适当加深水层至 30 ~ 40cm。

4．除草

定植后 7 ~ 10d 开始人工除草，至叶片封垅前停止。在进行人工除草时，顺便把一团硬泥块堆盖在根系上，使根系逐渐提高，更好地吸收养分。

（四）采收

早熟品种定植后 60 ~ 70d，晚熟品种定植后 80d 就可采收，一般是处暑到白露之间。采收标准是新叶生长缓慢、叶片直径已达不到 90cm，并在水面上出现双花时，这是早期果实已成熟的标志。这时便可以开始采收，以后可分批采收。一般每株可采果实 18 ~ 20 个，分 8 ~ 10 次采完。采收芡实时，用竹刀把老黄叶割去一半，注意勿伤叶脉，以防叶脉进水引起腐烂，这样可在田间开出一条道，沿走道采收两边的芡实。采摘时，用手在水中摸寻那些果柄变软、手掐果实可听到刹刹声的成熟果实，用竹刀向上凿开果实基部，将果实摘下即可。保留果柄，以免水分由果柄流入短缩茎内引起腐烂。

留种的果实需要单采，一般在第 3、4 次采收时注意留种，选择果实扁圆、大小适中、发育充实的果实做好标记，使种子充分成熟后采摘。果实摘下后，剥去果皮，取出种子，去除假种皮，淘洗干净，进行精选。然后分成 5kg 左右一包，装于蒲包内，埋于水底，防止冻害，贮存至第二年春天播种用。

（五）主要病虫害

芡实基本无病虫害发生。

八、莼　　菜

莼菜（*Brasenia schreberi*）又名马蹄草、湖菜、水葵等，为睡莲科多年生宿根性草本植物，自古就被视为珍贵食品，被誉为“江南三大名菜”之一，主要以嫩茎梢及初生卷叶供食用。莼菜有较高的药用价值，能清热、利水、消肿、防癌、解毒等。莼菜除鲜食外，近几年已生产加工罐头，成为出口创汇的商品。

莼菜每年春季气温上升到15℃时，地下茎开始萌发，气温达到20℃时，抽生的新梢最为粗壮，气温达到24℃时，萌发率最强。莼菜芒种前后抽生花梗，立秋前后开花结实，处暑后养分向地下茎运转，秋分后植株衰老，霜降后叶片腐烂，植株在水中休眠越冬。

莼菜喜温，水温20～30℃时生长最快；要求湖底土壤富含腐殖质，pH为5.7～7.0；喜阳光，栽培水质以澄清活动水为好。

（一）品种

品种主要有西湖红叶莼菜、太湖绿叶莼菜、湖北和四川红叶莼菜等。按莼菜花和食用部位的颜色分为红色种和绿色种，生产中红色种栽培较多。

（二）栽培季节

一般于春季清明前后，挖取地下匍匐茎进行切段繁殖，每年完成一个生育周期，生育期200d左右。种植一次可采收多年。

（三）栽培技术

无性繁殖，繁殖器官为越冬的地下茎、粗壮老龄水中茎及休眠芽。一般在春季清明前后，挖取地下匍匐茎和粗壮老龄的水中茎进行切段，每一段种茎不少于2～3节，然后在水中排种即可。种植1次可采收多年。

1．整地施肥

栽植前选好地块，耙平土壤，每667m^{2}施优质河泥或堆肥

500～1000kg。

2．定植

栽植时可按行距 50cm 或 100cm 单根顺长排列，也可按行距 100cm 双根顺长排列或株行距各 100cm 穴植双根十字形排列，每 667m^2种茎用量 80～100kg。应做到随挖随栽。

3．肥水管理

生长期间适当追施速效氮肥。追肥时，水位要放浅，均匀撒施，勿伤及叶片。

莼菜田整年不能断水。萌芽期水深 10～20cm，采收期水深 50～80cm，越冬期水深 100cm。生育期间要保持活水，至少 2～3d 换水 1 次。

4．除草

尽早除掉杂草，在开始采收前可用竹竿将杂草除去，气温高时可人工下水拔草。

（四）采收

一个幼芽约生长 5d 后卷叶开放，即失去商品价值。叶芽平均每天生长 1cm，故应每 2d 采收 1 次。采收期间可分为 4 月、5—6 月、10 月至第 2 年 3 月三个阶段。留种应选择粗壮、无病虫害且带饱满芽眼的匍匐茎作种株，第 2 年育苗移栽。

（五）主要病虫害

主要病害：叶腐病、枯萎病。

主要虫害：椎实螺、食根金花虫。

九、莲　　藕

莲藕（*Nelumbo hucifera*）又名荷、水芙蓉，为睡莲科莲属多年生喜水植物，原产印度，很早以前便传入中国，是无污染、无农药残留的无公害蔬菜。莲藕生长周期短，从定植到收获为100～110d。莲藕营养丰富，既可作为水果生食，也可烧、炒、炖、煨、蒸、炸。其种子称莲子，莲子鲜嫩时也可生食，可做蜜饯、甜食和汤菜，莲子汤是一道名菜。

莲藕还是一味中药，生食味甘平、清肺、凉血、行淤；熟食可健脾开胃、生肌益心；莲子有益肾固精、收敛镇静、清心养气、补脾止泻等功效；莲梗、莲心、荷蒂、花托、花瓣均可药用。

莲藕喜较高的温度，发芽适温为12～15℃，生长适温为25～30℃；水温超过35℃，生育受到障碍，0℃以下停止生长。在整个生长发育阶段都要求有充足的阳光，需肥量较多，抗虫力较强。中早熟品种对土质要求不严，但在土质瘠薄而黏重的土壤中栽植，藕的产量低，品质也差。藕在土层中能安全越冬。

（一）品种

莲藕有红花莲藕和白色莲藕两种类型。

（二）栽培季节

每年4—5月进行分株繁殖，当年即可收获。2～3年后重新分栽一次。

（三）栽培技术

可种子繁殖，也可分株繁殖，栽培中以分株繁殖为主。分株繁殖在4—5月份，挑选生长健壮的根状茎（藕），每2～3节切成一段作为种藕，每段应有顶芽和保留尾节，然后以20°～30°斜插于水中，入泥深度10～15cm，注意随挖随栽。莲藕栽种，2～3年以后要重新分栽1次。

1．整地施肥

藕田选择土质疏松、肥沃、有机质丰富、松土层在10～15cm的地块，每667m^{2}施有机肥1500kg以上、复合肥50kg。

2．播种

行距120～150cm，穴距60～90cm，每穴1株，每100m^{2}用种藕15kg左右。

3．肥水管理

栽植后浅水勤灌，一般保持水层5cm，以后随着生长发育逐渐灌水加深水层；若营养生长过旺，晴天静风，排水搁田；大雨后及时排水。

始花时重追肥，一般667m^{2}追施尿素10～15kg；行鞭时适当追肥。

（四）采收

进入8月中下旬即可采收，根据需要可随时采收。采收时先灌足水，双手沿着叶茎下捅，扒开藕身周围的泥土，慢慢地顺方向拖出，不可挖伤挖断。

（五）主要病虫害

主要病害：腐败病、病毒病、黑纹病。

主要虫害：斜纹夜蛾、金龟子、水蝺、蚜虫。

十、蕹　　菜

蕹菜（*Ipomoea aquatica*）又名空心菜、通菜、竹叶菜等，为旋花科牵牛属一年生或多年生草本植物。其营养价值很高，供应期长，风味特殊。蕹菜味甘平，可温中通阳、理气宽胸、散淤止痛，有清热、凉血、解暑、去毒、利尿等功效，可治小便不利、尿血、鼻衄、咳血等症，有明显的食疗作用。蕹菜可凉拌、清炒、做汤、泡菜。蕹菜喜高温多湿环境，生长适温25～30℃，能耐40℃高温，对土壤要求不严格，但耐肥性好，对氮肥要求量较大，喜充足的光照，属于高温短日照作物。

（一）品种

子蕹：能开花结籽，种子繁殖，一般为旱地栽培。代表品种有白花子蕹、紫花子蕹、吉安大叶等。

藤蕹：一般不开花，生产上采用茎蔓繁殖，水地、旱地均可栽培。

（二）栽培季节

子蕹于春季进行种子繁殖，藤蕹于春季进行茎蔓栽植。

（三）栽培技术

1．育苗

子蕹：采用种子繁殖育苗，一般用苗床育苗，苗高15～20cm时定植。每667m^{2}播种量为5～15kg，可供定植大田6670～10000m^2，生产上也可以大田直播。

藤蕹：利用茎蔓扦插繁殖育苗。

2．定植

目前蕹菜有旱地栽培、水田栽培和深水栽培三种方式，旱地栽培行株距15cm×13cm。水植要选择肥沃、水层浅的地块，行株距均为25cm。

3．肥水管理

在施足基肥的基础上，每采收1次追肥1次，施肥方法以随水施用为好，生育期间小水勤浇，保持土壤湿润。

（四）采收

子蕹可在苗期进行多次间拔，定植后半个月采摘1次；生长旺盛期7～10d采摘1次。一般每667m^2产2000kg左右。藤蕹每667m^2产量可达10000kg，且品质好。在藤蔓长到35cm左右时进行第1次采摘，基部留2～3个节，促进侧枝抽生，采收3～4次后，只留基部1～2节，否则分枝太多而影响品质。

子蕹的采种方法有两种。一种方法是就地直播采种。早播的蕹菜，选择符合品种特征的健壮、标准的植株，采收2～3次后不再采收，开花结籽成熟后采收种子；第2种方法是在田间选择标准健壮母株，另选地块栽植，种子成熟后采收留种。

水蕹不开花结实，为无性繁殖。在大田中选择标准健壮植株留作种株，不采收嫩茎，立冬时采回茎蔓贮存，贮存期间保持温度1～2℃，并保持一定湿度，第2年春季催芽育苗，4月下旬至5月初扦插定植于大田。

（五）主要病虫害

主要病害：白锈病。

主要虫害：蚱蜢、卷叶虫、斜纹夜蛾等。

十一、水　　芹

水芹（*Oenanthe javanica*）又名刀芹、楚葵、水英、野芹菜等，为伞形科水芹属多年生水生宿根草本植物，分布于我国长江流域，现以江西、浙江、广东、云南、贵州栽培面积较大。近年来，北方地区开始用旱作的方式栽培水芹。水芹以嫩叶和叶柄做蔬菜食用，清香、脆嫩、可口，可炒食、凉拌、腌制、做馅等。

水芹味甘，性凉，入肺胃经，有清热解毒、宣肺利湿的功效。常食水芹具有降血压、清血液、护发等功效，对肝炎、肝硬化、糖尿病等疾病的治疗有一定的辅助作用，最近科学家发现水芹还是一种防癌蔬菜。

水芹喜冷凉，较耐寒，适于冷凉、短日照季节生长，忌炎热干旱，能耐 -10℃低温，营养生长适温为 20℃左右。水芹本是水生蔬菜，对水分需求较为旺盛。

（一）品种

根据叶片形状不同，可将水芹分为尖叶型和圆叶型两类。

（1）尖叶芹　扬州长白水芹、庐江高梗水芹。

（2）圆叶芹　无锡玉祁水芹、常熟白芹。

（二）栽培季节

在长江流域，水芹一般于 8 月下旬至 9 月下旬分期排苗栽种，11 月上旬至第二年 3 月底采收。

（三）栽培技术

1. 育苗

为无性繁殖，多为匍匐茎繁殖，但母茎上每节过夏的休眠芽要在 25℃以下才能萌发，故长江流域 8—9 月栽种旱水芹需要催芽。催芽的方法是选侧芽饱满的母茎捆成束，交叉堆放于阴凉通风处，覆草，早晚浇水保持湿润，10d 左右各节生根后栽种。

2. 定植

（1）水田栽培　将已发芽的母茎分成 3 ~ 4 株为 1 丛，按行距 20cm、株距 15cm 的密度栽种后灌水，使母茎半露水面，7 ~ 10d 萌芽后，追施壮苗肥，15d 后晒田。苗高 30cm 时拔苗重栽，栽深 18cm，以软化茎叶，但留种田不能深栽，以免影响发棵。雨后排水，天旱时晚上排水、早晨灌水，追肥时保持浅水。霜降后停止追肥并逐渐加深水层，水深以在叶柄分叉下 6 ~ 9cm 为宜。结冻前灌水防寒，但水深最高不超过叶尖。水芹收获期从 10 月至第 2 年 4

月上旬抽薹为止。

（2）旱作栽培　选择保水、保肥力强的壤土或黏土地，于8月上旬整地施肥，每$667m^2$施入农家肥5000kg、复合肥50kg，然后做成宽130cm、深15cm的畦。将匍匐茎分成3～4株1丛，按行株距20cm×15cm定植，然后覆土3cm，浇透水，覆盖遮阳网或稻草保湿，出苗前经常浇水。新苗出齐后第一次追肥，植株进入旺盛生长阶段进行第2次追肥，10月下旬进行第3次追肥，追肥原则为“中间重，两头轻”，并保持经常浇水。10月下旬结合第3次追肥于植株根际进行培土，培土高度以始终保持植株顶部露出土面3～5cm为宜，使入土部分软化变白，提高商品性。

（四）采收

水田栽培的收获期从10月至第2年4月止；旱田栽培的于培土后25～30d开始采收。准备春季采收的，年前少施肥、不培土，第2年2月重施肥并培土软化。

（五）主要病虫害

主要病害：腐烂病。

主要虫害：蚜虫。

十二、荸　　荠

荸荠（*Eleocharis tuberosa*）俗名马蹄、地栗，为沙草科荸荠属浅水性多年生宿根草本植物，喜生于池沼地带或栽培在水里，原产印度，我国南方地区栽培面积较大。荸荠既可做水果，又可做蔬菜食用，是大众喜爱的时令食品，既可生食，又可熟食，熟食以荤炒、做馅、凉拌为主，也可加工罐头，提取淀粉。

中医认为荸荠有止渴、消食、解热的功能，对降低血压有一定疗效，可预防急性传染病，能清热泻火、凉血解毒、利尿通便、化湿去痰、消食除胀。

（一）品种

荸荠的栽培品种只有一个。

（二）栽培季节

春季采用球茎进行育苗，6—7 月移栽，10—12 月收获。

（三）栽培技术

1．育苗

荸荠为无性繁殖，采用球茎（果球）繁殖。

种荠在 15℃萌芽，25℃开始分蘖，30℃植株进入旺盛生长期，气温降至 20℃以下时球茎形成。早春选择顶芽和侧芽健全的种茎育苗，传统的育苗方式为阳畦苗床育苗，现已推广无土育苗技术，用 8cm×6cm 的塑料钵基质育苗，约 15～20d 即可成苗，供大田栽植。

2．定值

大田栽植行株距为 60cm×30cm，每 667m^2 栽植 3000 穴。

荸荠在南方地区最迟于 7 月底之前移栽。

3．肥水管理

荸荠定植后要求较高的地温，以利返青分蘖，因此宜灌浅水层稳苗；随着分蘖的增多，逐渐加深水层，以促进地上茎群体形成；封垄后深灌水，控制分蘖分株形成，以提早结荠，使球茎增多增大。整个生育期间，不能缺水。

由于荸荠株丛较大，因此栽培荸荠的地块要施足基肥。移栽前每 667m^2 施入优质农家肥 3000kg、过磷酸钙 50kg、硫酸钾 10kg。分蘖和分株期间追施一次氮肥，每 667m^2 追施硫酸铵 15～20kg；球茎形成前追施磷肥和钾肥，适当控制氮肥用量，以防徒长；进入生育后期，进行 2～3 次叶面喷肥。

4．光照控制

在整个生育期间，要求有充足的光照。

（四）采收

荸荠移栽后，3～5d 返青，然后开始分蘖，形成母株丛，并持续分蘖，9 月份匍匐茎向下生长，10 月份开始形成球茎，11 月份球茎成熟，12 月份球茎含糖量最高，是荸荠的最佳收获期。

（五）主要病虫害

主要病害：枯萎病。

主要虫害：螟虫。

第十一节　可食花卉

一、霸　王　花

霸王花（*Hylocereus* sp.）又名剑花、量天尺，属仙人掌科植物，为热带、亚热带栽培蔬菜，原产墨西哥、巴西一带，我国主要分布在广东、广西，其产品在国内外市场十分畅销。我国南方人大多把晒干的霸王花加猪肉或猪肺和几粒红枣做汤；在夏天，新鲜的霸王花可直接拌糖水食用。除食用外，还可药用。霸王花性味甘，有清热润肺、止咳之功效，对治疗肺结核、支气管炎、腮腺炎等症有一定功效。

霸王花喜温暖阳光，耐热、耐旱、耐烈日，但不耐寒，冬季越冬温度不得低于7℃，生长适温为25～30℃，对土质适应性强，寿命可达40～50年。

（一）品种

（1）肇庆种　广东肇庆已种植多年。它株型修长，达2m，茎部较细，坚韧挺拔，生命力极强，任何地方都可攀缘而上。该品种开花较多，花瓣重叠，长过筷子，品质优良。

（2）南海种　广州市郊栽种较多。其茎部较粗，肉质较厚，棱角较钝，开花比肇庆种稍大，但花量略少。

（二）栽培季节

南方一年四季均可种植；北方温室内四季栽培，可展示热带雨林风光。

（三）栽培技术

1．整地施肥

一般选择不宜种其他作物的空地与墙边、树边，田间种植一般筑高畦或垒砖墙，高1.5～2m，宽30cm，长度自便，也可用水泥柱子搭架。栽植前于垄内施入农家肥，同时每667m^2施入过磷酸钙

50kg 左右。

2. 扦插

一般采用无性繁殖，茎扦插极易生根。选择一年生以上肉茎，切成 20～30cm 的段，斜插入土，深 5～10cm，行距为 80～100cm，株距为 10cm 左右。

3. 肥水管理

栽植后第 1 年很少开花，因此不需追肥。第 2 年进入开花期后每年追肥 4～5 次，分别为壮苗肥、壮茎肥、促花肥。促花肥一般为 2～3 次，每采摘 1 次花，即追肥 1 次。追肥以有机肥为好。扦插后保持土壤湿润，成活后适当灌溉，开花期需水较多，不能干旱。

4. 植株调整

霸王花长到第 3 年进入生长盛期，为防止植株过早衰老，保持基部生机，要进行修剪。霸王花具有顶端优势，顶端的 2、3 个新芽活力旺盛，开花多，所以应将茎尖下面长出的弱芽全部摘除，修剪成 T 字形；同时也要将开花很少的老枝剪掉，以利通风透光，减少养分消耗。这种修剪每年需要进行 2 次。

（四）采收

霸王花花期较长，每年 5—11 月均可开花，一年之中可开 7～8 期，也就可以采收 7～8 次，每次间隔 20d 左右。采花的最适时期是现蕾后 25～30d，最好的时间是花开后的第 2 天清晨或下午。采收后用刀切开 3、4 片，放在阳光下晒 2 天后放入蒸笼里蒸 15min 左右，然后取出后露晒，晒至不粘手为止。贮存数日后再略晒一晒，即可包装、上市。

（五）主要病虫害

霸王花抗病虫能力较强，很少发生病虫害。

二、菊　花　脑

菊花脑（*Dendranthema* sp.）又名菊花叶、路边黄等，为菊科菊属多年生宿根性草本植物。菊花脑以嫩梢供食用，营养丰富，风味独特，具有浓郁的菊香味，食之清凉，可炒食和做汤，同时茎叶还可入药，有清热解毒、调中开胃、降血压之功效，对治疗便秘、高血压、头痛、目赤等疾病有一定功效。以花器供食用的称之为甘菊。

菊花脑适应性强，可在华东、华中、华北等地区推广种植，不择土质，耐贫瘠和干旱，忌涝，但在比较肥沃、排水良好的土壤中高产质优。菊花脑耐旱怕热，为短日照作物，强光照有利于茎叶生长，短日照条件下易抽薹开花而不能形成产品。近几年菊花脑已在北方地区进行设施栽培，多利用日光温室进行冬季栽培。

（一）品种

分为小叶菊花脑和大叶菊花脑两种。由于大叶菊花脑产量较高，品质较好，多在生产上应用。

（二）栽培季节

南方于2月份、北方于4月份播种。

（三）栽培技术

1. 育苗

（1）种子繁殖　撒播每667m^2 用种0.5kg，播后覆土0.5～1cm，踏实地面，然后浇水，再覆盖地膜。当有5%小苗出土后揭去地膜，2～3片真叶时间苗，行株距各30cm。

育苗移栽，可采用穴盘无土育苗技术，苗龄30d左右移栽，行株距也为各30cm。

（2）分株繁殖　在4月上旬菊花脑未发芽前，将老桩菊花脑挖开根际土壤，露出根颈部，将有根的侧芽连同一段老根切下，移栽于新栽培地，行株距同上。

（3）扦插繁殖　在生长季节进行，以5—6月扦插成活率最高。扦插育苗用8cm×8cm的塑料钵，内装基质，先浇透水，然后把菊花脑嫩梢剪成5～6cm长，摘去基部2～3片叶，插入基质内1/2，保湿保温，15d左右即可成活，然后移植于大田，密度同上。

2. 整地施肥

以排水良好、土层深厚、比较肥沃的土壤最佳。播前施足基肥，然后进行翻耕、整地，并做成宽1.5m、高20cm的高畦。

3. 肥水管理

基肥一般每667m^2施农家肥2000kg，第1次采收前追第1次肥，以后每采收1次追1次肥。每次追肥以速效氮肥为主，一般每667m^2施尿素10kg左右，并配合施用硝酸钾5kg。播种后或移栽后浇1次水，在生长期间要求经常保持田间湿润，一般每采收1次结合追肥浇1次水。如实行多年生栽培，于冻前割去茎秆，重施1次农家肥，每667m^2施优质农家肥2000kg。

（四）采收

当株高15cm时第1次采收，以后每半个月可采收1次，采收盛期在5—7月。初期采收可用手摘，后期植株长大了可用镰刀割取。采摘时注意留茬高度，以保持足够的芽数，一般春季留茬3～5cm，秋季留茬6～10cm。

留种用的菊花脑下半年不采收，任其自然生长，并适当追施磷钾肥。待种子成熟后，连茎秆一起割下，晒干后脱粒贮存。

（五）主要病虫害

主要病害：灰霉病、叶斑病。

主要虫病：蚜虫、白粉虱。

三、食用菊花

食用菊花（*Chrysanthemum morifolium*）又名甘菊，为菊科中以花器供食的多年生草本植物，起源于我国，是观赏兼食用的菊花品种。食用菊花花朵大、花色多，颜色亮丽，观赏期长达120d左右。可药用、饮用和食用，富含人体所需要的各种营养元素，有养肝明目、疏风清热的功能，还有很好的美容护肤作用。食用方法多样，可泡茶、泡酒、醋渍、熬粥、做馅、做汤、涮锅、软炸和凉拌，味道可口。食用菊花有清热解毒、平肝明目之功效。

食用菊花抗逆性强，保护地、露地、庭院均可种植，对土壤要求不严，适宜地势干燥、土层深厚、富含腐殖质、疏松肥沃而排水良好的沙壤土，pH为6.2～6.7，忌连作。食用菊花喜凉，较耐寒，生长适温为18~21℃，最高为32℃，最低为10℃，地下根茎可耐-10℃低温。为短日性植物，喜充足阳光。

（一）品种

从花的颜色上分，有亮黄色、土黄色、白色、紫色4种。具体品种有晴岚、阿房宫、高砂等。药用菊花品种有安徽的毫菊、滁菊、贡菊，以及浙江的杭白菊、河南的怀菊花等。

（二）栽培季节

食用菊花一般为春季定植，也可于夏末秋初扦插。

（三）栽培技术

1．育苗

多用营养块繁殖。生产中用芽插法（带根的脚芽可直接定植）和嫩枝扦插法。芽插一般在春季解冻后，将菊花基部成活的幼芽带根劈下进行栽植；嫩枝扦插一般在夏末秋初进行，将健壮嫩枝剪成10~15cm长的段，下部用吲哚丁酸处理，然后插栽于事先准备好的营养钵中，插入深度5cm左右。用芽插或嫩枝扦插繁殖，最好是营养钵基质育苗。

2．定植

当苗高10cm时定植于花盆中。盆栽可用塑料或陶瓷花盆，口径20~30cm。

大田定植密度为行株距60cm×50cm。

3．肥水管理

定植后加强肥水管理，一般7~10d浇1次水，并适当追肥，追肥以有机肥为主。

4．植株调整

定植50d左右进行植株调整，包括整枝、打杈和绑蔓。及时打掉植株下部老叶，太高的植株需及时打尖，每株留4~5个侧枝。经常剥除侧芽，现蕾期及时疏蕾，每枝留5~8朵花。

（四）采收

可多次采收，每次采收充分成熟的花朵，从花下5~10cm处剪下。

（五）主要病虫害

主要病害：叶斑病、斑枯病、锈病。

主要虫害：蚜虫、白粉虱、红蜘蛛、尺蠖、菊天牛、潜叶蛾幼虫等。

四、黄　花　菜

黄花菜（*Hemerocallis citrina*）又名金针菜、萱草、忘忧草、安神菜，为百合科萱草属多年生丛生草本植物，是中国人的“母亲花”，食用部分为花蕾。叶绿条形，薹高花黄，可作花卉栽培，极有观赏价值。果为蒴果。其干制品可炒食或做汤料，营养丰富，蛋白质与铁质含量是菠菜的1倍，食味鲜美，有造血、补血、强壮脏腑的功效，为珍贵蔬菜。黄花菜干鲜食均可，荤素皆宜，可炒、拌、炸、炖、做汤。花和根均可入药，花味甘、性凉，入脾、肺，有安神、消食、利湿热、消炎、止血之功效。

黄花菜地上部分不耐霜冻，地下短缩茎和肉质根耐寒力极强，我国南北各地都能栽培，生产上多为露地栽培，种植1次能采收7~8年。也可温室栽培和盆栽。叶丛生长适温为15~20℃，结蕾和开花期适温为20~25℃。对光照、土壤无严格要求，耐旱力较强。

（一）品种

黄花菜是百合科萱草属中几种可食花蕾的栽培蔬菜的总称。该属中可以作为蔬菜食用的有黄花菜、北黄花菜、小黄花菜、萱草四种，我国的栽培品种有50多种，种植面积较大的有以下几种：

（1）早熟型　四月花、清早茶、冬芽花、渠县花、大同花、阳城花、冲里花、早茶山条子花等，采收期在5—6月，全生育期为130~150d。

（2）中熟型　矮箭中期花、高箭中期花、猛子花、茶子花、茄子花、荆州花、白花、五月花、汉花、红筋花、牛角花等，采收期在6月中下旬，全生育期为150~180d。

（3）晚熟型　黑嘴子花、紫兰花、中秋花、倒箭花等，采收期在7月，全生育期为180~200d。

（二）栽培季节

生产中多为露地栽培。春季进行播种或分株繁殖或切片繁殖，于第2年开始采收花蕾，种植1次可连续采收7～8年。

（三）栽培技术

1．育苗

黄花菜的繁殖方法有种子繁殖、分株繁殖、切片繁殖、花薹腋芽繁殖、组培等。

（1）种子繁殖　采用穴盘无土育苗技术，用72～128孔穴盘，每穴1粒种子。华北地区于3月下旬至4月上旬育苗，终霜结束后移栽于露地。但由于前2年不能开花和采收，生产中很少使用这种方法。

（2）分株繁殖　是传统的繁殖方法。一般于早春黄花菜顶芽未萌发之前，将黄花菜连根挖出，去掉老根，勿伤及纺锤形肉质根，小心地将所有分蘖株分开，使每一株有一个顶芽和10条以上的新根，然后移植于大田，第2年即能采收部分花蕾。这种方法繁殖系数较低。

（3）切片繁殖　春季回暖后，选3年生以上的植株，整株挖取，割去叶片及短缩茎周围已黄枯的叶鞘，将根剪成5cm长的小段，然后进行纵切，每一小段可切成2～8片，然后及时放入苗床培养，7～8d后即可萌发，30～50d长成可供定植的幼苗，苗床栽植的行株距为10cm×5cm。为促进萌生新根，放入苗床前可用吲哚乙酸或生根粉处理。此种方法繁殖系数大。

（4）组织培养，工厂化育苗　优点是速度快、质量好、成本低、效率高，但要求有实验室和专业技术人员。

2．整地施肥

定植前结合整地每667m^2施入农家肥3000kg、复合肥40kg，然后做成宽窄行，宽行70cm，窄行50cm，株距15cm。定植前覆盖地膜，定植后封按地膜。

3．肥水管理

施足冬前肥，平追发苗肥，重追催薹肥，补齐蕾肥。发苗肥为春季黄花菜萌发前，每 667m^2 追施复合肥 10kg；催薹肥为在花蕾抽生期每 667m^2 追施复合肥 20kg；蕾肥为开采 10d 后进入盛采期，每 667m^2 追施复合肥 10 ~ 15kg。追肥结合浇水，抽薹至采收盛期适当增加浇水次数。

（四）采收

黄花菜食用部分为花蕾，所以当花蕾长大后，于开花前采收，采收后可鲜食。大面积生产时，可采用机械烘干或放置阴凉条件下自然风干。

（五）主要病虫害

主要病害：锈病、褐斑病、炭疽病、白绢病。

主要虫害：蚜虫。

五、朝　鲜　蓟

朝鲜蓟（*Cynara scolyrnus*）又名洋百合，为菊科多年生草本植物，原产地中海沿岸，19 世纪初传入我国，已有百年栽培历史，主要产地为上海、江苏一带。其主要食用部位是幼嫩的苞片及花托。可食用部分含有丰富的蛋白质、脂肪、淀粉，此外还含有钙、磷、铁、钠等多种矿物质和维生素 A、维生素 C。朝鲜蓟有增强肝肾功能、增强胆汁分泌、促进氨基酸代谢和降低胆固醇的功效。其食用方法多样，可生食、炒食、做汤，可与辣酱油或番茄沙司同时佐食，还可以加工成罐头。

朝鲜蓟喜欢温暖气候，既不耐寒又不耐热。幼苗期需到 18 ~ 19℃方可免受冷害；成株期叶片可适应 5 ~ 28℃的温度；秋季冷凉气候为 13 ~ 18℃时，叶重迅速增长；根部在地温不低于 －8℃时可以安全越冬。属长日照作物，要求强光，尤其在抽生花茎时，若天气晴朗，产量较高。朝鲜蓟较耐干旱，但不耐湿，宜选择肥沃、排水良好的土地种植。

（一）品种

上海地区栽培的品种引自法国，已有近百年的历史；1987 年山东省从美国引进了朝鲜蓟品种“绿球”。此外，还有“王者之星”、“西班牙106” 等品种。

(二)栽培季节

每年春季进行播种育苗或10月进行分株育苗，一次定植可连续收获多年。

(三)栽培技术

1. 育苗

(1) 分株育苗　每年10月中旬，选择1年生或多年生健壮植株，在其茎基部将分枝连根切下，留24～28cm的枝条，剪去叶片顶部，用于在温室内扦插繁殖。可按行株距15cm×15cm苗床育苗，也可用营养钵基质育苗。

(2) 播种育苗　将种子播种于苗床或50孔穴盘内育苗，苗龄为40～45d，有6～8片真叶时定植。因朝鲜蓟种子来自花苞同一花序不同部位，其成熟度与饱满度不一致，因此育苗时需浸种催芽。

2. 定植

朝鲜蓟为多年生，栽植成功，可连续收获多年。但为获取高产，一般种植4～5年即重新换地种植，也可采取一年生栽培方式。地块选择后，进行施肥、翻地、整地，在此基础上做畦。畦宽要求1.67m，一畦栽种1行，株距1m，每667m^2保苗350～400株。

3. 肥水管理

朝鲜蓟是一种喜肥作物，种植地块每667m^2施农家肥3000kg以上；定植缓苗后，第1次追肥；花蕾始现期第2次追肥，一般每667m^2一次追施速效氮磷钾复合肥15～20kg。由于朝鲜蓟较耐干旱、忌湿，因此栽培中很少浇水。从开始抽生花茎到花蕾收获结束，如过于干旱则需浇水。多雨时，应注意排水防涝。

4. 越冬管理

因朝鲜蓟不能忍受低温，所以长江以南地区冬季要在植株基部覆土，使其安全越冬；长江以北地区则要在朝鲜蓟四周和顶部覆盖麦秸或稻草15～20cm，顶部再加一层土。入春后于3月中旬至4月上旬逐渐清除覆盖物，并追肥浇水。

（四）采收

采收标准是花苞已经生长充分而花瓣尚未开展时为最佳，一年以上的植株从5月上旬开始采收直至6月下旬。一般每667m^2产量为500～600kg，最高可达1000kg以上。采收后及时进行平茬，将老茎距地面10cm处的地上部分割去，清除残叶，并及时追肥浇水。当新分枝萌发后，每株选留3～4个强壮枝，并将以后陆续萌发的分枝及时割除。

（五）主要病虫害

主要病害：花叶病毒病、根腐病。

主要虫害：蚜虫、小地老虎。

六、凤　仙　花

凤仙花（*Impatiens balsamina*）又名透骨草、指甲花、金凤花，为凤仙花科凤仙花属一年生草本植物，既可观赏，又可食用。凤仙花的花，性甘温，活血通经，祛风止痛；种子名急性子，微苦，有小毒，活血通经，软坚消积；其茎秆名透枝草，祛风湿，活血解毒。

凤仙花以嫩茎煮熟腌制供食，在东南沿海一带是农民的家常菜。

凤仙花喜阳光，怕湿涝，耐寒不耐热，生长适温为16～26℃，适生于疏松肥沃微酸性土壤中，也耐贫瘠，适应性较强，移植易成活，生长迅速。凤仙花生育期为110d，播种至收茎春季播种的为80d，夏季播种的为60d。

（一）品种

凤仙花有200多个品种，以其花的形状，可分为蔷薇型、山茶型、石竹型等几个类型，著名品种有“五彩当头凤”等。

（二）栽培季节

每年3—7月育苗移栽或大田直播，一年中可陆续多次采收嫩茎作为蔬菜食用。

（三）栽培技术

1. 育苗或直播

凤仙花一般于3—7月播种育苗。育苗采用穴盘无土育苗技术，穴盘选用128孔穴盘，也可于阳畦苗床育苗，还可于大田直播。直播时首先施肥整地，做成高15cm、宽1m、畦距30cm的高畦，然后撒播种子，播后覆土，其厚度以盖没种子为度。夏季高温时播种，覆盖遮阳网，降温保湿。

2. 间苗、定苗

大田播种的，出苗后要进行间苗、定苗，定苗间距为20～30cm。育苗移栽的，间距适当加大。定苗后进行中耕除草。

3. 肥水管理

整个生长期间追肥2～3次，每次追施碳酸氢铵10kg和氯化钾3～5kg。浇水一般与追肥相结合，追肥后浇1次透水。

4. 植株调整

主茎有分枝时要及时摘除，一般打杈2～3次，以保证主茎直立生长无分枝。当株高60cm时，及时摘心。

（四）采收

作为蔬菜栽培的凤仙花，于株高20～30cm时陆续采集嫩茎。凤仙花种子成熟时外壳自行爆裂，将种子弹出，因此采种要及时。当种子外壳发黄时及时采集，晾晒后收集种子。

（五）主要病虫害

主要病害：霜霉病、黑斑病。

主要虫害：蚜虫、天蛾。

七、鸡　肉　花

鸡肉花（*Hibiscus syriacus*）原称木槿花，又名佛叠花、鸡腿蕾、白牡丹等，为锦葵科木槿属多年生灌木或小乔木，原产我国中部和印度，在我国各地均有栽培，以华东地区面积较大。鸡肉花传统上多作为园林植物和风景观花植物种植，其花期长达4个月以上，且花色丰富多彩，有单瓣复瓣之别、红色紫色之分。

鸡肉花以刚开放的花朵和嫩叶供食用，铁、钙、锌含量比较丰富，并含有黄酮苷、多量皂苷及黏液质等，其花微香，味甘，可润燥，除湿热，对肠风、血痢、便血、风痰壅逆、反胃呕吐等病症有较好的治疗作用。鸡肉花全株可供药用，其根茎的乙醇提取液可抑制一些病菌，嫩叶则可用于痢后热渴、导积滞等。

鸡肉花的食用方法较多，可调入稀面葱花后油炸，也可用于猪肉炖汤，或用冰糖煮水当作饮料，还可做汤。

鸡肉花根系发达，耐旱，需水较少，但在孕蕾期及花期需水较多，不耐涝；抗逆性较强，耐热耐寒，生长适温为25～30℃；喜光，适于在向阳地块种植；耐瘠薄，对土壤要求不严，但宜于在土层深厚、肥沃、排灌方便的地块上种植。

（一）品种

鸡肉花的品种较多，从花瓣分可分为单瓣、半复瓣和复瓣三类；从花的颜色可分为白色、米黄色、浅紫色、紫红色等。目前比较适宜栽培且优质高产的主要为复瓣白花种和复瓣紫红花种。

（二）栽培季节

春季枝条萌发前进行扦插繁殖。一次定植可多年采收。

（三）栽培技术

1．育苗

多采用压条和扦插等无性繁殖方法。

扦插在春季枝条萌发前进行，选择1～2年生健壮无病虫的枝条，剪成15～18cm长的小段，用乙哚丁酸或生根粉严格按要求浓度和时间处理枝条，插入事先已准备好的苗床内或6cm×6cm装有培养基质的塑料钵内。在苗床内扦插行株距为5cm见方，插入深度为枝条的1/2，浇透水分，保温保湿。扦插后约30d即可生根发芽，当露地气温稳定在15℃以上时即可定植到大田。

2．定植

鸡肉花对土壤要求不严，可利用荒地、坡地或作为园林绿化植物栽培，一次种植多年采收。定植前挖好定植穴，其行株距可根据定植地块的地势、位置随机确定，如果集中栽植，行株距可采取80cm×60cm的方式。定植穴长宽各30cm，深50cm，内施一定数量的农家肥，栽植时浇足定植水，然后覆土拍实。

3．肥水管理

鸡肉花为多年生小灌木，定植成活后，在每年的管理中，于枝条开始萌动期、现蕾期、花期各追肥1次，追肥以氮磷钾复合肥为宜，每次每株0.5kg左右，方法为环形追肥。每次追肥都应配合浇水，另据天气情况，干旱时及时浇水。入冬时，应施入有机肥并培土。

4. 植株调整

鸡肉花生长比较迅速，尤其在南方地区，定植后1年可长至3m高左右，因此，必须进行修剪以控制高度，用以提高植株的产花量和便于产品的采收。修剪在入冬后或早春萌芽前进行，多保留新生枝条，适当剪除两年生枝条，树高控制在1m左右为宜。

（四）采收

鸡肉花以采收花朵为主，一般于上午采收半开放的花朵，可鲜食，也可加工晒干。若用于鲜食，应做好包装。

（五）主要虫害

主要虫害：蚜虫、螨类、粉蚧、天牛等。

八、鸡 蛋 花

鸡蛋花（*Plumeria rubra*）又名蛋黄花、缅栀子，为夹竹桃科鸡蛋花属落叶灌木或小乔木，原产美洲墨西哥，我国广东、广西、云南、福建等省区有栽培。在我国云南和东南亚一些国家，历史上多为佛教寺院栽培，称之为“五树云花”，又名“庙树”，适于庭院、草地栽植，也可用于盆栽。

鸡蛋花香气宜人，可提取香料或晒干供饮用或药用，是西双版纳傣族人招待宾客最好的特色菜。

鸡蛋花味甘、微苦、性凉，归肺、大肠经，可预防感冒，对感冒发热、肺热咳嗽、湿热黄疸、泄泻痢疾、尿路结石等症有一定的治疗功效。

鸡蛋花一般株高4～5m，在南方花期可达5～10个月。喜高温高湿的环境条件，生长适温为23～30℃；喜充足的阳光；长势健壮，较耐干旱，忌水涝；耐高温，气温达40℃时仍可正常生长，畏寒冷，气温低于15℃时即进入休眠；喜微酸性土壤，宜选择土层深厚、通透性良好、富含有机质的酸性土壤栽培。

（一）品种

目前鸡蛋花只有一个品种。

（二）栽培季节

鸡蛋花在北方地区露地栽培不能越冬，因此需要在温室内栽植。目前尚没有作为商品蔬菜大面积栽培的，一般只作为现代农业观光园区温室内景观植物栽培。在南方，广东、广西和云贵地区有适度规模的露地种植。

（三）栽培技术

1. 育苗

鸡蛋花的繁殖方法为扦插繁殖和压条繁殖，极易成活。

2. 定植

选择酸性土壤的地块，进行整地施肥，用扦插或压条繁殖的幼苗进行栽植，栽植的行株距一般为80cm×（60～80）cm。

3. 肥水管理

在一年中的生长季节中追肥1～2次，追肥以农家肥为主，因时浇水。农业园区和家庭阳台进行无土盆栽的，注意调好栽培基质的酸碱度，pH以5～6为宜。

4. 植株调整

冬季鸡蛋花落叶后进行修剪，剪去枝条顶端和部分枝条，以保证第二年多开花。

（四）采收

开花盛期采收鲜花，可鲜食，也可晒干后贮藏备食。

（五）主要病虫害

鸡蛋花抗病虫害，栽培中注意防治介壳虫。

第十二节　芽　苗　菜

芽苗菜是蔬菜家族中重要的一员，随着人们生活水平的提高，市场上芽苗菜的份额越来越大，需求量越来越多。

芽苗菜包括籽芽菜（如香椿籽芽菜、绿豆芽、大豆芽、蚕豆芽等）、籽苗菜（如豌豆苗、红小豆芽苗、香椿嫩苗、萝卜苗、黑豆芽苗、紫苏芽苗、荞麦芽苗等）和体芽菜（如香椿嫩芽、花椒嫩芽、芽球菊苣、生姜芽、胡萝卜芽球、白菜芽球等）。芽苗菜大多数不受栽培季节限制，许多品种可以周年生产，且生产方式多种多样，如育苗盘生产、席地生产、室内生产、日光温室生产和塑料大棚生产等。由于芽苗菜生产周期短，几乎没有病虫害发生，不施化肥农药，堪称“无公害蔬菜”，是一类具有广阔发展前景的蔬菜。

一、荞 麦 芽

荞麦为蓼科荞麦属双子叶一年生草本植物，其茎叶中富含芦丁，对人体血管具有扩张及强化作用，为高血压及心血管病患者的保健食品。荞麦芽（*Fagopyrum esculentum*）食用方法有凉拌、加蚝油炒、做汤等多种。荞麦芽适宜生长温度为20～25℃，最高不超过35℃，最低不低于16℃，需湿润、弱光的生长环境，可利用日光温室、空闲房屋等生产。荞麦芽可四季生产，周年供应。

可用角铁、钢筋、竹木等搭成栽培架，架高1.6m左右，每层间距为45～50cm，共设四层，上码塑料苗盘。

（一）品种选择

所有荞麦品种均可生产芽菜，但其中以“苦荞麦”为最佳，因其种子内芦丁含量最高。选用种粒要求发芽率85%以上，去掉破粒、秕粒和杂质。

（二）栽培技术

1. 浸种催芽

先将种子晒1～2d，然后将种子在20℃清水中浸泡22～36h，沥去水分，放在容器内，上盖湿布片或湿毛巾，在22～25℃恒温处催芽24～72h，待种子“露白”时即可播种。

2. 播种

预先将苗盘消毒并冲洗干净，盘底铺1～2层吸水力强的纸或无纺布，并淋湿。将发芽的种子均匀撒播在吸足水分的纸上，每盘播种量为150～175g，每平方米为1000g左右。播后将苗盘叠放在一起，使其不见阳光，置于22～25℃温度下，当芽长至2cm时，苗盘上架，见光生长。

3. 喷雾

播种后5～6d，种芽已长至5～6cm，应定时喷雾，始终保持室内相对湿度85%左右。喷水次数一般1d 3次为宜，盘内不积水。

4. 温度控制

温度掌握在20～25℃，每1～2d将苗盘调转1次方向，以利生长均匀、整齐。

（三）采收

播种后10～12d，种芽下胚轴长至12cm，子叶平展、绿色，上胚轴紫红色，近根部白色时采收。采收时可整盘上市，也可用刀从根部割下包装上市。

二、萝　卜　苗

萝卜为十字花科萝卜属一、二年生作物。萝卜苗（*Raphanus sativus*）又称娃娃缨萝卜，是用萝卜种子培养的萝卜幼苗。萝卜苗喜欢温暖湿润的环境，对光照条件要求不严，发芽阶段不需光。生产的最低温度为14℃，最适温度为20～25℃，最高温度为30℃，每个生产周期为5～7d，最多10d。萝卜苗可用育苗穴盘生产，也可席地生产，是无污染、无公害蔬菜，生长周期短，可周年生产，是大中城市新兴的蔬菜品种，深受消费者欢迎。

（一）育苗盘生产

每盘播种量100g左右，芽菜产量为1.6kg左右。育苗盘生产萝卜苗既可上架摆盘进行立体栽培，也可席地平摆育苗盘栽培。

1. 品种选择

不同品种的萝卜籽均可用于生产芽苗菜，其中以红皮水萝卜和樱桃萝卜籽较为经济。

2. 种子处理

选用一年生的新种子，将其水选去瘪去杂，用25～30℃的温水浸种3～4h，种子吸水膨胀后捞出稍晒一会儿，待种子能散开时即可播种。

3. 播种催芽

在消毒洗净的育苗盘内铺一层已灭菌的报纸，用温水将纸喷湿，在报纸上撒播1层处理过的萝卜籽。每10盘叠成1摞，最上面盖湿麻袋（需进行消毒处理），温度保持在22℃左右，进行遮光保湿催芽。每隔6～8h倒1次盘，同时喷淋和室温相同的清水。一般1d后露白，2～3d后幼芽可达4cm。

4. 摆盘上架，见光培育

当盘内萝卜芽将要高出育苗盘时，及时摆盘上架，在遮光条件下保温保湿培养。5～6d后，芽长10cm以上，子叶展平，真叶出现，这时即可见光培养。第1d先见散射光，第2d见自然光照，待叶片由黄变绿后，呈现出绿叶、红梗、白根的萝卜芽苗，即可采收。

（二）席地生产

北京地区5—9月可在露地生产，9月至第2年4月在保护地内生产。

1. 平畦做苗床

将生产地块铲平，做成宽1m、长不限的苗床。在苗床内铺10cm厚的干净细沙，用温水将沙床喷透后即可播种。播种量为200g/m^2，播后覆盖2cm细沙，再覆地膜保湿保温催芽。

2. 苗床管理

播种后4d左右，种芽开始拱土，此时要及时揭膜，喷淋温水，但喷水不宜过多，以防烂芽。温度保持在10～20℃。幼芽出土后即可见光生长，经2～3d，幼苗长到约10cm高时，即可采收。

3. 采收

真叶刚露出时及时采收。采收时将沙床一侧打开，露出萝卜的根和茎，仔细地将萝卜苗一把一把地连根拔起，洗净沙子，将根和叶分别对齐扎把上市。

三、香椿籽芽菜

香椿籽芽菜（*Toona sinensis*）是用香椿种子生产的芽菜，多在大棚、温室等保护设施内进行。为提高场地利用率，多进行立体栽培。生产香椿籽芽的操作步骤为：精选种子→去翅去杂→浸种催芽→播种上盘→叠盘促芽至3cm→摆盘上架→遮光培养→芽长5～6cm采收→洗净包装。

（一）品种选择

选择新生产的种子，品种以红香椿、红油椿为好，要求发芽率85%以上。

（二）栽培技术

1. 浸种催芽

将香椿种子以人工方法搓去种翅，然后风选去秕去杂，再用0.01%高锰酸钾溶液浸泡15min进行消毒，并用清水漂洗净选，然后在20～25℃的清水中继续浸泡种子12h，至香椿种子充分吸水后，将种子捞出后用清水淘洗干净，即可催芽。

因香椿种子油分较多，发芽较慢，催芽时将浸泡好的种子用3～4层干净的湿布裹好，放在干净无污染的容器中（忌用铁器），种子厚度以不超过10cm为宜，然后置于22℃的湿润环境条件下催芽，每隔4～6h用清水淋洗1次。一般夏季4～5d、冬季6～8d种子即可“露白”。

2. 上盘

在用漂白粉或高锰酸钾溶液洗刷消毒的育苗盘内平铺1层无菌的薄纸，再将催芽露白的种子在育苗盘内平铺1层，每8～10盘一摞，实行叠盘促芽。每摞盘上覆盖消毒干净的湿麻袋或湿布进行保湿，每4～6h淋温水1次。注意淋水要慢，且均匀淋透，不可冲动种子。每淋两次水就要倒盘1次。当芽长到3cm左右、还未高出育苗穴盘时，开始摆盘上架，并实行遮光培养，每6h喷淋1次干净的温水保湿，并继续保持22℃左右的温度。

3. 环境调控

香椿芽苗生长最低温度为16℃，最适温度为20～23℃，最高温度为28℃；湿度以湿润为度，防止湿度过大而引起烂种；另外还需要通气良好，在芽体绿化前不可见光生长。

4．生长调节剂的应用

生产香椿籽芽菜应用激素和化肥等生长调节剂，有利于提高产品的质量和产量，如无根豆芽素、920、促长素以及微量的尿素、磷酸二氢钾、微肥等。但在应用过程中要严格掌握用量和使用时期。

（三）采收

籽芽长5～7cm、两片子叶将展开、幼芽粗壮白嫩、根尖未黄时及时收获。收获后用塑料包装盒包装，每盒100g，然后用印有商标的专用塑料透明膜封好上市。

四、香 椿 嫩 苗

香椿嫩苗（*Toona sinensis*）是一种可食用的椿芽，也称小植物蔬菜，是利用种子生产的幼苗。

（一）育苗盘生产

其播种前的生产程序同香椿籽芽菜的生产。育苗盘生产香椿苗的操作步骤为：精选良种→去翅去杂→浸种催芽至露白→上盘→叠盘摆盘→遮光培养→定时喷淋倒盘→待芽长4cm时摆盘上架→遮光培养→喷淋控湿→2叶1心时见光绿化→木质化之前收获。

1．上盘

香椿籽催芽露白后上盘，即装进育苗盘里。育苗盘事先必须进行消毒，铺上一层消毒后的报纸或4cm厚的珍珠岩，将露白的香椿种子普撒1层，然后，以珍珠岩作基质的要盖1cm厚的珍珠岩，铺纸的则不用盖，用同室温的清水喷雾，喷时要仔细、均匀、喷透。

2．叠盘摞盘

将播种后的育苗盘每10个摞在一起，盖上湿麻袋（消毒后的）保湿，温度保持22℃，空气湿度保持70%，进行黑暗条件下催芽；如用珍珠岩作基质，可直接上架摆盘。

3. 喷淋倒盘

每隔6h揭开覆盖物，用20℃温水喷淋1次。喷时要均匀，不可冲动种子。喷淋完后进行倒盘，每天倒盘1次，其他时间只喷淋不倒盘。

4. 上架摆盘、喷淋

3～4d后盘内香椿芽可长到3～4cm。用珍珠岩作培养基质的种芽的胚根深入基质层，趁其芽长未超出盘高（一般盘高5 cm）时，将育苗盘平摆到育苗架上，继续保温（22℃）、保湿（空气湿度为70%）、遮光培养。上架后仍每隔6h喷淋1次温水，喷淋要仔细、均匀、全面、喷透，但不要积水，直至芽苗出现2叶1心为止。

5. 见光绿化

经10d左右，育苗盘内的芽苗长得粗壮黄嫩，株高8～10cm，子叶完全展开，有2叶1心时，即可进行见光培养。开始先见散射光，第2d则可见自然光。见光时仍然照常进行喷淋管理。见光后香椿苗逐渐变绿。

6. 采收

一般见光2～3d后，在香椿苗的根、茎、叶尚未老化时及时采收。将育苗盘内的香椿苗一把一把地拔起，洗净脱落的种壳和基质，包装上市。

（二）席地生产

操作步骤为：选种→去翅去杂→浸种催芽至露白→配制消毒床土、做畦→喷底水后播种→覆土盖膜→支塑料拱棚→采收。

1. 配制消毒床土

将过筛的陈炉渣、细园田土和优质腐熟农家肥各1份混合均匀做床土，每平方米床土用80g多菌灵进行消毒，15d后即可播种。

2. 做畦

播种前做1m宽的苗床，铲除5cm厚的表土，换上10cm厚经消毒的配制床土，作为栽培畦。

3. 种子处理

选择发芽率高的新红香椿种子，搓去种翅，风选后在冷水中浸泡2h，然后在45℃水中搅拌浸种5min，继续在室温中浸种1h左右。将种子清洗干净后，在20～22℃条件下保温催芽，每隔6h用温水淘洗1次，当种子露白时即可播种。

4．播种

将栽培畦田耙平浇透水，当地温15℃时即可播种。每平方米播种200g，播后盖1cm厚的细土，然后覆盖地膜。

5．苗床管理

播种后苗床保持20～22℃温度及高湿环境，5～7d后即可出苗。出苗后揭去地膜，适当喷淋20℃温水后支上塑料小拱棚，继续保温保湿，经10d左右秧苗进入2～3叶期，株高8～10cm时即可采收。

6．采收

采收前先喷水湿润床土，然后从苗床一端清出10cm深的土沟，露出香椿苗的幼根，再仔细地一把一把地将香椿苗拔出，用清水洗净，包装上市。香椿苗在食品袋内封闭保存，放在冷凉处可保鲜7～10d。

五、豌　豆　苗

豌豆是菜、肥、饲兼用的植物性蛋白源。豌豆苗（*Pisum sativum*）又名荷兰豆苗、龙须菜、豌豆尖等，是豆科一年生草本植物。

豌豆苗的供食部位是嫩梢和嫩叶，营养丰富，含有17种人体所需氨基酸，其味清香，质柔嫩，滑润适口，经济效益高，是一种色香味俱全的很有发展前途的高档蔬菜。

豌豆苗耐寒不耐热，种子发芽最适温度为18～20℃，生长适温为15～20℃；喜光，绝大多数品种是长日照作物；根系深，较耐旱，宜选用中性至微酸性、排水良好的沙壤土种植。

（一）品种

（1）上海豌豆苗　分枝力强，匍匐生长，生长期较短，可作春秋两季栽培，品质佳，味甜而清香。

（2）无须豆尖1号　四川农科院培育，植株蔓生，极早熟，品质极好。

（3）黑目　植株蔓性，分枝多，抗病性强，极早熟，可作春秋两季栽培。

（4）美国豆苗　植株蔓性，品质较好。

（二）栽培技术

1．整地施肥

选择与非豆科作物轮作3～5年、地势偏高、排灌方便、土壤疏松肥沃、中性至微酸性的壤土种植。结合深翻施足基肥，然后做成宽1.5m的平畦，在畦内按行距40～50cm、株距15～25cm开播种穴。

2．播种

可安排春秋两茬播种。根据各地的具体气候条件，春茬在2—4月播种，秋茬在7—9月播种。播种采取直播方式，每穴5～6粒种子，每667m^2用种量为10～15kg。也可以育苗移栽。

3．肥水管理

基肥一般每667m^2施农家肥1500～2000kg、磷酸二铵10kg、硫酸钾10～15kg。追肥以速效氮肥为主，一个生长期追肥2次，每次每667m^2用尿素10～15kg。因豌豆忌水涝，而干旱又会降低产量和品质，因此，浇水以保持土壤湿润为度。

（三）采收

播种后30～50d、苗高16～20cm时开始采摘嫩梢，以后每隔15～20d采收1次，一般可采收6～10次。

（四）主要病虫害

主要病害：白粉病、褐斑病、黄顶病。

主要虫害：潜叶蝇、蚜虫。

六、红小豆芽苗

红小豆芽苗（*Vigna angularis*）也称鱼尾红豆苗。该芽苗菜可以用育苗盘立体栽培生产，也可以席地苗床沙培或土培生产。

红小豆芽苗菜生产的最低温度为16℃，最适温度为25～30℃，最高温度为36℃；湿度要求基质或土壤潮湿，空气湿度为70%左右；对光照要求不严，在幼芽伸长期要遮光培养。席地生产每平方米播种量为4kg左右，产量为15kg以上。

目前红小豆芽苗一般多采用土培或沙培法席地生产，现将其生产方法介绍如下。

（一）栽培技术

1．种子处理

选用当年生皮红粒大、籽粒饱满的种子，经水选后去瘪去杂，剔除破残粒。

2．浸种催芽

先用30℃温水浸种30h，然后捞出用清温水淘洗干净，放入育苗盆，在25℃下保湿遮光催芽。每隔6h倒盆1次，倒盆时用25℃的清水淘洗，待种子露白时即可播种。

3．播种

选平坦地块用砖砌好育苗床，床宽为1m，长不限（一般以6m为宜），在苗床内平铺10cm厚的干净细沙，喷足25℃底水后，盖上地膜保温保湿。当苗床温度达20℃以上，种子已经催芽露白时即可播种。在苗床的潮湿细沙土上普撒1层露白的种子，接着覆盖3cm厚的细沙，随后覆盖地膜保温、保湿，促进发芽出苗。

4．田间管理

幼苗出土后及时揭开地膜，支小拱棚保温保湿。幼苗出土拱起沙盖时可喷温水使盖疏散，或将沙盖揭掉以防压弯豆苗。继续保持苗床潮湿，干旱时喷温水，土壤含水量保持在70%～80%。适当遮光，以散射光为宜。

（二）采收

当豆苗高8～20cm、茎粗0.2cm左右、豆瓣微绿、幼苗脆嫩、子叶尚未展开时抓紧采收。采收时把苗床一端的砖搬开，将豆苗一把一把地拔起，剪掉根部，清洗干净后扎把或装盒上市。如果需要短期贮存，在2～5℃条件下贮存10d，质量不受影响。

七、紫苏芽苗

紫苏芽苗（*Perilla frutescens*）是用紫苏种子培育出来的幼苗，一般采用种子直播法进行繁殖。芽苗生产既可在育苗盘内进行，也可席地生产。

（一）育苗盘生产

1. 催芽

因紫苏种子脂肪含量较高，所以催芽过程中应经常翻动种子，并用清水淘洗，但催芽过程中也不可积水。具体参照香椿籽芽菜的浸种催芽方法。

2. 苗盘培育

基质可用珍珠岩、蛭石或细沙等，播后覆盖1cm厚基质，直接摆盘上架遮光培养。喷淋时水要少，以保持基质潮湿为度。气温保持在18℃左右。

3. 采收

播后10~15d，幼苗高12cm左右，子叶平展，真叶2叶1心时采收。采收时用快刀从幼苗基部割下，装盒或装袋上市。剩下的已纤维化的茎可继续培养，促发腋芽侧枝，这样可以采收2~3次。

（二）席地生产

一般采用沙培法。紫苏种子可以干播，也可以浸种催芽后湿播。播后覆细沙0.5~1.0cm，保持土壤湿润，以利出苗。在气温20℃、床土潮湿的情况下，15d左右苗高15cm、3叶1心时即可采收。采收时在根基部用快刀割下，也可间拔，拔下的幼苗切根包装上市。这样可以多次采收。

八、苜蓿芽苗

苜蓿芽苗（*Medicago sativa*）不仅营养丰富，而且含有降低胆固醇的物质，有医疗保健功能。苜蓿味苦无毒，长期食用可辅助治疗脾胃虚寒、热病烦满、膀胱结石等症，还可帮助消化，对治疗恶心、呕吐有一定功效。苜蓿芽苗食用方法很多，将苜蓿芽苗洗净后放在开水中煮3～5min，捞出后再用清水浸泡0.5h就可食用，可凉拌炒食、做汤、做馅，也可切碎拌和面粉蒸食。

苜蓿芽苗生产的最适温度为15～20℃，最低温度为8℃，最高温度为25℃左右；对湿度要求不严，每天喷淋1～2次即可；对光照适应范围广。每茬生产周期为10～12d。

（一）育苗盘生产

首先在育苗盘内铺一层报纸，用凉水喷湿后撒播干种子，也可将干种子与5倍于种子量的细沙均匀混合后播种，再仔细地用清水喷湿，然后叠盘，每10盘1摞，上盖湿布保湿催芽，每天早晚各喷凉水1次，待苗高2cm时即可摆盘上架，继续遮光培养。经10～12d后，苜蓿幼苗子叶展开，幼苗脆嫩无纤维时及时采收。可带盘上市，也可用剪刀将苜蓿幼苗从根茎部剪下，洗净后包装上市。

（二）席地生产

选择土质肥厚、保水保肥力强的地块，每667m^2施农家肥3000kg，然后翻耕耙平耙细做畦，畦宽1m。每平方米播种200g，撒播，播后覆盖0.5cm厚的细土，稍压实后浇水，覆盖地膜。幼苗出土后即撤掉地膜，每天淋1次水，2叶期可追肥浇水，每667m^2追施尿素8～10kg。在水肥充足和15～20℃适宜条件下，一般播后30d即开始收获。每收获1次，浇1次肥水，促茎叶再生长，以便下一次收获。

苜蓿苗要在茎叶幼嫩时进行收割，生长后期有的茎已老化，采收时应从枝茎幼嫩处割下。

九、花　生　芽

花生芽（*Arachis hypogaea*）也称长生果芽，其芽脆嫩清香，生食熟食都别有风味，是餐桌上常备的小菜。花生芽多用育苗盘或育苗盆进行无土栽培，再摆到培养架上进行立体生产。

（一）品种选择

生产花生芽选用小粒品种，用育苗盘生产，每盘用种子（干重）500g左右，每盘可生产花生芽1.2kg。

（二）栽培技术

花生芽的生产一般采用二段式，即先浸种催芽，露白后在育苗盘内播种促芽生长，其生产过程与香椿籽芽菜相同。花生芽催芽生长需要的最低温度为15℃，最适温度为20～25℃，最高温度为30℃；湿度以保持潮湿为宜；在通气良好的环境中进行遮光培养。每个生产周期为8～10d，成品芽芽长2cm。

（三）注意事项

1. 定时倒盘（盆）

因花生种子富含蛋白质，种子发芽时呼吸强度大，产生的热量多，必须定时翻动种子、淘洗、仔细喷淋。

2. 温度

温度应严格控制在20℃以上，每次喷淋淘洗后必须及时排净多余的水分，以防止烂种烂芽。

3. 禁用铁制品

生产花生芽的容器禁用铁制品，否则种皮易出现锈色而影响品质。

4. 遮光

花生芽在培养过程中一定不能见光，以防止绿化。

5. 采收

成品花生芽芽长为2cm，种皮完好。如果子叶展开，露出胚芽，容易绿化而降低品质。

十、黑 豆 芽 苗

黑豆芽苗（*Glycine max*）是指种皮为黑色的豆类芽苗菜。该豆苗出土时，将肥大的子叶带出土面，在豆瓣似展非展时，豆苗颜色白绿相间，质脆清香，营养丰富，产量高，品质最好，全株都可食用。

黑豆芽苗的生产流程是：精选良种→浸种催芽→播种覆沙→遮光培养→见光绿化→适时采收。

（一）栽培技术

1. 种子处理

将黑皮豆进行风选，然后去秕去杂去破碎粒。将精选的种子用25～28℃温水浸泡4～6h，待种子充分吸水、种皮充分膨胀后，用温清水淘洗干净，然后用湿布包好进行保湿催芽，温度保持在20℃左右，每隔4h翻动1次或用温清水淘洗1次，种子露白时即可播种。

2. 播种

苗床多在棚室内制作，四周可用砖侧立围成育苗床，然后将消毒的细沙在苗床内平铺5cm厚，浇透底水，盖上地膜保温保湿，以备播种。将苗床上的地膜揭开，然后将催好芽的种子均匀地撒在苗床上，种子间距为1cm，播后覆盖5cm厚的细沙，随后浇20℃左右的温水，再盖上地膜保温（20℃左右）、保湿。当幼苗拱土时，揭开地膜，每隔12h喷水1次。

（二）采收

播种5～6d后，幼苗的两个豆瓣变绿，刚刚展开但未完全展平时采收最为适宜。

管理好的黑豆芽苗，采收时，地上部分10cm左右都是绿色，地下部分10cm左右洁白粗嫩、无须根。收获时扒开沙子，连根拔起，用清水洗净捆把上市。

黄豆芽苗、青豆芽苗等均可采用此种方法生产。

十一、花 椒 嫩 芽

花椒为芸香科花椒属灌木或小乔木，以采集果皮食用为主。花椒含有挥发油和辛辣物质，作为调味品，有去腥味、开胃、增进食欲等功效。花椒嫩芽（*Zanthoxylum bungeanum*）具有特殊的麻辣香味，可凉拌、腌渍或炒食。但采用传统的栽培方法，只能在春季很短的时间内采集其幼嫩的叶和芽梢，而且不能全部采摘，产量低，加之枝条杂乱，采摘困难，因此难以形成大批量商品性生产。而采用保护地密集囤栽技术进行花椒嫩芽（脑）大面积集约化生产，不仅使花椒嫩芽进入大批量商品化生产的行列，而且大幅度延长了产品供应时间。

（一）品种

我国作为经济树种栽培的花椒均属于花椒种。其品种有大红袍、二红袍（大花椒）、小红袍（小红椒）、白沙椒、拘椒（臭椒）等。其中以大红袍种植最广泛。该品种树势健壮、喜肥水，要求较肥沃的土壤条件，耐旱力和抗寒性较差。

（二）栽培技术

1. 种子处理

选择树势健壮、结果多、食用品质优良的 8～15 年生成年树作为采种母树，于 9 月上旬至 10 月上旬花椒果实呈紫红色、5% 以下开裂时及时采摘，采摘后放置通风、干燥室内阴干，使果皮自行开裂，种子脱出果皮。

由于花椒种子种皮坚硬，有较厚的油脂蜡质层，透气差，不易吸收水分，发芽困难，尤其是常规方法贮存种子，约半年后几乎丧失发芽率，因此生产上要对种子实行层积处理。层积处理通常在 11 月中下旬土地封冻前进行。将种子与 5～6 倍洁净、过筛的潮润细河沙混合均匀后，放入木箱或竹篓等易渗水的容器内，然后在地势高燥、排水良好、背阴避风处挖深 50～80cm 的土坑，将容器埋入坑中。此后气温下降，分次在上面培土。入春后地温回升时再逐渐撤去培土层。为加强通气，可在坑中央埋入 1～2 个玉米秸把。一般 2 月中下旬至 3 月中下旬，有部分层积处理的种子开始露芽时播种。

2. 育苗

华北地区露地育苗一般在 3 月中下旬土壤化冻后抢墒播种，温室育苗的可根据实际需要于 2 月上中旬播种。育苗可按常规方法进行，用阳畦或小拱棚育苗，撒播，每 667m^2用种 10kg 左右。

3. 定植及管理

春末夏初，当幼苗长出 4～5 片真叶时即可定植。定植前施肥整地，按 60cm 距离开畦沟，每畦栽植两行，株距 15～20cm，每 667m^2可定植 10000～15000 株。定植后及时浇定植水，以后根据天气状况再浇 1～2 次缓苗水，然后进行中耕。

4. 囤栽技术

（1）起苗 春末夏初定植的花椒苗到10月至11月初，可长到60～100cm高，茎基部可达0.5～1.2cm粗，此时可起苗囤栽。起苗前，要浇足起苗水，起苗时减少伤根，为了尽量减少挖出的苗风吹日晒和避免低温冻害，通常采取随起、随囤，尽量不进行露地假植。

（2）囤栽 囤栽在温室内进行。为管理方便，生产上多采用南北走向囤栽床，床面宽100～120cm，床间留50cm作业道。将囤栽床下挖10～15cm深，把土堆在作业道上，将已分好级的较矮苗木囤栽在畦床南部，较高的囤栽在畦床北部，苗木随囤栽随用土固定，要求棵棵紧挨，植株排列整齐，密度为每667m^{2}囤栽6.5万～7.5万株。

（3）囤栽后的管理 囤栽后立即浇1次大水，在10～15d内逐渐提高室内温度和湿度，保持白天25～27℃，夜间15～20℃，空气相对湿度80%～90%，每天10—15时向苗木喷水雾1～2次。30～40d后发芽，发芽后白天温度保持在20～25℃，夜间10～18℃，空气相对湿度80%左右，每天上午仍喷水雾1次，但不进行追肥。

（三）采收

芽梢有4～5片真叶、长10cm左右时采收，采收时可单采大叶片，也可采摘芽梢，但应留下茎部第1片真叶，以便萌发侧芽。每667m^{2}可收获花椒芽900kg。

花椒苗木在温室内从春节前开始采收，一直可以采收到树体贮存的养分耗尽为止，然后废弃该批苗木，入冬前重新囤栽新培育的一年生苗木。

（四）主要病虫害

主要病害：叶锈病、煤污病。

主要虫害：蚜虫、白粉虱。

十二、生 姜 芽

生姜为姜科多年生草本植物，主要以根茎供食用，但幼嫩的生姜芽（*Zingiber officinale*）也可供鲜食或加工。生姜含有姜辣素、姜油桐、姜烯酚和姜醇，有健胃、驱寒、发汗等保健功能。我国山东、河南、湖南、安徽、江西、四川、云南、广东等地均有栽培，其中以山东为知名产地。

姜芽营养丰富，香甜脆嫩，耐贮存，无污染，无公害，色泽鲜艳，是高级宴席上的精品。其生产周期短、设备简单、投资小、见效快，一年四季均可栽培，生产前景十分广阔。

生姜的根系不发达，主要根群分布在20cm土层范围内，种姜发芽出苗后，形成地上茎，苗的茎部逐渐膨大形成地下茎；主茎基部膨大形成“姜母”，姜母两侧的腋芽可继续萌发抽生2～4个姜苗，苗的基部膨大形成“子姜”，子姜又可着生“孙姜”……。在囤栽条件下，它们能形成商品姜芽。发芽需经历萌动、破皮、鳞片发生和成芽等过程。

生姜喜温暖怕寒，不耐霜冻，幼芽16℃时开始萌发，22～25℃下生长良好，高于27℃时生长速度虽快，但易徒长，芽体瘦弱细长。其生长要求充足的水分，较耐弱光。

（一）品种选择

根据植株生长习性和形态，生姜分为疏苗型和密苗型两种类型。疏苗型生姜植株分枝少，根茎节少而稀，姜块肥大，多为单层排列，如山东莱芜大姜等；密苗型生姜分枝多，根茎节多而密，姜球数量多，常双层或多层排列，如山东片姜等。以获取姜芽为主要目的的囤植栽培，应选用密苗型品种。

（二）囤栽技术

1．场地的选择

要求室内有充足的水源，有水泥地面，可顺利排水，能保持弱光，25～30℃的温度和不低于60%的空气相对湿度，且隔热、通风较好。

2．囤栽前的准备

将姜块进行挑选，去掉破残、霉烂、有病斑和过小的碎姜，并按姜块大小分成大、中、小三级，分别装入塑料箱筐、荆条筐或竹筐中。无论采用何种容器，均要求有良好的透水性，尤其是容器底部不能积水，容器大小以作业方便为度。装筐时要在底部和周围垫少许稻草，将姜块竖立着一块块码入。然后将已装好姜块的箱筐放入室内，用木条或砖架起30cm高的架子，一行行摆好，留足80cm宽的人工作业道。

3. 管理技术

浇水开始时，因姜块经长期的贮存，表面皱缩、失水较多，因此需水量较大，宜每天浇1次水，尤其是第1次浇水，水量一定要大。2~3周后，姜块已吸足水分，根、芽均已密集生长，容器内湿度已容易保持，一般1~2d浇1次水即可。5~6周后，姜芽准备上市前，只要保持姜块湿润，筐内不发热即可，此时可3~4d浇1次水。

（三）采收

姜芽一般以40~60d为一个生产周期。但在实际操作时可根据市场需求提前或延迟采收。姜芽采收后，姜块可当即上市，也可在阴凉通风处堆放2~3d，待伤口愈合后重新装筐继续浇水进行贮存或姜芽再生产。

十三、韭　　黄

韭黄（*Allium tuberosum*）是韭菜经过软化栽培后的产品，其颜色鲜艳，风味独特，是蔬菜中的上等佳品，市场上稀有。软化栽培一般多用保护地栽培，既可在遮光的棚室内或地窖中实行软化栽培，也可在直播的育苗畦里或定植田内就地软化栽培。软化栽培床土一般是园田土或细沙土，而且栽培床应高于地面，不可积水。

韭菜软化栽培的材料（韭根）应选择一二年生或者二年生以上、粗蘖多、无病虫害的韭根。软化栽培主要有囤韭软化栽培和培土软化栽培两种形式。

（一）囤韭软化栽培

1. 韭根的处理

不论是用种子直播育苗还是用韭苗移栽、韭根分株定植的韭菜，也不论是一年生、二年生或多年生的韭菜，都必须在入冬后叶片枯黄、叶梢枯萎的时候，清除地表干枯的叶片和叶梢，然后浅中耕、平整畦面，以促进韭根进一步加快休眠。韭根休眠后，要尽快打破休眠期，以促进韭根转入正常生长。如果准备在生产田里就地软化栽培，应该在冬前浇越冬水，进行地表覆盖越冬，以备春季铺沙盖土或盖草进行软化栽培；如果在棚室内或地窖等保护地里进行软化栽培，则应该缩短韭根的休眠期，在入冬前将韭根刨出来，在露地堆贮 2 周左右，以促进度过休眠期。在韭根定植前 3～4d，将堆贮的韭根运到室内，在气温为 10℃左右的环境中促韭根解冻。每天上下翻动 2 次，防止烂根，尽快化解冻土。

2. 栽培床的准备

在选好的平坦地块用砖砌成栽培床，床内铺 15cm 厚的园田土或细沙土，做成高出地面的高畦，畦宽 1m 即可，覆盖地膜用以提高地温。

3. 囤根的定植

当床土的温度稳定在 15℃以上、气温在 25℃左右时，揭去地膜，即可定植或移栽韭根。囤根的方法是：将处理过的韭根一把挨一把地垂直定植在苗床里，栽得越紧密越好，但不可挤坏韭根和茎芽。

4. 苗床管理

栽满苗床后立即浇温水，而且要浇透，然后再支小拱棚，在气温保持在 25℃、床面潮湿的条件下进行遮光培养，促使发芽。发芽后温度可降至 18～20℃，空气湿度保持在 90% 以上。

5. 韭黄的采收

囤韭在适当温湿度下进行遮光培养，一般经 13～17d 后，韭黄即可长到 25～30cm，趁其未倒伏前及时采收，用宽刀从基部割下，然后捆把上市。这时的韭黄色泽金黄、品质柔嫩。如果在收获前两天适当见散射光，则可收获黄中带绿的韭黄新产品。每平方米苗床可产韭黄 10kg 左右。

每茬收割完后，先将韭根的刀口处晾 1～2d，待刀口愈合后，再进行下茬的生产。

（二）培土软化栽培

1. 韭根密植

将处理过的韭根剔去老根，密植于温室的苗床内，垄作或畦作均可，行距（垄距）为30cm，穴距为5cm，每穴栽3～4株，栽后浇温水，保持床土湿润。

2. 培土软化

密植后的韭根在适宜的温度和湿度下能很快发芽生长。当株高为7～8cm时向韭根培土4～5cm厚，以露出韭苗的心叶为度（一般露出土面3～4cm），而且要保证培土疏松潮湿，一般在叶尖无水珠时应适当浇水。培土后继续在20℃下保湿培养，每茬韭黄需培土3～4次。最后1次培土后必须严格遮光培养，再长出的叶片就是在无光条件下黄化了的韭叶。

3. 采收

在最后一次培土后的遮光培养中，待韭菜叶又长出10cm左右，趁色泽金黄幼嫩且未倒伏时收割。收割时先将韭黄轻轻地扶倒向垄（畦）的左侧，然后再扒开垄（畦）右侧的培土，露出韭白，从韭菜鳞茎的茎部（韭白的基部）割下，其总长度为25～30cm，洗净后稍晾晒以蒸发多余水分，将韭白对齐扎把上市。

韭黄收割完后，先将韭根的刀口晾1～2d，促使刀口愈合，然后再进行下一茬的生产。平均每20d可采收1茬，每667m^{2}每茬的产量为1000kg左右。

十四、胡萝卜芽球

利用胡萝卜的肉质根培育出的菜芽，称胡萝卜芽球（*Daucus carota*）。

（一）品种选择

以黄皮胡萝卜的菜芽产量最高，红皮胡萝卜次之，紫皮胡萝卜的产量最低。选择心柱粗大、短缩茎粗大的胡萝卜肉质根做母根。选择好的母株，应经过冬贮，未受冻害，也无病虫害，且根系完好。

(二) 栽培技术

所用木盆或塑料盆或育苗床要经过消毒处理，用无菌的细沙土代替床土（营养土）。

1. 栽植

将无菌细沙装盆或上苗床，其厚度要超过胡萝卜的根长，一般为 30cm 厚。随后将胡萝卜斜插或直栽，胡萝卜的顶部与细沙表面平齐，行株距为 10cm × 8cm，然后在胡萝卜顶部再培 3cm 厚的沙，喷透水后及时覆盖塑料膜。

2. 管理

保持温度在 20℃ 左右，土壤保持经常湿润，经 4 ~ 5d 即可长出菜芽，这时揭开塑料膜支起小拱棚进行遮光培养。如果顶芽生长太快，可切掉顶芽的生长点，以促其侧芽生长。遮阳处理后，胡萝卜肉质根的顶部可长出一丛绿色芽球。当芽球长到 3cm 左右时，趁其未展开时再覆盖 3cm 厚的细沙，将芽球埋在细沙内，以后芽球变成黄绿色。

(三) 采收

等到再生长 3cm 的绿球，趁芽球未展开时再覆 3cm 厚的细沙，覆 3 次细沙后不再覆沙，使其见自然光生长，等到再长出 3 ~ 4cm 高的绿体菜芽时采收。

将多次覆盖的细沙扒开，即露出胡萝卜茎的基部，从胡萝卜的茎基部将整个菜芽掰下来，就可以收获到一束胡萝卜菜芽，其高度为 12 ~ 15cm，基部为黄绿色，顶部为绿色，中间为波浪式，有粗有细。为保持芽球新鲜，应及时包装上市，如需保存一段时间，可在 1 ~ 5℃ 的条件下保湿保存 1 周左右。

(四) 注意事项

(1) 在整个生产过程中，水分不可太大，以潮湿为度，否则易烂根。

(2) 每次培沙的时机必须适当，趁芽球未展开时覆盖细沙，覆沙后立即喷水。

（3）应在适当遮光的条件下培养。

（4）收获要及时，采收太早产量低，采收太晚易纤维化而降低品质。

十五、白 菜 芽 球

白菜的菜芽（体芽球）也称白菜芽球（*Brassica campestris sp. pekinensis*），是利用白菜做母株，经过处理后定植或移栽到苗床或育苗盆中培养出来的芽菜。

（一）品种

选择外叶多、抱球不紧，而且中心柱较粗的品种，也可选择散叶形品种。母株根系必须保留几厘米，须根要多，未受冻害，无病虫害。

（二）栽培技术

1．母株定植前的处理

母株在定植前一周“切菜”，斜削使其呈三棱锥形：在母株近根部留 5cm 的菜帮，向叶梢方向斜削 3 刀，使留下的植株呈塔形，要求三角形高 10cm 左右，在散射光下晒晾 1～2d，以促伤口愈合。

2．营养土装盆或做育苗床

选择富含有机质、土壤肥沃的园田土，过筛后做床土（营养土），可以装育苗盆或在育苗床内铺 20cm 厚，用于栽培母株。

3．母株定植

将母株根茎以下全部栽入床土中，行株距为 20cm×20cm，然后浇温水。根以上的三角塔形母株，全部用干净的潮湿细沙盖严，菜顶端再盖 5cm 厚的潮湿细沙，然后盖上塑料膜。

4．田间管理

土壤温度保持 20℃，保持湿润，注意水分不可太大，以防腐烂。

当菜芽拱土时揭掉塑料膜，支小拱棚以保温保湿，当顶芽拱出 5cm 厚的沙堆时及时从基部采下，促使侧枝和下部的腋芽提早发育。

（三）采收

一般分3批进行：第一批是当顶芽拱土时，采收顶芽球；第二批是多数侧芽拱出沙堆后，见光栽培，长到2～3cm时采收；第三批是采收的最后一茬，采收标准与第二批相同，即芽球充分长大，未散开时适时采收。

十六、软化白菊苣

菊苣为菊科菊苣属二年生或多年生草本植物。菊苣有两种类型：一种是结球类型；另一种是软化用散叶类型，即软化菊苣类型。软化型菊苣需要经过种植、软化两次栽培才能形成产品，一般为秋季种植冬季软化，冬春季产品上市。软化白菊苣（*Cichorium intybus*）是以肉质直根经黑暗条件下软化栽培所形成的芽球供食用，因其含马栗树皮素、野莴苣苷等物质，有清肝利胆的功效，且颜色鲜艳，口感嫩脆，成为一种新型的优质高档保健型蔬菜，被称为蔬菜中的“新贵族”，在欧美一些国家极受消费者的青睐，非常有发展前途。

菊苣为耐寒性蔬菜，性喜冷凉，根在北京地区可露地越冬。

（一）品种

（1）派克斯　荷兰引进，杂交一代种，整齐度高，生长快，耐抽薹，芽球圆柱状，黄色，货架期长。

（2）吉康1号　国家蔬菜研究中心培育，植株直立，板叶，叶片较宽，芽球圆柱状，浅黄色，货架期较长。

（二）栽培季节

春季播种易抽薹，不能形成良好的根株，所以一般采取秋季播种。北京地区宜7月10日至20日播种。

（三）栽培技术

1．整地施肥

每667m^2施入腐熟有机肥5000kg，长效复合肥100kg，平整土地后，作成南北走向80cm宽的高畦，畦高15cm。

2．播种

直播用种量为150g/667m^2。在80cm宽的高畦上播种2行，行距30cm，开沟撒播或开穴点播均可。覆土0.5～1.0cm，播后压实浇水，4d即可出苗。软化白菊苣为直播而不育苗移栽，因育苗移栽易形成弯根而不宜进行软化栽培。

3. 间苗

出苗后2次间苗，每$667m^2$留苗10000株。

4. 肥水管理

8月上旬加强肥水管理，可轻施2次氮肥，每次$667m^2$施入尿素3kg，并结合浇水；9月份菊苣进入旺盛生长期，浇水以保持土壤湿润为宜，封垄前进行中耕培土；10月上旬浇1～2次水，中下旬不再浇水，叶面喷肥2次。

5. 根株收获

北京地区10月下旬至11月初收获根株。收获时尽量将根全部挖出，并避免机械与人为损伤，整理时自根的上部向上留4～6cm，用刀切断，去掉外部的黄叶、烂叶，放到0～2℃的窖内贮存，以便分期分批地进行软化栽培。标准的菊苣根没有叉根，直径为3～5cm。收获后的根务必不要遭受冻害。

6. 软化栽培

目前主要推广土培法。北京地区多在温室中加铺地热线进行。在地面上挖宽1.5m、深25cm的畦，长度依场地而定。下铺地热线，地热线上覆土3cm，根长按14～18cm切断，然后在畦内一个挨一个地码好，一畦码好后，上面撒土6～8cm，浇1次水，待水渗后再覆一次沙土，上覆小拱棚，拱棚与地面留有30cm以上空间，覆黑膜或其他遮光物均可。前期温度为16～18℃，后期温度为12℃，收获前2d温度为10℃左右，并在夜间全部揭开覆盖物，20d左右即可收获芽球。

（四）采收

芽球长成纺锤形、紧实、单球重100g左右时即可采收。采收时从芽球基部用刀割下，注意不要割散芽球，剥掉外叶，包装上市。软化白菊苣的主芽球收获后，保留生长点，还可以生长侧芽，但侧芽较小，生长也慢。

（五）主要病虫害

主要病害：菌核病。

主要虫害：软化白菊苣基本无虫害发生。

十七、菊花脑芽球

菊花脑芽球（*Chrysanthemum nankingense*）是芽苗菜中较为普遍的一种蔬菜，其生产方法多种多样，产量较高，风味独特，在蔬菜市场中独树一帜，是高档饭店、宾馆的名菜。菊花脑芽球是利用菊花脑的宿根、枝条或种子培育出来的，由根茎基部的潜伏芽培育菊花脑芽球是生产中最常用的方法。

菊花脑较耐寒，10℃左右时即可生长，15～20℃时生长旺盛。菊花脑耐旱，耐瘠薄，对光照要求不严，适于芽苗菜的生产。

（一）品种选择

选择大叶菊花脑，其叶片大，生产时间短，产量高，质量好。

（二）栽培技术

菊花脑可以用种子生产嫩苗，也可以用生产胡萝卜芽球的方法进行生产。

1. 母株处理

选择主根粗大、根茎部较粗、叶片多、地上直立茎多的植株做母株。在初霜到来之前，挖取母株，在根茎上2～3cm处切去老叶，将根茎切成10cm左右的段，保留上端，放入地窖内贮存，保持温度1～2℃和一定湿度，使母根不受冻害、不萌发、不糜烂。也可于早春土壤解冻后挖取母根，处理方法同上。

2. 育苗床和营养土准备

菊花脑芽球一般为席地做畦、土培法生产，近一、二年也有水培的。土培法生产要选择有机质含量丰富、土层厚的园田土，拌上一半细沙制成营养土。在地面上做1.0m宽的畦，上铺30cm厚的营养土，当作苗床备用。

3. 定植

冬季生产的在日光温室内进行，具体定植时间根据上市时间确定，一般定植后30~40d即可上市。春季露地生产的，当床土温度达到10℃时就可以定植。将保留的母株在1m宽的畦内栽植4~6行，株距10cm左右，使母株头向上并偏南30℃，深度以顶上露出地表为度，浇透底水，上覆2cm潮湿细沙，覆盖地膜提温保墒。10d后母株长出新根后，揭去地膜，支上20cm高的塑料小拱棚。

4. 肥水管理

幼苗出土后，适当追肥浇水，一般每667m^{2}追尿素10kg左右。如果为多次采收，每次收获后都要追1次肥、浇1次水，以保证下茬的产量。

（三）采收

幼苗出土后呈丛状形成芽球，当芽球变绿时即可采收。此外，呈丛生状态的主茎生长较快，主茎伸长后形成嫩枝芽的幼苗，当苗高15~20cm、未纤维化时采摘嫩枝芽。

在菊花脑芽球的生长过程中，可先采摘根顶端培育的芽苗，采摘两次后植株长高，这时可刀割嫩梢，每次收割时都要保留嫩梢下5~8cm，以保证连续采收。一般每10d可收割1茬。

十八、蒌 蒿 芽 梢

蒌蒿又称芦蒿、香艾。蒌蒿芽梢就是蒌蒿生产的芽苗菜。其营养丰富，质嫩脆香，风味独特。

蒌蒿的适应性强，抗逆性强，而且耐瘠薄抗盐碱，耐旱抗涝，宜露地栽培，在15~18℃条件下生长良好。

蒌蒿根系发达，地下茎匍匐生长，可抽生地上茎。地下茎直立，茎秆紫色；叶片柳叶状，叶正面绿色，叶背有银白色绒毛，嫩茎叶和肥大的肉质根部都可以食用。

（一）栽培技术

蒌蒿的繁殖方法较多，可用种子和根蘖繁殖，也可用枝条扦插繁殖。目前多用种子繁殖和枝条扦插繁殖，对采集的嫩芽梢还要进行软化处理，使其质脆、无纤维，品质更优良。

1. 扦插育苗

（1）整地施肥　选择肥沃的沙壤土，每 667m^2 施优质农家肥 3000kg，耕翻 20cm，平整土地后做苗床，畦宽 1m，覆盖地膜保温。

（2）插条扦插　选择生长充实、粗壮（秆粗 1cm 以上）、无病虫害、腋芽多而饱满的当年生枝条，截成 15～20cm 长的小段作为插条，每段插条上最少要有 2～3 个芽。

按 20cm 的行距在畦内开沟，按 20cm 的株距将插条斜插到沟里，培土时让插条顶端露出地面 1cm，稍压实后浇水，然后支小拱棚保湿以促生根发芽。

（3）肥水管理　当幼苗高 10cm 时，中耕松土促生根，在新生的侧枝长到 3～4cm 时追肥浇水，每 667m^2 施尿素 15kg 或复合肥 30kg，以促茎叶生长。

2．播种育苗

将采集的当年生种子与 10 倍于种子量的细沙均匀混合后撒播在苗床里，覆盖 0.5cm 厚的细沙土，稍压实后浇水，然后支小拱棚保湿催芽。当幼苗长到 5cm 时间苗，苗距 10cm 左右。当苗高 10cm 时定苗，行株距均为 20cm。其他的田间管理方法同扦插育苗。

（二）采收

不论是种子繁殖，还是扦插繁殖，采收的标准和方法都一样。当蒌蒿苗长到 20cm 时即可采收，一般每月可收割 1 次。

（三）软化处理

当蒌蒿植株的新枝条长到 7～8cm，茎粗为 0.4cm 左右时，将其从根的基部割下来，或者将已经采集下来的刚刚进入纤维化的枝条放在垫有干净草帘的砖畦上，进行“堆贮”。堆的上面覆盖稻草保湿，每隔 4h 喷 1 次透水，稻草外面再覆盖塑料膜，以利于保湿。这样，经过 4d 的处理，蒌蒿茎梢的软化处理就完成了。

蒌蒿茎梢经软化处理后质地嫩脆，味道好，风味独特。这时可以撤掉塑料膜，揭开稻草帘，将堆贮的蒌蒿嫩梢摘除老叶，按长短分级包装上市。

十九、玉　米　笋

玉米笋（*Zea mays*）为禾本科玉米属一年生草本植物，可分为9个类型，做蔬菜用一般为甜质型玉米。玉米笋的食用部位为尚未隆起的幼嫩果穗，既可鲜食，也可爆炒鲜笋、煲汤、调拌色拉，还可用于制作罐头、腌制泡菜等，在国际市场上十分畅销，主要出口欧美、日本和东南亚。目前世界上玉米笋的生产地主要集中在东南亚和我国，发展前景十分广阔。

玉米笋的生物学特性与普通玉米基本相同。

（一）品种

玉米笋主要栽培品种有：冀特3号、泰国玉米笋、烟罐6号、晋甜玉米6号、冀特1号、石多3号、烟笋玉米1号等。

（二）栽培技术

玉米笋的栽培技术同普通玉米，但种植密度比普通玉米大，一般每667m^2留苗5000～6000株，追肥时间要适当提前。

（三）采收

在玉米抽出雄穗后，将当天吐出花丝的雌穗及时采收。按此标准每天采收1次，分期分批进行。采收当天用刀纵割剥去苞皮，去净花丝，进行包装或加工。其秸秆可作青贮饲料。

第十三节　薹茎类蔬菜

一、菜　　心

菜心（*Brassica campestris* sp. *chinensis* var. *utilis*）又名菜薹，以花薹供食用，是十字花科芸薹属芸薹种白菜亚种中以花薹为产品的变种，一、二年生草本植物，是我国南方菜之一。

菜心品质柔嫩，风味可口，营养丰富，可炒食、煮汤，为中国出口蔬菜品种之一。

菜心对温度要求不严格，属长日照作物，喜湿怕涝，对土壤水分条件要求严格，以富含有机质、保水保肥、通透性良好的壤土或沙壤土栽培为宜。

（一）品种

（1）早熟型　植株较矮小，抽薹时间早，主要采收主薹，产量较低，耐热，低温条件下早抽薹，华北地区一般4—8月播种，30～40d后初收，可连续采收10～20d。品种有四九菜心、桂林柳叶早菜心、黄叶早菜心。

（2）中熟型　株高中等，主薹、侧薹兼收，但以主薹为主，对温度适应性较广，菜薹质量好。品种有60尺青梗菜心、青梗柳叶中菜心、柳叶中菜心、油菜心。

（3）晚熟型　植株高大，生长期长，抽薹迟，主侧薹兼收，采收期长，产量高，不耐热。品种有三月青菜心、迟菜心2号、青柳叶迟心、桂林扭叶菜心、迟心29号、竹湾迟菜心。

（二）栽培季节

南方一年四季均可栽培，周年上市供应，近年来引入我国北方栽培。

（三）栽培技术

1．育苗

菜心以育苗移栽为主，也可直播。育苗以苗床育苗为主，目前一些地区已推广穴盘无土育苗技术。夏季栽培的在露地育苗，早春、晚秋和冬季栽培的在保护地育苗，苗龄为20～30d。播种期，华北地区可按品种于春夏秋三季排开日期播种；棚室栽培的，按上市时期向前推算播种期。

2．整地施肥

选择地势平坦、土质肥沃、排灌方便的沙壤土或壤土地块，定植前每667m^2施入农家肥3000kg，然后翻地整地，做成宽1m的平畦。

3．定植

定植时每667m^2施入三元复合肥50kg，注意肥和小苗要有一定距离。定植密度为早熟品种行株距为17cm×13cm，晚熟品种行株距为 23cm × 17cm，田间直播的，也以此密度定苗。

4. 肥水管理

定植缓苗后、开始现蕾抽薹时、侧菜薹开始时三期施肥。小水勤浇。

（四）采收

适时采收的标准：菜薹高度达到叶的先端，上部有几朵初开的小花，成熟一批采收一批。如需采收侧薹的，采收主薹时从植株基部留 3 ~4 节，切下花薹，以培育侧薹。

（五）主要病虫害

主要病害：软腐病、霜霉病、菌核病。

主要虫害：黄曲条跳甲、菜螟、菜青虫。

二、紫 菜 薹

紫菜薹（*Brassica campestris* var. *purpuraria*）又名红菜薹、油菜薹等，为十字花科芸薹属芸薹种白菜亚种的一个变种，与菜心属于同一变种，以花薹为食用，起源于四川及长江流域，以四川成都、湖北武汉栽培较多。为长江流域的一道名菜，近几年北方地区引入在露地和保护地内栽培。

紫菜薹适应性较广，对温度和光照长短要求都不太严格。对土壤适应性较强，但宜于土质疏松肥沃、有机质含量较高的壤土地块栽培。较耐肥水，不耐干旱，生育期间要求较充足的肥水条件。

紫菜薹的食用方法主要是炒食，可素炒、荤炒，也可以凉拌、腌渍、做泡菜等。

（一）品种

（1）早熟型　不耐寒，较耐热，适于夏季栽培。又分圆叶、尖叶两类品种。品种有大股子、尖叶红油菜薹、华中农大 8802、9001、十月红等。

（2）中熟型　耐寒性不及晚熟型，耐热性不及早熟型。品种有二早子红油菜薹、华中农大 8801 等。

（3）晚熟型　耐热性较差，耐寒性较强，腋芽萌发力较弱，侧薹较少。品种有胭脂红、一窝丝等。

（二）栽培季节

南方地区可排开季节栽培，周年上市；北方地区多于日光温室、塑料大棚内进行越冬栽培和春提前、秋延后栽培。

（三）栽培技术

1. 育苗

育苗播种时间要根据市场需求和当地气候条件确定，可春季育苗、晚夏育苗、晚秋育苗。育苗多为苗床育苗，有条件的，采取穴盘无土育苗技术，穴盘可用 72～128 孔穴盘，苗龄为 25～30d，5 片真叶时移栽。

2. 整地施肥

与菜心基本相同。

3. 定植

按照行株距（45～50）cm×（20～30）cm 定植。

4. 肥水管理

与菜心基本相同。

（四）采收

主薹生长到 30～40cm、初花始现时采收。主薹采收时基部留 3～4 节割取，切口稍倾斜，以便采收侧薹，以 2、3 侧薹质量为最好。

（五）主要病虫害

主要病害：霜霉病、菌核病、病毒病。

紫菜薹基本无虫害发生。

三、蒌　　蒿

蒌蒿（*Artemisia selengensis*）又名蒌蒿薹、黎蒿、水蒿，为菊科蒿属多年生草本植物。蒌蒿原是草滩湿地的一种野草，人工栽培仅 20 多年的历史。目前在北方仍以采收野生蒌蒿为主，南方一些地区已经进行人工栽培。蒌蒿主要以鲜嫩茎秆作蔬菜用，清香鲜美，脆嫩爽口，营养丰富，既可凉拌，又可炒食，是一种很有发展前途的蔬菜。在医学应用方面，蒌蒿有平抑肝火、止血消炎、镇咳化痰的疗效。

蒌蒿性喜冷凉气候，耐湿、耐热、耐肥，但不耐旱，生长适温为15～25℃。对土壤要求不严，一般土壤均可生长，但以潮湿的沙壤土栽培为宜。蒌蒿适于密植，对光照要求不严，短日照条件有利于开花。蒌蒿生长健壮，抗逆性强。

（一）品种

由于蒌蒿从野生状态到人工栽培历史不长，还没有类型和品种的划分和命名，根据茎秆颜色，大体上可分为白蒌蒿、青蒌蒿、红蒌蒿三种类型。

（二）栽培季节

露地栽培，北方地区在终霜结束后即可播种，第2年春季收获；为满足市场需求，可利用棚室进行生产，第1年露地播种后，于第2年早春扣棚，可使蒌蒿早上市一个月左右。日光温室栽培，6—8月播种，春节期间上市。蒌蒿种植1次可多年收获。

（三）栽培技术

1．繁殖

蒌蒿的繁殖方法有茎秆压条繁殖、地下茎繁殖、扦插繁殖、种子繁殖四种，其中生产上常用的方法是种子直播繁殖和茎秆压条繁殖。

（1）种子直播繁殖　每年10月上、中旬收获种子，第2年3—4月份直播。播种前做畦，在畦面上直接撒播或在畦内开沟条播均可，播后覆土并浇水。

（2）茎秆压条繁殖　于每年的7—8月份，在筑好的畦面上按45cm的行距，开深6cm的浅沟，然后将蒌蒿成株齐地面割下，去掉顶端20cm，将剩下的中下段茎秆头尾相连地平铺于沟内，进行覆土浇水，当年即有少量新芽出土，第2年3—4月新芽大量萌发、出土。

2．整地施肥

种植蒌蒿的地块，播种前每667m^2施优质农家肥3000kg以上、磷酸二铵 10kg 以上、硫酸钾 5kg 以上，然后耕翻、耙细耙平，做成 2～3m 宽畦进行直播或茎秆压条繁殖。

3. 定植

蒌蒿的定植密度以（30～40）cm 见方为宜。

4. 肥水管理

种植的当年为营养积累阶段，此阶段在管理上重攻壮苗发棵；从第 2 年开始采收。管理过程中要保证肥水供应，以获得高产优质。

幼苗长到 4～5cm 时，进行第 1 次追肥，生长过程中追施2～3 次肥。追肥以速效氮、钾肥为主。另外，每年春季蒌蒿萌发前，都要在地面铺施 1 次农家肥，每 667m^2施肥 2000～3000kg。

蒌蒿耐湿性很强，田间要经常保持湿润，浇水宜多勿少，另外，每次追肥都要配合浇水。冬前浇 1 次封冻水，春前浇 1 次解冻水。

（四）采收

蒌蒿嫩茎为食用部分，因此当嫩茎长到 8～15cm 时便可收割，一般 1 个月左右收割 1 次，一年可收割 3～4 次，每 667m^2 年产 4000～5000kg 左右。

（五）主要病虫害

蒌蒿基本无病害发生。

主要虫害：蚜虫。

四、薹　　菜

薹菜（*Brassica rapa pekinensis* var.）为十字花科芸薹属白菜亚种的一个变种，原产我国，主要分布在黄淮流域，其中以山东省栽培较多。薹菜耐寒性极强，－26℃的低温可安全越冬；耐热性也强，夏季高温时也可以生长，最适生长温度为 10～20℃。薹菜是强冬性蔬菜，在 2～5℃低温条件下，花叶薹菜需 30～35d，园叶薹菜需 45d 才能通过春化。必须每天 14～15h 日照才能完成光周期，13h 以下不能开花。因此，早春抽薹迟，可生长大量新叶作为早春绿叶菜供应。

薹菜在北京地区可以秋季露地播种，稍加覆盖即能安全越冬，可为北京地区早春市场提供最新鲜的露地叶菜。由于生长期短，生产中一般不施农药，是无污染的绿叶蔬菜。

薹菜有降低血脂、解毒消肿、宽肠通便等功效。

薹菜的食用方法很多，常见做法有薹菜炒黄鱼、薹菜花生等。

（一）品种

（1）园菜薹菜　冬性强，生长慢，春季抽薹迟，产量高，一般作越冬栽培。

（2）花叶薹菜　分为黄花叶薹菜和油花叶薹菜。

（二）栽培季节

分为秋季越冬栽培、早春栽培和冬季软化栽培三种方式。

（三）栽培技术

1. 秋季越冬栽培

华北地区于9月上旬播种。前茬作物收获后，抢农时季节整地施肥，每667m^2 施农家肥2000～3000kg、复合肥30kg，然后深翻，做成1.0～1.3m宽的平畦进行直播，每667m^2 用种250～300g，撒播、条播均可。出苗后4～5d间苗1次，苗高6～10cm时定苗，行株距为15cm×10cm。间苗后追第1次肥，并结合浇水，每667m^2 追尿素10kg左右。土壤结冻时浇结冻水。第2年土壤解冻时浇1次水，并追肥1次，每667m^2 追施尿素10kg，以后每5～7d浇水1次。4月下旬至5月上旬叶高30cm时即可收获，收获时连同嫩花薹一起收获。近几年来，一些地区在早春将越冬薹菜扣上小拱棚，可提前1个月收获，以早期供应市场。收获时选留一部分健壮植株做留种株，6月中旬可收获种子。

2. 春季早熟栽培

即早春露地或塑料小拱棚栽培，其整地施肥于前1年秋季进行，方法同上。春季土壤解冻5cm时播种，播种后或露地或小拱棚管理，留苗密度比秋季播种的稍密，以7cm×7cm为宜。幼苗3～4叶定苗后即进入追肥浇水管理，追肥以碳酸氢铵为好，每

$667m^2$ 施 15～20kg。播后 50～55d 开始采收。

3. 冬季软化栽培

在日光温室内进行。软化栽培前先整地，筑下床，床宽 15cm，深 20cm，10 月中下旬至 11 月上旬从秋播薹菜中选生长健壮、根部直径为 1.5～2.0cm 的植株进行软化栽培，在下床中条植，行距为 15cm，穴距为 10cm，每穴 7～8 株。栽后浇小水，以后分次剥去外层枯叶。待心叶长至 13～15cm 时开始培土进行软化，方法是用细土培于植株间，以不埋没心叶为度。

（四）采收

待菜心长至 20～25cm 时，呈黄白色或浅绿色时即可收获。

（五）主要病虫害

薹菜基本无病害发生。

主要虫害：蚜虫。

五、西 兰 花 薹

西兰花薹（*Brassica oleracea* var. *italica*）是从国外引进的新型蔬菜品种，是西兰花与芥蓝杂交的品种。西兰花薹是国内外高档蔬菜的新秀，也是提高蔬菜种植经济效益的新品种。西兰花薹的食用器官是花薹，它既有芥蓝对高温的适应性，也具有西兰花的清香风味，适口性优于西兰花。

西兰花薹的生物学特性与青花菜基本相似，生长适温为 10～30℃，喜光，适应性较强，较耐寒，喜肥水，抗病。

（一）品种

西兰花薹是一种新引进的蔬菜，目前品种较少，主要有从日本引进的芊秀、秀丽、绿秀美和从欧洲引进的华绿兰花薹。

（二）栽培季节

播种育苗期根据各地具体气候条件和栽培设施确定。北方地区 4 月上旬到 5 月上旬均可，保护地栽培露地栽培可提前或延后。

（三）栽培技术

1. 育苗

育苗采用穴盘无土育苗技术，选用72或128孔穴盘。一般苗龄30d即可定植。

2．整地施肥

西兰花薹对土壤养分要求较高，喜肥水，因此要选择土质疏松、地力肥沃、保水保肥力较强的地块，每667m^{2}施入优质农家肥3000kg、磷酸二铵或三元复合肥25kg，翻耕后做成高20cm、宽120cm的平畦，上覆地膜。

3．定植

育苗苗龄30d、苗高5～8cm时定植，定植密度为行株距50cm×40cm，每667m^{2}保苗3000株左右。

4．中耕培土

西兰花薹地上部分比重较大，叶面积大，容易封垄，定植后及时中耕松土，并进行培土，以防倒伏。

5．植株调整

西兰花薹以采收侧枝花薹为主，当植株6～7叶时应及时摘心，促进侧枝健壮生长。

6．肥水管理

西兰花薹采收期较长，需肥量较大，除施足基肥外，生育期间要追肥3～4次，分别于缓苗后、摘心后、侧枝抽薹前、采收中期进行追施，其中侧枝抽薹前、采收中期两期追肥应重施，追肥以速效氮、钾肥为主。西兰花薹喜土壤湿润，应根据天气情况及时浇水。

（四）采收

西兰花薹侧枝长出13～15片外叶、约15～25cm时开始抽生花薹，花薹长至直径5～8cm、半球形、紧实、小花薹松散前及时采收。采收在晴天上午进行，可使刀口尽快愈合。采收后侧枝又抽出孙枝进行结薹，采收期可达三个月左右。

（五）主要病虫害

主要病害：霜霉病、褐斑病、软腐病。

主要虫害：菜青虫、蚜虫。

六、茎用芥菜

茎用芥菜（*Brassica juncea* var. *tumida*）又名青菜头、榨菜、包包菜、羊角菜、菱角菜，为十字花科二年生草本植物，以膨大的茎供食，品种丰富。其中膨大的茎上有突起的品种适宜加工，其加工品种称榨菜；膨大茎呈根棒状或羊角状的，则供鲜食。茎用芥菜以四川省东部和重庆为主产区。

（一）品种

（1）加工品种　草腰子、鹅公包、三层楼、三转子、半碎叶种、碎叶种。

（2）鲜食品种　羊角菜、菱角菜、笋子菜、棒菜、大狮头、二狮头。

（3）儿菜　属芽用芥菜类型。

（二）栽培季节

（1）长江以北（北纬34°～35°）地区　8月下旬播种，9月中旬定植，11月底采收。

（2）长江下游地区　9月底至10月初播种，第二年春收获。

（3）长江中游地区　9月上旬播种，12月底收获。

（4）长江上游地区　9月上旬播种，12月底收获。

（5）华北地区　7月底至8月初播种，霜冻前收获。

（6）温室栽培　根据需要确定播种期。

（三）栽培技术

1. 育苗

生产中多进行育苗移栽，也有少数地区直播。育苗可采用苗床育苗和穴盘育苗，以穴盘基质育苗为主。苗床育苗的，于3～4片叶时定苗。

2. 整地施肥

定植前整地施肥，一般以平畦栽培为主，雨水较多地区或温室栽培，以高畦栽培为主，畦宽1.2m。

3. 定植

栽植 3 行，株距 25 ~ 30cm。

4. 肥水管理

茎用芥菜整个生长期追肥 2 ~ 3 次，定植成活后至第 1 层环形叶形成前第 1 次追肥；茎开始膨大时进行第 2 次追肥；茎进入生长盛期后进行第 3 次追肥。肥料种类宜以有机肥为主，追肥原则为前轻、中重、后补齐。每次追肥，都要结合浇水。

（四）主要病虫害

主要病害：病毒病、软腐病、霜霉病。

主要虫害：蚜虫、黄条跳甲、菜螟。

七、食用仙人掌

食用仙人掌（*Opuntia vilpaalta*）又名仙巴掌、观人掌，为仙人掌科仙人掌属多年生植物，其肉质茎可作为蔬菜食用，果实作为水果鲜食品种，我国南方常见栽培。其茎片大而肥，刺座疏，叶刺短而软，茎节接触点较细，生长速度快，肉质翠绿，纤维少。食用仙人掌营养成分高，种类比较丰富，食用时口感微酸适度，根和全株皆可药用，能健胃、利尿、消肿、解毒、镇咳，味淡性寒，有行气活血、清热解毒、健脾止泻、安神等功效，对心脑血管疾病和糖尿病有一定疗效。而野生仙人掌茎叶小而薄，叶刺长而硬，茎节接触点较粗，生长发育慢，食用时口感过于酸涩，有些野生仙人掌有毒，不能食用。

食用仙人掌抗逆性强，对环境要求不严格，适宜生长温度为 20 ~ 35℃，最适为 25 ~ 32℃；耐干旱，喜干燥，甚至在休眠期不需要水分；喜光；耐瘠薄，对土壤适应性较强，黑钙土、红壤土、质土、黄土均可种植。

食用仙人掌可炒、煎、煮、凉拌等，有多种烹制方法。

（一）品种

目前我国食用仙人掌的主栽品种是米邦塔，原产美国和墨西哥。

（二）栽培季节

我国南方地区可露地种植，北方则于温室内种植。仙人掌的生长期为 10 ~ 15 年。

（三）栽培技术

1．整地施肥

整地时每 667m^2施农家肥 5000kg 左右，精细整地，修做高畦，畦高 25cm，畦宽 80cm，畦沟宽 40cm。

2．定植

保护地栽培，春、夏、秋季均可进行；露地栽植，多于春季终霜结束后进行。采用扦插法定植，即扦插种片，入土深度为种片的 2/5 或 1/3。栽植时要做到种片底部朝下，不要颠倒；二是保证种片方向一致，栽植密度为每畦 1 行，种片方向与畦长成垂直方向，株距为 30 ~ 35cm。

3．肥水管理

定植后未生根前不要浇水，生根后根据苗的长势和土壤水分情况适时浇水，浇水为沟灌。追肥采用穴施法，在种苗定植后四、五个月、食用仙人掌进入旺盛生长时期进行。

4．植株调整

（1）定芽数量　即确定每个掌片保留多少嫩芽。一般第 1 代掌片（种片）选留 3 ~ 4 片生长健壮的嫩茎培养，第 2 代掌片保留 2 ~ 4 片嫩茎。

（2）掌片方向与位置　掌片方向（第 1 代掌片和第 2 代掌片）与母片方向一致，生长在母片两侧纵向位置和顶端，分布合理。

（3）修整　及时全部切除残缺、畸形、弱小、有病、有虫的嫩茎。

（四）采收

（1）采收茎片的标准　生长期 6 个月左右、长度 22cm 以上、宽度 13cm 以上、健壮饱满的茎片。

（2）采割　晴天采割，保护好母株，避免人为的和机械的损伤。

（3）消毒　采后置于阴凉处晾晒 2～3d 进行加工处理。若种片运往外地销售，要用 1∶3∶9 的波尔多液进行消毒。

第十四节　食　用　菌

可食用的菌为食用菌，有 300 多种，目前主要栽培的有蘑菇、草菇、平菇、香菇、木耳、银耳、金针菇、猴头、灵芝等。

食用菌作为安全、优质、营养丰富的绿色食品占据餐桌，是国际公认的绿色食品中的珍品。食用菌已经成为绿色食品中的“新贵一族”。

食用菌口味鲜美，含有丰富的蛋白质、氨基酸、维生素 B_1、维生素 B_2、维生素 C 及矿物质磷、钾等，对增强身体免疫力有独特的功效，被人们称为保健食品。食用食用菌可增智、美容、增寿，对心脑血管病、肺病、胃病有一定疗效。香菇、银耳、猴头、平菇、金针菇有抗癌作用，黑木耳有消融血栓作用。草菇利用稻草生产后，剩下的腐稻草是良好的肥料。

这些大型的食用菌，其中部分品种完成菌种培养、菌丝体发育阶段后，可以进行室内栽培，可不断采收新鲜子实体食用。

一、灵　芝

灵芝（*Ganoderma lucidum*）为担子菌纲多孔菌科灵芝属，自古以来我国将灵芝视为长生不老、起死回生的灵丹妙药。灵芝确实能治多种疾病，是滋补强身、使人体恢复正常功能的保健药品。其性味甘，微苦，微温，有益气、养心安神、止咳平喘之功效，用于治疗心气虚或气血不足的失眠、心悸、健忘等症。灵芝子实体的最珍贵成分之一是有机锗，比人参高 3～6 倍，锗能使血液循环畅通，促进新陈代谢，延迟衰老，并能与体内污染物、重金属相结合而成为锗的有机化合物排出体外；另外，灵芝还含有多聚糖，能强化人的免疫功能，提高人体对疾病的抵抗能力，有防癌作用。目前灵芝被广泛加工成保健饮料、食品、药膏、药酒、药片及提取精华素等，发挥其特殊功效。

（一）生态环境条件

（1）营养　人工栽培的灵芝碳素营养来自木屑、棉籽壳、甘蔗渣、稻草粉、玉米芯粉及其他秸秆，氮素和生长素类由麦麸、米糠、豆饼和玉米粉等提供，还需矿物质钾、钙、镁及磷等。

（2）温度　菌丝生长的适温为25～30℃，长期低于2℃菌丝死亡，高于35℃则生长受抑。菌蕾形成以25℃左右最好，超过33℃子实体死亡。

（3）水分　要求培养基有足够水分及较高的空气相对湿度。菌丝生长要求培养基质含水量为55%～60%，空气相对湿度为70%左右；菌蕾分化生长要求培养基质含水量为60%～65%；子实体生长发育要求空气相对湿度为80%～90%，如果湿度小，子实体发育不良。

（4）光照　菌丝体生长需黑暗，而子实体生长发育对光线很敏感，有明显趋光性，故菌盖生长期间不能随意搬动瓶培或袋培的容器，以免畸形。

（5）空气　灵芝好氧，子实体生长发育耗氧大，故此期间必须加强通风，增加氧的供给，使菌盖大而肥厚有光泽，既美观又能食用。

（6）酸碱度　灵芝菌丝对酸碱度的适应很广泛，在pH3～7.5范围内均能生长，但它还是比较适应pH4～6的偏酸环境。

（二）栽培季节

在自然的气候条件下栽培灵芝，长江流域以4月上中旬接种为好，接种后很快就可形成子实体。华北地区每年3月上旬至6月中旬为灵芝的栽培季节，6月下旬至9月中旬为出芝季节。在加温设施内，冬季也可以栽培。

（三）栽培技术

1．原料及配方

（1）培养料配方

①杂木屑85%，麸皮14%，硫酸铵1%；

② 棉子壳 85%，麸皮 14%，蔗糖 1%；

③ 玉米芯（粉碎）50%，杂木屑 35%，麸皮 15%；

④ 杨树叶 85%，米糠 15%；

⑤ 麦秸粉 45%，杂木屑 40%，麸皮或米糠 15%。

（2）配制方法　以上各种配方中的麸皮可用玉米粉代替，也可以加入 1% 的石膏粉或 1% ~3% 的过磷酸钙，然后拌入水分，料水比为 1:(1.2~1.4)。拌料后用手握料，指缝中有水渗出、但不下滴为适度。

2. 装袋灭菌

将拌好的原料装袋，也可装入广口瓶。栽培袋用长 25~45cm、直径 15~17cm、厚 0.03cm 的聚丙烯塑料袋；广口瓶可用清洗消毒后的糖水罐头瓶。装袋时料面要平，并扎好袋口；装瓶时装至离瓶沿 1cm 处，压平表面，中央用圆木打一洞穴，然后用布封口。及时灭菌，常压灭菌 100℃、10h，出锅后待料温降到 40℃时接种。

3. 接种培养

（1）接种　接种前，接种室、接种箱和接种工具要严格消毒，消毒方法是每立方米用 36% ~40% 的甲醛溶液 10mL 倒入玻璃杯内，加入高锰酸钾 5g，关闭门窗，薰蒸 0.5h，也可用紫外线灯光灭菌；接种工具则在接种前用酒精灯火焰灭菌。

接种方法为在已消毒的接种室（或接种箱）内点燃酒精灯，用已灭菌的镊子剔除菌种表面的老化菌层，并将菌种搅散，打开料袋的两端扎口或广口瓶口上的布，分别接入原种，注意菌种应散撒在料面上，不要太集中，然后封口。

（2）发菌培养　将接种的袋或瓶移到培养室内进行发菌培养，菌袋或瓶分层上架，室温为 22 ~30℃，空气相对湿度为 45% ~60%，避免强光照射，接种后 20d 左右便可长满菌丝。

接种 5d 后检查袋或瓶口有无杂菌污染，凡出现红、绿、黑色菌丝即为杂菌，应及时进行防治。防治方法是取 70% 的酒精，用注射器注入到杂菌的位置上，然后用透明胶布封住针口。

4. 出芝管理

当袋内或瓶内长满菌丝后，逐渐进入子实体形成阶段，这时要把袋口或瓶口放开，增加室内湿度，2～5d后，菌丝表面就形成灵芝子实体原基。这时一定要保持26～28℃的温度、85%～90%的空气相对湿度，光照以散射光为宜，避免日光直射，适当控制通风。为保证灵芝的观赏形态，适当摆动栽培袋或瓶的方向，使灵芝均匀生长，形态美观。

（四）采收

当子实体由淡黄色变为黄绿色，菌盖周边的白色生长点消失，边缘开始变红，菌盖开始革质化，孢子散发时，及时采收。采收时，用锋利的刀切割菌柄，留下柄长0.5cm左右，切口要平，以便在原来菌柄上继续长出子实体。采后停止喷水1～2d，继续培养，便又可在菌柄上长出子实体，1个月后可采收第二批灵芝。如果不采收，因为灵芝的菌盖木质化，富含几丁质，不易腐朽，保存期特别长，可以连盖置于书桌、几架、博古架、装饰橱中，年久不变，极富观赏价值。

（五）主要病虫害及其防治

主要病害：根霉、曲霉、毛霉、链孢霉。

防治方法：①认真做好接种室、培养室及生产场所的消毒灭菌工作；②调节好培养料的酸碱度；③菌袋局部发病可注射15%甲醛溶液。

主要虫害：螨类、线虫。

防治方法：菌丝体培养期间可喷洒1000倍液三氯杀螨醇或500倍液克特螨。

二、香　　菇

香菇（*Lentinus edodes*）因其香气浓郁而得名，口味鲜美，为菌中之王，我国是香菇生产和出口的主要国家。

香菇味道鲜美，香味浓郁，营养价值极高，其含有可抑制肿瘤的多糖、降血压和降胆固醇的嘌呤衍生物、抗病毒的干扰素和诱导剂及维生素等，被公认为是优质的保健品。

（一）菇棚畦床及设施

建宽6m、高2.5m、长不限的菇棚，上覆草帘，但要求能透进阳光；周围也用草帘做围，以保温、保湿、通风。在菇棚内建高出地面10cm、上成龟背形、宽1.1m、南北长10～15m的畦床，畦床两侧留30cm的作业道，每4畦为一方，方和方中间留宽60cm、深80cm的浸水沟，并构建好菌棒架。

（二）生态环境条件

（1）营养　香菇生长发育中所需的营养物质主要是碳水化合物和含氮化合物以及少量矿物质盐类和维生素类，这些营养物质许多木材都具有，所以可以将香菇菌丝种在木头中，称为段木栽培；也可以将木屑加入一些富有营养的米糠、麸皮等装入塑料袋作培养基栽培香菇，这种栽培方式称为袋料栽培。

（2）温度　菌丝生长发育的最适温度为25℃，子实体为15℃，属于低温变温出菇的类型。

（3）水分　袋料栽培的培养基含水量为60%～65%，菇木的适宜含水量是32%～40%，出菇时空气相对湿度为85%左右。

（4）光照　子实体形成阶段需要一定的散射光，但直射光会影响品质。

（5）空气　香菇是好气性真菌，在菌丝生长和子实体形成发育阶段中需要新鲜空气。

（6）酸碱度　pH以5.5最适宜。

（三）栽培季节

华北地区于5月下旬生产母种，6月上旬生产原种，7月上旬至8月上旬生产栽培种。其中秋菇于10—12月种植，冬菇于1—2月种植，春菇于3—6月种植。

（四）栽培技术

香菇种养的工艺流程为：原料准备→培养料配制→装袋→灭菌→接种→菌棒培养→脱袋排场→转色管理→促蕾→出菇管理→采收。

1. 原料及配方

香菇生产的原料多为阔叶树木屑、棉柴秆、玉米蕊、麸皮、米糠、石膏等。

（1）培养料配方

① 阔叶树木屑 79%，麸皮 20%，石膏 1%；

② 阔叶树木屑 64%，麸皮 15%，棉子壳 20%，石膏 1%；

③ 阔叶树木屑 78%，麸皮 14%，米糠 7%，石膏 1%；

④ 玉米芯（加工粉碎）78%，麸皮 20%，石膏 1.5%，过磷酸钙 0.5%；

⑤ 稻草或麦草（加工粉碎）50%，木屑 28%，麸皮 20%，石膏 1.5%，过磷酸钙 0.32%，柠檬 0.1%，磷酸二氢钾 0.08%。

（2）配制方法　先将原料过筛，然后进行充分混合，再加入清水搅拌，使其含水量达 60% 左右，最后进行 pH 测定，将其调至 5.5。

2. 装袋灭菌

采用宽 15cm 的低压聚乙烯塑料筒，剪成长 55cm 的筒料，将一头用线绳扎紧后放烛火上熔封，然后装满已配制好的培养料。

将料筒装入已按标准建好的大型蒸锅内，下面升火，提温速度要快。当温度达到 80℃ 时打开排气孔，排除锅内冷气，然后大火猛烧，使锅内温度尽快达到 100℃，并持续 10h。灭菌结束后再闷 3h。

3. 接种

锅内温度降到 50℃ 时，取出料筒，摆入接种室接种，其接种方法可参照金针菇的接种方法。

4. 开筒与排场

菌筒在培养室内发菌 40～50d 后，每天给予一定的光照，再培养 10～20d，培养基与塑料筒之间形成菌膜，并隆起有波皱、柔软的瘤状物，颜色由黄色变为褐色时进行排场，即将菌筒移至菇棚内。

脱去菌筒塑料袋，尽量选择阴天或无干热风的天气进行，用小刀划破塑料袋，菌筒两头各留一点薄膜作为“帽子”，以免排场时接触地面而感染杂菌。排场时筒距为5cm，与地面成70°~80°角，上覆塑料薄膜。排场后3~5d，不要揭开薄膜，以保证床畦内高湿。

5. 转色

菌丝愈合后，促使白色菌丝慢慢转为褐色至红棕色，表面湿度大时，则揭膜几小时后再盖膜，使菌丝变色快。切勿搬动菌袋。转色是香菇子实体形成的标志。

6. 促蕾

在一定的温、湿度刺激下，很快就会形成子实体原基，结成菌蕾，再长大而成香菇。促蕾的做法：拉大昼夜温差，晚上揭膜打开窗通风降温，白天盖膜加温，使昼夜温差在10℃以上，连续3~4d，然后不揭膜闷3d，使菇蕾形成有空间。

7. 出菇管理

菌蕾形成后，逐渐膨大成为香菇，这时所需的水分、空气湿度、光线等条件与菌丝生长期有很大差别。对于秋菇，气温逐降有利于子实体生长；对于冬菇，气温需维持在5℃以上；对于春菇，当气温超过25℃时需降温，并遮挡强光。在出菇期使菌袋的含水量由高到低，空气湿度则应由低到高。一般幼菇，绿豆大小时不宜喷水，到黄豆大小时开始喷水。凡气温超过20℃以上时，中午不喷早晚喷，并向空中多喷雾，保持空气相对湿度为85%~90%。每批菇出完后，停水4d左右，让菌丝恢复生长，然后连喷几天，拉大温、湿差，促进下一批子实体很快形成。通风管理方面，香菇是好气性菌类，自催蕾起应逐步加大通气量才能结蕾。当第一批菇收完后，敞开薄膜换气8~12h，挖去菌袋上残余菇梗，1周左右保湿催蕾，出现小蕾时再保湿通气，操作如前所述。

（五）采收

香菇长大后要及时采收，以菇伞未完全张开、菌盖边上有残存菌环为度。采收过早，产量降低，过迟则品质下降。采时用拇指与食指捏住菇柄基部，左右转动轻轻捏下，注意切勿碰伤周围小菇。采菇宜选晴天进行。第一批香菇采收后，继续进行温度和湿度管理，促使第二批菇蕾形成。

（六）主要病虫害及其防治

主要病害：绿霉菌、链孢菌。

防治方法：①搞好环境卫生；②接种室和菇房定期消毒；③拌料时加1% ~3% 的生石灰。

主要虫害：螨类。

防治方法：菌丝体培养期间可喷洒1000倍液三氯杀螨醇或500倍液克特螨。

三、金　针　菇

金针菇（*Flammulina vetutiper*）是我国最早人工栽培的食用菌之一，属伞菌目口芽科毛柄金钱菌属。其子实体中含有18种氨基酸，100g干菇中含氨基酸总量可达20.9g，其中人体必需的8种氨基酸为氨基酸总量的44.5%，高于一般菇类。因其含有特别丰富的赖氨酸及精氨酸，100g干菇分别含有1.024g和1.231g，国外称其为“增智菇”。金针菇子实体含有金针菇素，是一种碱性蛋白质，具有抗癌功能，含酸性和中性植物纤维，能吸附胆汁酸盐，调节胆固醇代谢，促进胃肠蠕动，防治消化系统的病变，且具有显著的抗癌功能。金针菇的口味质地好，可凉拌或煮、炒、做汤等，又有美丽的外观，可供培植者观赏。

（一）生态环境条件

（1）营养　所需碳素营养来自有机体的碳水化合物，氮素营养以有机氮为最好，无机氮中硫酸铵也可利用（但需有B族维生素存在）；所需无机盐类，以磷、钾、镁三元素最为重要，对菌丝生长有促进作用。

（2）温度　菌丝极耐低温，不耐高温，最适生长温度为22 ~25℃。子实体形成所需最低温度为5℃，菇蕾形成最适温度是13℃，最高不超过21℃，最低以不低于3℃为好。

（3）水分　属喜湿性菌类，菌丝在含水量60% ~70% 的培养料中能正常生长，最适含水量是70%，一般菌丝生长阶段控制在

60% ~70%，子实体发育阶段控制在 80% ~90%。另外对空气的相对湿度亦有较高的要求。

（4）光照　菌丝生长不需光照，子实体在光线极弱的暗光条件下形成和生长。

（5）空气　金针菇属好气性菌类，必须供给充足的氧气，否则影响子实体生长。

（6）酸碱度　弱酸性培养基，pH5.6 ~6.5 菌丝生长较好，菌蕾和出菌在 pH 为 6 左右为好。

（二）栽培季节

南方地区从 9 月下旬至翌年 4 月，北方地区从 10 月下旬至翌年夏初分期接种，分期采收。

（三）栽培技术

1. 原料及配方

用于栽培金针菇的原料有棉籽壳、玉米秸、玉米芯、豆秸、麦秸、花生壳、木屑等。

（1）培养料配方

① 棉子壳 80%，麸皮 18%，蔗糖 1%，石膏 0.5%，石灰 0.5%；

② 玉米芯 75%，麸皮 23%，石膏 0.5%，蔗糖 1%，石灰 0.5%；

③ 玉米芯 55%，棉子壳 23%，麸皮 20%，蔗糖 1%，石灰 0.5%，石膏 0.5%。

（2）配制方法　将主料翻晒 3 ~5d，按比例配好，将应加入的石灰兑成石灰水，边往料里加水边搅拌，使原料含水量达 60% 左右，随即成堆，用塑料膜覆盖过夜。

2. 装袋灭菌

袋装栽培可采用 17cm ×37cm 的聚丙烯塑料薄膜袋，厚度为 0.05 ~0.06mm，注意灭菌，搬运过程中预防袋子被刺破而被杂菌污染。装袋时，边装边压紧，装量为 0.4 ~0.5kg，两头用线绳扎口，然后用高压灭菌设备或常压灭菌，100℃ 维持 10h。常压灭菌要求升温快，以防培养料酸化。当温度降至30～40℃时即可接种。

3. 接种

接种箱或接种室以及接种工具的消毒灭菌可参照灵芝的方法进行，一瓶二级菌种可转扩到40个塑料袋培养料中。先将二级菌种瓶口部的一层老菌种块及菌种皮挖掉，然后用大号钢镊将下层菌种稍搅拌一下，松开栽培袋两头扎口，均匀接入菌种，然后扎住袋口。目前较好的金针菇菌种有百里1号、白色金针菇、金色金针菇、万金8号、长板1号等。

4. 发菌培养

菌袋接种后放入培养室，保持室温20℃培养，5～6h通风换气1次。当菌丝出现时，在长过菌丝的菌袋上用竹签扎2～3个小孔，以满足菌丝生长对氧气的需求。通常定期转换塑料袋的位置，经22～25d菌丝长满全袋。

5. 出菇管理

接种后30d左右，菌丝长满菌袋，两头已有部分出蕾。这时要及时松开栽培袋口，整齐地排放在菇棚里，排放长度不限，高1.0～1.2m，然后用塑料布盖严，保持棚内湿度为85%～90%，温度20℃以下，遮光。经10～15d，即可采收第一潮菇。

6. 抑制管理

为了出菇整齐，菌柄伸长2cm时，应抑制管理。5～7d内少喷或停喷水。温度5℃左右，湿度75%左右，5～7d后进入常规管理。

7. 伸长期管理

这一时期菌柄迅速伸长，是培养商品金针菇的关键时期。管理中保持8～14℃的温度、85%～90%的空气湿度，每天揭开覆盖物通风20～30min，光线要弱。

（四）采收

金针菇菌盖直径1cm以内，半球形，边缘内卷，开伞度6～7分，菌柄长13～14cm时采收。采收时一手撑住塑料袋，一手轻轻把菇丛拔下。采收一批后，耙去面上白色菌膜，重新盖上塑料薄膜，进行保湿培养，催第二批菇蕾，管理同前。一般可采2~3批，高产的可采收6批。

(五) 主要病虫害及其防治

主要病害：细菌性褐斑病、细菌性根腐病。

防治方法：① 控制好菇房的温度和湿度；② 加强菇房的通风管理；③ 使用优质、新鲜的菌种。

主要虫害：菇蚊、菇蝇、螨类。

防治方法：① 灯光诱杀；② 设防虫门帘，防止成虫入菇房内；③ 用2.5%溴氰菊酯乳剂3000倍液喷雾，但要求在采收前7天禁用；④ 用50倍的敌敌畏药液浸泡棉球，然后将棉球挂在菇房内，用以薰蒸。

四、凤 尾 菇

凤尾菇（*Pleiirotussa jurcaju*）是一种高蛋白质、低脂肪的营养食品。凤尾菇鲜菇中含蛋白质3.65%~3.88%、粗脂肪1.13%~1.18%、还原糖0.87%~1.8%。100g干菇含维生素B_1 0.02~0.03mg、维生素B_2 0.21~1.36mg，钙22.6~36.2mg，磷587~840mg。经常食用凤尾菇，能促进新陈代谢、降低血压、预防肥胖病和小儿软骨病。凤尾菇可做成素炒鲜菇、鲜菇炒肉片、酥炸凤尾菇、凤尾菇清炖鸡、鲜菇汤等菜肴。

(一) 生态环境条件

(1) 营养　凤尾菇生长发育需要碳素、氮素和各种矿物质养分，多数农副产品的下脚料能够用来栽培凤尾菇。可用木屑、稻草、棉子壳等作为基质，同时增加米糠、蔗糖等物质，促进菌丝的生长，有利于子实体提早形成。在培养基质中加入1%~1.5%碳酸钙和硫酸钙以增加钙离子和调节pH。

(2) 温度　菌丝体生长适温为25~27℃，子实体生长温度范围为10~32℃，菇蕾生长最适温度为15~20℃。

(3) 水分　培养基含水量以60%~65%为宜，子实体发育要求培养基含水量50%~60%，空气相对湿度85%~95%。

（4）光照　菌丝在黑暗条件下正常生长，但子实体的形成需要散射光。

（5）空气　凤尾菇是一种好气性真菌，子实体不耐高浓度二氧化碳，因此，子实体形成期要求通气良好，但菇体不能直接受风吹。

（6）酸碱度　菌丝生长以 pH 8 为好，子实体生长最适 pH 为 5.5～6.5。

（二）栽培季节

一般除夏季不能栽培外，其余三季均可栽培。由于凤尾菇耐低温能力差，所以冬季和早春栽培时，宜选择背风向阳处建菇房；秋季栽培时，宜适时早播。

（三）栽培技术

1. 原料及配方

培养料应就地取材。棉子壳、玉米芯、棉秆粉、豆秆粉、锯木屑、稻草、麦秆等均可采用，并有多种配方。

2. 装袋灭菌

以稻草配方为例，先用碎草机将稻草压碎，或用铡刀切成 3～4cm长，经 0.5% 石灰水浸泡 12～24h，捞起用清水冲洗 1～2 次，沥干余水。然后将麦麸或玉米粉、过磷酸钙、石膏等拌入，其中稻草 76%、麦麸 20%、蔗糖 1%、过磷酸钙 2%、石膏 1%，培养料含水量为 60%～65%，常压灭菌 100℃，处理 8～12h。

3. 接种培养

塑料袋长 42cm、宽 22.5cm，两端开口，便于通风透气，定点出菇。装袋时将一头折叠，先放一层菌种，再放培养料并压实，装到袋长的一半时，又放一层菌种，再装满培养料，播菌种一层压实，用圆木棒在料中央插一空洞，然后用线绳扎口，放入培养室内。塑料袋之间松散直立放置，待袋温降低再叠放，一般 4～7 层，勿过高，上覆塑料薄膜以保温保湿。

培养料温度保持在 20℃ 以下，超过 20℃ 时应加强通风降温，最好保持昼夜温差 5～10℃。以散射光刺激出菇，增大菇室的湿度，并适当通风换气。当出现菌丝体后，解开袋口，继续进行温湿度的管理。

4. 出菇管理

出现菌蕾后，应注意通风增湿工作。一要及时揭开塑料薄膜；二要创造子实体生长发育条件，菇室温度保持在10~20℃，空气相对湿度保持在85%~95%；三要给予光照和通气条件。切忌向幼菇直接喷水，袋装可在袋上盖报纸喷水，轻喷、勤喷，保持空气新鲜湿润。

（四）采收

凤尾菇子实体生长特别迅速，从现蕾到子实体成熟只需5~8d。当菌盖已充分展开、边缘未卷曲或者刚刚开始卷曲时，就要及时采收。采收后，继续保持温湿度，让菌丝休养生息积累养分，再出下一潮菇。一般情况下，可采收4~6潮菇。

（五）主要病虫害及其防治

主要病害：霉菌。

主要虫害：菇蝇、螨类。

防治方法：参照金针菇病虫害的防治。

五、杏　鲍　菇

杏鲍菇（*Pleurotus eryngii*）是真菌门担子菌纲伞菌目侧耳科侧耳属植物。又名刺芹侧耳，因其发生于刺芹枯死植株的根上而得名，全称杏仁鲍鱼菇，因具有杏仁清香味而得名，是一种大型的食用真菌。杏鲍菇主要分布在南欧、北非、中亚等地，我国四川、青海、新疆也有分布，是我国极宝贵的种质资源，目前福建、浙江及上海均有杏鲍菇栽培。

杏鲍菇的子实体菌肉肥厚，质地脆嫩，口感细腻，味道鲜美，具有杏仁的清香味，是味道最好的一种平菇，被称为“平菇王”。杏鲍菇适于保鲜、加工，可以与肉、鱼一起烹饪，尤其适宜油炸至边缘焦脆，是国内市场和出口的畅销品种，价格是普通平菇的5~6倍。其含有钾、钙、镁、铜、铁、钼、锡等10余种矿物质，含人体必需的8种氨基酸。有降血压和降血脂的作用，寡糖含量丰富，与双歧杆菌共用，有改善胃肠功能和美容的效果。

（一）生态环境条件

（1）营养　杏鲍菇是一种分解木质素、纤维素、蛋白质能力较强的食用菌，其生长发育需要较丰富的碳源和氮源，氮源越丰富，菌丝生长越好，产量越高。棉子壳、蔗渣、麦秆、豆秆、废棉、稻草等均可作为原料，在米糠、麸皮、豆饼等作辅料的培养料上均能生长并出菇。在添加麸皮和玉米粉的基础上添加豆秆能有效提高杏鲍菇的产量。

（2）温度　杏鲍菇适宜的温度范围很广，菌丝生长温度为6～35℃，最适温度为24～26℃，高于30℃菌丝生长不良；菇蕾形成的最适温度为12～16℃，低于8℃很难形成原基，高于20℃容易出现畸形菇；子实体生长温度为10～21℃，最适温度为10～18℃。

（3）水分　培养基含水量为65%左右。菌丝体生长期空气相对湿度为60%左右，子实体形成时空气相对湿度以80%～90%为最适，超过90%会促进菌丝生长，但出菇不良。

（4）光照　杏鲍菇的菌丝生长阶段不需光线，光线过暗，菌盖变白，菌柄变长；光线过亮，菌盖变黑。

（5）空气　杏鲍菇属好气性真菌，菌丝生长对空气要求不严格。原基形成阶段和子实体生长发育阶段需充足氧气，二氧化碳的浓度在0.08%以下子实体才能正常发育，以0.02%为宜。

（6）酸碱度　菌丝生长的pH范围为4.0～8.0，以6.0～6.5较为合适。

（二）栽培季节

杏鲍菇属低温结实性菌类，最适温度为12～18℃，低于8℃或高于20℃都难以出菇。因此，应该根据出菇的适宜温度来安排栽培期，一般应在当地气温降至18℃以下时，提前50d接种为宜。

（三）栽培技术

1. 原料及配方

生产杏鲍菇的主要原料有杂木屑、棉子壳、麦秸、蔗渣、豆秸等，辅料为麸皮、米糠、玉米粉、棉子饼粉、碳酸钙、石膏粉等。

（1）培养料配方

① 杂木屑 36%，棉子壳 38%，麸皮 24%，蔗糖 1%，碳酸钙 1%；

② 杂木屑 23%，棉子壳 23%，麸皮 19%，玉米粉 5%，豆秸粉 28%，碳酸钙 1%，蔗糖 1%；

③ 杂木屑 23%，棉子壳 38%，豆秸粉 15%，麸皮 17%，玉米粉 5%，碳酸钙 1%，蔗糖 1%；

④ 杂木屑 37%，棉子壳 37%，麸皮 18.5%，玉米粉 5%，碳酸钙 1%，蔗糖 1%，石灰粉 0.5%。

（2）配制方法　原料必须新鲜无霉变，无虫蛀，各料按配比拌匀后，使其含水量达到 65%。

2. 装袋灭菌

杏鲍菇的栽培袋制作与金针菇的栽培袋制作相似，一般用 35cm×17cm 的聚丙烯或低压聚乙烯袋。培养料要装紧实，袋中间打洞以利接种和菌丝透气，然后套上环加棉塞，或扎袋口。接着常压蒸汽灭菌，100℃，持续 10h，待料温降到室温后，按无菌操作规程接种。

3. 接种培养

接种以接麦粒菌种或棉子壳菌种为好。一袋菌种可接种 40 袋菌料。接种时使 1/3 的菌种掉入洞穴内，2/3 菌种铺于料面。接种后将料袋直立排放在发菌室的床架上，避光培养，温度保持 25℃ 左右，经常翻袋，检查去除杂菌污染的菌袋，一般 35d 左右菌丝可长满菌袋。

4. 出菇管理

在菌丝长满袋后进入棚室，保持空气温度 12～16℃、空气相对湿度 90% 促进出菇。待原基在袋内形成并出现 1～2cm 的小菇蕾时，拔去棉塞和塑料环口，割弃料面上的塑料袋，解开袋口，将袋膜向外翻卷下折至高于料面 2cm。整个出菇过程控制温度在 12～

18℃，湿度85%～95%。喷水时用报纸盖住袋口，以免水直接洒到菇体上。随着子实体生长发育，逐步加大通风量，每天通风1～2次，保持棚内空气新鲜。

（四）采收

一般在现蕾后15d左右可采收，即在菇盖将平展、颜色变浅、边缘微内卷、孢子尚未弹射时为采收适期。产量主要集中在第一潮，为总生物学效率的60%～70%。采完头潮菇后，再培养2周左右又可采收第2潮菇。

（五）主要病虫害

杏鲍菇主要有霉菌、菇蝇、螨类等病虫害发生。

要注意控制温度与湿度，注意栽培环境的卫生，发现病虫害时，可用2500倍杀菌酯溶液喷洒地面及墙壁，喷药时不能喷在菇体上。出现虫害时可参照金针菇虫害的防治方法。

六、真　姬　菇

真姬菇（*Hypsizigus marmoreus*）为担子菌纲伞菌目白蘑科离褶伞族玉蕈属植物，又名玉蕈、斑玉蕈，其味比平菇鲜，肉比滑菇厚，质比香菇韧，口感甚佳，还具有独特的蟹香味。真姬菇所含蛋白质中氨基酸的种类齐全，包括8种人体必需氨基酸，还含有数种多糖，常食用真姬菇有抗癌防癌、提高免疫力、预防衰老、延年益寿的功效。它是一种高蛋白质、低热量、低脂肪的现代保健食品，近年来深受消费者的青睐。

（一）生态环境条件

真姬菇是北温带秋季和冬季发生的食用蕈菌。其菌丝体白色，棉毛状，气生菌丝不旺盛，不形成菌皮。在培养过程中可产生节孢子和厚垣孢子。真姬菇发菌需30～45d，菌丝成熟达到有出菇能力还需要30～60d，菇蕾分化需7～12d，子实体发育成长需5～7d。

（1）营养　真姬菇是一种低温型木腐菌，生长过程中除利用木质素、纤维素、半纤维素以外，还比较喜欢氮素，因此阔叶树木屑、棉子壳、玉米芯等都可以作为主料来培养真姬菇，辅料以麸皮为主，加入少量的米糠、大豆皮、棉子饼、玉米粉等可以提高产量。

（2）温度　真姬菇具有变温结实的特性，菌丝发育温度范围为9～30℃，适温为22～24℃；子实体原基分化的温度范围为4～18℃，适温为10～14℃。

（3）水分　培养料含水量在65%左右；因其发育时间较长，培养料会逐渐失水变干，出菇前应补充水分，使含水量达到70%～75%。菇蕾分化期，菇房相对湿度以98%～100%为宜，菇体发育期菇房相对湿度为90%～95%。

（4）空气　真姬菇生长的各个阶段都需要新鲜空气，尤其在原基大量发生时应加强通风。培养料的粒度要粗细搭配，防止过湿，防止菇房内的二氧化碳含量过高。

（5）酸碱度　菌丝生长阶段的最适pH为6.5～7.5。

（二）栽培季节

真姬菇生长发育的进程非常缓慢，整个栽培周期约200d。由于真姬菇为低温型菇类，出菇季节在深秋至春季较适宜，所以南方地区必须在9月开始生产菌袋，12月下旬至次年3月中旬出菇；北方地区一年春、秋两季栽培，隔季出菇。

（三）栽培技术

1．原料及配方

（1）培养料配方

① 棉子壳100kg，麦麸（或玉米面）8～10kg，黄豆粉3～5kg，石灰2kg，过磷酸钙1～2kg，水140～160kg，pH7.5～8；

② 阔叶树木屑100kg，麦麸（或玉米面）12kg，黄豆粉3～5kg，石灰1kg，过磷酸钙2kg，水120～130kg，pH7.5～8。

（2）配制方法　人工拌料时，按常规方法进行。

2．装袋灭菌

用17cm×33cm×0.05cm的低压聚乙烯袋装料，边装边压，松紧适宜。装料至袋长50%即可。套上颈环，用线扎紧袋口。装完袋后进行常压灭菌（100℃，10～12h），待温度下降至50℃时搬出袋。料温30℃时，严格无菌操作接种。

3．接种培养

真姬菇的子实体有首先在菌种层上分化出菇的习性，这就要求接种时要有足够的接种量，并保持一定的接种面积。实践中先把菌种破碎成花生仁大小的碎块，然后接种在栽培袋的料面上，使之自然呈凸起状，而不要拨平或摇散。袋栽的一般两头接种。

接种后应放在室温15～18℃、空气相对湿度75%、通风无光的室内进行培养。有时因接种后袋口扎得过紧而出现抑菌现象，应及时松动扎口绳，同时适当降低温度，35d左右菌丝可发满菌袋。在菌丝发菌结束后可以进入棚室。菌丝的进一步培养应将室温升高至35℃左右，湿度调至80%，提高通风量，经过30～60d的培养，菌丝由白色转为黄色，进入出菇阶段。

4．搔菌催蕾

打开袋口，搔去料面四周0.2cm的老菌丝，并向料面注入清水200～300g，2h后将清水倒出，然后盖上湿报纸，降温至13～15℃，相对湿度90%～93%，增加通风量，经10～15d，料面上可见针头状灰褐色菇蕾。

5．出菇管理

现蕾后揭去覆盖物，温度14℃，向周围和地面喷水保持湿度为90%。通风以勤、慢、小、常为主，适当控制光，经过5～7d，当子实体八分熟时，菌盖上出现大理石斑纹，色泽正常，形态周正，菌盖直径1～3cm，柄长4～8cm，最长9～12cm时采收。

（四）采收

一手按住菌柄基部培养料，一手按住菌柄，轻轻地将整丛菇拧下。第一潮采收完后，及时清除料面上残留的菌柄、碎片和死菇，并进行补水管理，大约15d左右第二潮菇蕾就会形成。如前所述种养，就可采收第三潮、第四潮菇。

（五）主要病虫害及其防治

真姬菇在催蕾时，一些菌袋表面会发生绿霉，发现时应及时清除被污染的菌袋，并用手提式喷雾器喷600倍多菌灵防止扩展；如发生蛞蝓危害，用3%密达颗粒剂散撒于育苗室诱杀；如果发现菇蝇成虫进入菇棚，采用25%的除虫菊酯1000倍液对菇棚四周喷雾，杀死菇蝇成虫。

七、双孢菇

双孢菇（*Flammulina velutipes*）别名白蘑菇、洋菇，为担子菌亚门伞菌目伞菌属蘑菇属。双孢菇的栽培起源于法国，迄今已有300年的历史。双孢菇是世界上栽培面积最大的食用菌之一，也是我国食用菌栽培中面积最大、出口创汇最多的品种。

（一）生态环境条件

（1）温度　菌丝体生长适宜温度为4～32℃，最适温度为22～25℃；子实体生长适宜温度为5～25℃，最适温度为14～18℃。

（2）水分　双孢菇的培养料要求含水量达60%；覆土的含水量要求16%～20%；菌丝体生长要求空气相对湿度为60%～70%，子实体生长要求空气相对湿度为85%～95%。

（3）光照　菌丝体、子实体的生长均不需要光照条件，子实体在阴暗的环境条件下长得洁白、肥大。

（4）空气　双孢菇为好气性真菌，要求良好的通风条件。

（5）酸碱度　菌丝体生长要求pH为5～8，最适为7～8；进菇棚之前的培养料要求pH为7.5～8，土粒的pH为8～8.5。

（二）栽培季节

以长江为界，往北宜适时早播，往南宜适时晚播。

例如，山东、河北、河南等地的播种期一般是8月下旬至9月中旬；上海、浙江、江西等地于10月份播种；广东、广西、福建等地一般于10月下旬至11月中旬播种。

（三）栽培技术

1. 原料及配方

① 干猪粪或牛粪58%，石膏1%，稻草或麦秸40%，过磷酸钙1%；

② 稻草或麦秸1000kg，禽粪100kg，尿素12～15kg，石膏粉

10～20kg；

③ 稻草或麦秸 2000kg，鸡粪 500kg，尿素 30kg，石膏 50kg，过磷酸钙 25kg；

④ 稻草或麦秸 1000kg，豆饼粉 30kg，尿素 3kg，硫酸铵 10kg；

⑤ 稻草或麦秸 1000kg，硫酸铵 20kg，尿素 10kg，碳酸钙 28kg。

配制方法：人工拌料时，按常规方法进行。

2. 装袋灭菌

将稻（麦）草粉碎，用清水淋透；将干粪在前几天用清水淋湿淋透，然后在菇房外建堆发酵。堆制时，要求一层粪、一层草，逐层堆放，每层厚度为 15cm 左右，到第四层时开始浇水，从第四层到第八层逐层加入全部饼肥、过磷酸钙、石膏和尿素的一半，堆好 10 层后，高约 1.5m，堆顶做成龟背形，最上面再盖一层粪。为保证通气，可在料堆顶部用竹竿向下扎几个通气孔。为保温保湿，堆顶上覆盖草苫，雨天要盖薄膜。

建堆后第二天料温开始上升，6～7d 后进行第一次翻堆，翻堆时逐层加水，使含水量达到饱和，并逐层加入余下的尿素。第一次翻堆后 5～6d 进行第二次翻堆，第二次翻堆时重点是调节水分，含水量以达到用手紧握培养料有水滴滴出为度。第二次翻堆 4～5d 后进行第三次翻堆，方法同上。第三次翻堆后进行第四次翻堆，第四次翻堆时重点仍然是调节水分，水分不足时，加入 1% 的石灰水；水分过多时，适当晾晒，并加入配制浓度为 0.5% 的"乐斯本"农药药液用以灭虫。第四次翻堆后进行最后 1 次翻堆，使培养料含水量为 60%，pH 为 7.5～8，如发现有害虫仍用乐斯本药液喷淋。

培养料发酵一般经过 4～5 次翻堆，每次间隔时间为 7d、6d、5d、4d、3d，重点是水分管理，并防治虫害。

3. 接种培养

（1）准备工作　培养料进菇棚前，菇棚要进行消毒，每 $100m^2$ 菇棚面积用 1kg 敌敌畏烟熏剂杀虫，消毒结束后进行通风。播种时棚内温度 25℃以下，料温 28℃以下。

（2）铺设料床　将已发酵好的培养料在菇棚内铺设，料床宽1m，床和床距离40cm为作业道，料床厚20~30cm。

（3）播种　穴播与表播相结合。穴播穴距为10cm×10cm，每平方米100穴，每平方米播1~2瓶菌种，播种时用手挖3cm穴并加入菌种，覆盖穴口；播完一床后，用菌种均匀撒于料面，并在菌种上铺盖一层培养料，上面覆盖报纸。

4. 发菌管理

发菌管理时间为20d左右。

（1）温度和湿度的管理　播种后3~5d内封严菇棚，温度为28℃以下，空气相对湿度为70%。3d后菌丝萌发，7d时菌丝封面，这时揭去报纸，进行通风换气。

（2）撬料通气　播种后10~15d，当菌丝吃料深入料床1/2时，应用三齿钩松料1次，加强通风，促使菌丝向下生长。

（3）防治病虫害　经常检查有无杂菌和虫害发生。发现杂菌有点片发生时，用石灰粉消毒；发现害虫时，应喷施2000倍乐斯本溶液。

5. 覆土技术

覆土是双孢菇生产特有的一项技术，覆土时间是菌丝已长到料底时。覆土前培养料表面要保持干燥，料面进行一次搔菌处理，即用手抓一抓培养料，然后再整平。

覆土材料最好用草炭，也可用稻（麦）糠和细土，稻（麦）糠和细土的比例为1∶20。稻（麦）糠先用1%的石灰水浸泡24h，捞出后与细土混拌，混拌时用50%的多菌灵500倍液杀菌，用辛硫磷1000倍液杀虫，并使其含水量达到40%，pH为7.5~8。混拌均匀后，堆闷24h，然后均匀地覆盖在料面上，厚度为2~2.5cm。待菌丝在土层中结成线状时，在上面再覆盖1cm厚的细土。

覆土后的重点是水分管理。覆土后2~3d内喷水，使覆土水分达到饱和程度，并通风；3d后关闭通风口，不再喷水，使土面逐渐干燥，菌丝在土层下面生长。当菌丝长满后加大通风，使菌丝倒伏形成双孢菇的原基。这时在土层表面再盖一层1cm半湿半干的细土，盖后仍然喷水，先干后湿，勤喷、轻喷，逐渐加大土层湿度，喷水后仍要通风，防止冒菌丝，使子实体结在土层1cm下面。

6．出菇管理

双孢菇从播种到出菇，一般需35～40d。

（1）水分管理　当子实体如绿豆粒大小时，采用间歇喷水的方法，每平方米喷水2.5～4kg，在2～3d内分4～5次喷施，并封闭菇棚，向棚内空间喷水，使空气相对湿度达90%。

（2）通风换气　当双孢菇生长前期菇棚温度偏高时，在早、晚、夜间通风；生长后期则多于中午通风换气，夜间封闭，以利保温，使菇棚温度稳定在14～18℃。

（3）清理床面　每批菇采收后及时清理床面，把床面上的老脚菇和死菇全面清除，用调好酸碱度的细土补充床面，使其平整，并及时喷水。

（四）采收

双孢菇一般在菌幕未破之前采收，采收前1～2天减少喷水，采收前不喷水，采收时采大留小，采收后及时清理断根并补土。一般温室栽培的，可以采收5～6潮菇。

（五）主要病虫害及其防治

主要病害：褐斑病、软腐病、杂菌。

防治方法：① 做好培养料的消毒及pH调配；② 做好菇房的消毒工作；③ 做好覆土的消毒工作；④ 适当通风，降低湿度。

主要虫害：螨类、菇纹、菇蝇、线虫类。

防治方法：参照金针菇虫害的防治方法。

八、鸡　腿　菇

鸡腿菇（*Copyinds comatus*）又名毛头鬼伞、鸫蘑菇，为鬼伞科，是世界卫生组织和联合国粮农组织大力推广的6种优良珍稀菇类之一。其肉质洁白细嫩，味道鲜美，对糖尿病患者有明显的辅助疗效，为广大消费者所喜爱。

（一）生态环境条件

1. 菌丝体生长阶段

鸡腿菇是一种草腐菌，其菌丝生长温度为3～35℃，最适温度为23～26℃。培养料含水量为65%～70%，适宜的pH是7，需要足够的氧气和一定的散射光。

2. 子实体生长阶段

适宜温度为8～30℃，最适温度为18～22℃。鸡腿菇子实体的发生和生长都需要土壤，若菌丝生长发育成熟后不覆土，即使其他条件都适宜也很难产生子实体。

（二）栽培季节

春季至夏初、秋季至冬初栽培鸡腿菇比较适宜。其栽培场地，室内栽培利用菇房，室外栽培可在大棚中进行。

（三）栽培技术

1. 原料及配方

（1）培养料配方

① 玉米芯80%，麸皮10%，玉米粉5%，石灰3%，石膏1%，磷肥1%；

② 棉子壳40%，玉米芯40%，麸皮10%，玉米粉8%，蔗糖1%，石膏1%；

③ 棉子壳90%，麸皮6%，尿素0.5%，磷肥1.5%，石灰2%；

④ 食用菌废料40%，棉子壳40%，麸皮18%，蔗糖1%，石膏1%。

（2）配制方法　拌料可参照金针菇拌料方法进行。

2. 装袋、接种培养

按照金针菇生产工序进行。

3. 覆土技术

当菌丝发满菌袋后，将塑料袋脱掉，然后排放在菇棚中畦内，每袋之间都要留有一定间隙，排放后即可覆土。覆土的含水量以手握成团、落地即散为度，覆土的厚度为3～5cm，土粒的大小不要超过2cm，并有一半是0.5～1cm的小土粒。覆土后盖好地膜保湿，以利出菇。

4. 出菇管理

覆土后10～20d，菌丝即可生长至土表，并形成丛生或单生的菌蕾。此时揭去地膜，每天喷水保持空气相对湿度为85%～95%，再过10d左右，待子实体基部菌环将要松动时即可采收。这个时期的管理重点是水分管理，但要避免喷水过量和空气干燥，还要避免日光直晒。

（四）采收

菇蕾出现后，经过10d左右的生长，子实体长至圆柱形、颜色由浅变深，这时是采收的最好时期。一般一次投料可采收3～4潮菇。

（五）主要病虫害及其防治

主要病害：胡桃肉状菌。

防治方法：①严格挑选菌种；②覆土要进行严格消毒；③用浓石灰水（5%）进行局部浇灌。

主要虫害：螨类、菇蚊、菇蝇。

防治方法：参照金针菇虫害的防治方法。

九、黑　木　耳

黑木耳（*Auricularia auricula*）又名细木耳、川耳、云耳。木耳对治疗痔疮、崩漏带下、新旧泻痢、牙痛、月经不调等症有一定功效，能促进人体红血球中血红素和人体细胞原生质的形成，对消化系统有良好的清泻作用，可以清除肠胃中积存的食物。木耳还有清肺、润肺作用，有减低血液凝块、缓和冠状动脉粥状硬化、降低血栓的功能，是一种良好的保健品。

（一）生态环境条件

（1）营养　营养来源主要是有机物质，即碳水化合物和含氮物质。培养料多为锯木屑、棉子壳、玉米芯、豆秸，再加入少许蔗糖或麦麸等。

（2）温度　属中温型菌类，菌丝体在5～35℃均可生长，最适生长温度为22～28℃；子实体在15～30℃可形成和生长，最适温度为18～25℃；孢子萌发温度为20～35℃，最适温度为25～28℃。

（3）水分　培养基含水量为60%～65%，菌丝体培养期中，培养室内空气相对湿度应达到85%～90%。

（4）光照　黑木耳的菌丝体在黑暗的条件下能良好生长，在菌丝体生长阶段若遇光照，也会促成子实体的发生。但子实体的形成和发育需要大量的散射光和少量的直射光，这样才能使耳片充分展开并使肉厚色黑。

（5）空气　黑木耳是好气性真菌，要求栽培室内空气流通。

（6）酸碱度　适宜pH为5.0～6.5。

（二）栽培季节

黑木耳属中温类菇类，华北地区子实体在保护地的生长季节是4—6月和8—10月，一年可栽培两季。在东北地区，早熟品种要在春节至3月上旬生产；晚熟品种在元旦至春节期间生产。

（三）栽培技术

1. 原料及配方

玉米芯粉98%，蔗糖1%，石膏粉1%，另加维生素B_2微量，充分拌匀后加水，其湿度以用手紧握水欲滴而不滴为宜，调解酸碱度使pH为6.5～7.0。然后用0.03～0.05mm的聚乙烯塑料膜制成双层袋，内袋长33cm，宽23cm，在其2/3部分打圆孔，一般孔径为5～7mm，孔距为40～55mm，外层袋长34cm，宽24cm，不打孔。

2. 装袋灭菌

将拌好的培养料装入双层袋内，袋口以竹环为套外翻，状如瓶口，口上先盖3层报纸，再盖1层牛皮纸，包住瓶口以线绳扎紧，在100℃高温条件下蒸8～12h。

3. 接种培养

备好接种室、接种箱及其他接种工具，于接种前一天按常规灭菌，装进培养料后，再进行1次灭菌处理。接种时培养料温度为18～28℃，打开料袋口，用小圆木棒插入种袋正中，打一圆洞，将菌种植入洞内及袋口表面，每瓶菌种种植20袋左右。封口时去掉牛皮纸，但留3层报纸封口，然后送进事先已灭菌处理的培养室。

培养室要求少光或无光，室温保持23～24℃，空气相对湿度55%～60%。在正常情况下，30d左右菌丝即可长满袋，转入生长阶段。

4. 栽培管理

培养室内要设培养架，培养架多以竹竿或木条捆绑成行，行间、行距要充分考虑适宜通风、光照、人工作业和充分利用空间等因素。层距以66cm（2尺）为宜，从上而下明排4层。料袋悬吊前，除去封口纸和竹环，用绳将一端袋口扎紧，另一端结扣挂在培养架上，小心地脱去外袋，并严防杂菌感染。料袋吊悬后，3～5d不浇水，待脱袋时受伤的菌丝复活后再浇水，一天喷水3次。空气相对湿度保持在85%～95%，散射光要充足，气温不宜太高，这样黑木耳即可生长。

5. 覆土栽培黑木耳的技术要点

目前黑木耳多用阳畦覆土栽培，其产量最高，且质量也好。

（1）培养料配方

① 玉米芯88%，麸皮5%，玉米粉5%，石膏1%，石灰0.1%，过磷酸钙0.9%；

② 玉米芯粉98%，石膏、蔗糖各1%。

（2）配制方法　将上述配料加水，使含水量达到65%，pH调至6.5～7.0，装袋后两头扎紧，常压灭菌8～12h。

（3）接种发菌　按常规方法进行。

（4）脱袋覆土　当菌丝长满袋时脱袋覆土出耳。出耳需建菇棚，菇棚要光线明亮、通风良好、排水方便。在菇棚内建畦，畦高30cm，畦宽1m，上呈龟背形。覆土用的土壤以土田的表土为好。把长满菌丝的菌袋用锋利的刀片划破并脱去薄膜袋，一筒紧挨一筒平铺在畦面上，立即覆盖1～2cm的湿土，并架拱形薄膜保湿。

(5) 出耳管理 脱袋覆土后2～3d，白色菌丝开始向土中伸长，10～20d耳芽即可出土，这时揭去薄膜并喷水，每天喷1～2次。当采完头潮菇后停止喷水，并继续盖薄膜小拱棚，使菌丝恢复生长，其管理同上，准备采收第二潮菇；以后依此类推。

(四) 采收

当耳片舒展变软、边缘内卷、腹面出现白色孢子时，耳片成熟，可以采收。采收时用小刀从耳柄底部切下全耳。采收时成熟多少采多少，采大留小，一批一批地采收，一般可采收3～5潮。采后进行晾晒。

(五) 主要病虫害及其防治

主要病害：绿霉菌、烂耳。

防治方法：① 保持环境卫生；② 保持通风良好；③ 出耳后每隔3d喷1次1%的石灰水；④ 及时采收。

主要虫害：伪步行虫、蓟马。

防治方法：3—4月份，在越冬成虫活动期间，用200倍的敌敌畏药液喷洒地面。

十、银　耳

银耳（*Tremella fuciformis*）又名白木耳、雪耳，为担子菌亚门层菌纲银耳科银耳属食用菌。银耳是一种食用价值很高的食用菌，自古以来被誉为宴席上的滋补珍品，它营养丰富，含有多种氨基酸，还含有酸性异多糖。其食用方法多样，但以做汤为主，如冰糖银耳汤、银耳枣仁汤、燕窝银耳汤、银耳莲子汤等。

银耳味甘、性平，归胃、肺、肾经，具有润肺生津、滋阴补胃、益气安神、强心健脑之功效，对肺原性心脏病、老年慢性支气管炎有疗效，可辅助治疗肺热咳嗽、久咳喉痒、咳痰带血、久咳络伤、肋部痛楚、妇女月经不调和产后虚弱、肺热胃炎、大便秘结、大便下血等症。随着人们生活水平的不断提高，银耳在国内外市场上销量越来越大，发展前景十分广阔。

银耳栽培可利用空闲房屋，有条件的可建造专用菇房。菇架一般用竹竿或木板条制作，架高 2.5m，架宽 1m，层距 30cm，一个床架分 8 层，每个架子间隔 1m 作为作业道。装袋前 2d 要进行菇房消毒，每立方米空间用甲醛 10mL、高锰酸钾 5g 进行汽化消毒，密封 24h，进袋前要通风。

（一）生态环境条件

（1）温度　菌丝体在 6～32℃范围内均可生长，最适温度为 24～28℃；子实体在 18～28℃范围内均可生长，最适温度为 20～25℃。

（2）水分　培养料要求含水量 55%，子实体形成阶段要求空气相对湿度 80%～95%。

（3）光照　发菌期不需要光线，子实体形成和生长过程中，必须有充足的散射光。

（4）空气　银耳的生长发育需要流通的空气，尤其是在原基形成后，要加强通风。

（5）酸碱度　菌丝在 pH5～8 范围内均可生长，最适 pH 为 5～6。

（6）生物因子　银耳的生长发育除了要求上述条件外，还有一个必不可少的条件，即与一种子囊菌伴生，这种子囊菌称“耳友菌”。耳友菌可将培养料中复杂的有机物质分解，为银耳提供可以直接利用的简单的有机物质。否则银耳芽孢不易萌发为菌丝体，也不能形成子实体。

（二）栽培季节

银耳为中温性真菌，菌丝生长及子实体发育最适温度为 22～26℃，各地可根据这一标准确定当地的银耳栽培季节。华北地区利用自然温度栽培银耳，一年中可在春、秋两季各生产一次。银耳生产周期为 35～40d，可安排适当时间进行生产。

（三）栽培技术

1. 原料及配方

（1）培养料配方

① 木屑 100kg，麸皮 30kg，石膏粉 2kg，蔗糖 1.5kg，硫酸镁

0.5kg，磷酸二氢钾0.4kg，黄豆粉2kg，加水100～140kg；

② 棉子壳100kg，麸皮20kg，石膏粉2kg，蔗糖1.5kg，硫酸镁0.5kg，黄豆粉2kg，加水130～140kg；

③ 玉米芯80kg，棉子壳（或木屑）20kg，麸皮30kg，石膏粉2kg，蔗糖1.5kg，硫酸镁0.5kg，磷酸二氢钾0.4kg，黄豆粉2kg，加水120～140kg；

④ 木屑50kg，棉子壳50kg，麸皮20kg，石膏粉2.5kg，蔗糖1.5kg，硫酸镁0.5kg，黄豆粉2kg，尿素0.5kg，加水120～140kg。

（2）配制方法　将主料与麸皮、石膏粉混合均匀，把糖、尿素、硫酸镁等放入水中溶化后，倒入干料中，搅拌均匀，使培养料含水55%左右，pH5～6。

2. 装袋灭菌

可参照香菇的装袋要求进行，一般100kg料可装袋200个。装好袋后，在袋上打接种穴，每袋上打5个，穴口直径1.2cm。将穴口擦干净后，贴好胶布后常压灭菌，灭菌后将料袋移至培养室的床架上。

3. 接种培养

银耳有两种菌丝，即银耳菌丝和耳友菌丝，银耳菌丝长在培养基表层2cm处，而耳友菌丝则伸至袋底。拌种在接种箱内进行，用拌种器把银耳菌丝和耳友菌丝混合均匀，塞上棉塞备用。

对培养室进行消毒，然后接种，每袋5个穴均接入菌种，仍封好胶布。接种后室温保持22～25℃，进行闭光培养。随时检查菌袋，发现有杂菌污染时，及时用甲醛溶液杀死杂菌。经10～12d培养，袋内各穴菌丝已连成一片，揭去胶布，盖上报纸，开始喷水，但报纸上不能有积水；地面泼湿，保持湿润，喷水做到细喷勤喷。早中晚各通风一次，每次30min。

4. 出耳管理

耳芽形成后，温度控制在16～28℃，最适23～25℃；增加散射光，每天10h左右；加强通风，及时喷水。当幼耳2～3cm长时，开始割膜扩穴，即在穴口边缘割去1cm左右的袋膜，使穴口直径达到4～5cm，并均匀割伤菌丝体，盖上报纸，继续喷水保湿。当子实体5cm时揭去报纸，直接喷水到子实体上，在采收前2d停止喷水，通风管理照常。

（四）采收

当银耳的耳片全部展开，颜色变白，稍有弹性，形似菊花时，及时采收。采收后保鲜上市或制成干品。

（五）主要病虫害

主要病害：链孢菌、绿霉菌、白腐菌、烂耳病等。

防治方法：① 搞好环境卫生，杜绝污染源；② 培养基灭菌要彻底；③ 严格无菌接种操作。

主要虫害：菇蝇、跳虫、螨虫。

防治方法：参照金针菇虫害的防治方法。

第三章　蔬菜无土育苗技术

第一节　概　　述

20 世纪 60 年代世界上诞生穴盘育苗，70 年代开始在欧美等国迅速发展，其中以美国的推广面积最大，日本、韩国、中国台湾亦快速发展。1980 年我国北方数省成立了蔬菜工厂化育苗攻关协作组，无土育苗是其核心内容之一。20 世纪 80 年代中期，北京率先引进了国外先进的机械化穴盘育苗生产线。“九五”期间，全国先后建起多处专业性育苗场。

一、无土育苗的特点

（1）省去了传统育苗所需的大量床土，减轻了劳动强度；

（2）育苗基质体积小，质量轻，便于秧苗长途运输和进入流通领域；

（3）基质和用具易于消毒，减轻了苗期土传病虫害的发生；

（4）可进行多层架立体育苗，提高了空间利用率；

（5）易对育苗环境（温度、湿度）和幼苗生长进行调节，科学供肥供水，提高肥水利用率；

（6）便于实行标准化管理和工厂化、集约化育苗；

（7）由于设施形式、环境条件及技术条件的改善，无土育苗所培育的秧苗素质优于常规土壤育苗，幼苗整齐一致，生长发育加快，育苗周期缩短，病虫害少，壮苗指数提高，抗逆性强，根系发达，健壮，栽植后缓苗期短或无缓苗期，为后期生长打下良好基础；

（8）要求较高的设施和技术条件，成本相对较高。

二、无土育苗的方式

无土育苗主要包括播种育苗、扦插育苗、试管育苗等方法，以播种育苗最常用。其方式有以下几种。

（一）育苗钵育苗

育苗钵有塑料钵（图3－1）、营养钵（图3－2）和纸钵。

图3－1　塑料钵

图3－2　营养钵

1．塑料钵

塑料钵在育苗中应用比较广泛，种类也多。外形有圆形和方形，组成有单体钵和联体钵，塑料种类有聚乙烯和聚氯乙烯。目前生产上主要应用聚乙烯制成的单体软质圆形钵，上口直径和钵高分别为8～14cm，下口直径6～12cm，底部有一个或多个渗水孔利于排水。育苗时根据作物种类、苗期长短和秧苗大小选用不同规格的钵。一次成苗的作物可直接播种；需要分苗的作物则先在播种床上播种，待幼苗长至一定大小后再分苗至钵中。

塑料钵中的基质可以是单一基质，也可以是混合基质，营养液（或水）从上部浇灌或从底部渗灌。

有些塑料钵的侧面和底部有孔，容积200～800mL不等，使用时装入砾石或其他基质，然后放在营养液深1.5～2.0cm的育苗盘中育苗，成苗后直接定植到栽培槽的定植板孔穴中或盛有基质的花盆中，作物根系通过底部和侧面的小孔伸到营养液或基质中。这种育苗方法主要用于砂砾培、深液流培的果菜类和观叶类花卉，播种床仍需要基质，幼苗一片真叶时转移到塑料钵中培育成苗。有的塑料钵不用基质，在钵上有一塑料盖，中间有一孔，只要将秧苗裹以聚氨酯泡沫后固定于孔中即可。

2. 营养钵（土块）

利用制钵机将营养基质压制成方形小块，中间有孔，供播种或移苗。其中泥炭钵是以泥炭为主要成分，再加一些其他有机物压制而成。常见的如基菲营养钵、基菲营养小块等。基菲营养钵是由70% 泥炭、30% 纸浆，再加上一些化学肥料配制而成，外边包有弹性的尼龙网状物，具有通气、吸水力强、肥沃、轻巧、使用方便等优点。营养钵直径4.5cm，厚仅7mm，体积小，搬运极其方便。使用时先将其放入盘中喷水或从底部吸水使之膨胀，膨大成高4.5～5cm 的钵状育苗块后再播种或移苗，幼苗根系穿过尼龙网时定植。营养钵育苗期间无须另行提供养分。营养钵主要用于蔬菜、花卉、林木育苗。

3. 纸钵

在日本、西欧一些国家，纸钵主要用于培育叶菜类的小苗。通常用牛皮纸浆，加入10% ～30% 的亲水性尼龙纤维、少量防腐剂和化肥制成。这种纸钵的成品折叠成册，使用时展开成蜂窝状，由许多上下开口的六棱柱形连接在一起，每册中纸钵的数量和每个纸钵的直径因育苗作物的种类而异。纸钵必须和特制的垫板配合使用，要求垫板透水性好，表面平整，有弹性，不易被根系穿透。垫板上有许多小孔、以便调节钵土中的水分。

（二）泡沫小方块育苗

泡沫小方块育苗（图3－3）适用于深液流（DFE）水培和营养液膜（NFE）栽培。用一种育苗专用的聚氨酯泡沫小方块平铺于育苗盘中，育苗块大小约4cm 见方，高约3cm，每一小块中央切一“X”形缝隙，将已催芽的种子逐个嵌入缝隙中，并在育苗盘中加入营养液，让种子出苗、生长，待成苗后一块块分离，定植到种植槽中。

（三）岩棉块育苗

岩棉块的规格主要有（3×3×3）cm、（4×4×4）cm、（5×5×5）cm、（7.5×7.5×7.5）cm、（10×10×5）cm等。较大的方块一面中央有一个小方洞，用以嵌入一个小方块，小方洞的大小刚好与嵌入的小方块相吻合，称为“钵中钵”（图3-4）。岩棉块除上下两个面外，四周用乳白色不透光的塑料薄膜包裹，以防水分蒸发、四周积盐及孳生藻类。育苗时先用小岩棉块，在面上割一小缝，嵌入已催芽的种子后密集置于可装营养液的箱、盘或槽中。开始先用稀释的营养液浇湿，保持岩棉块湿润；出苗后，在盘、槽底部维持0.5cm厚以下的液层，靠底部毛管作用供水供肥；后期再将小岩棉块移入大育苗块中，然后排在一起，并随着幼苗的长大逐渐拉开育苗块距离。移入大育苗块中后，营养液可维持1cm深度。

图3-3 泡沫小方块育苗

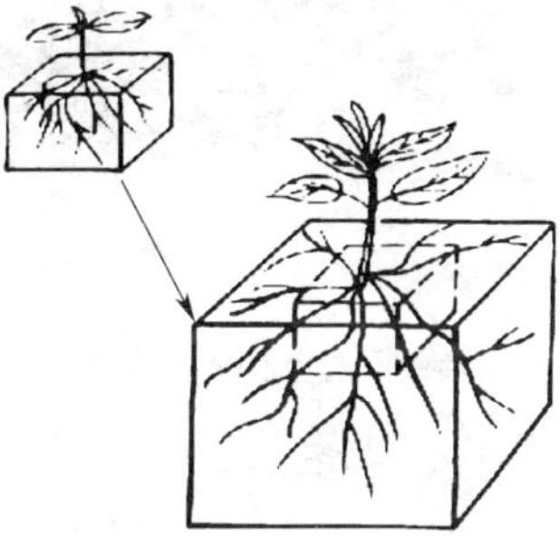

图3-4 岩棉块育苗

（四）穴盘育苗

穴盘是按照一定的规格制成的带有很多小型钵状穴的塑料盘（图3-5），分为聚乙烯薄板吸塑而成的穴盘和聚苯乙烯或聚氨酯泡沫塑料制成的穴盘。国际上使用的穴盘外形大小多为27.8cm×54.9cm，小穴深度视孔的大小而异，3~10cm不等。根据穴盘穴的数目和孔径大小，穴盘分为50、72、128、200、288、392、512、648孔等不同规格，其中72、128、288孔穴盘比较常用。穴盘的规格在形状上有方锥穴盘、圆锥形穴盘。根据育苗的用途和作物种类，可以选择不同规格的穴盘，一次成苗或培育小苗供移苗用。使用时先在孔穴中装满基质，然后进行播种，播种时一穴一粒种子，成苗时一穴一株。

（五）育苗盘（箱）育苗

育苗盘（箱）多为塑料制品，用聚乙烯树脂加入耐老化剂模压成型（图 3－6）。一般常用蔬菜育苗盘规格为（60×30×5）cm 或（40×30×5）cm，底部有细孔透水、透气。使用时，装入基质直接播种，或者在盘内盛放育苗钵，以便搬运和机械化栽植。育苗盘既可用于播种，也可用于育小苗，适于立体育苗。有的育苗盘中间设有纵横格板，每一小格育一株苗。

图 3－5　穴盘育苗

图 3－6　育苗盘育苗

常用硬质塑料育苗箱的规格为（50×40×12）cm，可在里面直接育苗，也可作为运苗工具。

第二节　无土育苗的基质

一、育 苗 基 质

育苗基质是固定并支持秧苗、保持水分和营养、提供根系正常生长发育环境的重要条件，因此选用适宜的基质是无土育苗的重要环节和培育壮苗的基础。无土育苗的基质要求具有较大的孔隙度，合理的气肥比，稳定的化学性质，且对秧苗无毒害。为了降低育苗成本，选择基质还应注重就地取材、经济实用的原则，充分利用当地资源。

（一）无机基质

（1）岩棉　由辉绿岩、石灰石和焦炭以3∶1∶1或4∶1∶1的比例，在1500~2000℃的高温炉中熔融加工，然后再冷却至200℃，加入一种酚醛树脂并固定成四方体或板片等各种形状，并且用苯酚树脂和湿润剂进行处理，一般为黄色、灰色、白色，无毒，不含病菌和其他有机物。

（2）砂　砂的来源广泛，价格低廉，其缺点是容重大，持水力差。用作无土栽培的砂应确保不含有毒物质，在使用前应用清水清洗。

（3）石砾　河边细石或石矿场的岩石碎屑，其粒径应选在1.6~2.0mm的范围内。由于石砾容重大，给搬运、清理、消毒等日常管理带来很大麻烦，所以应用得越来越少。

（4）蛭石　云母类次生硅质矿物，为铝、镁、铁的含水硅酸盐，由一层层的薄片叠合而成。蛭石均为中性或微碱性，正好与酸性基质泥炭混合使用。由于其吸水能力强，并含有氮、磷、钾、钙等营养成分，是无土栽培中较好的基质之一。用于无土育苗的蛭石应选择粒径0.75~1.0mm的。

（5）珍珠岩　由一种灰色火山岩加热至1000℃时，岩石颗粒膨胀而形成质地均一、直径1.5~4.0mm的灰白色多孔性闭孔疏松核状颗粒，含有一定比例的氮、磷、钾、钙等营养元素，吸水量可达本身质量的2~3倍，所以被选为无土栽培中的基质。

（6）炉渣　炉渣具有良好的理化性质，孔隙度较大，含氮、磷、钾较高，而且还含有铁、镁、锌、钼、铜等微量元素，且未受污染，不带病菌；缺点是碱性大、持水量低、质地不均。使用前要用清水洗碱，并进行筛选。

（二）有机基质

（1）泥炭　又名草炭，是由苔藓、苔草、芦苇等水生植物以及松、桦、赤杨、羊胡子草等陆生植物在水淹、缺氧、低温、泥砂渗入等条件下未能充分分解堆积形成，是煤化程度最浅的煤，所以，它由未完全分解的植物残体、矿物质和腐殖质三者组成。泥炭是迄今为止被世界各国普遍认为最好的无土栽培基质之一。泥炭 pH 为 3.0～6.5，孔隙度较高，富含有机质，干物质中有机质含量为 40.2%～68.5%，有机质中腐殖酸含量为 20%～40%，氮、磷、钾含量也较高，风干泥炭的吸水量可达自身质量的 0.5～4 倍。

（2）芦苇末　是造纸厂废弃的下脚料，添加一定比例的鸡粪等辅料，可堆制发酵合成优质环保型无土栽培的有机芦苇末基质。其总孔隙度为 80%～90%，尤其是各种营养元素含量丰富，微量元素的含量能基本满足作物生长发育要求，故又称人工草炭。

（3）锯木屑　是木材加工厂的下脚料，质轻，具有较强的吸水、保水能力，用作基质已有多年历史。经堆积腐烂后，持水量可达 48%，大孔隙度 5.4%。但有些树种（如桉树、侧柏等）的锯末含有对植物有害的物质，人造木板的锯末含化学黏合剂，使用时应注意。

木屑价格便宜，在产区货源充沛，有开发利用价值，但有时携带病菌和虫卵，因此使用前一定要堆沤，堆沤时间最少在三个月以上，而且要进行化学消毒处理。

（4）蔗渣　来源于甘蔗制糖业的副产品，在我国南方来源广泛，但新鲜的蔗渣 C/N 比值高达 169，不能直接作为基质使用，必须经过堆沤后才能使用。蔗渣堆沤时间太长（6 个月以上），会由于分解过度而产生通气不良，所以实际应用时以堆沤时间 3～6个月为好。经堆沤和增施氮肥处理的蔗渣，可以成为与泥炭种植效果相当的良好基质。但用于育苗的蔗渣，应选择较细的，最大直径不超过 5mm。

（5）菇渣和棉子壳菌糠　菇渣是种植草菇、平菇等食用菌废弃的培养基质，可用来作为无土栽培的基质。但在应用时，应先将废弃的菇渣加水至含水量约 70%，进行堆沤 3～4 个月，取出风干、打碎，过 5mm 的筛，然后再用。菇渣含氮、磷、钾较高，不宜直接作为基质使用，应与泥炭、蔗渣、砂等按一定比例混合使用，混合时菇渣所含比例不应超过40%（以体积计算）。

棉子壳的性质与发酵木屑有些相近。

（6）稻壳（也称砻糠） 是稻米加工时的副产品，既通气、排水、抗分解，又不干扰其他基质的养分有效性，而且价格便宜，是一种比较好的基质。但是由于其质轻而浇水后易浮起，用前要蒸煮以杀灭病原菌，蒸煮时释放出的锰有可能使植物中毒，蒸煮后要加1%氮肥以纠正高碳氮比等缺点，所以无土栽培中少见直接用作基质。在无土栽培中使用的稻壳是经过炭化（不用明火）处理的，称为炭化砻糠。

炭化稻壳含营养元素丰富，价格低廉，通透性良好，且不带病菌，但持水能力较差，使用时需经常浇水。

（7）腐叶 腐叶对花卉无土栽培的意义非同一般，因为它能给花卉提供一个类似有土栽培的理想环境。深秋时，选择一个合适的地方挖一个大坑，然后把大量的阔叶树的落叶集中在坑里，将其压实后灌水，然后在上面覆盖塑料薄膜，并覆土壤。经过一个冬季，可以在土地解冻后将已腐败的落叶从土中挖出置于空气中，经常喷水、翻动，以利其风化，然后再将其捣碎，过筛后即可使用。在操作时，应根据花卉的种类，将腐叶与一定比例的其他基质混合在一起。腐叶不适合单独使用，与其他无土基质混合使用效果较好。

（三）复合基质

复合基质也称混合基质，是由两种或几种基质按一定比例混合而成。我国很少以商品形式出售复合基质，生产上根据作物种类和基质材料进行配制。配制复合基质时，一般用2～3种单一基质，制成的基质应该是容重适宜、增加孔隙度、提高水分和空气含量，具有优良的理化性状，有利于提高栽培效果。以下是国内外常用的一些复合基质配方。

配方1：1份草炭、1份珍珠岩、1份砂；

配方2：1份草炭、1份珍珠岩；

配方3：1份草炭、1份砂；

配方4：1份草炭、3份砂；或3份草炭、1份砂；

配方5：1份草炭、1份蛭石；

配方6：4份草炭、3份蛭石、3份珍珠岩；

配方7：2份草炭、2份火山岩、1份砂；

配方8：2份草炭、1份蛭石、1份珍珠岩；或3份草炭、1份珍珠岩；

配方9：1份草炭、1份珍珠岩、1份树皮；

配方10：1份刨花、1份炉渣；

配方11：2份草炭、1份树皮、1份刨花；

配方12：1份草炭、1份树皮；

配方13：3份玉米秸、2份炉渣；或3份向日葵秆、2份炉渣灰；或3份玉米芯、2份炉渣；

配方14：1份玉米秸、1份草炭、3份炉渣；

配方15：1份草炭、1份锯末；

配方16：1份草炭、1份蛭石、1份锯末；或4份草炭、1份蛭石、1份珍珠岩；

配方17：2份草炭、3份炉渣；

配方18：5份向日葵秆、2份炉渣、3份锯末；

配方19：7份草炭、3份珍珠岩。

在配制混合基质时，可以混入一定的肥料，肥料可用高效有机肥和化学肥料，化学肥料可用氮、磷、钾三元复合肥（N－15、P－15、K－15），或硫酸钾、硝酸铵、过磷酸钙，最好加入一定量的微量元素肥料，如硫酸镁、硫酸锌、硼砂、硫酸亚铁等。

二、基质的消毒

许多无土栽培基质在使用前可能会含有一些病菌或害虫及其寄生虫卵，在长时间使用后也会聚集病菌和虫卵。因此，在每一次基质使用前，都要对基质进行消毒，以消灭任何可能存留的病菌和虫卵。

（一）蒸汽消毒

将基质装入柜中或箱中（体积1～2m^3），用通气管通入蒸汽进行密闭消毒，一般在70～90℃条件下持续15～30min即可。如基质量大可堆积成20cm高的基质堆，长度根据条件而定，覆上防水、防高温的布，导入蒸汽在70～90℃下消毒1h。

（二）化学药品消毒

1. 40%甲醛（福尔马林）

40～50倍液，每立方米用20～40L药液喷洒基质，将基质均匀喷湿，然后用塑料薄膜覆盖24h以上。使用前揭去薄膜，让基质风干两周左右再用，以免残留药物危害。这种方法杀虫效果较差。

2. 氯化苦

氯化苦能有效地防治线虫等害虫、一些杂草种子和具有抗性的真菌等。一般先将基质整齐堆放30cm厚，然后每隔20～30cm向基质内10～15cm处用大型注射器注入氯化苦药液3～5mL，并立即将注射液孔堵住。一层基质放完药后，再在其上铺同样厚度的一层基质打孔放药，如此反复，共铺2～3层，每立方米基质施用150mL药液，最后覆盖塑料薄膜，使基质在15～20℃条件下薰蒸7～10d。基质使用前要有7～8d风干时间，以防止直接使用时危害作物。

氯化苦对活的植物组织和人体有毒害作用，施用时务必注意安全。

3. 溴甲烷

溴甲烷能有效杀死大多数线虫等害虫、杂草种子和一些真菌。施用时将基质堆起，然后用塑料管将药液混匀喷到基质上，每立方米基质用量一般为100～150g。混匀后用塑料薄膜覆盖密封5～7天，使用前要晾晒7～10d。溴甲烷有毒害作用，施用时要注意安全。

4. 威百亩

威百亩是一种水溶性薰蒸剂，对线虫、杂草和某些真菌有杀伤作用。施用时1L威百亩加入10~15L水稀释，然后喷洒在10m^3基质表面，施药后将基质密封，半个月后可以使用。

（三）太阳能消毒

在基质消毒中，蒸汽消毒比较安全，但成本较高；药剂消毒成本较低，但安全性较差，并且会污染周围环境。太阳能消毒是一种安全、廉价、简单、实用的基质消毒方法，同样也适用于目前我国日光温室的消毒。具体方法是，夏季温室或大棚休闲季节，将基质堆成20~25cm高，长度视情况而定。在堆放基质的同时，用水将基质喷湿，使含水量超过80%，然后用塑料布覆盖，密封温室或大棚，暴晒10~15d，即可达到消毒的目的，效果很好。

第三节　蔬菜无土育苗技术

蔬菜育苗是指蔬菜种子从播种到定植的生育过程，是蔬菜生产过程中的第一步，是蔬菜获得高产、高效的基础。蔬菜育苗的目的，是为蔬菜的早期生长营造一个适宜的环境条件，达到延长生长季节、增加种植茬口、提高土地利用率和光能利用率，从而达到增加单位面积产量、提高经济效益的目的。蔬菜育苗的目标是培育壮苗。

一、播种前的准备工作

按“无公害蔬菜”生产的有关标准选择育苗场地。在项目实施区，利用现有场地育苗。

（一）育苗场地的选择

（1）蔬菜育苗场地附近2000m内无污染源，距主公路200m以外。

（2）通水通电，育苗用水pH6.5~7.5，用水符合相关标准。

（二）育苗设施

根据栽培季节需要，可选择阳畦、小拱棚、塑料大棚、日光温室、连栋温室作为育苗设施。目前多选择日光温室作为蔬菜育苗设施。

(三) 育苗基质

蔬菜无土育苗基质的种类和配方较多，目前大面积推广应用的基质是草炭 2/3（体积）、蛭石 1/3（体积）、膨化鸡粪 20kg/m^3、氮、磷、钾复合肥 0.5kg/m^3（N—15、P—15、K—15）。另外，各地由于基质资源不同，可选用砻糠、蔗渣、菇渣、珍珠岩等多种基质选择配方应用。

二、育苗工具

(1) 穴盘与塑料钵　穴盘主要应用于茄科蔬菜（茄子、辣椒、西红柿等）和部分叶菜类（甘蓝、白菜、莴苣等）育苗，常用规格有 50、72、128、288 孔。为达到壮苗的目的，最好选用 50、72 孔的穴盘。

塑料钵主要用于瓜类（西葫芦、南瓜、黄瓜、甜瓜、西瓜、葫芦等）育苗，常用规格上口直径为 6.8、8.0、9.0cm。

(2) 温度计　常用温度计若干支，自记最高气温计，自记最低气温计，曲管地温计（5、10、15cm）。

(3) 大体积容器　蓄水池或大水桶或大水缸等，主要用于蔬菜育苗喷、渗水。提前 2～3d 将水注满，使水温和室（棚）温基本一致，然后用于喷浇蔬菜幼苗。

(4) 喷壶　用于蔬菜育苗喷水。

(5) 喷雾器　用于蔬菜育苗病虫害防治时喷施农药和土壤消毒、温室（棚）消毒。

(6) 肥水供给系统　在有条件的地方或育苗面积比较大的工厂化育苗基地，要配备喷水喷肥设备，可以减轻劳动强度，提高劳动效率，有利于实现自动化管理。也可以利用自来水管或水泵，接上软管和喷头，进行水分供给。需要喷肥时，在水管上安装加肥装置，利用虹吸作用，进行养分的补给。

(7) 种子。

(8) 农药　包括与育苗有关的杀菌剂、杀虫剂。

(9) 物理防治用的黄板、银灰色地膜、防虫网等。

三、育苗技术

（一）消毒技术

1．塑料钵和穴盘的消毒

塑料钵、穴盘在使用前要进行消毒处理。先用清水将塑料钵、穴盘洗净，然后放入高锰酸钾1000倍液中浸泡20～30min，浸泡过程中时常翻动，捞出后用清水洗净药液，晾干备用。

2．基质消毒

基质用量大时，按前述蒸汽消毒、化学消毒、太阳能消毒的方法；基质用量小时，可先将基质加入适量水分，使基质潮湿，然后每立方米基质加入50%的多菌灵可湿性粉剂20g，充分拌匀，上覆塑料布，闷24h以上，备用。

3．育苗日光温室的整地施肥与土壤消毒

育苗日光温室在其完成育苗后，将会用于栽培蔬菜或其他作物，因此育苗日光温室的土壤处理要充分考虑到以后的生产，所以要进行整地、施肥、土壤消毒等作业。施肥水平为每667m^2施优质农家肥5000kg左右，均匀地撒施在地面上，然后进行土壤消毒，即喷撒50%的多菌灵可湿性粉剂500倍液，每667m^2用药2.5kg；喷施50%的辛硫磷1000倍液，每667m^2用药100g，两种农药可以混合使用。在此基础上进行土壤深翻或旋耕，深度20cm以上，使农家肥、农药均匀地分布在20cm深的土层内，最后耙平。

4．育苗日光温室的室内消毒

（1）每667m^2日光温室用硫磺4kg加适量锯末，在温室内均匀布点3～5个，于傍晚点燃，然后闷棚2d；

（2）10%速克灵烟剂或45%百菌清烟剂（安全型），每667m^2用药量为500g，在温室内均匀布点3～5个，于傍晚点燃后密闭熏蒸一夜。

5．种子消毒技术

选择优质、抗病、高产的品种。在种子的选择上，要选择纯度95%以上、发芽率95%以上、籽粒饱满的种子。播种前晒种2～

3d，以打破休眠、提高种子活性。目前，一些种子公司出售的种子已经经过了发芽试验和包衣处理，这样的种子可直接用于播种，而一般的种子，要进行处理。

（1）温汤浸种　将种子放入50～60℃的温水中，顺时针搅动20～30min，水温降至室温时停止搅动，在水中浸泡一段时间后，漂去秕子，再用清水冲洗一次，滤去水分，风干后备用。

（2）药剂处理　药剂处理种子的目的是杀灭附着在种子表面的病菌，达到防病的目的。种子先用清水浸泡2～4h后再置入药剂中进行处理，处理后用清水将种子冲洗干净并风干备用。

药剂的使用方法及病害防治详见表3－1。

表3－1　药剂使用方法及病害防治

蔬菜种类	病害防治	药剂使用	药液浓度/倍	浸泡时间/min
西红柿	病毒病	磷酸三钠	10	20
	病毒病	氢氧化钠	50	15
	早疫病	福尔马林	100	15～20
甜（辣）椒	病毒病	磷酸三钠	10	20
	炭疽病	硫酸铜	100	5
	细菌性角斑病	硫酸铜	100	5
	疮痂病	链霉素	500	30
茄子	褐纹病	福尔马林	300	15
黄瓜	枯萎病	50%多菌灵	500	60
	枯萎病	福尔马林	150	90

注：磷酸三钠、福尔马林含量均为40%，链霉素为72%农用链霉素。

（二）地热线应用技术

在北方冬季育苗，由于天气寒冷，温室内的温度不容易达到育苗的要求，这时要考虑加铺地热线，以提高育苗温室的地温，并对稳定温室温度有一定作用。

1. 电热线主要技术参数

电热线主要技术参数如表3－2所示。

表 3－2　电热线主要技术参数

型号	功率/W	长度/m	颜色
DV20408	400	60	棕
DV20410	400	100	黑
DV20608	600	80	蓝
DV20810	800	100	黄
DV21012	1000	120	绿

2. 电热线的布设

电热线的选用，可选择上述型号中的任何一种，在实际应用中，功率小的电热线，线与线的间距为 8cm 左右；功率大的电热线，间距为 12cm。布线的条数为偶数，因电热线不能截断使用，所以在布设中，当最后一条线不够长时，即可中途返回。在布设前，先做好设计，然后在育苗温室内布设。电热线田间布设示意图如图 3－7 所示。

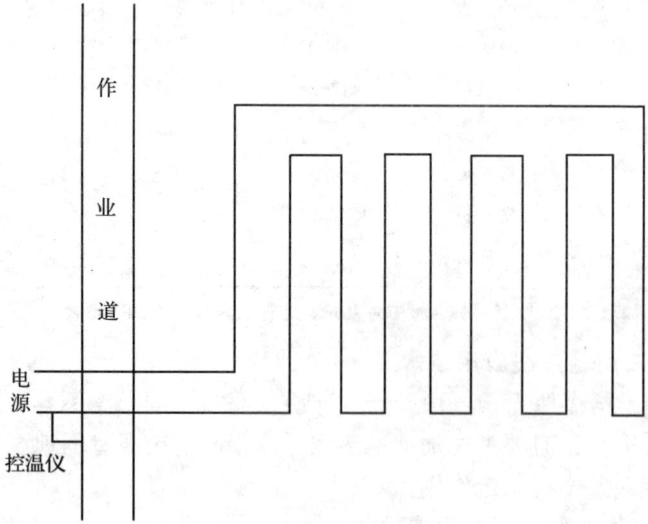

图 3－7　电热线田间布设示意图

在实际操作中，一般一个地热床面积为 $10m^2$ 左右。先将地热床5cm深表土挖走，放置在地热床周围，然后用10cm长的竹签（或木筷）按设计好的图纸定点插入，接着把电热线来回绕在已固定的竹签上，使之贴紧地面并拉直，然后覆土，即把地热床5cm表土回填，拔出竹签，地热线铺设结束。

电热线的电源安装在日光温室的后墙上，为三相四线制供电。在连接电热线过程中，要安装自动控温仪。自动控温仪的作用是：当地热床达到指定温度时，控温仪会自动断电；当地热床温度降低、达不到指定温度时，控温仪又会自动接电，以保证地热床温度的稳定。一般地热床的温度保持在20℃左右。

当育苗结束后，要及时取出电热线，起线时切忌硬拉，以免拉断。

（三）播种技术

1．育苗时间的确定

育苗的时间，是决定蔬菜生产效益高低的关键因素之一，它直接关系到蔬菜上市的时间；在有关的项目区，又直接关系到项目的要求。

（1）依据　成品菜的上市时间、蔬菜在市场上的最高价位，以求获得蔬菜生产的最大经济效益。在有关项目实施区，要满足项目的需要。

（2）时间安排　育苗期—（天）—移栽期—（天）—盛产期（上市时间），即从上市时间向前推算，以确定育苗的最佳时间，具体见表3－3。

表3－3　　不同蔬菜育苗期及成苗标准

种类	穴盘选择/孔	育苗期/d	成苗标准（叶片数）
冬春季茄子	72	80～85	6～7
冬春季茄子	128	70～75	4～5
冬春季甜椒	128	55～70	8～10
冬春季番茄	72	60～65	6～7

续表

种类	穴盘选择/孔	育苗期/d	成苗标准（叶片数）
冬春季番茄	128	45~50	4~5
夏秋季番茄	200	18~22	3叶1心
夏播芹菜	128	60	5~6
黄瓜	塑料钵	25~35	3~4
结球甘蓝	128	75~80	5~6
花椰菜	128	75~80	5~6

一般来说，选用的穴盘孔目越少，育苗时间越长，但幼苗粗壮，进入高产期时间越短；反之，选用的穴盘孔目越多，育苗时间越短，但幼苗生长偏弱，进入高产期的时间越长。瓜类育苗，冬春、夏秋的育苗期基本相同，生产中多用塑料钵育苗，以达到壮苗的目的。

2. 播种技术

（1）装盘（钵） 将准备好的基质装入穴盘或塑料钵中，但不能装得太满，穴盘以上面露出各个格框、塑料钵上面留有1~2cm空间为准。

（2）压穴盘、钵 将装有基质的穴盘4~5个摞在一起，上面再放一只空盘，两手平放在盘上均匀用力下压，使每个穴盘上面出现1cm左右的空间；塑料钵也用同样的方法，使钵内基质压实，上有1cm空间。

（3）播种 应用精量播种技术，每穴、钵播种1粒处理好的种子，上覆0.5~1.0cm的蛭石，并浇一次透水。有条件的地方，可应用机械播种。

（4）穴盘（钵）的摆放 将已播种过的穴盘或塑料钵按设计好的位置摆放整齐，有条件的摆放在育苗床架上，也可摆放在铺有塑料薄膜（或地布）的地面上，做好标记，注意留出合理的作业道。

（5）覆盖地膜 用地膜将穴盘、塑料钵盖好，四周压实。待

70%的幼苗出土后揭去地膜。

（四）温度、水分、光照的管理技术

1. 温度

温度是培育壮苗的基础条件。应该指出，不同的蔬菜幼苗对温度的要求不尽相同，但日光温室往往是集多种蔬菜品种一起育苗，这就要求在温度管理中求大同而存小异，采取一些必要的技术措施，在管理中有所区别。如茄果类蔬菜、瓜类蔬菜育苗期要求温度较高，可将其育苗盘（钵）放置在地热床内；而甘蓝、白菜类等叶菜类蔬菜育苗期要求温度较低，可将其育苗盘（钵）放在育苗床的普通位置。各种蔬菜苗期温度管理标准见表3－4。

表3－4　苗期温度管理标准

蔬菜种类	白天/℃	夜间/℃	蔬菜种类	白天/℃	夜间/℃
茄子	25～28	18～21	绿菜花	18～22	12～16
甜（辣）椒	25～28	18～21	花椰菜	18～22	12～16
番茄	20～23	15～18	西葫芦	20～23	15～18
黄瓜	25～28	15～16	芹菜	18～24	15～18
甘蓝	18～22	12～16	西瓜	25～30	18～21

蔬菜幼苗的生长需要一定温差，白天和夜间应保持8～10℃的温差。白天温度高，夜间温度可偏高；阴雨雪天白天温度低，夜间温度也应该相应地低些。在技术管理中，切忌高温，否则易造成幼苗徒长，达不到壮苗的目的。阴雨雪天气时，外部气温低，光照也不足，因此育苗温室要适当放风降低温度，使幼苗呼吸作用减弱，降低呼吸消耗。

2. 水分

蔬菜幼苗不同生育阶段要求基质的水分含量见表3－5。

在生产管理中，一般为播种后浇一次透水，出苗后到第一片真叶长出，要适当降低基质水分含量，以利蹲苗，为形成壮苗打基础。但在其后随着幼苗长大，这时缺水又会导致幼苗老化，所以管理时以小水勤喷为宜。

表3-5 蔬菜幼苗不同生育阶段要求基质水分含量（相当于最大持水量的%）

蔬菜种类	播种至出苗	子叶展开至二叶一心	三叶一心至成苗
茄子	85~90	70~75	65~70
甜（辣）椒	85~90	70~75	65~70
番茄	75~85	65~70	60~65
黄瓜	85~90	75~80	70~75
芹菜	85~90	75~80	70~75
生菜	85~90	75~80	70~75
甘蓝	75~80	70~75	55~60

3. 光照

在保证室内温度的前提下，争取早揭苫、晚盖苫，延长光照时间；选用防尘无滴棚膜，定期冲刷膜上尘土；阴雨天气，也应揭开覆盖物；有条件的地方，应用补光技术。夏季育苗，应用遮阳网。

在育苗过程中，温度、水分、光照等环境条件相互影响、相互制约，在生产实际中，要采取揭放覆盖物、放风、浇水等一系列措施，给幼苗生长创造一个良好环境。

（五）嫁接技术

1. 黄瓜嫁接技术（图3-8）

（1）砧木选择 黑子南瓜、火凤凰。

（2）播种期 黄瓜比黑子南瓜或火凤凰早播5~7d，即黄瓜子叶展平时播种黑籽南瓜、火凤凰。

（3）嫁接苗的生长指标 黄瓜苗高8~10cm，已展开第一片真叶；黑子南瓜苗高7~8cm，已完全展开子叶。

（4）嫁接方法 通常采用靠接方法。黄瓜在子叶下1~1.5cm处用嫁接刀斜向上切口，斜度为45°，深度为茎粗的1/2~2/3；南瓜用竹签去掉生长点，在子叶下的0.5~1.0cm处用嫁接刀斜向下切口，斜度也为45°，深度为茎粗的1/2，将两个切口相互嵌入，使黄瓜两片子叶在南瓜子叶上面，在切口嵌入处用专用塑料嫁接夹固定，然后同正常移栽苗一样，将嫁接后的两株苗（黄瓜苗、南瓜苗）栽入育苗钵中，浇足水。嫁接后12~13d将黄瓜苗断根，去掉嫁接夹，再过3~4d即可定植。

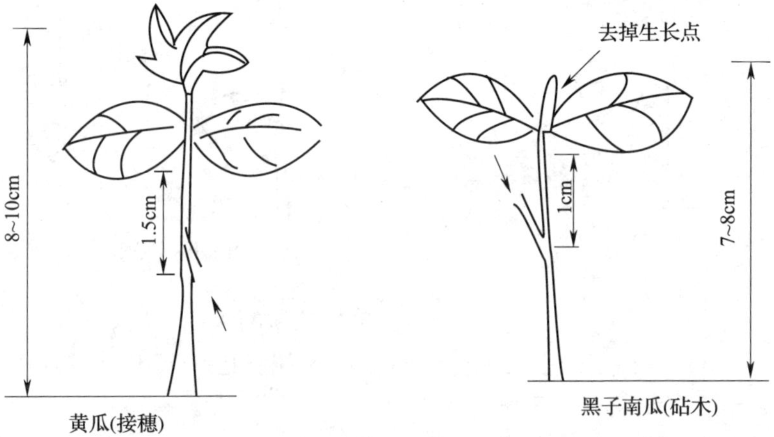

图3-8　黄瓜嫁接示意图

（5）嫁接苗的管理　将嫁接后的小苗放入小拱棚内，3d内，掌握白天温度25~30℃，夜间17~20℃，并放“花帘”遮阴；3d后在小拱棚顶部扒缝放风，温度不超过25℃，7~8d后转入正常管理。

（6）注意事项　黑子南瓜种子，当年收获的，种子饱满，外皮有光泽，但发芽率仅10%左右，而且出苗极不整齐；隔年种子，外形有些瘪，褐色而无光泽，但发芽率高。黑子南瓜种子千粒重为200~250g，每667m^2用种量为1.0~1.5kg。

2. 茄子嫁接技术（图3-9）

（1）砧木的选择　托鲁巴姆、无刺常青林、托托斯加。

（2）播种期　托鲁巴姆比接穗品种早播35d，即当砧木二叶一心时播种茄子接穗。

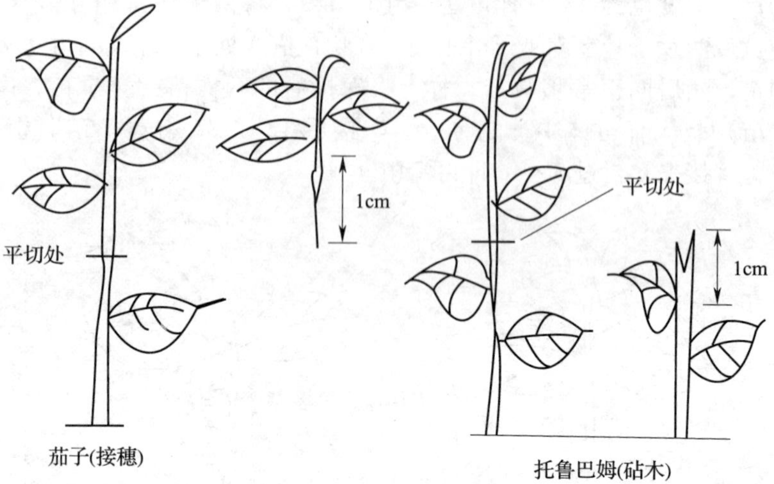

图 3－9　茄子嫁接示意图

（3）嫁接苗的生长指标　砧木苗（托鲁巴姆）5～6 叶真叶；接穗苗（茄子）4～5 片真叶。

（4）嫁接方法　采用劈接法，砧木底部留 2～3 片真叶，于高约 3～3.5cm 处平切断，去掉上部，然后在砧木中间垂直切入 1cm 深；接穗上部保留 2～3 片真叶，去掉下部，将上部下端削成楔形，楔形长 1cm，随即将接穗插入砧木切口中，对齐后用嫁接夹固定，并栽入育苗穴盘内。10d 以后去掉嫁接夹，正常移栽。

（5）嫁接苗的管理　将嫁接苗放入小拱棚内，3d 内白天温度 28～30℃，夜间 18～20℃，相对湿度 95%；3d 后，白天温度 25～27℃，夜间 17～20℃，相对湿度 70%～80%；并遮光 3～4d，以后逐渐见光。约 8d 后嫁接苗完全成活，去掉小拱棚，转入日常管理。

（6）播种量　茄子：每 $667m^2$ 用种量为 50g，托鲁巴姆：每 $667m^2$ 用种量为 5g 以上。

（六）苗期病虫害防治技术

蔬菜苗期病虫害的防治，遵循“预防为主、综合防治”的原则，以农业防治为主，积极采用物理防治、生物防治技术，确保蔬菜幼苗的正常生长。

1. 苗期病害及其防治

（1）苗期病害

① 立枯病：为茄科蔬菜幼苗常见病害，多于幼苗中后期发生。开始时在近地面处茎部出现不定形病斑，扩散后逐渐凹陷，后来皮层腐烂，干枯死亡，但病苗一般直立不倒。地面常见淡褐色菌丝体。

② 猝倒病：为茄科蔬菜幼苗常见病害，症状为近地面嫩茎出现淡褐色、不定形的水渍状病斑，幼苗倒伏，开始时幼苗子叶尚绿，后期地面出现白色絮状物，幼苗枯干死亡，常成片发生。

（2）防治方法　育苗基质、育苗温室、土壤进行消毒处理；种子进行温汤浸种处理；发病初期，用适量草木灰加少许细干土混合后撒施于幼苗中间。化学防治，使用 72.2% 普力克水剂 400 ~ 600 倍液或 50% 的多菌灵可湿性粉剂 800 ~ 1000 倍液或 75% 百菌清可湿性粉剂 800 倍液进行喷雾。

2. 苗期虫害及其防治

（1）蚜虫　苗床周围铺约 15cm 宽的银灰色地膜，苗床上方高 60 ~ 100cm 处悬挂 3 ~ 7cm 宽的银灰色地膜；生物肥皂 100 倍液喷雾；印楝素 1000 倍液喷雾；10% 吡虫啉 1500 倍液喷雾。

（2）红蜘蛛　清除杂草，清洁地面；加强温度、水分、光照的管理，培育壮苗；及时摘除受害叶片并销毁；使用 25% 灭螨猛可湿性粉剂 1500 倍液，于个别植株出现受害症状（出现卷叶株 2% ~5%）时，喷施植株叶片背面。

（3）白粉虱　用高 1m、宽 20cm 的黄板，上涂 10 号机油，插于苗床行间诱杀，每 667m^2 放置 30 ~ 40 块；25% 阿克泰水分散粒剂 5000 倍液喷雾；25% 扑虱灵可湿性粉剂 1500 倍液喷雾。

（4）斑潜蝇　黄板诱杀（见防治白粉虱）；1.8% 阿维菌素乳剂 3000 倍液喷雾；52.25% 农地乐乳油 1000 ~ 1500 倍液喷雾。

第四节　蔬菜育苗常用数据

一、常见蔬菜瓜果种植密度与播种量

常见蔬菜瓜果种植密度与播种量如表3－6所示。

表3－6　常见蔬菜瓜果种植密度与播种量

种类	种植密度/（株/667m²）	播种量/（g/667m²）	
		育苗	直播
番茄	2800～3200	20～30	50～100
辣（甜）椒	2800～3500	35～50	100～150
茄子	3000～3500	50	—
黄瓜	密刺型4000	150～200	200～240
	少刺型2800～3000	100～120	200～240
西葫芦	1500～1700	250～300	400
南瓜	1200	200～300	200～400
西瓜	600～700	60	100～150
薄皮甜瓜	1500～1700	50～70	100
大白菜	3000	50	150～200
甘蓝	早熟种4500	30～50	—
	晚熟种3000	30～50	—
花椰菜	2200～2400	25～50	—
娃娃菜	8000	50～60	150～200
油菜	8000～10000	—	100～150
芹菜	4000～5000	100～150	500～800
架豆	4000穴×3粒/穴	—	4000～5000

二、育苗总数量的计算方法

为防止意外导致缺苗，常预备10%的备用苗，以便及时补缺，保证全苗。

育苗总数＝［密度（株/667m^2）×栽植面积（667m^2）］＋［密度（株/667m^2）×栽植面积（667m^2）×10%］。

三、育苗基质总需求量的计算方法

（1）穴盘育苗需基质总量（m^3）＝［穴盘长（m）×穴盘宽（m）×穴盘深（m）］×2/3×育苗穴盘总数量

（2）塑料钵育苗需基质总量（m^3）＝3.14×塑料钵半径^2（m^2）×塑料钵高（m）×塑料钵总量

（3）需基质总量（m^3）＝穴盘育苗需基质总量（m^3）＋塑料钵育苗需基质总量（m^3）

第四章　设施蔬菜栽培技术

第一节　设施蔬菜栽培模式

设施蔬菜的高效栽培模式，可以人为地创造良好的蔬菜生长发育的生态环境，改变设施内的小气候条件，从而提高土地利用率、光能利用率，提高蔬菜的抗病抗虫能力，而且节水、节能，提高产量和改善品质。

一、高畦（垄）栽培技术

高畦（垄）栽培技术是目前我国设施蔬菜栽培的一种先进的栽培方式，已经并正在大面积推广应用。高畦（垄）栽培的原理是在温室、大棚蔬菜栽培中充分提高光能利用率，从而有利于保持栽培畦面良好的通风和光照条件。据有关资料介绍，高畦（垄）可使棚室土壤接受光照的面积扩大1/4～1/3。同时高畦（垄）栽培还可以充分应用节水灌溉技术，避免因大水漫灌带来的地温降低和棚室内空气湿度增加而引起棚室蔬菜病虫害严重发生。

棚室高畦栽培，适用于茄果类、瓜类、豆类、甘蓝类蔬菜和部分特菜以及草莓等果树；而叶菜类中的芹菜、韭菜、油菜等，一般为平畦栽培。高畦栽培一般畦高15～20cm，而上畦面的宽度，则因种植的蔬菜品种不同而不同，一般茄果类和瓜类蔬菜上畦面宽60～80cm，上栽两行。

高畦栽培对整地和施肥技术要求严格，一般要求土壤深翻25～30cm，在深翻的基础上整地做畦。做畦时将农家肥（或其他有机肥）、种肥（一般为化肥）集中施于高畦内，使肥料相对集中，有利于蔬菜根系吸收和提高肥料利用率。

二、大垄双行栽培技术

棚室蔬菜大垄双行栽培技术是在高畦栽培的基础上进行的，其理论基础是充分发挥边行优势，充分提高棚室蔬菜的光能利用率，改善田间通风透光条件，降低棚室内空气湿度，从而使蔬菜生长发育更加健壮，增强抗病抗虫能力。有资料介绍，棚室蔬菜大垄双行栽培可以有效地防治美洲斑潜蝇。

图 4－1 所示为西葫芦高畦大垄双行栽培模式示意图。不同蔬菜种类大垄双行栽培方式参考数据见表 4－1。

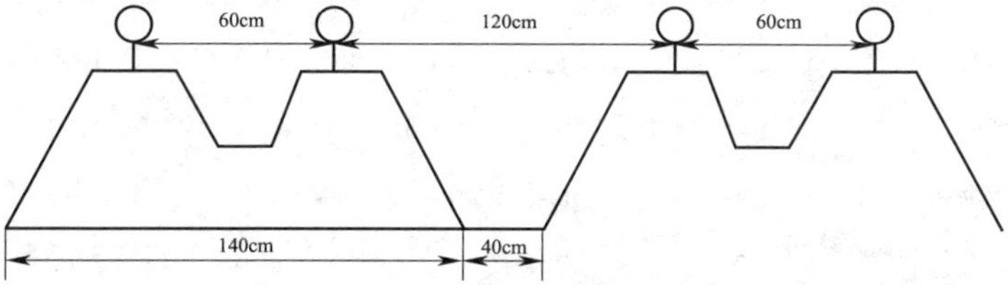

图 4－1　西葫芦高畦大垄双行栽培模式示意图

表 4－1　不同蔬菜种类大垄双行栽培方式参考数据

蔬菜种类	大行距/cm	小行距/cm	株距/cm	密度/(株/667m²)
番茄	100	40	30～33（单干整枝）	2900～3200
			40～45（双干整枝）	2100～2400
茄子	60～80	30～35	40	2900～3700
甜（辣）椒	60～70	40～50	30～40	2900～3700
黄瓜	140	60	18～22（密刺型）	3000～3700
			22～25（少刺型）	2600～3000
			22～25（水果型）	2600～3000
紫甘蓝	80	40	40（早熟种）	2700
			50（晚熟种）	2200
花椰菜	80	40	40（早熟种）	2700
			50（晚熟种）	2200

续表

蔬菜种类	大行距/cm	小行距/cm	株距/cm	密度/(株/667m²)
青花菜	80	40	40（早熟种）	2700
			50（晚熟种）	2200
叶用莴苣	60	30	15（早熟种）	10000
			22（晚熟种）	6600
西葫芦	120	60	40	1800
南瓜	130	70	55（吊蔓栽培）	1200
大型西瓜（爬地）	150	单行	60	700
小型西瓜（吊蔓）	100	单行	40	1600
厚皮甜瓜	100	50	50～55（吊蔓栽培）	1700
薄皮甜瓜	100	50	40～45（吊蔓栽培）	2000～2200
羽衣甘蓝	80	30	40	3000
荷兰豆（矮生种）	60	40	10（穴距）	每穴2～3粒种子
架豆	70	40	25（穴距）	每穴2～3粒种子

三、覆膜栽培与膜下暗灌技术

地膜覆盖是用塑料薄膜覆盖地面，改变太阳辐射和土壤热交换的规律，使蔬菜生长的土壤环境发生变化，创造良好的肥、水、光、热、气条件，促进蔬菜的生长发育，对蔬菜的高产优质、提早成熟等具有明显效果。

地膜覆盖栽培技术目前在我国已经普遍推广应用，其覆盖面积之大、品种之多，已经达到前所未有的水平。关于地膜覆盖栽培的增产效果，早已经得到农学界的认可。棚室蔬菜地膜覆盖栽培，一是可提高地温，据相关资料表明，地膜覆盖可以提高5cm地温2～3℃，最高可达5℃以上，从而促进蔬菜的生长发育，可以提前成熟、上市，以获得较高的经济效益；二是减少水分的蒸发，保墒效果明显，可以减少灌水次数和灌水量，从而降低棚室内的相对湿度，减轻蔬菜病虫害的发生；三是抑制了肥料的挥发，可以使化肥利用率提高5～6个百分点；四是可以抑制盐碱，尤其是在轻盐碱地上的棚室蔬菜，效果十分明显；五是抑制杂草，据测定，膜下最高温度可达45～50℃，使杂草的叶片和生长点受到灼伤，从而达到抑制杂草生长的目的；六是可以改善土壤的物理性状，使土壤保持疏松，使土壤中水、肥、气、热保持良好状态。

棚室蔬菜地膜覆盖栽培中使用的地膜，生产中一般推广应用的有三种。一种是透明地膜，其透光性良好，目前生产中应用面积最大；一种是黑色地膜，其保墒性良好，抑制杂草效果好，透光性较差，成本偏低；一种是银灰色地膜，其保墒性良好，突出优点是具有较好的防虫效果，尤其防治蚜虫的效果明显，但成本较高。

（一）地膜覆盖蔬菜品种的选择

一般来说，对于地膜覆盖蔬菜的品种并无特殊要求，但考虑到蔬菜的均衡供应和市场需求，充分发挥地膜覆盖的经济效益，因此要考虑到增产效果明显、经济效益高的蔬菜品种和种类。试验结果表明，茄果类、瓜类、豆类蔬菜覆膜栽培效果明显，尤其在早春、晚秋和冬季三个季节，增产效果更加明显。

（二）深耕细耙整地，施足基肥

地膜覆盖栽培，一般不便追肥，因此施足基肥是关键。翻地前根据蔬菜种类特性施足有机肥料，为防止肥料单一，造成生理失调，应适当配合施入一定比例的磷钾肥。在施足基肥的前提下，对土壤深耕细耙，按高畦栽培的技术要求做成标准高畦。

（三）喷除草剂

为了防止铺膜后杂草丛生，保证地膜紧贴地面，在铺膜前要喷除草剂，但应根据不同的蔬菜种类进行选择，按照规定的操作方法使用，用量一般比露地减少1/3。

（四）覆盖地膜

整好地面，浇足底水，喷除草剂，然后铺膜。地膜的宽度要大于田间畦面的宽度，操作时把膜拉紧，顺畦面铺平、铺正，使地膜紧贴地面，四周用土压实，防止透气。大多数品种，从播种到收获一直覆盖地膜。

（五）定植

地膜覆盖3～5d后进行移栽定植。先按行株距的要求开定植口，定植口要尽量小些，开口后挖坑定植，然后封土，地膜开口处要用土封严压实。蔬菜生长期间，经常检查地膜的完整程度，发现裸露或破损，应及时修补和压土。

（六）及时除草

虽然覆膜前喷过除草剂，但有时会有杂草生长把地膜顶起来的现象。出现这种现象后，应在晴天中午踩平杂草顶起的地膜，使地膜和杂草紧贴，杂草会因高温而枯死。对于定植口或裂口处长出的杂草，及时拔除并用土封好。

（七）膜下暗灌

棚室蔬菜栽培，要充分运用节水灌溉技术。对于覆膜栽培的蔬菜，其节水灌溉方法有两种。一种方法是顺高畦中地膜覆盖下的暗沟灌水，其用水量小，而且由于暗沟距离蔬菜植株根部较近，容易浇透，浇水后又由于有地膜覆盖，大大地减少了水分蒸发；另一种方法是在已整好的高畦上铺设滴灌设施，然后覆盖地膜，在适宜的移栽期定植蔬菜。在整个蔬菜的生长发育时期，通过滴灌来满足用水。

（八）采收

蔬菜收获后，应及时清除残膜，以保持土壤清洁。

四、植株调整栽培技术

植株调整是棚室蔬菜生产中的关键技术之一。在栽培过程中采取一系列植株调整措施，使蔬菜植株在空间均匀分布，增加叶面积系数，扩大光合面积，提高光能利用率，使蔬菜个体和群体结构合理，通风透光，节约养料，减少病害，增加花蕾，提高坐果率，改善品质，从而达到提高产量、增加效益的目的。

植株调整技术，包括吊蔓、整枝、打杈、摘心、保花保果、疏花疏果等一系列技术。

（一）吊蔓技术

吊蔓技术是一种新型的立体栽培模式。传统的蔬菜栽培，一般蔓生、攀援性蔬菜，如瓜类、豆类中一些品种，常采用支架栽培，但支架栽培受架材高度限制，不能充分利用空间，而且资材成本偏高。棚室蔬菜栽培，由于具有一定设施，为吊蔓栽培提供了条件，可以使蔬菜更加充分地利用空间，分布更加趋于合理，而且还可以降低资材成本，管理也更加方便。

目前生产中用于吊蔓的资材多为细尼龙绳、尼龙线，颜色亦多种多样。据现代农业科技要求，凡用于吊蔓的资材，在保证质量的前提下，一律选用银灰色的塑料吊绳吊线，这样可以兼防虫害，尤其对蚜虫的防治，效果十分明显。对于南瓜、西瓜、厚皮甜瓜等大果实蔬菜，在吊蔓的同时，还要采取吊果措施。

（二）整枝技术

整枝技术已经广泛应用于茄果类、瓜类蔬菜。番茄的整枝方式一般为单干整枝。单干整枝，只保留主干，侧枝全部摘除，这种方式适于密植，在生长期较短的条件下，可以获得较高的单位面积产量。番茄的双干整枝，除保留主枝外，再留第一花序下的一个侧枝，其余侧枝全部除去。这种整枝方法，早期产量不如单干整枝，且结果较晚，但比单干整枝根系发育好，植株生长健壮，抗逆性强，适于生长期长、生长势旺盛的中晚熟品种。甜辣椒在整枝过程中，一般留三、四个主枝；茄子留 2 个主枝。瓜类蔬菜中的西瓜整枝方式有单蔓整枝、双蔓整枝、3 蔓整枝；甜瓜则有单蔓整枝和双蔓整枝两种方式，单蔓整枝的为子蔓结果，双蔓整枝的为孙蔓结果；苦瓜的棚室栽培，对于主蔓和侧蔓都可结果的品种，前期宜摘除主蔓基部侧蔓，选留中部以上侧蔓，主要靠侧蔓结果的品种，宜早留侧蔓；黄瓜的棚室栽培，要主蔓与侧蔓相结合，并及时打杈和摘除老叶。

在整枝过程中摘除多余侧枝，谓之打杈。打杈过晚，消耗养分多；在植株生长初期，打杈过早会影响发育，所以应在侧枝长到5～6cm时，分期分批打杈。

（三）保花保果与疏花疏果

在现代设施园艺蔬菜的栽培中，保花保果与疏花疏果已经成为提早成熟、提高产量的一项关键技术。在番茄栽培中，对无限生长习性的品种，在生长到一定果穗时，需将植株顶部摘除，以保证果实正常成熟，一般早熟品种留3～4穗果，中熟品种留4～5穗果，晚熟品种留5～6穗果，每一穗果留3～4个单果，其余及时疏去（樱桃番茄例外）。甜（辣）椒、茄子等茄果类蔬菜，要在拔秧前20d摘去全部顶尖，以提高商品率。南瓜、西葫芦等瓜类作物，要及时进行人工辅助授粉。对番茄、茄子等蔬菜，要采取保花保果的技术措施，生产中常用的生长调节剂有防落素。

五、缓释肥应用技术

蔬菜的施肥，坚持以施用有机肥为主的原则，为达到高产的目的，一般每667m^2施用充分腐熟的有机肥3000kg以上，化肥以施用缓释肥为主。缓释肥也称控释肥，就是在化肥颗粒表面包上一层很薄的疏水物质制成包膜化肥，水分可以进入多孔的半透膜，溶解的养分向膜外扩散，不断供给蔬菜生长，即对肥料养分的释放速度进行调整，根据蔬菜的需求释放养分，达到供肥强度与蔬菜生理需求的动态平衡。

缓释肥是我国农业部重点推广的肥料之一，是农业增产的第三次革命。缓释肥的优点是肥料用量减少，利用率提高，其用量可以比常规施用量减少10%～20%，利用率高达80%，其有效期比一般未包膜的长30d以上，称为“二十一世纪高科技环保肥料”，也是肥料产业发展的方向。

目前应用的缓释肥有涂层尿素、覆膜尿素、长效碳酸氢铵、CA、CR等，其施用方法为与有机肥配合做基肥，于蔬菜播种前或定植前一次性施用。

第二节　设施蔬菜节水灌溉技术

一、实施温室节水灌溉技术的意义

我国是一个农业大国，建国60年来，农业得到了很大发展，取得了以占世界7%耕地养活世界22%的人口的举世瞩目的成就。当前，制约我国农业发展的主要因素是水资源严重不足。我国水资源总量2.8万亿m^3，居世界第6位，但因人多地广，按12.4亿人口计算，人均年占有量仅2260m^3，不足世界人均占有量的1/4，居世界第109位，为13个贫水国之一。我国年总用水量为四千多亿吨，其中农业用水占了80%～90%。目前我国设施园艺面积已达337万hm^2，其中日光温室占25%左右，基本仍为传统灌溉方式。由于蔬菜含水量在80%～98%，传统灌水方式浪费严重，生产上耗水量巨大。开发节水灌溉技术，可以节水70%以上，节水效果非常明显。同时发展水肥一体化灌溉技术，在大幅度减少水资源浪费的同时，提高了肥料的利用率，减轻了因土壤盐渍化导致的生理病害，也避免了因过量使用化肥而造成对水体的污染。

二、水肥一体化灌溉（滴灌）施肥技术优点

1．水分和肥料利用率高

在我国目前阶段，应用滴灌技术，灌溉水的利用率可达到75%以上，通过测土施肥和水肥一体化技术，水肥被直接输送到根区土壤，肥料利用率比目前可提高50%以上。

2．有利于改善土壤理化性质

滴灌水对土壤表层破坏很少，土壤表层疏松，孔隙率高，灌水均匀，不破坏土壤结构，用水量少，对地温的影响小，较沟灌地温可高2～3℃。同时可避免土壤温度因灌溉而导致剧烈变换，减少植物生理病害。

3. 降低环境湿度

滴灌采用封闭的管道输水系统，仅在作物根系附近用水，能明显降低土壤表面水分蒸发，降低空气湿度，在温室等设施内，配合地膜使用，较沟灌等灌溉方式可降低湿度 15% 以上，大大减少了病害发生的几率。

4. 省时省力

滴灌施肥减少了传统追肥的工作程序，大大降低了劳动强度，提高了劳动效率，配合黑色地膜，可防止杂草生长，减少了用工。

5. 有利于提高蔬菜的产量和品质

水肥一体化技术可保证及时适量灌水，肥料可根据作物需肥规律进行调整，作物的生态环境处于最佳状态，生产潜能得到释放，较普通水肥技术可增产 50% ~100% 。同时由于环境条件易于控制，避免了因肥水不均导致的落花落果和果实开裂现象，病害轻，品质得到了保证。另外，由于滴灌对土壤温度的影响较传统灌溉小，可提早上市 15d 以上，提高了效益。

6. 可满足多种栽培模式要求

滴灌技术使更多栽培模式得以应用，解决了高畦栽培、袋栽、盆栽等栽培模式浇水难的问题，使更多的先进栽培技术得以广泛应用，大大提高了目前的栽培技术水平。

三、温室内选用滴灌产品的质量要求

（1）滴水均匀性达到 98. 50% 。

（2）滴头流道宽，不易堵塞。

（3）滴头间距可以根据用户需要任意设置。

（4）滴灌管最长铺设可达 80 米。

四、每 667m^2 滴灌（内镶扁平式滴灌管）所需设备

（1）每 667m^2大棚滴灌主管 10m，每 667m^2 温室需主管 60 ~ 100m。

（2）每 667m^2需要滴灌管∮ 16 滴灌管约 2000m。

（3）连接件若干：弯头、阀门、三通、堵头、旁通等。

（4）过滤器一套、施肥器一套、打孔器一个。

五、费用及效益分析

（1）每667m^2需要设备总计1100～1400元。如集中连片设计施工，当年成本可低于1000元/667m^2。

（2）滴灌管可用3～8年，主管及其他配件可用10年，平均每年成本不到300元。

（3）每667m^2当年可增收30%～50%，最少增加收入2000元，减少人力成本及农药化肥成本1000元。当年投入，当年有受益，投入产出比为1:(3～5)。

六、滴灌田间示意图

滴灌田间示意图如图4-2所示。

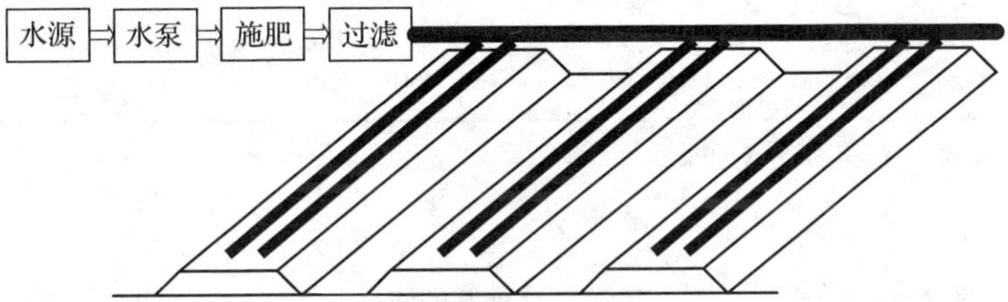

图4-2　滴灌田间示意图

七、滴灌肥料的配制

（一）施肥原则

（1）提高灌水施肥的频率，减少每次灌水量和施肥量；

（2）根据作物生长需肥规律制定相应的施肥方案；

（3）根据灌水制度和气候、土壤条件修订施肥方案。

（二）肥料种类

（1）氮肥　如表4-2所示。

表 4-2 用于滴灌施肥的氮肥

肥料	养分含量*	分子式	pH（1g/L，20℃）
尿素	46-0-0	$CO(NH_2)_2$	5.8
硫酸铵	21-0-0	$(NH_4)_2SO_4$	5.5
硝酸钾	13-0-46	KNO_3	7.0
硝酸铵	34-0-0	NH_4NO_3	5.7
磷酸一铵	12-61-0	$NH_4H_2PO_4$	4.9
磷酸二铵	21-53-0	$(NH_4)_2HPO_4$	8.0
硝酸钙	15-0-0	$Ca(NO_3)_2$	5.8
硝酸镁	11-0-0	$Mg(NO_3)_2$	5.4

* 表示 $N-P_2O_5-K_2O$ 的比例。

（2）磷肥　如表 4-3 所示。

表 4-3 用于滴灌施肥的磷肥

肥料	养分含量*	分子式	pH（1g/L，20℃）
磷酸	0-52-0	H_3PO_4	2.6
磷酸二氢钾	0-52-34	KH_2PO_4	5.5
磷酸一铵	12-61-0	$NH_4H_2PO_4$	4.9
磷酸二铵	21-53-0	$(NH_4)_2HPO_4$	8.0

* 表示 $N-P_2O_5-K_2O$ 的比例。

（3）钾肥　如表 4-4 所示。

表 4-4 用于滴灌施肥的钾肥

肥料	养分含量*	分子式	pH（1g/L，20℃）	其他成分
氯化钾	0-0-60	KCl	7	46% Cl
硝酸钾	13-0-46	KNO_3	7	
硫酸钾	0-0-50	K_2SO_4	3.7	18% S
硫代硫酸钾	0-0-25	$K_2S_2O_3$		17% S
磷酸二氢钾	0-52-34	KH_2PO_4	5.5	

* 表示 $N-P_2O_5-K_2O$ 的比例。

（4）微肥　常用的微肥是铁、锰、铜、锌的无机盐或螯合物。

（5）配制肥料　一般配制好的固体配方肥料如：

$$N - P_2O_5 - K_2O = 25 - 10 - 15$$
$$N - P_2O_5 - K_2O = 25 - 5 - 20$$

一般配制好的液体配方肥料如：

$$N - P_2O_5 - K_2O = 10 - 0 - 10$$
$$N - P_2O_5 - K_2O = 8 - 4 - 8$$

目前生产上一些化肥厂家生产出的专用复合冲施肥也可使用。

八、蔬菜滴灌施肥方案

1．蔬菜灌水量的估算

蔬菜的灌水量可采用平衡法计算：

$$M = 10000Hy(W_{田持} - W_{前})$$

M 为灌水定额（m^3/hm^2）；y 为土壤体积质量（t/m^3）；$W_{田持}$ 为计划湿润层的田间持水量（重量含水量）；$W_{前}$ 为计划层灌前平均含水量（重量含水量）；H 为土壤计划湿润层深度（m），根据作物根系、活动层或密集层确定。

2．滴灌制度的制定

根据蔬菜需水量确定灌水定额。保护地蔬菜的灌水量和灌水间隔随栽培作物的种类、气候条件、土壤的影响而不同。一般低温时灌水量小，间隔时间长，高温时则相反。保护地蔬菜的灌水量和间隔天数可参考表4－5。

表4－5　　保护地主要蔬菜的灌水量和间隔天数

种类	灌水量/mm						间隔天数/d		
	1次			1d					
	最小	平均	最大	最小	平均	最大	最小	平均	最大
番茄	2.7	17.5	44.4	1.1	3.8	9.0	1.3	3.8	7.1
黄瓜	4.4	24.0	42.0	2.5	6.1	15.0	0.7	3.9	8.0
甜椒	10.0	25.2	35.0	3.9	7.2	10.0	2.6	3.47	4.3
茄子	4.8	—	19.4	3.0	—	6.0	1.6	—	2.9
芹菜	4.5	7.2	12.5	1.15	3.0	7.0	1.0	2.4	4.5

3. 施肥方案的制定

一般将种植植物划分为三个生长阶段，分别计算每个生长阶段氮、磷、钾肥的使用量，并适当补充微量元素肥料，以此来制定施肥方案。表4-6是根据番茄营养规律和试验资料拟定的灌溉施肥方案。

表4-6 番茄灌溉施肥方案

作物（产量水平）/（kg/667m²）	施肥期	肥料配方 N:P_2O_5:K_2O	用量/[kg/(667m²·d)]	总量/（kg/667m²）	总养分量/（kg/667m²） N	P_2O_5	K_2O	施肥次数
番茄（7000～8500）	移栽—开花（15～35d）	16:16:16	0.8	16	2.56	2.56	2.56	2～3
	开花—结果（36～75d）	15.5:7.5:22	2.3	92	14.30	6.90	20.2	6～8
	收获期间（76～125d）	15.5:7.5:22	2.0	100	15.50	7.50	22.0	7～10

注：（1）此表适用于土壤养分含量较高地区冬暖温室蔬菜栽培。

（2）基肥施用量大时，可减少化肥施用次数和数量。

（3）生长期间发现缺肥现象时，及时用滴灌系统补充尿素和磷酸二氢钾，要少量多次施用，每次2～3kg。

第五章　蔬菜常见病虫害的防治

近年来，随着无公害蔬菜生产的发展，如何在栽培过程中减少病虫害、少用药、降低农残受到人们的普遍关注。蔬菜病虫害的防治应坚持“以农业防治为基础，优先采用生物防治，协调利用物理防治，科学合理应用化学防治”的综合防治措施，把蔬菜病虫害的损失降到最低，以达到优质、高产、高效、无害的目的。

随着温室栽培面积的不断扩大，蔬菜种类、品种的逐步增多，其病虫害的种类也迅速发展，危害程度日趋严重。在病虫害的防治上，存在着诸多问题。

(1) 单纯依靠化学防治，只注意喷洒农药治病、灭虫，不注意运用农业、生态、物理等综合防治措施，不注意提高作物自身的抗逆性、适应性和蔬菜自身对病虫危害的免疫力。

(2) 不注意或极少注意封闭温室，各温室之间的操作人员经常相互串走，随便进入对方温室，给病菌、害虫的传播提供了方便、提供了媒体，结果是一室得病，向整个园区温室传播，无一温室能够幸免。

(3) 不实行轮作，多年来只栽培一种蔬菜，每年换茬时又不注意实行高温闷室，造成多种病菌、害虫在室内长期孳生发展，特别是根结线虫的大量发展，给温室的病虫害防治增加了困难，增加了用工，提高了成本。

(4) 用药时不讲科学，不问病虫害种类，不管药品性质，几种农药胡乱混配，并随意提高使用浓度。这种做法不但不能有效地防治病虫害，反而对作物本身造成了严重的药害。

以上种种做法比较普遍，长期以来，不但不能有效地防治病虫危害，反而大幅度地提高了温室栽培的成本，增加了用工，降低了产量和经济效益。因此，我们要合理地对病虫害进行防治，遵循

"预防为主，综合防治"的原则，针对不同病虫害使用正确的防治方法。

第一节 蔬菜病虫害防治方法

蔬菜病虫害种类多，发生规律复杂，传播蔓延快，为害损失严重。随着温室大棚栽培的广泛应用，病虫害为害更加严重，并为露地蔬菜提供了菌源和虫源。同时，频繁地使用杀虫和杀菌剂，使得害虫和病菌的抗药性大为提高，增大了防治难度。因此，在蔬菜病虫害的防治面临新形势的特殊情况下，必须采取"预防为主，综合防治"的策略，因地制宜，合理运用各种防治措施，以求经济、安全、有效地控制病虫害的危害。

一、农业防治

农业防治就是利用农业生产中的各种技术，对蔬菜生态系统加以调整，创造有利于蔬菜生长、不利于病虫害发生的条件，从而减轻病虫为害。

（一）选用抗病品种

选用抗病品种是防治病虫害最经济有效的办法。蔬菜品种不同，其抗病能力、品质及产量和效益是不同的。因地制宜选用优质高产、抗（耐）病虫品种，同时掌握新品种的栽培特性，充分发挥其抗性和丰产的综合性能，是减少农药使用、降低农药残留污染的有效途径。

（二）培育壮苗

根据当地气象条件和蔬菜品种特性，选择适宜的播期，采用温室育苗、营养钵育苗，应用无土育苗技术，移栽前进行炼苗，增强抗病力。

（三）合理安排作物布局

合理布局，可改善蔬菜生态条件，减轻病虫害的发生。如采用几行辣椒或番茄套种一行菜玉米，能明显减少辣椒、番茄上的蚜虫数量，进而减轻病毒病的发生。

（四）调整播期

在不影响作物生长的前提下，调整播种期可以使蔬菜的发病盛期与病虫浸染的高发期错开，达到避开病虫为害的目的。如调整番茄播期，可以减少传毒蚜虫的数量，减轻病毒病的发生。

（五）加强栽培管理

1．建立合理的种植制度

单一的种植模式为病虫害提供了稳定的生态环境，容易导致病虫害猖獗。合理轮作有利于作物生长，提高抗病虫害能力，又能恶化某些病虫害的生存环境，达到减轻病虫危害的目的。轮作是防治土传病害和在土壤中越冬的害虫的关键措施。

2．中耕和深耕

适时中耕和蔬菜收获后及时深耕，不仅可以改变土壤的理化性状，有利于蔬菜的生长发育，提高抗性，还可以恶化在土壤中越冬的病原菌和害虫的生存环境，达到减少初侵染源和害虫虫源的目的。深耕可将病虫暴露于表土或深埋土壤中，机械损伤害虫，达到防治病虫害的目的。

3．地膜覆盖技术

通过地膜覆盖，达到提高地温、保持土壤水分、促进作物生长发育和提高蔬菜抗病虫害的目的。地膜覆盖栽培可以控制某些地下害虫和土传病害。

4．合理密植

合理密植有利于蔬菜的生长发育。若密度过大，造成田间郁蔽，通风透光不良，蔬菜徒长，抗性降低，易于发生病虫危害。

5．清洁田园

及时间苗、中耕除草、清除残株败叶。定植前提早铲除田边杂草，在蔬菜生长季节要结合整枝及时拔除病株，摘掉病叶。蔬菜收获后，清理田间残株、败叶和杂草，并集中烧毁或深埋，可减少病虫来源。

6．合理施肥，及时施用微肥，提高植物抗性在增施有机肥的基础上，按各种蔬菜对氮、磷、钾元素养分需求的适宜比例施用化肥，防止超量偏施氮素化肥，严格氮肥施用安全间隔期。要施足底肥，勤施追肥，结合喷施叶面肥，杜绝使用未腐熟的有机肥。氮肥施用过多会加重病虫害的发生，如使茄果类蔬菜绵疫病、烟青虫等为害加重；合理增施磷肥可减轻蔬菜立枯病的发生；施用未腐熟有机肥可招致蛴螬、种蝇等地下害虫为害加重，并引发根、茎基部病害。

二、生 态 防 治

根据蔬菜对生态条件的不同要求，制定生态指标，使之对蔬菜生长有利，对病虫生长和侵入不利，减轻或延缓病虫危害。加强温室内温度和湿度的调控，避免高温多湿；推广高畦覆膜、大小行栽培技术；推广膜下暗灌技术；加强植株调整，改善田间小气候，增强通风透光等。

三、物 理 防 治

物理防治意指创造不利于病虫发生但有利于或无碍于蔬菜生长的生态条件的防治方法。它可通过病虫对温度、湿度或光谱、颜色、声音等的反应能力，用调控办法来控制病害发生，杀死、驱避或隔离害虫。

物理防治与化学防治相比具有环境污染小、无残留、不产生抗性等特点，顺应了有机农业生产的需求，因而采用物理方法防治蔬菜病虫害是一种较理想的无公害防治方法。

（一）光

物理防治方法中利用害虫的趋光性用光电诱杀成虫，能减少农药的使用，对维护自然生态平衡、保护生态环境有重要意义。依据这个原理可以设计多种光诱捕器。目前在农业害虫防治中应用较为广泛的有黑光灯、高压汞灯和频振式杀虫灯等。

（二）温度

利用超出病、虫、草等有机体所能忍受的极端温度控制病虫草害是物理防治的重要方法之一。持续高温能使昆虫体内蛋白质变性失活，破坏酶系统而使有机体的生理功能紊乱最终导致死亡；持续低温能使昆虫的生理代谢活动下降，体内组织液冷却结冰而逐渐丧失存活能力。

（三）电磁波

电磁辐射产生的能量和生物有机体间的相互作用是一个复杂的过程，这是由于生物物种的多样性和物理现象在同时起着作用。每个生命有机体对辐射的反应都不同。电磁辐射的作用取决于光子的能量，这种能量可以使原子发生改变，也可以打破化学键或基因链，并产生热量。电磁波还可以或深或浅地穿透媒介，从在表面处的作用到深层穿入。电磁波技术相对于传统化学方法的优点在于在理论上它不会产生任何毒副作用。

（四）物理阻隔

物理阻隔是指掌握病害发生规律及害虫生活习性，设置人为障碍，阻止病虫害的扩散蔓延，因而保护植物免受病虫害的危害，或就地消灭病虫害。主要采用的方法有树干涂胶、设置防虫网、使用银灰膜等。

（五）人工器械防治

人工器械防治是指用手工及一些简单器械来防治农业病虫草害，以达到蔬菜病虫草害综合防治目的的一种物理方法。这种方法主要根据某些害虫活动集中、产卵集中、初孵幼虫集中取食等习性制定。

（六）其他物理防治措施

除上述几种物理方法外，激素化学物质诱杀、气调杀虫法、低温冷藏法、湿度处理法、土壤消毒、扣紫外线阻断膜、遮阳网、叶面喷洒高脂膜等措施也广泛应用于病虫草害的综合防治。

（七）蔬菜病虫害防治中具体采用的物理防治方法

1. 晒种和温汤浸种

（1）晒种　在播种前，选择晴日将蔬菜种子晒2～3d，可利用阳光中的紫外线杀灭附在种子表面的病菌，减少发病。

(2) 温汤浸种　一般在浸种之前先用种子量2～3倍的冷水预浸，再进行温汤浸种。温汤浸种按种子的种类不同可选择不同温度，瓜类、茄果类蔬菜的种子用55℃温水浸种10～15min，豆科和十字花科蔬菜的种子用40～50℃温水浸种10～15min，都能起到对种子消毒杀菌的作用。

2. 设置防护设施

一般可通过在地表覆盖塑料薄膜、设置遮阳网和防虫网，同时在温室的通风口设置纱网以防止外界害虫的迁入危害。防虫网的设置方式可采用封闭式覆盖，从而切断害虫的潜入途径，有效地控制虫害。

3. 土壤消毒

(1) 蒸汽消毒　将待消毒的土壤疏松好，用帆布或耐高温的塑料薄膜覆盖在土壤上，四周封闭，并将高温蒸汽输送管放置在覆盖物下，每平方米土壤每小时需要50kg高温蒸汽。也可以使用高温蒸汽土壤消毒机，主要用于温室大棚中的土壤和基质的种植前消毒。

(2) 高温闷棚　将温室的土壤浇透水，扣严大棚，利用太阳能提高棚室温度，消毒处理4～7d。

(3) 臭氧消毒　GJX－1型臭氧水基质消毒机的工作原理是利用气液混合装置将一定浓度的臭氧溶在水中，并在泵的作用下导出机外。利用臭氧水处理土壤、基质后，猝倒病、立枯病、根腐病、炭疽病、褐斑病、枯萎病等常见蔬菜土传病害的发生显著减少，对根结线虫的防治也有一定效果。

(4) 高温闷棚防治温室蔬菜病害　在蔬菜生长期间如果发现病害，可利用高温闷棚的办法来防治霜霉病、白粉病、角斑病、黑星病等多种病害。具体方法是：晴天中午前后，浇透水后将大棚密闭，当温度达到46～48℃时维持2h左右，一般温度不能超过48℃，时间不能超过2h，之后放顶风缓慢降温，每隔15d一次，连续几次。

4. 人工清除田间中心病株和病叶

当田间出现病株、病叶时，应立即拔除或摘除，防止传染其他健康植株，避免整个棚室用药。

5. 诱杀和驱避害虫

利用害虫对光和某些物质的敏感情况，对害虫进行控制和杀灭。主要的诱杀方法有灯光诱杀、光波诱杀、食饵诱杀、潜伏诱杀、色板诱杀、激素诱杀等，一般可以应用黑光灯、频振式杀虫灯诱杀蛾类、金龟类、叶蝉类等害虫。目前田间使用的频振式杀虫灯，一般每 40000m^2 菜地设置 1 盏，将杀虫灯吊挂在固定物体上，高度应高于农作物，以灯下接虫口对地面距离 1.3～1.5m 高为宜。

除此之外，还可以应用有色板诱杀蚜虫、粉虱、蓟马和潜叶蝇类害虫，放置的密度因虫害的种类、密度、色板的面积而定。一般在大棚内设置 50cm×50cm 或 50cm×70cm 的自制黄板，在板上涂 10 号机油（加少许黄油），每 667m^2 大棚设 20～25 块，黄板设置于行间，与植株高度相平，隔 7～10d 重涂一次机油，杀虫效果显著，可以控制烟飞虱、蚜虫等害虫。因为银灰色对蚜虫具有一定的驱避作用，因此可以采用铺设银灰膜和挂银灰条来驱避蚜虫，以达到驱蚜防病的目的。

四、生 物 防 治

生物防治是以有益生物及其代谢产物控制有害生物种群数量的方法，主要包括以菌治虫、以菌治病和以虫治虫三项内容。生物防治不仅可以改变生物种群组成成分，而且可以直接消灭病虫害，对人、畜、植物也比较安全，不伤害天敌，不污染环境，不会引起害虫的再猖獗和产生抗性，对一些病虫害有长期的控制作用。但是，生物防治也存在着一些局限性，不能完全代替其他防治方法，必须与其他防治方法有机地结合在一起。

（一）以病原微生物防治害虫

以病原微生物及其代谢产物防治害虫的方法，简称以菌治虫，其中包括病毒、细菌、真菌、原生动物等。已知的昆虫病原真菌有530 多种，在防治害虫中经常使用的真菌有白僵菌和绿僵菌等。被真菌侵染致死的害虫，虫体僵硬，体上有白色、绿色等颜色的霉状物。真菌主要用于防治玉米螟、稻苞虫、地老虎、斜纹夜蛾等害虫，已取得了显著成效。

在已知的昆虫病原细菌中，作为微生物杀虫剂在农业生产中使用的有苏云金杆菌和乳状芽孢杆菌。被昆虫病原细菌侵染致死的害虫，虫体软化，有臭味。在蔬菜种植中应用最广泛的有苏云金杆菌（Bt乳剂）、8010、8401、青虫菌6号，每667m^2用100～150mL兑水50kg，对防治十字花科叶菜类的小菜蛾、菜青虫、甘蓝夜蛾、棉铃虫、豆荚螟等多种鳞翅目害虫，有很好的效果，也可灌根防治韭蛆。

已发现的昆虫病原病毒主要是核多角体病毒（NPV）、质型颗粒体病毒（CPV）和颗粒体病毒（GV）。利用颗粒体病毒、多角体病毒防治菜青虫、斜纹夜蛾等害虫，其主要制剂有虫瘟1号（斜纹夜蛾核型多角体病毒），对防治叶菜类害虫有一定的效果。阿维菌素应用于防治红蜘蛛、茶黄螨、斑潜蝇、小菜蛾、菜青虫等瓜茄类、叶菜类害虫，均取得了较理想的高效低毒控害作用。浏阳霉素乳油1000～1500倍液防治豆类、瓜类、茄子红蜘蛛和蚜虫效果尤佳。用菜青虫颗粒体病毒120mg，可防治菜青虫，若与苏云金杆菌混用效果更好。新制剂虫螨克、虫瘟1号对菜青虫、瓜绢螟、斑潜蝇等多科目害虫防治效果很好。

（二）以病原微生物防治病害

以病原微生物及其代谢产物防治病害的方法，简称以菌治病，主要是利用有益微生物与病原物之间的拮抗作用来防治病害。目前主要包括应用各种农用抗生素、生物激素、弱毒疫苗来控制病菌的侵染和为害。用200倍农抗120水剂防治蔬菜白粉病、瓜类枯萎病和炭疽病、番茄叶霉病；用150倍武夷菌防治番茄叶霉病、黄瓜黑星病；用农用链霉素、新植霉素防治番茄青枯病、溃疡病、黄瓜细菌性角斑病、十字花科软腐病；用井冈霉素防治茄科白绢病、炭疽病；用农抗751、菜丰宁防治白菜软腐病；用83增抗剂、抗毒剂1号、病毒疫苗N14防治病毒病，都表现出明显的防治效果。此外，

5406细胞分裂素、增产菌对黄瓜、大白菜、萝卜等有防病增产效果。另外，通过轮作可调整土壤与植物根际两类微生物之间的拮抗关系，可促进病害的生物防治，减轻一些病害的为害。

（三）利用天敌昆虫防治害虫

（1）捕食性天敌昆虫的利用 常见的捕食性天敌昆虫有蜻蜓、螳螂、猎蝽、草蛉、虎甲、步甲、瓢甲、胡蜂、食虫虻、食蚜蝇等。这些昆虫在其生长发育过程中捕食量很大，如利用瓢甲可以有效地控制蚜虫；1只草蛉1d可捕食几十甚至上百只蚜虫，利用草蛉取食蚜虫、蓟马、棉铃虫卵、玉米螟卵、白粉虱等都有明显的防治效果。

（2）寄生性天敌昆虫的利用 常见的寄生性天敌昆虫主要是寄生蜂和寄生蝇类，它们寄生在害虫各虫态的体内或体表，以害虫的体液或内部器官为食，使害虫死亡。在自然界，每种害虫都有数种甚至上百种寄生性天敌昆虫，如玉米螟的寄生蜂有80多种。

（四）常见生物农药及当前生产中常用的生物杀虫剂

（1）苏云金杆菌（Bt） 是一种细菌杀虫剂，它是目前世界上用途最广、产量最大、应用最成功的生物农药，具有使用安全、不伤害天敌、不易产生抗药性、防效高、不污染环境、无残毒的特点，是生产无公害蔬菜的理想药剂，可防治菜青虫、小菜蛾、菜螟、甘蓝夜蛾等。

（2）白僵菌 是一种真菌性微生物杀虫剂，当真菌孢子接触虫体后，在适宜的条件下萌发，生长菌丝，穿透体壁而在虫体内大量繁殖，使害虫死亡。死虫体表布满白色菌丝，通常称为白僵虫。目前已大面积用于防治玉米螟、大豆食心虫、菜青虫等。

（3）蛔蒿素 为植物毒素类杀虫剂，对害虫具有胃毒和触杀作用，并可杀卵，持效期1～5d，但对害虫的击倒速率较慢，可防治菜蚜、菜青虫、棉铃虫等。

（4）浏阳霉素 是由灰色链霉菌浏阳变种提炼成的一种抗生素杀螨剂，对许多作物的叶螨有良好的触杀作用，对螨卵有一定的抑制作用。

（5）苦参碱　为天然植物农药，害虫一旦接触该药，即麻痹神经中枢，继而使虫体蛋白质凝固，堵死虫体气孔，使害虫窒息而死。该品对人、畜低毒，具有触杀和胃毒作用，可防治甘蓝菜青虫、菜蚜、韭菜蛆等。

（6）齐螨素（阿维菌素）　是一种全新的抗生素类生物杀虫杀螨剂，该药对害虫、害螨的致死速度较慢，但杀虫谱广，持效期长，杀虫效果极好，对抗性害虫有特效，并对作物、人畜安全，可防治菜青虫、小菜蛾、螨类等。

（7）棉铃虫核型多角体病毒（简称 NPV）　是一种病毒杀虫剂，通过昆虫取食带毒的物质后，病毒在虫体内大量繁殖，使组织和细胞被破坏，虫体萎缩而死亡。病死的害虫体壁易破，触之即可流出白色或褐色脓液，无臭味，这可以和感染了细菌而死亡的害虫有恶臭气味相区别。这种杀虫剂对人、畜低毒，不伤害天敌，不污染环境，长期使用，棉铃虫、烟青虫不会产生抗性。

（五）当前生产中常用的农用生物抗生素

（1）农抗 120　是一种广谱抗生素，能阻碍病菌蛋白质合成，导致病菌死亡，对许多植物的病原菌有强烈的抑制作用。在蔬菜种植中可用于防治瓜类白粉病、大白菜黑斑病和番茄疫病、西瓜枯萎病、炭疽病、黄瓜白粉病。

（2）井冈霉素　是由吸水链霉菌井冈变种所产生的抗菌素。具有很强的内吸作用，能干扰和抑制病菌细胞的正常生长发育，从而起到治疗作用，可防治黄瓜立枯病。

（3）春雷霉素　又名春日霉素，是一种从放线菌的代谢物中提取的抗菌素，内吸性强，具有预防和治疗作用。可用于防治黄瓜枯萎病、角斑病和番茄叶霉病。

（4）多抗霉素　又名多氧霉素，是一种广谱性农用抗菌素，具有内吸性，高效，无药害。可用于防治黄瓜霜霉病、白粉病、瓜类枯萎病、番茄晚疫病和早疫病、菜苗猝倒病、洋葱霜霉病。

（5）武夷菌素　可用于防治黄瓜白粉病、番茄叶霉病，对黄瓜灰霉病、韭菜灰霉病也有一定防效。

（6）中生菌素　可防治白菜软腐病、黑腐病、角斑病。

（7）农用链霉素　可用于防治白菜软腐病、番茄细菌性斑腐病、晚疫病、马铃薯种薯腐烂病、黑胫病，黄瓜角斑病、霜霉病、菜豆霜霉病、细菌性疫病、芹菜细菌性疫病、大白菜软腐病。

（六）常用昆虫生长调节剂

（1）苏脲1号　该药主要抑制害虫表皮几丁质的合成，使害虫卵不能正常发育孵化，抑制害虫的生殖力，对鳞翅目害虫的防治效果较好，残效期较长，但击倒速率较慢。可用于防治菜青虫、棉铃虫、黏虫。

（2）氟啶脲（抑太保）　该药主要抑制害虫表皮几丁质的合成，阻碍昆虫正常蜕皮，使卵的孵化、幼虫蜕皮以及蛹发育受阻，从而发挥杀虫作用。可防治甘蓝小菜蛾、菜青虫、甜菜夜蛾等。

（3）除虫脲（敌灭灵）　该药主要抑制害虫表皮几丁质的合成，幼虫蜕皮时不能形成新表皮，导致虫体畸形死亡。可防治小菜蛾、菜青虫。

（4）虫酰肼　该品为蜕皮激素类杀虫剂，施药后鳞翅目害虫蜕皮致死。可防治甘蓝夜蛾、甜菜夜蛾。

五、化学防治

是利用化学农药防治蔬菜病虫害，这是生产中的重要防治手段，特别是病害流行、虫害暴发时，更是有效的防治措施，也是综合防治的有机组成部分。但在使用化学农药防治蔬菜病虫害时，禁止在菜田施用甲胺磷、呋喃丹等高毒、高残留农药，做到科学合理用药。

（一）化学防治使用农药时应注意的事项

（1）对症下药　了解农药性能和使用方法，根据防治对象对症下药。

（2）适时用药　在防治过程中，应根据病虫发生规律，找出薄弱环节及时施药。如在蔬菜播种或移栽前，可进行苗床、棚室消毒、土壤消毒和药剂拌种。采用局部施药，封锁发病中心，将病虫害消灭在萌芽状态。

(3) 看天用药　大棚不应在阴雨天喷药，以免空气湿度过大降低药效或诱发一些病害，可用烟雾法和粉尘法施药。在高温强光条件下，作物蒸腾作用大，抗性弱，某些药剂遇强光高温易分解失效，加上害虫易躲避不利环境，此时用药易产生药害、防效差。

(4) 轮换用药　由于在防治过程中频繁地使用杀虫剂和杀菌剂，使得病虫产生了不同程度的抗药性。为了防止病虫产生抗药性，在防治过程中应提倡不同类型、种类的农药合理交替和轮换使用，以提高防效。

(5) 安全用药　不同蔬菜种类和生育阶段的耐药性常有差异，应严格掌握用药量，不要随意增加浓度。严格执行农药安全使用规定，遵守施药安全间隔期，保证蔬菜食用安全。

(二) 病虫害防治的药剂选用原则

(1) 所有使用的农药都必须经过农业部药检定所登记。严禁使用未取得登记和没有生产许可证的农药，以及无厂名、无药名、无说明的伪劣农药。

(2) 禁止在蔬菜上使用甲胺磷、水胺硫磷、杀虫脒、呋喃丹、氧化乐果、甲基1605、1059、苏化203、3911、久效磷、磷胺、磷化锌、磷化铝、氯化物、氟乙铣胺、砒霜、溃疡净、氯化苦、五氯酚、二溴丙烷、401、氯丹、毒杀酚和一切汞制剂农药以及其他高毒、高残留农药。

(3) 尽可能选用无毒、无残留或低毒、低残留的农药。具体来说，有以下三条原则。首先，选择生物农药或生化制剂农药，如Bt、8010、白僵菌、天霸、天力二号、菜丰灵等；其次，选择特异昆虫生长调节剂农药，如抑太保、卡死克、除虫脲、灭幼脲、农梦特等；第三，选择高效低毒低残留的农药，如敌百虫、辛硫磷、克螨特、甲基托布津、甲霜灵等。

(三) 农药安全使用的准则

(1) 喷洒过农药的蔬菜，一定要经过安全间隔期才能上市。各种农药的安全间隔期不同。笼统地说，喷洒过化学农药的蔬菜，夏天要过 7d、冬天要过 10d，才可以上市。

（2）要掌握好农药使用的范围、防治对象、用药量、用药次数等事项，不得盲目私自提高使用浓度。

（3）喷洒农药要遵守农药安全规程。

（四）农药的使用方法

利用化学农药防治病虫草害，根据防治对象的发生规律及对天敌昆虫和环境的影响，选择适当的药剂；准确计算用药量，严格掌握配药浓度；选择适宜的药械，采用正确的方法施药；考虑与其他防治方法配合等问题，才能达到经济、安全、有效的防治目标。

（1）喷粉、喷雾　利用喷粉机具喷施粉剂农药，是施用药剂最简单的方法。喷粉的缺点是用药量大，黏附性差，易被风吹或雨水冲刷，易污染环境。利用手动、机动和电动喷雾机具将药液分散成细小的雾点，喷布到作物或防治对象上是一种最常用的施药方法，常用的剂型为乳油、可湿性粉剂、水剂、胶悬剂等。农药的湿润展布性能、雾滴的大小、植物和害虫体表的结构及喷雾技术、气候条件会影响防治效果。利用高效喷雾机械将极少量的药液雾化成为极细小的雾滴，均匀地覆盖在带病虫害的植物体上称为超低容量喷雾，加水量比常规喷雾少，药液浓度高，用药量也少，作业效率高。

（2）拌种　播种前将药粉或药液与种子均匀混合的方法称为拌种。拌种主要用于防治地下害虫和由种子传播的病虫害。拌种必须混合均匀，以免影响种子发芽。

将种子、种薯、种苗在一定浓度的药剂中浸放一定时间，以消灭其中的病虫害，或使其吸收一定量的有效药剂在出苗前后达到防病治虫的目的，称为浸种或浸苗。

（3）毒饵　将药剂拌入害虫喜食的饵料中称为毒饵。利用农药的胃毒作用防治害虫，常用于防治地下害虫、鼠类等。毒饵的饵料可选用秕谷、麦麸、米糠等害虫喜食的食物。

（4）熏蒸　是利用药剂的挥发性气体通过熏蒸作用杀死害虫或病原菌的方法。常用于防治仓库、育苗棚中的病虫害及利用敌敌畏防治大豆食心虫等。

此外，还有毒土、灌根、涂抹、泼浇等农药使用方法。

（五）农药的合理安全使用

合理用药，就是要贯彻“经济、安全、有效”的原则，用综合防治的观点使用农药。

（1）根据病虫害及寄主特点选择药剂和剂型　各种药剂都有一定的性能及防治范围，在施药前应根据防治的病虫害的种类、发生程度、发生规律、农作物种类、生育期选择合适的药剂和剂型，做到对症下药，避免盲目用药。还要注意掌握“禁止和限制使用高毒和高残留农药”的规定，尽可能选用安全、高效、低毒的农药。

（2）根据病虫害特点适时用药　把握病虫害的发生发展规律，抓住有利时机用药，既可节约用药，又能提高防治效果，而且不易发生药害。例如，使用药剂防治害虫，应在低龄幼虫期用药；使用药剂防治病害，要在寄主发病前或发病初期用药。

（3）交替轮换用药　正确混配，以延缓抗性生成。同时，混配农药还有增效作用，兼治其他病虫，省工省药。农药并不能随意配合，有的农药混合在一起可以增加毒性，因此农药混用必须慎重。

（4）科学混配和混合用药　将2种或2种以上的对病害、害虫具有不同作用机制的农药混合使用，可以提高防治效果，甚至可以达到同时兼治几种病虫害的防治效果，扩大了防治范围，降低了防治成本，可延缓害虫和病原菌产生抗药性，延长农药品种使用年限。

第二节　蔬菜常见病虫害的防治

蔬菜病虫害的防治方法有很多，每种方法各有其优点和局限性，依靠某一种措施往往不能达到防治目的。我国确定了“预防为主，综合防治”的植保工作方针，提出在综合防治中，要以农业防治为基础，因地因时制宜，合理运用化学防治、农业防治、生物防治、物理防治等措施，达到经济、安全、有效地控制病虫危害的目的。

一、十字花科蔬菜常见病虫害

（一）软腐病

发病初外叶在晴天呈萎蔫状下垂，而阴天或早晚均能恢复正常状态。随着病害不断加重，植株逐渐失去恢复能力而使整个或大部分叶片青枯。菜帮基部、茎基部或根上部先产生水渍状病斑，淡灰黄色，植物组织黏稠湿腐，成烂泥状，有恶臭味，病斑向上、下、左、右扩展蔓延，造成茎基和根、叶柄腐烂。

发生规律：危害病菌为欧氏杆菌属细菌，主要随同病株和病残体在土壤、堆肥、菜窖或留种株上越冬，也可在黄条跳甲等虫体内越冬。借助昆虫、灌溉水及风雨冲溅，从植株伤口侵入。

发病条件：咀嚼式口器昆虫密度大、早播株衰、多雨湿热气候、土壤干裂伤根、肥料未腐熟、地块连作、植株自然裂口多及黑腐病严重时，此病易发生。

防治方法：

（1）提高栽培管理技术、加强农业防病措施　定植前土壤需深翻暴晒，前茬以豆类和葱蒜等作物最好；地势要排灌方便，防止土壤黏重；适期播种定植，以避免感病阶段与当地雨季相遇；增施底肥，及时灌水追肥，“一促到底”；不断清除病株烂叶，穴内施以消石灰进行灭菌。

（2）防治害虫、避免虫伤　病菌极易从黄条跳甲、菜青虫、甘蓝夜蛾、小菜蛾、芜菁叶蜂、猿叶虫、地蛆等害虫造成的虫伤入侵，加之虫体也可带菌，造成病害的传播蔓延，因此应及时施药防治。

（3）选用适应当地条件的抗病品种。

（4）药剂防治　于发病前和发病初，及时在靠近地面的茎基部喷施农用链霉素或新植霉素 200mg/L，或 50% 代森铵 600 ~ 800

倍液，7～10d 喷药 1 次，共 2～3 次，重者进行灌根治疗。

（二）黑腐病

幼苗出土前受害不出苗，出土后染病子叶呈水浸状，根髓部变黑，幼苗枯死。成株期发病，引起叶斑或黑脉，叶斑多从叶缘向内发展，形成“V”字形黄褐色枯斑，病斑周围淡黄色。有时沿叶脉扩展，形成大块黄褐色斑或网状黑脉。叶和帮染病，中肋呈淡褐色，病部干腐，叶片向一边歪扭，半边叶片或植株发黄，部分外叶干枯、脱落，严重时植株倒瘫。茎基腐烂，植株萎蔫，纵切可见髓中空。

发生规律：为细菌引起的病害。病菌随种子、种株或病残体在土壤中越冬。播种带病种子引起幼苗发病，病菌通过雨水、灌溉水、农事操作和昆虫进行传播，多从水孔或伤口侵入。

发病条件：高温多雨，早播，与十字花科作物连作，管理粗放，虫害严重的地块，病害重。

防治方法：

（1）无病株采种，播种时进行种子消毒。

（2）与非十字花科作物实行 2～3 年轮作。

（3）土壤处理　用 50% 福美双 1.25kg，或用 65% 代森锌 0.5～0.75kg，加细土 10～12kg，沟施或穴施入播种行内，可消灭土中的病菌。

（4）适时播种，苗期适时浇水，合理蹲苗，及时拔除田间病株并带出田外深埋，对病穴撒石灰消毒。

（5）药剂防治　发病初期及时喷施 72% 农用链霉素可溶性粉剂 4000 倍液、新植霉素 4000 倍液、47% 加瑞农可湿性粉剂 800 倍液、70% 敌克松可溶性粉剂 1000 倍液等。

（三）菌核病

幼苗茎基部呈水渍状腐烂，可引起猝倒。成株受害多在近地面的茎部、叶柄和叶片上发生水渍状淡褐色病斑，边缘不明显，常引起叶球或茎基部腐烂。植株易在终花期发生菌核病，茎秆上病斑初为浅褐色，后变成白土色，稍凹陷，最终导致组织腐朽、表皮易剥、茎内中空、碎裂成乱麻状。种荚受害也可产生黄白色病斑，严重者早期枯死、变干。在高湿条件下，茎秆、种荚和病叶表面密生白色棉絮状菌丝体和黑色鼠粪状菌核硬块，病斑发朽、变黏，重病株在茎秆和种荚内产生大量菌核。

发生规律：由十字花科菌核病菌侵染所致。病菌以菌核在土壤中或混杂在种子间越冬、越夏或度过寄主中断期，至少可存活 2 年，是病害初侵染的来源。

发病条件：在花期，温暖、高湿的环境条件易造成病害猖獗流行。

防治方法：

(1) 清田选种　留种田消灭菌核，减少初次侵染源，以提高种子质量。

(2) 加强田间管理　种株合理密植，改善栽培田环境和巧施磷肥，培育壮苗，提高植株抗病力。

(3) 药剂防治　用 1∶2 的草木灰、熟石灰混合粉，撒于根部四周，每 667m^2 撒 30kg。在始花期，用 70% 代森锰锌可湿性粉剂 500 倍液喷雾（或 70% 甲基托布津 1000 倍液喷雾，或 50% 多菌灵 1000 倍液喷雾，或 40% 纹枯利可湿性粉剂 1000 倍液喷雾，或 0.2% ~0.3% 波尔多液，或 0.2% ~0.3% 波美度石硫合剂）喷洒植株茎基部、老叶和地面上。40% 菌核净 1500 ~ 2000 倍液或 50% 腐霉利 1000 ~ 1200 倍液，在病发初期开始用药，每隔 7 ~ 10d 喷 1 次，连续喷药 2 ~ 3 次。

（四）霜霉病

从幼苗到收获各阶段均可发生，以成株受害较重。主要为害叶片，由基部向上部叶发展。发病初期在叶面形成浅黄色近圆形至多角形病斑，空气潮湿时叶背产生霜状霉层，有时可蔓延至叶面。后期病斑枯死连片，呈黄褐色，严重时全部外叶枯黄死亡。

发生规律：病菌以菌丝在种子或秋冬季蔬菜上为害越冬，也可以是卵孢子在病残体上越冬。主要通过气流、浇水、农事及昆虫传播。

发病条件：田间种植过密、定植后浇水过早或过大、土壤湿度大、排水不良等容易发病。

防治方法：

（1）选用抗病良种。

（2）加强栽培管理，适当稀植，采用高畦栽培。

（3）收获后彻底清除病残落叶，并带至棚、室外妥善处理。

（4）药剂防治　发病前可选用5%百菌清粉尘剂，每667m^2喷粉1kg预防，隔10～15d喷1次；或选用45%安全型百菌清烟雾剂预防，每667$m^2$0.5kg，隔7～10d喷1次。发病初期选用50%安克可湿性粉剂1500倍液；或72.2%普力克水剂600倍液，或72%克露可湿性粉剂600～800倍液，或80%赛得福可湿性粉剂500倍液喷雾防治，喷雾时应尽量把药液喷到基部叶背。

（五）炭疽病

主要为害叶片、叶柄和中脉，也可为害花梗、种荚等。病叶初生苍白色水渍状小点，后扩大为灰褐色至灰白色稍凹陷的圆斑，病斑直径一般为1～2mm。病斑多时连片，引起叶片早枯。后期病斑呈半透明状，易穿孔。叶脉上病斑多发生于叶背面，褐色，条状，凹陷。叶柄、花梗和种荚上病斑呈长椭圆形，淡褐色，凹陷。在潮湿条件下，病部往往产生粉红色黏质物。

发病规律：由半知菌亚门真菌希金斯刺盘孢菌侵染所致。主要以菌丝体在病残体内或以分生孢子沾附种子表面越冬。越冬菌源借风雨传播，有多次再侵染。

发生条件：高温多雨、湿度大、早播有利于病害发生。

防治方法：

（1）选用抗病品种。

（2）种子消毒　种子用50℃温水浸种15min，晾干播种；或用种子质量0.3%的50%多菌灵拌种。

（3）农业防治　清除病残体后深翻；与非十字花科作物隔年轮作；合理施肥，增施磷钾肥，增强植株抗病力；适期晚播，避开高温多雨季节。

（4）药剂防治　发病初期用50%多菌灵500倍液或多氧霉素1000倍液，或40%多硫悬浮剂600倍液，或80%炭疽福美800倍液喷雾，隔7～10d喷1次，连喷2～3次。

（六）白锈病

主要为害叶片，发病初期在叶片背面有稍隆起的白色近圆形至不规则病斑，即孢子堆。其表面略有光泽，有的叶片上病斑多达几十个，成熟的病斑表皮破裂，散出白色粉末状物，即病菌孢子囊。在叶片正面有黄绿色、边缘不清晰的不规则斑。种株的花梗和花器受害，使其畸形弯曲，其肉质茎也可现乳白色疤状斑，这是该病重要特征。

发生规律：由鞭毛菌亚门白锈菌侵染所致。侵染循环病菌主要以菌丝体在病残体中或在种株上越冬，也可以卵孢子在土壤中越夏。当条件适合时，卵孢子萌发，产生出游动孢子，长出芽管，由叶片上的气孔或表皮直接侵入，发病后产生孢子囊，通过气流、雨水或灌溉水进行传播，重复再侵染。

发病条件：低温高湿有利于病害发生发展，孢子囊产生最适合的温度为8～10℃，萌发的温度为7～13℃，最适温度为10℃，相对湿度90%以上、温度又低时（8～13℃），利于病菌侵入，发病严重。若植株生长衰弱，抗病力差，发病也重。

防治方法：

（1）与非十字花科蔬菜进行隔年轮作。

（2）蔬菜收获后，清除田间病残体，以减少菌源。

（3）化学防治　发病初期喷洒25%甲霜灵可湿性粉剂800倍液，或50%甲霜铜可湿性粉剂600倍液、58%甲霜灵·锰锌可湿性粉剂500倍液、64%杀毒矾可湿性粉剂500倍液进行防治，每667m^2喷药液50～60kg，隔10～15d喷1次，连喷2次即可。

（七）小菜蛾

防治方法：

（1）及时清洁田园。

（2）利用性诱剂诱杀。

（3）“8010”或Bt菌药500倍液，如温度低于20℃，掺杀虫双350倍液进行喷雾。

（4）用虫螨克3000倍、虫螨光1500倍或锐劲物2000倍，药剂防治隔5～10d喷1次。勤治早治，在傍晚喷药，重点在叶背面，将幼虫消灭在1龄之前。

（八）黄曲条跳甲

以成虫和幼虫两个虫态对植株直接造成危害。成虫食叶，以幼苗期最重，在留种地主要为害花蕾和嫩荚。幼虫只害菜根，蛀食根皮，咬断须根，使叶片萎蔫枯死。萝卜被害呈许多黑斑，最后整个变黑腐烂；白菜受害叶片变黑死亡，并传播软腐病。

防治方法：

（1）清除菜地残株败叶，铲除杂草。

（2）播种前深耕晒土，消灭部分蛹。

（3）药剂防治　5%抑太保乳油4000倍液、5%卡死克乳油4000倍液、5%农梦特乳油4000倍液、40%菊杀乳油2000～3000倍液、40%菊马乳油2000～3000倍液、20%氰戊菊酯2000～4000倍液、茴蒿素杀虫剂500倍液喷雾，也可用敌百虫或辛硫磷液灌根以防治幼虫；防治成虫宜在早晨和傍晚喷药。

（九）斜纹夜蛾

北方一年发生4～5代，南方发生7～8代，以蛹在土下3～5cm处越冬。成虫白天潜伏在叶背或土缝等阴暗处，夜间出来活动。每只雌蛾能产卵3～5块，每块约有卵位100～200个，卵多产在叶背的叶脉分叉处，经5～6d就能孵出幼虫。初孵时聚集叶背，4龄以后和成虫一样，白天躲在叶下土表处或土缝里，傍晚后爬到植株上取食叶片。

防治方法：

（1）诱杀成虫　根据当地虫情测报，在成虫盛发期用黑光灯或灯光诱杀成虫。也可用糖醋液诱杀成虫，做法是：糖6份、醋3份、白酒1份、水10份、90%敌百虫晶体1份，调匀后装在盆或罐中（盆或罐离地0.6～1m），置于田间，可诱杀大量成虫。

（2）人工消灭卵和初孵幼虫　在各代盛卵期，深入田间调查，采摘卵块，集中消灭。幼虫孵化期发现新网状被害叶，背面必有群集幼虫，可人工摘除并杀死幼虫。

（3）人工释放天敌　如黑卵蜂、赤眼蜂、小茧蜂等。

（4）药剂防治　掌握在幼虫低龄期施药，可用灭杀毙乳油6000～8000倍液，或2.5%功夫乳油5000倍液，或40%氰戊菊酯乳油4000～5000倍液，喷雾。每10d喷1次，连续2次。喷药宜在早晨或下午5时以后进行，防治效果好。

（十）蚜虫

体小而软，大小如针头。吸食植物汁液，为植物的大害虫。不仅阻碍植物生长，形成虫瘿，传布病毒，而且造成花、叶、芽畸形。

防治方法：

（1）结合修剪，将蚜虫栖居或虫卵潜伏过的残花、病枯枝叶，彻底清除，集中烧毁。

（2）选用抗病虫品种，既减轻蚜虫危害又可节省药物费用。

（3）发现少量蚜虫时，可用毛笔蘸水刷净，或用清水进行冲洗，既灭了蚜，又洗净叶片；有条件的还可利用瓢虫、草蛉等天敌进行防治。

（4）发现大量蚜虫时，应及时隔离，并立即选用药物或土法消灭虫害。可按1∶15比例配制烟叶水，泡制4h后喷洒；或用1∶4∶400的比例，配制洗衣粉、尿素、水的溶液喷洒。药剂可以用10%氧化乐果乳剂1000倍液、马拉硫磺乳剂1000～1500倍液或敌敌畏乳油1000倍液。对桃粉蚜一类本身披有蜡粉的蚜虫，施用任何药剂时，均应加1‰中性肥皂水或洗衣粉，效果较好。

二、豆科蔬菜常见病虫害

（一）轮纹病

主要为害叶片，有时也为害茎、叶柄和荚叶片。初生1mm大小紫红褐色小点，后扩展成边缘清晰的圆形或近圆形黑褐色轮纹斑，边缘明显稍隆起，病斑直径5～7mm，一片叶上常生多个病斑，病斑融合成不规则大型斑，致病叶变成黄色，最后变为黑褐色，病部穿孔或干枯脱落。湿度大或雨后及阴雨连绵的天气，病斑正、背两面均可长出灰白色薄霉层，即病原菌的分生孢子梗和分生孢子。叶柄、茎和荚染病产生梭形至长圆形、中间灰色凹陷斑，有深赤色边缘，荚上生小黑色凹陷斑。

发生规律：病菌以分生孢子梗基部的菌丝块随病叶遗落在土表或附着在种子上越冬，翌年产生分生孢子引致初侵染，再产生大量分生孢子，通过风雨传播进行再侵染。

发病条件：病菌发育适温为25℃左右，最高为30℃，最低为5℃。苗期多雨潮湿易发病，土壤黏重、排水不良或缺钾发病重。

防治方法：

（1）从无病田采种，选用无病荚，播种前用55℃温水浸种5min，进行种子消毒。

（2）适时播种，不宜过早，提倡采用高畦栽培，适当密植，增施有机肥，提高抗病力。

（3）有条件地区提倡洋芋2行、蚕豆2行套种，既防病又增产。

（4）选择抗病品种或抗病单株进行繁殖推广。

（5）药剂防治　发病初期开始喷洒78%波·锰锌（科博）可湿性粉剂500倍液或30%氧氯化铜悬浮剂800倍液、50%多·霉威（多霉灵）可湿性粉剂1000～1500倍液、50%甲基硫菌灵悬浮剂600倍液、27%铜高尚悬浮剂600倍液、53.8%可杀得2000倍悬浮剂700倍液，隔10d左右1次，防治1次或2次。

（二）病毒病

该病的症状一般表现为4种类型。一是花叶皱缩型，此类型发生最为普遍；二是顶枯型，也是为害最重的一种类型；三是矮化型，病株节间明显缩短，严重矮化；四是黄斑型，此类型多在结荚期发生。

发生规律：豆科植物病毒病多半是由豆类花叶病毒侵染发病，

带毒种子是病毒病的初次侵染源，并可随调种远距离传播，保护地豆科蔬菜、田间越冬的野生寄主植物及土壤中的病残体也可成为毒源。在自然条件下，蚜虫是田间主要传播媒介。

防治方法：

（1）建立无病留种田，选用无病种子。

（2）加强栽培管理，培育壮苗。

（3）轮作换茬　要与非豆科作物进行 3 年以上的轮作换茬，能有效地减轻此病的发生。

（4）防治蚜虫　病毒病的发生流行与蚜虫的数量关系很大，所以对蚜虫应及时加以防治。

（5）药剂防治　初发病时，可喷 20% 病毒 A300 倍液或植病灵 500 倍液。

（三）锈病

初现边缘退绿色小黄斑，后中央稍突起，出现深黄色夏孢子堆，表皮破裂，后呈紫黑色疮斑，有时叶面或背面可见凸起的白色疮斑，荚染病形成突出表皮的疮斑。

发生规律：病菌在土中过冬，在 15 ~ 24℃ 的温度和较高的湿度条件下通过气流、雨水传播。

防治方法：

（1）轮作及清除田间病株和病残体。

（2）药剂防治　发病期间及时喷药。常用的药品有 65% 代森锌可湿性粉剂 500 倍液和 70% 粉锈灵可湿性粉剂 1000 ~ 1500 倍液。每隔 10d 左右喷药 1 次，共 2 ~ 3 次。

（四）豆荚螟

以幼虫在豆荚内蛀食豆粒，被害籽粒重则蛀空，仅剩种子柄；轻则蛀成缺刻，几乎不能做种子。

豆荚螟随地区和气候条件的不同一年可发生 2 ~ 8 代。越冬代成虫在豌豆、绿豆或冬季豆科绿肥上产卵发育为害；第二代幼虫为害春播大豆或绿豆等其他豆科植物；第三代为害晚播春大豆、早播夏大豆及夏播豆科绿肥；第四代为害夏播大豆和早播秋大豆；第五代为害晚播夏大豆和秋大豆。各地主要以老熟幼虫在寄主植物附近土表下5~6cm深处结茧越冬，也有少数地区以蛹越冬，还有在晒场周围表土下结茧越冬。

防治方法：

（1）合理轮作　避免豆科植物连作。

（2）灌溉灭虫　在水源方便的地区，可在秋、冬季灌水数次，提高越冬幼虫的死亡率。在夏大豆开花结荚期，灌水1~2次，可增加入土幼虫的死亡率，增加大豆产量。

（3）选种抗虫品种。

（4）豆科绿肥在结荚前翻耕沤肥，种子绿肥及时收割，尽早运出田地，减少田地越冬幼虫的量。

（5）于产卵始盛期释放赤眼蜂，对豆荚螟的防治效果可达80%以上；老熟幼虫入土前，田间湿度高时，可施用白僵菌粉剂以减少化蛹幼虫的数量。

（6）地面施药　老熟幼虫脱荚期，毒杀入土幼虫，以粉剂为佳，主要有2%杀螟松粉剂、1.5%甲基1605粉剂、2%辛硫磷粉等，每667m^2施1.5~2kg。此外，90%晶体敌百虫700~1000倍液，或50%辛硫磷乳油1000~1500倍液，或40%氧化乐果1000~1500倍液，或50%杀螟松乳油1000倍液，或2.5%溴氰菊酯4000倍液，也有较佳效果。

（7）晒场处理　在大豆堆垛地及周围1~2m范围内，撒施上述药剂、低浓度粉剂或含药毒土，可使脱荚幼虫死亡90%以上。

（五）豆蚜

豆蚜在长江流域年发生20代以上，对黄色有较强的趋性，对银灰色有忌避习性，具较强的迁飞和扩散能力，在适宜的环境条件下，每头雌蚜寿命可长达10d以上，平均胎生若蚜100多头。

豆蚜常群集于寄主嫩茎、幼芽、顶端嫩叶、心叶、花器及荚果处吸取汁液。受害严重时，植株生长不良，叶片卷缩，影响开花结实。又因该虫大量排泄“蜜露”而引起煤污病，使叶片表面铺满一层黑色霉菌，影响光合作用，结荚减少，千粒重下降。

防治方法：

（1）黄板诱蚜，诱杀迁飞的有翅蚜。

（2）加强田间检查、虫情预测预报。

（3）药剂防治　在田间蚜虫点片发生阶段要重视早期防治，用药间隔期7~10d，连续用药2~3次。可选用的药剂有20%康福多浓可溶剂4000~5000倍液和12.5%吡虫啉水可溶性浓液剂3000倍液，用药间隔期15~25d；或10%高效氯氰菊酯乳油2000倍液、20%莫比朗乳油5000倍液、2.5%功夫菊酯乳油2500倍液、0.36%苦参碱水剂500倍液、50%抗蚜威可湿性粉剂2000倍液、40%乐果乳剂1000倍液等，喷雾防治。

（六）豆芫菁

豆芫菁属鞘翅目芫菁科，为完全变态昆虫，生活史需经卵、幼虫、蛹及成虫四个阶段。

豆芫菁以成虫为害大豆的叶片，尤喜食幼嫩部位，将叶片咬成孔洞或缺刻，甚至吃光，只剩网状叶脉；此外还为害嫩茎及花瓣，有的还吃豆粒，使其不能结实，对产量影响大。

防治方法：

（1）越冬防治　根据豆芫菁幼虫在土中越冬的习性，冬季翻耕豆田，增加越冬幼虫的死亡率。

（2）人工网捕成虫　成虫有群集为害习性，可于清晨用网捕成虫，集中消灭。

（3）药剂防治　用1.5%甲基1605粉剂，或2%杀螟松粉剂，或2.5%敌百虫粉，每667m^2用1.5~2.5kg。喷雾：用80%敌敌畏乳油，或90%晶体敌百虫1000~2500倍液，每667m^2用75kg药液。

（七）斑潜蝇

斑潜蝇大约1993年由巴西传入我国，目前全国各地均有发生，成、幼虫均可为害。雌成虫飞翔时把植物叶片刺伤，进行取食和产卵，幼虫潜入叶片和叶柄为害，产生不规则蛇形白色虫道，叶绿素被破坏，影响光合作用，受害植株叶片脱落，造成花芽、果实被灼伤，严重的造成毁苗。

该虫在南方各省一般每年发生21～24代，无越冬现象。成虫以产卵器刺伤叶片，吸食汁液。雌虫把卵产在部分伤孔表皮下，卵经2～5d孵化，幼虫期4～7d，末龄幼虫咬破叶表皮在叶外或土表下化蛹，蛹经7～14d羽化为成虫。每世代夏季2～4周，冬季6～8周。

防治方法：

（1）害虫发生初期，定期清除虫叶，杀灭幼虫。豇豆与葱类间作套种具有吸引天敌、降低斑潜蝇危害的作用。抗虫作物苦瓜套种感虫作物丝瓜和豆角可减轻虫害。

（2）美洲斑潜蝇的天敌有潜蝇茧蜂、绿姬小蜂、双雕小蜂等，利用天敌可减轻虫害。

（3）在幼虫化蛹高峰期后8～10d喷洒下列药剂防治：48%乐斯本乳油1000倍液、1.8%爱福丁乳油1000倍液、10%烟碱乳油1000倍液或净叶宝Ⅰ号1500倍液。

（八）朱砂叶螨

朱砂叶螨以成若螨在叶背吸取汁液。茄子、辣椒叶片受害后，叶面初现灰白色小点，后变灰白色；四季豆、豇豆、瓜类叶片受害后，形成枯黄色细斑，严重时全叶干枯脱落，结果期缩短，影响产量。

在北方，朱砂叶螨一年可发生20代左右。

朱砂叶螨每年种群消长有所不同。低温年份发生得晚，常于7月后进入猖獗发生期，常可为害至8月中旬以后；高温年份6月上旬即可进入年中盛期，盛期至7月中下旬结束。

防治方法：

（1）清除田埂、路边和田间的杂草及枯枝落叶，耕整土地以消灭越冬虫源。合理灌溉和施肥，促进植株健壮生长，增强抗虫能力。

（2）利用有效天敌，如长毛钝绥螨、德氏钝绥螨、异绒螨、塔六点蓟马和深点食螨瓢虫等，有条件的地方可保护或引进释放。

当田间的益害虫比为1:（10～15）时，一般在6～7d后，有害螨将下降90%以上。

（3）加强田间害螨监测，在点片发生阶段注意防治。轮换施用化学农药，效果较好的药剂有40%菊杀乳油2000～3000倍液、40%菊马乳油2000～3000倍液或20%螨卵脂800倍液。也可用波美0.1～0.3度石硫合剂、25%灭螨猛可湿性粉剂1000～1500倍液。

三、葫芦科蔬菜常见病虫害

（一）蔓枯病

蔓枯病使叶片受害后产生近圆形或不规则大型病斑，有的病斑自叶缘向内发展，呈“V”字形或半圆形，淡褐色，后期病斑易破碎，常龟裂，干枯后呈黄褐色至红褐色，病斑上密生黑色小点。

发生规律：蔓枯病是由真菌引起的病害，病菌随病残体在土中或附在种子、架杆、温室大棚架上越冬，通过雨水、灌溉水传播，从气孔、水孔或伤口侵入。

防治方法：

（1）实行2～3年轮作。

（2）从无病株上采种或对种子消毒，用96%“天达恶霉灵”粉剂3000倍液+“天达－2116”500倍液浸种20min，或用55℃温水浸种15min，或40%甲醛100倍溶液浸种30min，清水洗净后播种。

（3）发病初期喷洒70%品润干悬浮剂800倍液、40%福星乳油8000倍液、75%百菌清可湿性粉剂600倍液、25%嘧菌脂胶悬剂1500倍、10%苯醚甲环唑可分散粒剂1500倍液、70%甲基托布津可湿性粉剂500倍液等，大棚、温室可用30%百菌清烟剂，每$667m^2$熏烟250g，7～10d施药1次，连续防治2～3次。

（二）细菌性角斑病

细菌性角斑病主要危害叶片和瓜条。叶片受害，初为水渍状浅绿色，之后变淡褐色，因受叶脉限制呈多角形。后期病斑呈灰白色，易穿孔。湿度大时，病斑上产生白色黏液。茎及瓜条上的病斑初呈水渍状，近圆形，后呈淡灰色，病斑中部常产生裂纹，潮湿时产生菌脓。果实后期腐烂，有臭味。

发病条件：一般低温、高湿、重茬的温室、大棚发病重。该病为细菌性病害。

防治方法：

（1）选用抗病品种。

（2）种子处理 在无病区或无病植株上留种，防止种子带菌。催芽前应进行种子消毒。

（3）栽培管理 与非瓜类作物实行 2 年以上的轮作；利用无菌的大田土育苗；利用高垄栽培，铺设地膜，减少浇水次数，降低田间湿度；保护地及时通风；雨季及时排水；及时清洁田园，减少田间病原。

（4）药剂防治 发病初可用农用链霉素 200mg/kg 液、新植霉素 150～200mg/kg 液、DT 杀菌剂 500 倍液、抗菌剂 401 500 倍液、47% 加瑞农 600～800 倍液和 77% 可杀得 500～800 倍液。上述药之一，每 5～7d 喷 1 次，连喷 3～4 次。或进行喷粉尘防治：发病初期，可喷 5% 加瑞农粉尘剂，或 5% 防细菌粉尘剂，或 5% 滴涕粉尘剂。

（三）病毒病

各种瓜类病毒病的症状大同小异。西葫芦病毒病主要有花叶、黄化皱缩型。

西葫芦病毒病：种子可带毒传播，田间通过汁液接触和蚜虫或线虫传毒。一般高温干旱、日照强或缺水缺肥、管理粗放的田块发病重。

黄瓜病毒病：种子不带毒，主要在多年生宿根植物上越冬，靠蚜虫和汁液接触传毒。发病适温为 20℃，25℃以上多表现隐症。

防治方法：

（1）选用抗病品种。

（2）施足基肥，适时追肥，培育壮苗，适期定植，加强管理，促进根系发育，增强抗病力。

（3）及时防治蚜虫。

（4）发病初期开始喷药，可选用20%病毒A可湿性粉剂500倍液、83增抗剂100倍液、1.5%植病灵乳剂800倍液、20%病毒净500倍液等。

（四）灰霉病

灰霉病由灰葡萄孢菌侵染所致，属真菌病害，花、果、叶、茎均可发病。果实染病，青果受害重，残留的柱头或花瓣多先被侵染，后向果实或果柄扩展，致使果皮呈灰白色，并生有厚厚的灰色霉层，呈水腐状。叶片发病从叶尖开始，沿叶脉成“V”形向内扩展，黄褐色，边有深浅相间的纹状线，病缘交界分明。

发生规律：以菌核在土壤或病残体上越冬越夏。病菌耐低温，7~20℃产生大量孢子。弱光、相对湿度在90%以上或幼苗表面有水膜时易发病。花期最易感病，借气流、灌溉及农事操作从伤口、衰老器官侵入。

防治方法：

（1）加强栽培管理　避免阴雨天浇水，发病后控制浇水和施肥，集中处理病果、病叶，注意农事操作卫生。

（2）加强苗床管理　搞好大棚通风排湿工作，使空气的相对湿度不超过65%，这是防止和减轻灰霉病的有效措施。

（3）不偏施氮肥，增施磷、钾肥，培育壮苗，以提高植株自身的抗病力。适量灌水，阴雨天或下午不宜浇水，预防冻害。

（4）清除病苗　发现灰霉病病苗要及时拔除，并放入塑料袋内带出棚外，及时喷药保护。

（5）药剂防治　抓住移栽前、开花期、果实膨大期三个时期用药。移栽前用速克灵或扑海因1500倍液喷淋幼苗，花期在配好的2-4D或防落素稀释液中加入0.1%扑海因或0.2%~0.3%甲霜灵蘸花或涂抹，结果期用20%惠多丰1500倍液或50%灰霉速净600倍液或40%施佳乐800倍液喷雾。

（五）烟粉虱

亚热带地区烟粉虱年生10～12个重叠世代，几乎月月出现一次种群高峰，每代15～40d，成虫产卵期2～18d。

防治方法：

（1）培育无虫苗　育苗时要把苗床和生产温室分开，育苗前先彻底消毒，幼苗上有虫时在定植前清理干净，做到用于定植的苗无虫。

（2）用丽蚜小蜂防治烟粉虱　当每株有烟粉虱0.5～1头时，每株放蜂3～5头，10d放1次，连续放蜂3～4次，可基本控制其为害。

（3）注意安排茬口、合理布局　在温室、大棚内，黄瓜、番茄、茄子、辣椒、菜豆等不要混栽，有条件的可与芹菜、韭菜、蒜、蒜黄等间套种，以防烟粉虱传播蔓延。

（4）药剂防治　在烟粉虱零星发生时开始喷洒20%扑虱灵可湿性粉剂1500倍液（或25%灭螨猛乳油1000倍液，或2.5%天王星乳油3000～4000倍液，或2.5%功夫菊酯乳油2000～3000倍液，或20%灭扫利乳油2000倍液，或10%吡虫啉可湿性粉剂1500倍液），隔10d左右1次，连续防治2～3次。

（5）棚室内发生烟粉虱可用背负式或机动发烟器施放烟剂，采用此法要严格掌握用药量，以免产生药害。

四、茄科蔬菜常见病虫害

（一）青枯病

青枯病是番茄、茄子、辣椒、马铃薯等茄科蔬菜的主要病害，主要症状是植株迅速萎蔫、枯死，茎叶仍保持绿色。病茎的褐变部位用手挤压，有乳白色菌液排出。在高温高湿、重茬连作、低洼土黏、田间积水、土壤偏酸、偏施氮肥等情况下，该病容易发生。

青枯病菌可以同病株残体一同进入土壤，长期生存形成侵染源。该病害多发于连作田和地下水位高、湿度大的冲积土田。

防治方法：

（1）实行轮作　有计划地轮作，能有效降低土壤含菌量，减轻病害发生。

（2）改良土壤　青枯病病菌喜偏酸性土壤，结合整地施基肥，每 667m^2 施熟石灰粉 100kg，使土壤呈中性或微酸性，能有效抑制该病的发生。

（3）优化栽培方式　采用高垄或半高垄栽培方式，配套田间沟系，降低田间湿度，同时增施磷、钙、钾肥，促进作物生长健壮，提高抗病能力，能减轻青枯病发生。

（4）培育壮苗　采用营养钵、肥团、温床育苗，培育矮壮苗，以增强作物抗病、耐病能力。

（5）喷施微肥　可促进植株维管束生长发育，提高植株抗病、耐病能力。

（二）早疫病

早疫病叶面病斑为暗褐色小斑点，后扩大成圆形或近圆形，稍凹陷，上生明显的同心轮纹，周围有黄色晕圈。茎上病斑呈椭圆形，褐色，凹或不凹。果实多在蒂部发生，圆形、褐色，凹陷也有同心轮纹，常引起落叶、断枝和落果。一般高温高湿及多阴雨天气发病严重，并迅速蔓延。

防治方法：

（1）选择抗病品种，实行轮作。

（2）苗期用药预防，生病初用瑞毒霉锰锌或扑海因 600～700 倍液防治，每 7d 喷一次。

（三）晚疫病

晚疫病以叶和青果受害重。幼苗染病，病斑由叶片向主茎蔓延，使茎变细并呈黑褐色，致全株萎蔫或折倒，湿度大时病部表面生白霉；叶片染病，多从植株下部叶尖、叶缘处开始发病，初为淡绿色水浸状不整齐病斑，扩大后转为褐色。高湿时，叶背病缘部交界处长白霉，茎上病斑呈黑色腐败状，引致植株萎蔫。果实染病主要发生在青果上，病斑初呈油浸状暗绿色，后变成暗褐色至棕褐色，稍凹陷，边缘明显，云状不规则，果实一般不变软，湿度大时其上长少量白霉，迅速腐烂。

防治方法：

（1）与非茄科实行3年以上轮作，合理密植，及时整枝。

（2）药剂防治　预防或发病初期选用2000型可杀得1500倍；发病后选用58%瑞毒霉锰锌、64%杀毒矾、50%甲霜铜或克露600倍液，隔7d喷一次，连续3次。

（四）根结线虫病

根结线虫多分布在0~20cm土壤内，特别是3~9cm土壤中线虫数量最多，常以卵或2龄幼虫随植株残体遗留在土壤或粪肥中越冬，翌年环境适宜时以2龄幼虫从植株嫩根侵入，繁殖为害。在日光温室中可终年为害。

根结线虫病主要发生于根部，尤以支根受害多。根上形成很多近球形瘤状物，似念珠状相互连接，初期表面白色，后变褐色或黑色，地上部表现为萎缩或黄化，天气干燥时易萎蔫或枯萎。

防治方法：

（1）苗床消毒或无土育苗　无土育苗可培育壮苗，避免早期受到根结线虫的为害，而移栽后，即使受到根结线虫的为害，对作物产量影响也不大。

（2）采用抗根结线虫的品种或嫁接。

（3）轮作　如果条件许可可轮作，特别是采用水旱轮作的方法防治根结线虫效果较好。轮作的作物应避免与葫芦科、茄科以及豆科作物轮作，最好与禾本科作物轮作。

（4）种植前的土壤消毒　方法一：每667m^2施用熟石灰50~100kg，改变土壤酸碱度，抑制病菌孢子萌发。方法二：每667m^2施用10%克线磷（或3%米乐尔，或5%益舒宝等颗粒剂2~5kg），均匀撒施后耕翻入土。

（5）用50%辛硫磷乳油1500倍液（或90%敌百虫800倍液，或48%乐斯本乳油1500倍液，或80%敌敌畏乳剂）灌根，每株灌药液200~250mL进行防治。

（6）生物防治　采用“食线虫真菌”，利用真菌分泌与侵染相关的酶，突破线虫体壁的胶原蛋白屏障，接着真菌的菌丝会伸入线虫体内，最终线虫会被真菌完全消化。目前有一些商品化的生物防治产品，如 DiT - era、木霉菌、菌根、淡紫拟青霉等用于根结线虫的防治。

（五）棉铃虫

棉铃虫虫体光滑，呈绿色或褐色，是严重的作物害虫。入土化蛹，成虫灰褐色，一年发生 4 ~ 5 代。较早世代的幼虫主要取食玉蜀黍，以后各代幼虫为害番茄、棉花和其他季节性作物。

棉铃虫发生的代数因年份、地区而异。

早晨露水干后至 9 时前，幼虫常在叶面静伏，触动苗木即会摇落地面，是人工捕捉的好时机。棉铃虫以蛹在地下 5 ~ 10cm 深处越冬，可结合冬季松土追肥将部分虫蛹翻至地面将其冻死或被天敌所食。棉铃虫天敌很多，有寄生性天敌寄生蜂、寄生蝇等，捕食性天敌鸟雀类，及一些细菌、真菌、病毒等，可对棉铃虫的卵和幼虫起到抑制作用。

防治方法：

（1）冬春深耕、灌水及田间耕作杀灭虫蛹，并结合整枝打杈摘除部分虫卵。也可在番茄、青椒田中或地边种植少量玉米诱集带，用以诱蛾产卵，减少虫量，减轻为害。

（2）诱杀成虫　剪取 0.6m 长带叶杨树或柳树的枝条，每 10 根扎成 1 把，绑在小木棍上，插于田间，略高于蔬菜顶部。每 $667m^2$ 插 10 把，5 ~ 10d 换 1 次，在主要危害地带诱蛾 15 ~ 20d。或每 $33000m^2$ 地设黑光灯 1 盏，也可诱杀大量成虫。

（3）在主要危害世代产卵高峰后 3 ~ 4d 及 6 ~ 8d，喷两次 Bt 乳剂 250 ~ 300 倍液，对 3 龄前幼虫有较好的防治效果。

（4）应在主要危害世代的卵孵化盛期施药，以上午为宜，重点喷施植株上部。可选用 50% 辛硫磷乳油（或 50% 杀螟松乳油，或 40% 乙酰甲胺磷乳油，或 80% 敌百虫可湿性粉剂等）1000 倍液，或 2.5% 敌杀死乳油（或 20% 杀灭菊酯乳油，或 2.5% 功夫乳油，或 2.5% 天王星乳油，或 5% 来福灵乳油等）2000 ~ 4000 倍液喷雾。

（六）茶黄螨

茶黄螨以成螨和幼螨集中在蔬菜幼嫩部分刺吸为害。受害叶片背面呈灰褐色或黄褐色，油渍状，叶片边缘向下卷曲；受害嫩茎、嫩枝变黄褐色，扭曲变形，严重时植株顶部干枯；受害果实果皮变黄褐色。茄子果实受害后，呈开花馒头状。主要在夏、秋两季露地发生。

防治方法：

（1）消灭越冬虫源　铲除田边杂草，清除残株败叶。

（2）培育无虫壮苗。

（3）喷药重点主要是植株上部嫩叶、嫩茎、花器和嫩果，注意轮换用药。可选用35%杀螨特乳油1000倍液、5%尼索朗乳油2000倍液、5%卡死克乳油1000～1500倍液、20%螨克1000～1500倍液、0.9%爱福丁乳油3500～4000倍液或速螨酮和霸螨灵喷雾防治，兼防白粉虱可选用2.5%天王星乳油喷雾防治。

附　　录

附录一　北京地区部分稀特蔬菜不同设施栽培播种育苗及定植时间参照表

蔬菜种类	茬口	播种育苗期	苗龄/d	定植期	采收期
水果黄瓜	日光温室秋冬茬	8—9 月	30	9 月至 10 月中旬	10 月至第 2 年 3 月下旬
	日光温室越冬茬	9 月下旬至 10 月	30	11 月上旬	12 月至第 2 年 4 月
	日光温室早春茬	1 月上中旬	35	2 月中旬	3 月中旬至 7 月中旬
	塑料大棚春茬	2 月下旬	30	3 月下旬	4 月下旬至 7 月下旬
	塑料大棚秋茬	7 月中下旬	25	8 月上中旬	9 月上旬至 11 月上旬
	露地栽培	3 月下旬	35	4 月下旬至 5 月上旬	6 月上旬至 8 月下旬
彩色甜椒	日光温室秋冬茬	7 月下旬至 8 月下旬	50	9 月上旬至 10 月上旬	12 月至第 2 年 5 月
	日光温室冬春茬	11 月下旬至 12 月中旬	50	1 月中旬至 2 月中旬	4—6 月
	塑料大棚春茬	1 月下旬至 2 月中旬	50	3 月中下旬	6—8 月
	塑料大棚秋茬	5 月中下旬	40	6 月下旬至 7 月上旬	9 月至 11 月上旬

续表

蔬菜种类	茬口	播种育苗期	苗龄/d	定植期	采收期
彩色甜椒	日光温室周年栽培	6月	40	7月	10月至第2年5月
	露地栽培	3月中下旬	50	5月上旬	6月中旬至10月下旬
樱桃番茄	日光温室早春茬	11月下旬至12月上旬	60	1月下旬至2月上旬	3月下旬至7月下旬
	日光温室秋冬茬	7月下旬至8月上旬	30	8月下旬至9月上旬	10月至第2年3月
	塑料大棚春茬	1月中下旬	70	3月下旬	4月下旬至7月下旬
	塑料大棚秋茬	6月中旬至7月上旬	40	7月下旬至8月中旬	9月上旬至11月上旬
	日光温室长季节栽培	7月中旬至8月中旬	40	8月下旬至9月下旬	10月下旬至第2年6月
	露地栽培	3月中下旬	50	5月上旬	6月中旬至10月下旬
青花菜	日光温室冬春茬	9月下旬至11月中旬	40	10月下旬至12月下旬	1—2月
	日光温室秋冬茬	8—9月	30～40	9—10月	11—12月
	塑料大棚秋茬	7月下旬至8月上旬	25～30	8月下旬至9月上旬	10上旬至11月上旬
	塑料大棚春茬	1月下旬至2月上旬	40	2月下旬至3月中旬	4月中旬至5月中旬
	露地栽培	3月上中旬	40～50	4月中下旬	6月中旬至7月上旬
人参果	日光温室秋冬茬	6—7月扦插	30～50	8月	12月至第2年2月
	日光温室早春茬	12月至第2年1月扦插	30～50	1—2月	5—7月
	塑料大棚春茬	2月中旬扦插	30	3月中旬	7—8月

续表

蔬菜种类	茬口	播种育苗期	苗龄/d	定植期	采收期
人参果	塑料大棚秋茬	5—6月扦插	30~40	6—7月	9月至11月上旬
抱子甘蓝	日光温室秋冬茬	7月中下旬	30~40	8月中下旬	11月中旬至第2年2月
羽衣甘蓝	日光温室秋冬茬	8月	30~40	9月	11月至第2年3月
紫背天葵	日光温室秋冬茬	8—9月扦插	20	9—10月	连续收获1~2年
番杏	日光温室秋冬茬	8月中旬	20~30	9月上中旬	10月下旬至第2年6月
结球茴香	日光温室秋冬茬	7—10月	40	8—11月	第2年1—3月
根芹	日光温室秋冬茬	6月上旬至7月上旬	60~70	8月上旬至9月上旬	12月至第2年3月

附录二　不同蔬菜育苗期及成苗标准

种类	穴盘选择/孔	育苗期/d	成苗标准/叶片数
冬春季茄子	288	30~35	2叶1心
冬春季茄子	128	70~75	4~5
冬春季茄子	72	80~85	6~7
冬春季甜椒	288	28~30	2叶1心
冬春季甜椒	128	55~70	8~10
冬春季番茄	288	20~25	2叶1心
冬春季番茄	128	45~50	4~5
冬春季番茄	72	60~65	6~7
夏秋季番茄	200或288	18~22	3叶1心
夏播芹菜	288	50左右	4~5
夏播芹菜	128	60左右	5~6

续表

种类	穴盘选择/孔	育苗期/d	成苗标准/叶片数
生菜	288	25～30	3～4
生菜	128	35～40	4～5
黄瓜	72	25～35	3～4
大白菜	288	15～18	3～4
大白菜	128	18～20	4～5
结球甘蓝	288	20 左右	2 叶 1 心
结球甘蓝	128	75～80	5～6
花椰菜	288	20 左右	2 叶 1 心
花椰菜	128	75～80	5～6
抱子甘蓝	288	20～25	2 叶 1 心
抱子甘蓝	72	65～70	5～6
羽衣甘蓝	288	30～35	3 叶 1 心
羽衣甘蓝	128	60～65	5～6
木耳菜	288	30～35	2～3
蕹菜	288	25～30	5～6
菜豆	128	15～18	2 叶 1 心

注：摘自国家蔬菜工程技术研究中心、北京市农林科学院蔬菜研究中心《北京设施蔬菜安全高效套餐式栽培技术手册》。

附录三　常见蔬菜种子千粒重与播种量

种类	千粒重/g	每克粒数	播种量/（g/667m²）	
			育苗	直播
小白菜	1.8～3.0	400～500	100～150	250～500
大白菜	2.5～4.0	300～400	50～60	150
娃娃菜	2.5～4.0	300～400	50～60	150～200
生菜	0.5～1.2	800～2000	20～25	30～50
芹菜	0.5～0.6	1600～2000	100～150	500～800
芥蓝	2.5～3.2	300～400	50	—

续表

种类	千粒重/g	每克粒数	播种量/（g/667m²）	
			育苗	直播
菜花	2.5～4.2	230～400	25～50	—
甘蓝	3.3～4.5	230～330	30～50	—
菠菜	8.0～9.2	100～125	—	2500～5000
茼蒿	1.6～2.0	500～650	—	1500～2000
韭菜	2.8～4.5	250～350	—	1800～2000
大葱	2.8～3.5	280～330	250～300	—
洋葱	3.1～4.6	220～320	—	400～500
小番茄	2.5～3.3	300～350	10～15	—
大番茄	3.2～4.0	250～350	25～30	—
茄子	3.5～5.2	200～250	50	—
甜辣椒	4.5～7.5	120～200	35～50	—
大萝卜	7.0～14	90～140	—	400～500
小萝卜	8.0～10	100～125	—	1000～1500
胡萝卜	1.2～1.5	600～900	—	300～500
黄瓜	20～35	30～45	100～125	—
冬瓜	40～60	17～24	100～150	—
丝瓜	100～120	8～10	120～300	—
苦瓜	140～180	5～7	300	—
南瓜	140～350	3～7	200～300	—
西葫芦	140～200	5～10	300	—
厚皮甜瓜	30～55	18～52	60～75	—
薄皮甜瓜	9～20	50～110	50～70	—
西瓜	30～140	8～32	60	—
豌豆	150～400	3～7	—	4000～6000

附录四 各种蔬菜适宜的保鲜温度、湿度和保鲜期

蔬菜种类	适宜保鲜温度/℃	适宜保鲜湿度/%	保鲜期/d
白菜	0	95～100	60～90
甘蓝	0	95～100	30～60
生菜	0	98～100	14～20
菜花	0	95～100	30～45
青花菜	0	95～100	10～14
芥蓝	0	95～100	14～20
菠菜	0	95～100	10～14
番茄	8～12	90～95	14～20
黄瓜	10～13	95	7～14
青椒	7～10	90～95	14～20
茄子	8～12	90～95	14～20
豌豆	4～5	95	6～8
豆类	7～9	95	7～10
西瓜	10～15	90	14～20
甜瓜	7	90～95	7～20
南瓜	10～15	95	30～90
芦笋	0～2	90～100	7～10
芹菜	0	98	14～20
洋葱	0	65～70	90～180
萝卜	0	95～100	60～120
胡萝卜	0	95～100	90～120

注：摘自国家蔬菜工程技术研究中心、北京市农林科学院蔬菜研究中心《北京设施蔬菜安全高效套餐式栽培技术手册》。

附录五　蔬菜常用农药与禁用农药

农药名称
常用农药
杀虫剂：苏云金杆菌（Bt）系列、阿维菌素系列、除虫菊酯类、植物提取物类、昆虫激素类（米满、卡死克、抑太保）、乐果、敌百虫、辛硫磷、乐斯本、农地乐、杀虫霜、吡虫啉、农梦特、灭幼脲、除虫脲等。
杀菌剂：多菌灵、托布津、甲基托布津、琥乙磷铝、加瑞农、克露、大生、福星、可样得、王铜、双效灵、波尔多液、农用链霉素、农抗 120、多抗霉素、杀毒矾、瑞毒霉、百菌清、扑海因、83 增抗剂、DT、粉锈宁、百科、灭百威等。
杀螨剂：克螨特、齐螨素（虫螨素、海正灭虫灵、虫螨光）、卡死克、双甲脒、克螨灵、抗螨 23、螨代治等。
除草剂：氟乐灵、施田补、都尔、乙草胺等。
禁用农药
国家明令禁止使用和生产的品种：DDT、六六六、杀虫脒、除草脒、砷制剂、汞制剂、铅制剂、二氯溴丙烷等品种，还包括一些毒鼠药，如氯化酰胺、氯脒酚钠以及毒鼠强等。
其他作物上可以使用，但在蔬菜上限制使用的品种：甲胺磷、甲拌磷、对硫磷、甲基对硫磷、磷胺、久效磷、克百威、灭多威、速灭威等。
其他不能在蔬菜生产中使用的农药还有：氯丹、毒杀酚、五氯酚钠、三氯杀螨醉、杀螟威、赛丹、甲基 1605、甲基 1059、乙酰甲胺磷、异丙磷、三硫磷、高效磷、蝇毒磷、甲基异硫磷、增效甲胺磷、安胺磷、速胺磷、水胺硫磷、大风雷、叶胺磷、克线丹、磷化锌、呋喃丹、铁灭克、磷化铝、二溴乙烷、苏化 203、速蚧克、杀螟灭、氢化物、溃疡净、401 抗菌剂、敌枯霜、普特丹、倍福朗、氧化乐果、西力生、赛力散、富士隆、升汞等。

附录六　农药稀释倍数与有效成分质量浓度（mg/kg）换算表

稀释倍数＼成分含量	100%	80%	50%	40%	30%	10%	5%	1%
100	10000	8000	5000	4000	3000	1000	500	100
200	5000	4000	2500	2000	1500	500	250	50
300	3300	2666	1666	1333	1000	333	166	33
400	2500	2000	1250	1000	750	250	125	25
500	2000	1600	1000	800	600	200	100	20
600	1666	1333	833	666	500	166	83	16. 6
700	1428	1142	714	571	428	142	71	14. 2
800	1250	1000	625	500	375	125	62	12. 5
900	1111	888	555	444	333	111	55	11. 1
1000	1000	800	500	400	300	100	50	10
1500	666	533	333	266	200	66	33	6. 6
2000	500	400	250	200	150	50	25	5
3000	333	266	166	133	100	33	16	3. 3
4000	250	200	125	100	75	25	12	2. 5
5000	200	160	100	80	60	20	10	2
10000	100	80	50	40	30	10	5	1
20000	50	40	25	20	15	5	2. 5	0. 5
30000	33	26. 6	16. 6	13. 3	10	3. 3	1. 6	0. 3
40000	25	20	12. 5	10	7. 5	2. 5	1. 2	0. 25
50000	20	16	10	8	6	2	1	0. 2
100000	10	8	5	4	3	1	0. 5	0. 1

附录七　使用农药常见的符号

符号	含义	说明
LD_{50}	致死中量	在一定条件下能杀死被试生物群体中一半数量的药剂剂量，单位为 mg/kg。
LC_{50}	致死中浓度	在一定条件下能杀死被试生物群体中一半数量所需的药剂浓度，单位为百万分浓度。
LT_{50}	致死中时间	在一定条件下能杀死被试生物群体中一半数量所需的时间。
KT_{50}	击倒中时间	一定量药剂能击倒 50% 被试昆虫所需要的时间。
ADI	每日允许摄取量	人的一生中摄取的不会造成对人身体有害的每天按每千克体重计算所能摄取的农药质量，单位为 mg/(kg 体重 · d)。
ai	有效成分	
pH	溶液酸碱度的指标	pH7 为中性，小于 7 为酸性，数值越小酸性程度越高；大于 7 为碱性，数值越大则碱性越强。
WP	可湿性粉剂	
DP	粉剂	
EC	乳油	
GR	粒剂	
SC	悬浮剂	
MG	微粒剂	
SP	可溶性粉剂	
AS	水剂	
PS	种衣剂	
FU	烟雾剂	

附录八 无公害食品 蔬菜产地环境条件（NY 5010—2002）

1 范围

本标准规定了无公害蔬菜产地选择要求、环境空气质量要求、灌溉水质量要求、土壤环境质量要求、试验方法及采样方法。

本标准适用于无公害蔬菜产地。

2 规范性引用文件

下列文件中的条款通过本标准的引用而成为本标准的条款。凡是注日期的引用文件，其随后所有的修改单（不包括勘误的内容）或修订版均不适用于本标准，然而，鼓励根据本标准达成协议的各方研究是否可使用这些文件的最新版本。凡是不注日期的引用文件，其最新版本适用于本标准。

GB/T 5750 生活饮用水标准检验方法

GB/T 6920 水质 pH 值的测定 玻璃电极法

GB/T 7467 水质 六价铬的测定 二苯碳酰二肼分光光度法

GB/T 7468 水质 总汞的测定 冷原子吸收分光光度法

GB/T 7475 水质 铜、锌、铅、镉的测定 原子吸收分光光度法

GB/T 7485 水质 总砷的测定 二乙基二硫代氨基甲酸银分光光度法

GB/T 7487 水质 氰化物的测定 第二部分 氰化物的测定

GB/T 11914 水质 化学需氧量的测定 重铬酸盐法

GB/T 15262 环境空气 二氧化硫的测定 甲醛吸收－副玫瑰苯胺分光光度法

GB/T 15264 环境空气 铅的测定 火焰原子吸收分光光度法

GB/T 15432 环境空气 总悬浮颗粒物的测定 重量法

GB/T 15434 环境空气 氟化物的测定 滤膜·氟离子选择

电极法

GB/T 16488　水质　石油类和动植物油的测定　红外光度法

GB/T 17134　土壤质量　总砷的测定　二乙基二硫代氨基甲酸银分光光度法

GB/T 17136　土壤质量　总汞的测定　冷原子吸收分光光度法

GB/T 17137　土壤质量　总铬的测定　火焰原子吸收分光光度法

GB/T 17141　土壤质量　铅、镉的测定　石墨炉原子吸收分光光度法

NY/T 395　农田土壤环境质量监测技术规范

NY/T 396　农用水源环境质量监测技术规范

NY/T 397　农区环境空气质量监测技术规范

3　要求

3.1　产地选择

无公害蔬菜产地应选择在生态条件良好，远离污染源，并具有可持续生产能力的农业生产区域。

3.2　产地环境空气质量

无公害蔬菜产地环境空气质量应符合表 1 的规定。

表 1　环境空气质量指标

项目		浓度限值			
		日平均		1h 平均	
总悬浮颗粒物（标准状态）/（mg/m^3）	≤	0.30		—	
二氧化硫（标准状态）/（mg/m^3）	≤	0.15[a]	0.25	0.50[a]	0.70
氟化物（标准状态）/（$\mu g/m^3$）	≤	1.5[b]	7	—	

注：日平均指任何 1 日的平均浓度；1h 平均指任何一小时的平均浓度。

a. 菠菜、青菜、白菜、黄瓜、莴苣、南瓜、西葫芦的产地应满足此要求。

b. 甘蓝、菜豆的产地应满足此要求。

3.3　产地灌溉水质量

无公害蔬菜产地灌溉水质应符合表 2 的规定。

表 2　　灌溉水质量指标

项目		浓度限值	
pH		5.5~8.5	
化学需氧量/（mg/L）	≤	40[a]	150
总汞/（mg/L）	≤	0.001	
总镉/（mg/L）	≤	0.005[b]	0.01
总砷/（mg/L）	≤	0.05	
总铅/（mg/L）	≤	0.05[c]	0.10
铬（六价）/（mg/L）	≤	0.10	
氰化物/（mg/L）	≤	0.50	
石油类/（mg/L）	≤	1.0	
粪大肠菌群/（个/L）	≤	40000[d]	

注：a. 采用喷灌方式灌溉的菜地应满足此要求。

b. 白菜、莴苣、茄子、蕹菜、芥菜、苋菜、芜菁、菠菜的产地应满足此要求。

c. 萝卜、水芹的产地应满足此要求。

d. 采用喷灌方式灌溉的菜地以及浇灌、沟灌方式灌溉的叶菜类菜地应满足此要求。

3.4　产业土壤环境质量

无公害蔬菜产地土壤环境质量应符合表 3 的规定。

表 3　　土壤环境质量指标

项目		含量限值					
		pH<6.5		pH6.5~7.5		pH>7.5	
镉/（mg/kg）	≤	0.30		0.30		0.40[a]	0.60
汞/（mg/kg）	≤	0.25[b]	0.30	0.30[b]	0.50	0.35[b]	1.0
砷/（mg/kg）	≤	30[c]	40	25[c]	30	20[c]	25
铅/（mg/kg）	≤	50[d]	250	50[d]	300	50[d]	350
铬/（mg/kg）	≤	150		200		250	

注：本表所列含量限值适用于阳离子交换量 >5cmol/kg 的土壤，若 ≤5cmol/kg，其标准值为表内数值的半数。

a. 白菜、莴苣、茄子、蕹菜、苋菜、芜菁、菠菜的产地应满足此要求。

b. 菠菜、韭菜、胡萝卜、白菜、菜豆、青椒的产地应满足此要求。

c. 菠菜、胡萝卜的产地应满足此要求。

d. 萝卜、水芹的产地应满足此要求。

4　试验方法

4.1　环境空气质量指标

4.1.1 总悬浮颗粒的测定按照 GB/T 15432 执行。

4.1.2 二氧化硫的测定按照 GB/T 15262 执行。

4.1.3 二氧化氮的测定按照 GB/T 15435 执行。

4.1.4 氟化物的测定按照 GB/T 15434 执行。

4.2 灌溉水质量指标

4.2.1 pH 值的测定按照 GB/T 6920 执行。

4.2.2 化学需氧量的测定按照 GB/T 11914 执行。

4.2.3 总汞的测定按照 GB/T 7468 执行。

4.2.4 总砷的测定按照 GB/T 7485 执行。

4.2.5 铅、镉的测定按照 GB/T 7475 执行。

4.2.6 六价铬的测定按照 GB/T 7467 执行。

4.2.7 氰化物的测定按照 GB/T 7487 执行。

4.2.8 石油类的测定按照 GB/T 16488 执行。

4.2.9 粪大肠菌群的测定按照 GB/T 5750 执行。

4.3 土壤环境质量指标

4.3.1 铅、镉的测定按照 GB/T 17141 执行。

4.3.2 汞的测定按照 GB/T 17136 执行。

4.3.3 砷的测定按照 GB/T 17134 执行。

4.3.4 铬的测定按照 GB/T 17137 执行。

5 采样方法

5.1 环境空气质量监测的采样方法按照 NY/T 397 执行。

5.2 灌溉水质量监测的采样方法按照 NY/T 396 执行。

5.3 土壤环境质量监测的采样方法按照 NY/T 395 执行。

附录九 绿色食品 产地环境技术条件（NY/T 391—2000）

1 范围

本标准规定了绿色食品产地的环境空气质量、农田灌溉水质、渔业水质、畜禽养殖水质和土壤环境质量的各项指标及浓度限值、监测和评价方法。

本标准适用于绿色食品（AA级和A级）生产的农田、蔬菜地、果园、茶园、饲养场、放牧场和水产养殖场。

本标准还提出了绿色食品产地土壤肥力分级，供评价和改进土壤肥力状况时参考，列于附录之中，适用于栽培作物土壤，不适于野生植物土壤。

2 引用标准

下列标准所包含的条文，通过在本标准中引用而构成为本标准的条文。本标准出版时，所示版本均为有效。所有标准都会被修订，使用本标准的各方应探讨使用下列标准最新版本的可能性。

GB 3095—1996 环境空气质量标准

GB 5084—1992 农田灌溉水质标准

GB 5749—1985 生活饮用水卫生标准

GB 9137—1988 保护农作物的大气污染物最高允许浓度

GB 11607—1989 渔业水质标准

GB 15618—1995 土壤环境质量标准

NY/T 53—1987 土壤全氮测定法（半微量开氏法）（原GB 7173—1987）

LY/T 1225—1999 森林土壤颗粒组成（机械组成）的测定

LY/T 1233—1999 森林土壤有效磷的测定

LY/T 1236—1999 森林土壤速效钾的测定

LY/T 1243—1999 森林土壤阳离子交换量的测定

3 定义

本标准采用下列定义。

3.1 绿色食品

遵守可持续发展原则，按照特定生产方式生产，经专门机构认定，许可使用绿色食品标志，无污染的安全、优质、营养类食品。

3.2 AA级绿色食品：

生产地的环境质量符合NY/T 391的要求，生产过程中不使用化学合成的肥料、农药、兽药、饲料添加剂、食品添加剂和其他有害于环境和身体健康的物质，按有机生产方式生产，产品质量符合绿色食品产品标准，经专门机构认定，许可使用AA级绿色食品标志的产品。

3.3　A级绿色食品：

生产地的环境质量符合NY/T 391的要求，生产过程中严格按照绿色食品生产资料使用准则和生产操作规程要求，限量使用限定的化学合成生产资料，产品质量符合绿色食品标准，经专门机构认定，许可使用A级绿色食品标志的产品。

3.4　绿色食品产地环境质量

绿色食品植物生长地和动物养殖地的空气环境、水环境和土壤环境质量。

4　环境质量要求

绿色食品生产基地应选择在无污染和生态条件良好的地区。基地选点应远离工矿区和公路铁路干线，避开工业和城市污染源的影响，同时绿色食品生产基地应具有可持续的生产能力。

4.1　空气环境质量要求

绿色食品产地空气中各项污染物含量不应超过表1所列的指标要求。

表1　空气中各项污染物的指标要求（标准状态）

项目		指标	
		日平均	1h平均
总悬浮颗粒物（TSP），mg/m^3	≤	0.30	—
二氧化硫（SO_2），mg/m^3	≤	0.15	—
氮氧化物（NO_x），mg/m^3	≤	0.10	0.50
氟化物（F）	≤	$7\mu g/m^3$	0.15
		$1.8\mu g/(dm^2 \cdot d)$（挂片法）	$20\mu g/m^3$

注：1　日平均指任何一日的平均指标。

2　1h平均指任何一小时的平均指标。

3　连续采样三天，一日三次，晨、午和夕各一次。

4　氟化物采样可用动力采样滤膜法或用石灰滤纸挂片法，分别按各自规定的指标执行，石灰滤纸挂片法挂置7天。

4.2 农田灌溉水质要求

绿色食品产地农田灌溉水中各项污染物含量不应超过表2所列的指标要求。

表2 农田灌溉水中各项污染物的指标要求

项目		指标
pH		5.5~8.5
总汞，mg/L	≤	0.001
总镉，mg/L	≤	0.005
总砷，mg/L	≤	0.05
总铅，mg/L	≤	0.1
六价铬，mg/L	≤	0.1
氟化物，mg/L	≤	2.0
粪大肠菌群，个/L	≤	10000

注：灌溉菜园用的地表水需测粪大肠菌群，其他情况不测粪大肠菌群。

4.3 渔业水质要求

绿色食品产地渔业用水中各项污染物含量不应超过表3所列的指标要求。

表3 渔业用水中各项污染物的指标要求

项目		指标
色、臭、味		不得使水产品带异色、异臭和异味
漂浮物质		水面不得出现油膜或浮沫
悬浮物，mg/L		人为增加的量不得超过10
pH值		淡水6.5~8.5，海水7.0~8.5
溶解氧，mg/L		>5
生化需氧量，mg/L	≤	5
总大肠菌群，个/L	≤	5000（贝类500）
总汞，mg/L	≤	0.0005
总镉，mg/L	≤	0.005
总铅，mg/L	≤	0.05
总铜，mg / L	≤	0.01
总砷，mg/L	≤	0.05
六价铬，mg/L	≤	0.1
挥发酚，mg/L	≤	0.005
石油类，mg/L	≤	0.05

4.4　畜禽养殖用水要求

绿色食品产地畜禽养殖用水中各项污染物不应超过表4所列的指标要求。

表4　　畜禽养殖用水各项污染物的指标要求

项目		标准值
色度		15度，并不得呈现其他异色
混浊度		3度
臭和味		不得有异臭、异味
肉眼可见物		不得含有
pH值		6.5~8.5
氟化物，mg/L	≤	1.0
氰化物，mg/L	≤	0.05
总砷，mg/L	≤	0.05
总汞，mg / L	≤	0.001
总镉，mg/L	≤	0.01
六价铬，mg/L	≤	0.05
总铅，mg/L	≤	0.05
细菌总数，个/mL	≤	100
总大肠菌群，个 / L	≤	3

4.5　土壤环境质量要求

本标准将土壤按耕作方式的不同分为旱田和水田两大类，每类又根据土壤pH值的高低分为三种情况，即pH <6.5，pH =6.5~7.5，pH >7.5。绿色食品产地各种不同土壤中的各项污染物含量不应超过表5所列的限值。

4.6　土壤肥力要求

为了促进生产者增施有机肥，提高土壤肥力，生产AA级绿色食品时，转化后的耕地土壤肥力要达到土壤肥力分级1~2级指标（见附录A）。生产A级绿色食品时，土壤肥力作为参考指标。

表 5 土壤中各项污染物的指标要求

耕作条件		旱田			水田	
pH	<6.5	6.5~7.5	>7.5	<6.5	6.5~7.5	>7.5
镉 ≤	0.30	0.30	0.40	0.30	0.30	0.40
汞 ≤	0.25	0.30	0.35	0.30	0.40	0.40
砷 ≤	25	20	20	20	20	15
铅 ≤	50	50	50	50	50	50
铬 ≤	120	120	120	120	120	120
铜 ≤	50	60	60	50	60	60

注：1 果园土壤中的铜限量为旱田中的铜限量的一倍。

2 水旱轮作用的标准值取严不取宽。

5 监测方法

采样方法除本标准有特殊规定外（见表 1 注），其他的采样方法和所有分析方法按本标准引用的相关国家标准执行。

空气环境质量的采样和分析方法按照 GB 3095 中 6.1、6.2、7 和 GB 9137 中 5.1 和 5.2 的规定执行。

农田灌溉水质的采样和分析方法按照 GB 5084 中 6.2、6.3 的规定执行。

渔业水质的采样和分析方法按照 GB11607 中 6.1 的规定执行。

畜禽养殖水质的采样和分析方法按照 GB 5749 的规定执行。

土壤环境质量的采样和分析方法按照 GB 15618 中 5.1、5.2 的规定执行。

附录 A
（标准的附录）
绿色食品产地土壤肥力分级

A1 土壤肥力分级参考指标

土壤肥力的分级指标见表 A1。

表 A1　**土壤肥力分级参考指标**

项目	级别	旱地	水田	菜地	园地	牧地
有机质，g/kg	Ⅰ	>15	>25	>30	>20	>20
	Ⅱ	10～15	20～25	20～30	15～20	15～20
	Ⅲ	<10	<20	<20	<15	<15
全氮，g/kg	Ⅰ	>1.0	>1.2	>1.2	>1.0	—
	Ⅱ	0.8～1.0	1.0～1.2	1.0～1.2	0.8～1.0	—
	Ⅲ	<0.8	<1.0	<1.0	<0.8	—
有效磷，mg/kg	Ⅰ	>10	>15	>40	>10	>10
	Ⅱ	5～10	10～15	20～40	5～10	5～10
	Ⅲ	<5	<10	<20	<5	<5
有效钾，mg/kg	Ⅰ	>120	>100	>150	>100	—
	Ⅱ	80～120	50～100	100～150	50～100	—
	Ⅲ	<80	<50	<100	<50	—
阳离子交换量，c mol/kg	Ⅰ	>20	>20	>20	>15	—
	Ⅱ	15～20	15～20	15～20	15～20	—
	Ⅲ	<15	<15	<15	<15	—
质地	Ⅰ	轻壤、中壤	中壤、重壤	轻壤	轻壤	砂壤、中壤
	Ⅱ	砂壤、重壤	砂壤、轻黏土	砂壤、中壤	砂壤、中壤	重壤
	Ⅲ	砂土、黏土	砂土、黏土	砂土、黏土	砂土、黏土	砂土、黏土

A2　土壤肥力评价

土壤肥力的各项指标，Ⅰ级为优良，Ⅱ级为尚可，Ⅲ级为较差，供评价者和生产者在评价和生产时参考。生产者应增施有机肥，使土壤肥力逐年提高。

A3　土壤肥力测定方法

按 NY/T 53、LY/T 1225、LY/T 1233、LY/T 1236、LY/T 1243 的规定执行。

附录十 绿色食品 肥料使用准则 (NY/T 394—2000)

1 范围

本标准规定了AA级绿色食品和A级绿色食品生产中允许使用的肥料种类、组成及使用准则。

本标准适用于生产AA级绿色食品和A级绿色食品的农家肥料及商品有机肥料、腐殖酸类肥料、微生物肥料、半有机肥料（有机复合肥料）、无机（矿质）肥料和叶面肥料等商品肥料。

2 引用标准

下列标准所包含的条文，通过在本标准中引用而构成为本标准的条文。本标准出版时，所示版本均为有效。所有标准都会被修订，使用本标准的各方应探讨使用下列标准最新版本的可能性。

GB 8172—1987 城镇垃圾农用控制标准

GB/T 17419—1998 含氨基酸叶面肥料

GB/T 17420—1998 微量元素叶面肥料

NY 227—1994 微生物肥料

NY/T 391—2000 绿色食品 产地环境技术条件

3 定义

本标准采用下列定义。

3.1 绿色食品

遵循可持续发展原则，按照特定生产方式生产，经专门机构认定，许可使用绿色食品标志的，无污染的安全、优质、营养类食品。

3.2 AA级绿色食品

生产地的环境质量符合NY/T 391的要求，生产过程中不使用化学合成的肥料、农药、兽药、饲料添加剂、食品添加剂和其他有害于环境和身体健康的物质，按有机生产方式生产，产品质量符合绿色食品产品标准，经专门机构认定，许可使用 AA 级绿色食品标志的产品。

3.3　A 级绿色食品

生产地的环境质量符合 NY/T 391 的要求，生产过程中严格按照绿色食品生产资料使用准则和生产操作规程要求，限量使用限定的化学合成生产资料，产品质量符合绿色食品产品标准，经专门机构认定，许可使用 A 级绿色食品标志的产品。

3.4　农家肥料

就地取材、就地使用的各种有机肥料。它由含有大量生物物质、动植物残体、排泄物、生物废物等积制而成，包括堆肥、沤肥、厩肥、沼气肥、绿肥、作物秸秆肥、泥肥、饼肥等。

3.4.1　堆肥

以各类秸秆、落叶、山青、湖草为主要原料，并与人畜粪便和少量泥土混合堆制，经好气微生物分解而成的一类有机肥料。

3.4.2　沤肥

所用物料与堆肥基本相同，只是在淹水条件下，经微生物嫌气发酵而成的一类有机肥料。

3.4.3　厩肥

以猪、牛、马、羊、鸡、鸭等畜禽的粪尿为主与秸秆等垫料堆积，并经微生物作用而成的一类有机肥料。

3.4.4　沼气肥

在密封的沼气池中，有机物在嫌气条件下经微生物发酵制取沼气后的副产物。主要由沼气水肥和沼气渣肥两部分组成。

3.4.5　绿肥

以新鲜植物体就地翻压、异地施用或经沤、堆后而成的肥料。主要分为豆科绿肥和非豆科绿肥两大类。

3.4.6　作物秸秆肥

以麦秸、稻草、玉米秸、豆秸、油菜秸等直接还田的肥料。

3.4.7　泥肥

以未经污染的河泥、塘泥、沟泥、港泥、湖泥等经嫌气微生物分解而成的肥料。

3.4.8 饼肥

以各种含油分较多的种子经压榨去油后的残渣制成的肥料，如菜籽饼、棉籽饼、豆饼、芝麻饼、花生饼、蓖麻饼等。

3.5 商品肥料

按国家法规规定，受国家肥料部门管理，以商品形式出售的肥料。包括商品有机肥、腐殖酸类肥、微生物肥、有机复合肥、无机（矿质）肥、叶面肥等。

3.5.1 商品有机肥料

以大量动植物残体、排泄物及其他生物废物为原料，加工制成的商品肥料。

3.5.2 腐殖酸类肥料

以含有腐殖酸类物质的泥炭（草炭）、褐煤、风化煤等经过加工制成含有植物营养成分的肥料。包括微生物肥料、有机复合肥、无机复合肥、叶面肥等。

3.5.3 微生物肥料

以特定微生物菌种培养生产的含活的微生物制剂。根据微生物肥料对改善植物营养元素的不同，可分成五类：根瘤菌肥料、固氮菌肥料、磷细菌肥料、硅酸盐细菌肥料、复合微生物肥料。

3.5.4 有机复合肥

经无害化处理后的畜禽粪便及其他生物废物加入适量的微量营养元素制成的肥料。

3.5.5 无机（矿质）肥料

矿物经物理或化学工业方式制成，养分呈无机盐形式的肥料。包括矿物钾肥和硫酸钾、矿物磷肥（磷矿粉）、煅烧磷酸盐（钙镁磷肥、脱氟磷肥）、石灰、石膏、硫磺等。

3.5.6 叶面肥料

喷施于植物叶片并能被其吸收利用的肥料，叶面肥料中不得含有化学合成的生长调节剂。包括含微量元素的叶面肥和含植物生长辅助物质的叶面肥料等。

3.5.7　有机无机肥（半有机肥）

有机肥料与无机肥料通过机械混合或化学反应而成的肥料。

3.5.8　掺合肥

在有机肥、微生物肥、无机（矿质）肥、腐殖酸肥中按一定比例掺入化肥（硝态氮肥除外），并通过机械混合而成的肥料。

3.6　其他肥料

不含有毒物质的食品、纺织工业的有机副产品，以及骨粉、骨胶废渣、氨基酸残渣、家禽家畜加工废料、糖厂废料等有机物料制成的肥料。

3.7　AA级绿色食品生产资料

经专门机构认定，符合绿色食品生产要求，并正式推荐用于AA级和A级绿色食品生产的生产资料。

3.8　A级绿色食品生产资料

经专门机构认定，符合A级绿色食品生产要求，并正式推荐用于A级绿色食品生产的生产资料。

4　允许使用的肥料种类

4.1　AA级绿色食品生产允许使用的肥料种类

4.1.1　3.4　所述的农家肥料。

4.1.2　AA级绿色食品生产资料肥料类产品。

4.1.3　在4.1.1和4.1.2不能满足AA级绿色食品生产需要的情况下，允许使用3.5.1～3.5.7所述的商品肥料。

4.2　A级绿色食品生产允许使用的肥料种类

4.2.1　4.1　所述肥料种类

4.2.2　A级绿色食品生产资料肥料类产品

4.2.3　在4.2.1和4.2.2不能满足A级绿色食品生产需要的情况下，允许使用3.5.8所述的掺合肥（有机氮与无机氮之比不超过1∶1）。

5 使用规则

肥料使用必须满足作物对营养元素的需要，使足够数量的有机物质返回土壤，以保持或增加土壤肥力及土壤生物活性。所有有机或无机（矿质）肥料，尤其是富含氮的肥料应对环境和作物（营养、味道、品质和植物抗性）不产生不良后果方可使用。

5.1 生产AA级绿色食品的肥料使用原则

5.1.1 必须选用4.1的肥料种类，禁止使用任何化学合成肥料。

5.1.2 禁止使用城市垃圾和污泥、医院的粪便垃圾和含有害物质（如毒气、病原微生物、重金属等）的工业垃圾。

5.1.3 各地可因地制宜采用秸秆还田、过腹还田、直接翻压还田、覆盖还田等形式。

5.1.4 利用覆盖、翻压、堆沤等方式合理利用绿肥。绿肥应在盛花期翻压，翻埋深度为15cm左右，盖土要严，翻后耙匀。压青后15～20天才能进行播种或移苗。

5.1.5 腐熟的沼气液、残渣及人畜粪尿可用作追肥。严禁施用未腐熟的人粪尿。

5.1.6 饼肥优先用于水果、蔬菜等，禁止施用未腐熟的饼肥。

5.1.7 叶面肥料质量应符合GB/T17419或GB/T17420或附录B中B3的技术要求。按使用说明稀释，在作物生长期内，喷施二次或三次。

5.1.8 微生物肥料可用于拌种，也可作基肥和追肥使用。使用时应严格按照使用说明书的要求操作。微生物肥料中有效活菌的数量应符合NY227—1994中4.1级4.2的规定。

5.1.9 选用无机（矿质）肥料中的煅烧磷酸盐、硫酸钾质量应符合附录B的要求。

5.2 A级绿色食品的肥料使用原则

5.2.1 必须选用4.2的肥料种类。如4.2的肥料种类不能满足生产需要，允许按5.2.2和5.2.3的要求使用化学肥料（氮、磷、钾）。但禁止使用硝态氮肥。

5.2.2　化肥必须与有机肥配合施用，有机氮与无机氮之比不超过1∶1。例如，施优质厩肥1000kg加尿素10kg（厩肥作基肥、尿素可作基肥和追肥用）。对叶菜类最后一次追肥必须在收获前30天进行。

5.2.3　化肥也可与有机肥、复合微生物肥配合施用。厩肥1000kg，加尿素5～10kg或磷酸二铵20kg，复合微生物肥料60kg（厩肥作基肥，尿素、磷酸二铵和微生物肥料作基肥和追肥用）。最后一次追肥必须在收获前30天进行。

5.2.4　城市生活垃圾一定要经过无害化处理，质量达到GB8172—1987中1.1的技术要求才能使用。每年每公顷农田限制用量，黏性土壤不超过45000kg，砂性土壤不超过30000kg。

5.2.5　秸秆还田：同5.1.3，还允许用小量氮素化肥调节碳氮比。

5.2.6　其他使用原则，与5.1.4～5.1.8的要求相同。

6　其他规定

6.1　生产绿色食品的农家肥料无论采用何种原料（包括人畜禽粪尿、秸秆、杂草、泥炭等）制作堆肥，必须高温发酵，以杀灭各种寄生虫卵和病原菌、杂草种子，使之达到无害化卫生标准（见附录A）。

农家肥料原则上就地生产就地使用。外来农家肥料应确认符合要求后才能使用。商品肥料及新型肥料必须通过国家有关部门的登记认证及生产许可，质量指标应达到国家有关标准的要求。

6.2　因施肥造成土壤污染、水源污染，或影响农作物生长、农产品达不到卫生标准时，要停止施用该肥料，并向专门管理机构报告。用其生产的食品也不能继续使用绿色食品标志。

附录A

（标准的附录）

高温堆肥和沼气发酵肥卫生标准

A1　高温堆肥卫生标准见表A1

表 A1 高温堆肥卫生标准

序号	项目	卫生标准及要求
1	堆肥温度	最高堆温达 50～55℃，持续 5～7 天
2	蛔虫卵死亡率	95%～100%
3	粪大肠菌值	10^{-1}～10^{-2}
4	苍蝇	有效地控制苍蝇孳生，肥堆周围没有活的蛆、蛹或新羽化的成蝇

A2 沼气发酵肥卫生标准见表 A2

表 A2 沼气发酵肥卫生标准

序号	项目	卫生标准及要求
1	密封贮存期	30 天以上
2	高温沼气发酵温度	(53±2)℃，持续 2 天
3	寄生虫卵沉降率	95% 以上
4	血吸虫卵和钩虫卵	在使用粪液中不得检出活的血吸虫卵和钩虫卵
5	粪大肠菌值	普通沼气发酵 10^{-4}，高温沼气发酵 10^{-1}～10^{-2}
6	蚊子、苍蝇	有效地控制蚊蝇孳生，粪液中无孑孓，池的周围无活的蛆、蛹或新羽化的成蝇
7	沼气池残渣	经无害化处理后方可用作农肥

附录 B

（标准的附录）

煅烧磷酸盐、硫酸钾、腐殖酸叶面肥料质量指标

B1 煅烧磷酸盐

营养成分	杂质控制指标
有效五氧化二磷（P_2O_5）≥12%（碱性柠檬酸铵提取）	每含 1% 五氧化二磷（P_2O_5）砷（As）≤0.004%

镉（Cd）≤0.01%
铅（Pb）≤0.002%

B2　硫酸钾

营养成分	杂质控制指标
氧化钾（K_2O）50%	每含1%氧化钾（K_2O）
	砷（As）≤0.004%
	氯（Cl）≤3%
	硫酸（H_2SO_4）≤0.5%

B3　腐殖酸叶面肥料

营养成分	杂质控制指标
腐殖酸≥8.0%	镉（Cd）≤0.01%
微量元素≥6.0%	砷（As）≤0.002%
铁、锰、铜、锌、钼、硼（Fe、Mn、Cu、Zn、Mo、B）	铅（Pb）≤0.002%

附录十一　绿色食品　农药使用准则（NY/T 393—2000）

1　范围

本标准规定了AA级绿色食品及A级绿色食品生产中允许使用的农药种类、毒性分级和使用准则。

本标准适用于在我国取得登记的生物源农药（biogenic pesticides）、矿物源农药（pesticides of fossil origin）和有机合成农药（synthetic organic pesticides）。

2　引用标准

下列标准所包含的条文，通过在本标准中引用而构成为本标准的条文。本标准出版时，所示版本均为有效。所有标准都会被修订，使用本标准的各方应探讨使用下列标准最新版本的可能性。

GB 4285—1989 农药安全使用标准

GB 8321．1—1987 农药合理使用准则（一）

GB 8321．2—1987 农药合理使用准则（二）

GB 8321．3—1989 农药合理使用准则（三）

GB 8321．4—1993 农药合理使用准则（四）

GB/T 8321．5—1997 农药合理使用准则（五）

NY/T 391—2000 绿色食品产地环境技术条件

3 定义

本标准采用下列定义。

3.1 绿色食品

遵循可持续发展原则，按照特定生产方式生产，经专门机构认定，许可使用绿色食品标志的无污染的安全、优质、营养类食品。

3.2 AA 级绿色食品

在生产地的环境质量符合 NY/T 391 的要求，在生产过程中不使用化学合成的肥料、农药、兽药、饲料添加剂、食品添加剂和其他有害于环境和健康的物质，按有机生产方式生产，产品质量符合绿色食品产品标准，经专门机构认定，许可使用 AA 级绿色食品标志的产品。

3.3 A 级绿色食品

生产地的环境质量符合 NY/T 391 的要求，生产过程中严格按照绿色食品生产资料使用准则和生产操作规程要求，限量使用限定的化学合成生产资料，产品质量符合绿色食品产品标准，经专门机构认定，许可使用 A 级绿色食品标志的产品。

3.4 生物源农药

直接利用生物活体或生物代谢过程中产生的具有生物活性的物质或从生物体提取的物质作为防治病虫草害的农药。

3.5 矿物源农药

有效成分起源于矿物的无机化合物和石油类农药。

3.6 有机合成农药

由人工研制合成，并由有机化学工业生产的商品化的一类农药，包括中等毒和低素类杀虫杀螨剂、杀菌剂、除草剂。

3.7 AA 级绿色食品生产资料

经专门机构认定，符合绿色食品生产要求，并正式推荐用于

AA 级和 A 级绿色食品生产的生产资料。

3.8　A 级绿色食品生产资料

指经专门机构认定，符合 A 级绿色食品生产要求，并正式推荐用于 A 级绿色食品生产的生产资料。

4　允许使用的农药种类

4.1　生物源农药

4.1.1　微生物源农药

4.1.1.1　农用抗生素

防治真菌病害：灭瘟素、春雷霉素、多抗霉素（多氧霉素）、井冈霉素、农抗菌 120、中生菌素等。

防治螨类：浏阳霉素、华光霉素。

4.1.1.2　活体微生物农药

真菌剂：蜡蚧轮枝菌等。

细菌剂：苏云金杆菌、蜡质芽孢杆菌等。

拮抗菌剂。

昆虫病原线虫。

微孢子。

病毒：核多角体病毒。

4.1.2　动物源农药

昆虫信息素（或昆虫外激素）：如性信息素。

活体制剂：寄生性、捕食性的天敌动物。

4.1.3　植物源农药

杀虫剂：除虫菊素、鱼藤酮、烟碱、植物油等。

杀菌剂：大蒜素。

拒避剂：印楝素、苦楝、川楝素。

增效剂：芝麻素。

4.2　矿物源农药

4.2.1　无机杀螨杀菌剂

硫制剂：硫悬浮剂、可湿性硫、石硫合剂等。

铜制剂：硫酸铜、王铜、氢氧化铜、波尔多液等。

4.2.2 矿物油乳剂

柴油乳剂等。

4.3 有机合成农药

见3.6。

5 使用准则

绿色食品生产应从作物-病虫草等整个生态系统出发，综合运用各种防治措施，创造不利于病虫草害孳生和有利于各类天敌繁衍的环境条件，保持农业生态系统的平衡和生物多样化，减少各类病虫草害所造成的损失。

优先采用农业措施，通过选用抗病抗虫品种，非化学药剂种子处理，培育壮苗，加强栽培管理，中耕除草，秋季深翻晒土，清洁田园，轮作倒茬、间作套种等一系列措施起到防治病虫草害的作用。还应尽量利用灯光、色彩诱杀害虫，机械捕捉害虫，机械和人工除草等措施，防治病虫草害。特殊情况下，必须使用农药时，就遵守以下准则。

5.1 生产AA级绿色食品的农药使用准则

5.1.1 应首选使用AA级绿色食品生产资料农药类产品。

5.1.2 在AA级绿色食品生产资料农药类不能满足植保工作需要的情况下，允许使用以下农药及方法。

5.1.2.1 中等毒性以下植物源杀虫剂、杀菌剂、拒避剂和增效剂，如除虫菊素、鱼藤根、烟草水、大蒜素、苦楝、川楝、印楝、芝麻素等。

5.1.2.2 释放寄生性捕食性天敌动物，昆虫、捕食螨、蜘蛛及昆虫病原线虫等。

5.1.2.3 在害虫捕捉器中允许使用昆虫信息素及植物源引诱剂。

5.1.2.4 允许使用矿物油和植物油制剂。

5.1.2.5 允许使用矿物源农药中的硫制剂、铜制剂。

5.1.2.6 经专门机构核准，允许有限度地使用活体微生物农药，如真菌制剂、细菌制剂、病毒制剂、放线菌、拮抗菌剂、昆虫病原线虫、原虫等。

5.1.2.7　允许有限度地使用农用抗生素，如春雷霉素、多抗霉素（多氧霉素）、井岗霉素、农抗120、中生菌素、浏阳霉素等。

5.1.3　禁止使用有机合成的化学杀虫剂、杀螨剂、杀菌剂、杀线虫剂、除草剂和植物生长调节剂。

5.1.4　禁止使用生物源、矿物源农药中混配有机合成农药的各种制剂。

5.1.5　严禁使用基因工程品种（产品）及制剂。

5.2　生产A级绿色食品的农药使用准则

5.2.1　应首选使用AA级和A级绿色食品生产资料农药类产品。

5.2.2　在AA级和A级绿色食品生产资料农药类产品不能满足植保工作需要的情况下，允许使用以下农药及方法。

5.2.2.1　中等毒性以下植物源农药、动物源农药和微生物源农药。

5.2.2.2　在矿物源农药中允许使用硫制剂、铜制剂。

5.2.2.3　可以有限度地使用部分有机合成农药，并按GB 4258、GB 驱 8321.1、GB 8321.2、GB 8321.3、GB 8321.4、GB/T 8321.5的要求执行。

此外，还需严格执行以下规定：

a）应选用上述标准中列出的低毒农药和中等毒性农药；

b）严禁使用剧毒、高毒、高残留或具有三致毒性（致癌、致畸、致突变）的农药（见附录A）；

c）每种有机合成农药（含A级绿色食品生产资料农药类的有机合成产品）在一种作物的生长期内只允许使用一次（其中菊酯类农药在作物生长期只允许使用一次）。

5.2.2.4　应按照GB4258、GB8321.1、GB8321.2、GB8321.3、GB8321.4、GB/T 8321.5的要求控制施药量与安全间隔期。

5.2.2.5　有机合成农药在农产品中的最终残留应符合GB4285、GB8321.1、GB8321.2、GB8321.3、GB8321.4、GB/T 8321.5的最高残留限量（MRL）要求。

5.2.3　严禁使用高毒高残留农药防治贮藏期病虫害。

5.2.4　严禁使用基因工程品种（产品）及制剂。

附录 A

（标准的附录）

生产 A 级绿色食品禁止使用的农药

表 A1 生产 A 级绿色食品禁止使用农药

种类	农药名称	禁用作物	禁用原因
有机氯杀虫剂	滴滴涕、六六六、林丹、甲氧滴滴涕、硫丹	所有作物	高残毒
有机氯杀螨剂	三氯杀螨醇	蔬菜、果树、茶叶	工业品中含有一定数量的滴滴涕
有机磷杀虫剂	甲拌磷、乙拌磷、久效磷、对硫磷、甲基对硫磷、甲胺磷、甲基异柳磷、治螟磷、氧化乐果、磷胺、地虫硫磷、灭克磷（益收宝）、水胺硫磷、氯唑磷、硫线磷、杀扑磷、特丁硫磷、克线丹、苯线磷、甲基硫环磷	所有作物	高毒、剧毒
氨基甲酸酯杀虫剂	涕灭威、克百威、灭多威、丁硫克百威、丙硫克百威	所有作物	高毒、剧毒或代谢物
二甲基甲脒类杀虫杀螨剂	杀虫脒	所有作物	慢性毒性、致癌
拟除虫菊酯类杀虫剂	所有拟除虫菊酯类杀虫剂	水稻及其他水生作物	对水生生物毒性大
卤代烷类熏蒸杀虫剂	二溴乙烷、环氧乙烷、二溴氯丙烷、溴甲烷	所有作物	致癌、致畸、高毒
阿维菌素		蔬菜、果树	高毒
克螨特		蔬菜、果树	慢性毒性

续表

种类	农药名称	禁用作物	禁用原因
有机砷杀菌剂	甲基胂酸锌（稻脚青）、甲基胂酸钙胂（稻宁）、甲基胂酸铁铵（田安）、福美甲胂、福美胂	所有作物	高残毒
有机锡杀菌剂	三苯基醋酸锡（薯瘟锡）、三苯基氯化锡、三苯基羟基锡（毒菌锡）	所有作物	高残留、慢性毒性
有机汞杀菌剂	氯化乙基汞（西力生）、醋酸苯汞（赛力散）	所有作物	剧毒、高残毒
有机磷杀菌剂	稻瘟净、异稻瘟净	水稻	异臭
取代苯类杀菌剂	五氯硝基苯、稻瘟醇（五氯苯甲醇）	所有作物	致癌、高残留
2，4－D类化合物	除草剂或植物生长调节剂	所有作物	杂质致癌
二苯醚类除草剂	除草醚、草枯醚	所有作物	慢性毒性
植物生长调节剂	有机合成的植物生长调节剂	所有作物	
除草剂	各类除草剂	蔬菜生长期（可用于土壤处理与芽前处理）	

以上所列是目前禁用或限用的农药品种，该名单将随国家新出台的规定而修订。

参 考 文 献

〔1〕徐坤，卢育华. 50种稀特野蔬菜高效栽培技术. 北京：中国农业出版社，2001，12

〔2〕曹华. 迷你观赏蔬菜. 石家庄：河北科学技术出版社，2007，4

〔3〕杨暹，容标. 观赏蔬菜原色图说. 北京：中国农业出版社，2001，7

〔4〕黄丹枫，史吉平，胡琦. 观赏蔬菜. 沈阳：辽宁科学技术出版社，2004，8

〔5〕李正应. 稀有蔬菜栽培技术. 北京：科学技术文献出版社，2002，2

〔6〕王奕，陈璐. 工艺农业项目与技术. 北京：科学普及出版社，2008，2

〔7〕国家蔬菜工程技术研究中心，北京市农林科学院蔬菜研究中心. 北京设施蔬菜安全高效套餐式栽培技术手册. 北京：2007，4

〔8〕朱贺星. 无公害蔬菜使用栽培技术. 北京：中国农业科学技术出版社，2005，2

〔9〕张宝海，孙京涛，韩向阳. 30种新兴叶菜栽培. 北京：中国农业出版社，2003，1

〔10〕宗静，商磊. 50种名特蔬菜栽培技术问答. 北京：中国农业出版社，2004，5

〔11〕曹华. 特菜生产关键技术百问百答. 北京：中国农业出版社，2007，4

〔12〕宋元林. 稀特蔬菜高效栽培. 北京：中国农业出版社，1995，5

〔13〕于谦林. 出口创汇蔬菜生产技术. 北京：中国农业出版社，2003，1

〔14〕夏春霖，孙玉东. 观赏蔬菜人人可种. 北京：中国农业出版社，2004，6

〔15〕黄邦海. 珍优新型蔬菜. 广州：广东科技出版社，2001，11

〔16〕吴国兴. 稀特菜保护地栽培. 北京：金盾出版社，2006，12

〔17〕中央电视台《农广天地》栏目. 芽苗菜、瓜豆类蔬菜高产栽培. 上海：上海科学技术文献出版社，2009，3

〔18〕于开亮. 豆类蔬菜. 北京：中国农业大学出版社，2006，6

〔19〕郭世荣. 无土栽培学. 北京：中国农业出版社，2003，1

〔20〕彩万志. 普通昆虫学. 北京：中国农业大学出版社，2001，7

〔21〕许志刚. 普通植物物理学. 北京：中国农业出版社，2006，1

〔22〕张天柱. 现代观光旅游农业园区规划与案例分析. 北京：中国轻工业出版社，2009，5
〔23〕李俊良，金圣爱，陈清，贾小红. 蔬菜灌溉施肥. 北京：化学工业出版社，2008，8
〔24〕冯兰香等. 臭氧－绿色食品蔬菜防病新技术. 蔬菜，2003（9）
〔25〕郑在中. 科学防治温室蔬菜病虫害. 徐州日报，2006，1，4，003 版
〔26〕邢光耀. 日光温室蔬菜病虫害的发生特点及无公害防治技术. 北方园艺，2004（5）：72～73
〔27〕赵树英. 物理防治病虫害灯光诱杀技术取得的进展及对食品安全与环境安全的贡献. 四川农业科技，2006（增刊）：43～44
〔28〕张霞. 温室蔬菜病虫为害的特点及综合防治技术. 吉林蔬菜，2005（3）：36
〔29〕宫素英，王洪林等. 日光温室蔬菜病虫无公害综合防治措施. 吉林蔬菜，2005（3）：36
〔30〕李琳一，袁永达等. 现代化温室蔬菜新发生病虫害及防治对策. 上海蔬菜，2006（5）：54～55
〔31〕刘学东，秦水亮，李东霞. 特菜新品－茵陈. 蔬菜，2009（1）：7
〔32〕刘学东，秦水亮，李东霞. 吊人胃口的吊瓜－新秀吊瓜. 蔬菜，2009（3）：6
〔33〕詹汉利，丁成章，林飏文，渠丽琴. 高档蔬菜新宠－西兰花薹. 蔬菜，2009（12）

北京市富通环境工程有限公司

简　介

北京市富通环境工程有限公司系国有全资高新技术企业，是中国农业大学六大科技产业之一，同时也是中国农业大学最大的科技成果综合推广平台。在校内，公司受中国农业大学校办产业办公室、科学技术发展研究院和水利与土木工程学院共同管理。

企业拥有众多资深教授和以中国农大知名教授为主的多学科专家团队，并拥有一支实战经验丰富的项目实施队伍。多次承担国家重大攻关课题，并获得多个奖项和荣誉。公司下设专家咨询委员会、规划设计、设施工程、技术合作、研发、企业管理、科技信息等部门，现有员工一百余人，专业配置完善，执业经验丰富。二十多年来，企业紧密结合实践，不断追求创新，业务范围包括区域发展战略研究、城乡总体规划、园区详细规划、单体景观设计、农业设施工程、技术支持服务、企业管理运作、信息产品销售等一条龙服务，项目覆盖全国 20 余个省市，得到了社会的广泛好评。

公司秉承中国农业大学“解民生之多艰，育天下之英才”的宗旨，逐步建成“聚世界一流农业人才，建中国优秀推广平台”的现代农业科技推广企业。以权威的技术支持，强大的运作能力，提供高水平的规划方案，优质的工程项目，快速权威翔实的农业信息，现代化的园艺技术服务。

公司下设的北京中农富通园艺有限公司，是以中国农业大学、北京市富通环境工程有限公司为技术依托的农业高科技企业，是专业从事现代农业科技园区的研究、休闲观光农业设计及施工、现代园艺工程以及提供配套技术服务的公司。公司现有由农业部、中国农业大学、中国农科院、国家蔬菜工程技术研究中心、北京农学院等30多位国内资深的农业专家组成的专家团队，学科全面，涉及的专业领域广泛，实践经验丰富。拥有员工50多名，其中中高级科技人员和硕士、本科以上学历人员占80%以上，富有实践经验。公司业务涵盖蔬菜、果树、花卉、苗木等园艺园林专业领域，同时涉及养殖、畜牧、农产品物流等领域，应用先进的规划设计理念、设施农业工程技术、现代化农业种植、养殖技术及专业的园林景观设计等，为现代农业科技园区及相关涉农企业提供项目策划、规划设计、技术咨询、论证、工程施工、种植技术服务、种子种苗、农业资材等全方位服务。

几年来，公司先后在北京、天津、山东、江苏、广西、山西、陕西、内蒙、安徽等十几个省市自治区承接农业总体规划、农业园区规划、蔬菜、果树、花卉栽培技术服务、园林景观设计及实施、现代农业高新技术的应用、农业科技培训等几十个项目，均取得良好的效果，得到了各级政府、企业和社会的普遍肯定。公司在京郊新建现代都市农业示范基地15hm^2，成为北京市较大的集高新技术展示、蔬菜果树新品种示范、观光休闲采摘、农业科普教育、农业院校实习基地为一体的农业园区。承办了园艺行业的专业网站“中国园艺技术服务网”。

中国轻工业出版社食品类科技图书书目

食品科学

国家“九五”重点图书　食品工程全书（第一卷）	160.00元
国家“九五”重点图书　食品工程全书（第二卷）	160.00元
国家“九五”重点图书　食品工程全书（第三卷）	130.00元
玉米淀粉工业手册（精装）	68.00元
制粉师工程手册	80.00元
乳品工程师实用技术手册	180.00元
现代乳品工业手册（精装）	160.00元
焙烤工业实用手册（精装）	148.00元
肉类工业手册（精装）	120.00元
果蔬保鲜手册（精装）	72.00元
罐头工业手册（精装）	240.00元
食品微生物实验室手册（第三版）（精装）	70.00元
欧盟食品接触材料法规与指南（精装）	148.00元
FDA食品法规（2001版）（精装）	220.00元
中华烘焙食品大辞典－机械及器具分册（精装）	50.00元
中华烘焙食品大辞典——原辅料与食品添加剂分册（精装）	42.00元
中华烘焙食品大辞典——产品及工艺分册（精装）	80.00元
英汉食品工业词汇（第二版）（精装）	80.00元
汉英制糖技术词汇（精装）	36.00元
马口铁食品三片罐工艺技术（精装）	128.00元
粳稻品种图鉴（精装）	80.00元
中国茶叶大辞典（荣获第四届国家辞书奖一等奖、第五届国家图书奖提名奖）	380.00元
2010中国食品工业与科技发展报告	50.00元
中国农产品加工业发展战略及政策研究	80.00元
中国食品产业地图	54.00元
中国生物质产业地图	35.00元

食品产业集群的创新机理	32.00 元
中国食品业与食品安全问题研究	30.00 元
中国腐乳酿造（第二版）	58.00 元
保健食品功效成分检测方法（第二版）	38.00 元
保健食品注册申报实用指南	55.00 元
保健食品 GMP 实用指南	120.00 元
香物质的生物法制备	30.00 元
食品行业网络信息资源检索指南	42.00 元
野生蕈菌生物学特性与栽培技术	28.00 元
农产品无损检测技术与数据分析方法	35.00 元
食品质量与安全案例分析	32.00 元
肉类产品概念设计	68.00 元
火腿加工原理与生产技术	40.00 元
餐饮企业绿色营销管理	30.00 元
食品功能成分的制备及其应用	26.00 元
糖醇生产技术与应用	45.00 元
食品挤压理论与技术（上卷）	60.00 元
食品挤压理论与技术（中卷）	50.00 元
基于 MATLAB 的化工实验技术（汉－英）	20.00 元
乳品科学与技术	45.00 元
碳水化合物功能材料	58.00 元
淀粉基生物降解材料	32.00 元
海藻酸	34.00 元
木糖与木糖醇的生产技术及其应用	32.00 元
合成香料工艺学	49.00 元
食品微胶囊技术	24.00 元
现代食品工程高新技术	80.00 元
乳品技术装备	90.00 元
营养保健食品	72.00 元
食品质量管理学	21.80 元
特种食用油的功能特性与开发	16.00 元
现代食品分子检测鉴别技术	46.00 元
食品酶学导论	18.00 元

食品冷藏学	38.00元
植物活性成分开发	52.00元
冷饮生产技术	35.00元
冷冻饮品生产技术	50.00元
软饮料工艺学	36.00元
配餐方法	30.00元
面塑制作教程	38.00元
孔令海食雕精品赏析	36.00元
孔令海艺术食雕（人物篇）	36.00元
糖果巧克力生产技术问答	36.00元
食品保鲜技术	48.00元
云南名特优果蔬保鲜实用技术	20.00元
杨梅资源开发与利用	36.00元
食品非热力加工技术	42.00元
脉冲电场非热灭菌技术	28.00元
西式糕点制作新技术精选（修订版）	20.00元
现代中西式糕点制作技术	26.00元
面粉品质改良技术及应用	20.00元
复合调味品生产问答	15.00元
大豆制品工艺学（第二版）	36.00元
农产品市场营销理论与实践	21.00元
农产品干燥理论与技术	32.00元
类胡萝卜素化学及生物化学	50.00元
现代乳品加工学	42.00元
保健茶制作技术	25.00元
浓香花生油制取技术	25.00元
现代粮食加工技术	45.00元
糙米调质技术	15.00元
大豆蛋白质生产与应用	24.00元
功能性低糖生产与应用	35.00元
果蔬贮藏加工及质量管理技术	48.00元
果蔬物流保鲜技术	26.00元
芦荟活性成分研究及其应用	26.00元

食品茶菌新技术	54.00 元
禽蛋制品生产技术	30.00 元
功能性大豆食品	25.00 元
肉制品加工原理与技术	22.00 元
肉制品添加物的性能与应用	30.00 元
转基因食品生物技术及安全性评价	54.00 元
卷烟烟气安全性及危害防范	80.00 元
油脂工厂安全生产	32.00 元
零售企业食品安全信息管理	25.00 元
零售企业食品供应链管理	25.00 元
功能性变性淀粉	45.00 元
温室工程规划、设计与建设	36.00 元

国外现代食品科技系列

欧盟食品法典	30.00 元
食品淀粉结构、功能及应用	42.00 元
食品微波加工技术	36.00 元
食物成分与食品添加剂的分析方法	45.00 元
大豆功能食品与配料	43.00 元
工业化干燥原理与设备	35.00 元
食品添加剂分析方法	28.00 元
食品卫生原理	46.00 元
安全食品微生物学	35.00 元
食品化学安全（第一卷·污染物）	35.00 元
食品化学安全（第二卷·食品添加剂）	35.00 元
饼干加工工艺（第三版）	50.00 元
麦芽与制麦技术	68.00 元
减肥与体重控制	56.00 元
功能性食品	35.00 元
食品香精的化学与工艺学（第三版）	42.00 元
肉制品加工技术（第三版）	39.00 元
冷冻食品加工技术	32.00 元
蛋糕加工工艺（第六版）	42.00 元

食品质量安全认证指南	46.00 元
食品安全预警理论、方法与应用	22.00 元
中国食品业与食品安全问题研究	30.00 元

服务三农·农产品深加工系列（国家十一五重点图书）

玉米深加工技术（第二版）	20.00 元
薯类加工技术	12.00 元
粮食加工技术	12.00 元
生态农业技术与产业化	20.00 元
蔬菜贮藏与加工技术	22.00 元
蛋制品加工技术	22.00 元
果蔬贮藏实用技术	18.00 元
油菜籽加工与综合利用	21.00 元
野生食用植物资源加工技术	24.00 元
大豆深加工技术	24.00 元
鹅类产品加工技术	18.00 元
北方果蔬贮藏保鲜技术	16.00 元
稻米及其制品加工技术	20.00

农产品深加工系列

农作物秸秆饲料加工技术	15.00 元
魔芋加工实用技术和装备	20.00 元
米粉加工原理与技术	18.00 元
大豆深加工技术	28.00 元
马铃薯深加工技术	20.00 元
生物资源开发利用	45.00 元
大蒜保鲜贮藏与深加工技术	25.00 元
净菜加工技术	24.00 元
柑橘加工与综合利用	22.00 元
蜂产品深加工技术	24.00 元

食 品 配 方

新版蛋糕配方	20.00 元

新版休闲食品配方	25.00 元
新版饮料配方	16.00 元
新版乳制品配方	22.00 元
新版配制酒配方	20.00 元
新版果蔬配方	25.00 元
新版糕点配方	16.00 元
新版面包配方	25.00 元
新版饼干配方	25.00 元
新版调味品配方	16.00 元
新版酱腌泡菜与脱水菜配方	28.00 元
新版肉制品配方	20.00 元
新版冰淇淋配方	16.00 元
新版糖果巧克力配方	28.00 元
新版方便食品配方	24.00 元
杂粮食品生产工艺与配方	20.00 元
龙口粉丝生产工艺与配方	15.00 元
水生蔬菜加工工艺与配方	26.00 元
新型饮料生产工艺与配方	38.00 元
新编肉制品生产工艺与配方	46.00 元
软冰淇淋生产工艺与配方	18.00 元
米果生产工艺与配方	20.00 元
酸奶和发酵乳饮料生产工艺与配方	23.00 元
月饼生产工艺与配方	30.00 元
饮料和冷饮配方 1800 例	72.00 元
肉制品配方 1800 例	95.00 元
蛋糕裱花基础（上册）	32.00 元
蛋糕裱花基础（下册）	32.00 元
面包制作入门	35.00 元
蛋糕制作入门	30.00 元
时尚蛋糕制作精选	32.00 元
面包制作 116 款	32.00 元
时尚美味芝士蛋糕	32.00 元
时尚百变巧克力甜品	32.00 元

寿司制作入门（含 DVD 光盘）	28.00 元
玩转拉花咖啡（含 DVD 光盘）	38.00 元
西餐制作入门（含 DVD 光盘）	38.00 元
童心玩烘焙	28.00 元

食 品 营 养

中国营养工作回顾	85.00 元
实用食物营养成分分析手册（第二版）	35.00 元
中国居民膳食营养参考摄入量	68.00 元
中国居民膳食营养参考摄入量（简要本）	16.00 元
营养与健康圣典（第五版）	38.00 元
实用钙补充剂手册	18.00 元
实用维生素矿物质补充剂手册	18.00 元
实用维生素矿物质安全手册	18.00 元
食品营养与卫生	18.80 元
维生素 E 的生产与应用	16.00 元
健康食品资源营养与功能评价	38.00 元
铁强化酱油技术指南——国家营养改善项目重点图书	14.00 元
儿科营养手册	80.00 元
微量营养素食物强化指南	50.00 元

食品添加剂

功能性食品添加剂	52.00 元
饲料与饲料添加剂	26.00 元
食品添加剂原理及应用技术（第二版）	42.00 元
食用胶的生产、性能与应用	25.00 元
食品添加剂（修订版）	27.50 元
食品增稠剂（第二版）	52.00 元
食品添加剂使用手册（精装）	25.00 元
食品添加剂基础	18.00 元
食品添加剂在饮料中的应用	20.00 元
食品色香味化学（第二版）	45.00 元
天然色素的生产及应用	28.00 元
食品添加剂手册	130.00 元

高效甜味剂	52.00 元

乳品工程技术系列

原料乳生产与质量控制	42.00 元
液态乳加工与质量控制	54.00 元
中国传统乳制品加工与质量控制	20.00 元
酸乳加工与质量控制	52.00 元
乳粉分析与检测技术	45.00 元
乳与乳制品感官品评	39.00 元

食品安全与营养健康科普丛书

我享素	35.00 元
牛奶对你“说”	12.00 元
食品安全知识手册	3.80 元
关注身边的食品安全	15.00 元
不要让美食伤害了你	32.00 元
益生菌与健康生活	18.80 元
食品添加剂知多少	12.80 元
食品污染知多少	12.00 元
食品标签巧识别	12.00 元
食品的魔术师——酶	25.00 元
掺假食品识别 300 招	18.80 元
中老年滋补保健酒	28.00 元
中老年滋补保健茶	25.00 元
家庭药浴保健疗法	29.00 元
婴幼儿营养与科学喂养	28.00 元
蜜蜂生生不息一亿年的奥秘——蜜蜂产品食疗养生话题	34.00 元

社会主义新农村建设实务丛书

现代农业园区规划与案例分析	36.00 元
农业美学初探	14.00 元
现代观光旅游农业园区规划与案例分析	26.00 元

购书办法：各地新华书店，本社网站（www.chlip.com.cn）、当当网（www.dangdang.com）、卓越网（www.joyo.com）、轻工书店（联系电话：010－65128352），我社读者服务部（联系电话：010－65241695）。

绿叶蔬菜

西芹

乌塌菜

叶用莴苣

落葵

番杏

紫背天葵

苦苣

菊苣

结球红菊苣

刺菜蓟

红梗叶甜菜

地肤

京水菜

长寿菜

叶用芥菜

结球芥菜

友好菜

鲁梅克斯

三池辣菜

菜用黄麻

守宫木

叶用萝卜

油麦菜

金花菜

冬寒菜

甜叶菊

莳萝

七彩菠菜

清香菜

大型蔊菜

叶用辣椒

玉丝菜

百子菜

茄果类蔬菜

樱桃番茄

树番茄

耐贮运番茄

情人果

彩色甜椒

小辣椒

观赏茄

人参果

黄秋葵

酸浆

番茄椒

瓜类蔬菜

水果型黄瓜

网纹甜瓜

小型西瓜

佛手瓜

金丝瓜

老鼠瓜

蛇瓜

特长水瓜

线瓠瓜

袖珍西葫芦

东升南瓜

大吉南瓜

仙姑南瓜

金童

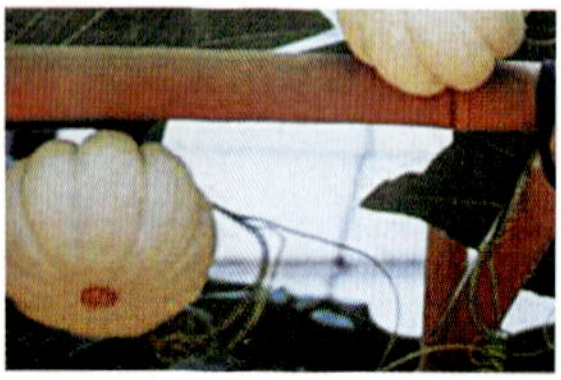
玉女

皮瓜

龙凤瓢

槟柑

鸳鸯梨

白蛋

白皮南瓜

元阳南瓜

红皮南瓜

黄皮南瓜

花皮南瓜

飞碟瓜

大型、巨型南瓜

青葫芦

鹤首葫芦

长柄葫芦

永乐

节瓜

栝楼

根茎类蔬菜

美洲防风

辣根

根甜菜

藠头

魔芋

菊芋

草石蚕

香芋

蕉芋

毛芋头

葛

山药

婆罗门参

地涌金莲

豆薯

玉笋萝卜

根用芥菜

袖珍胡萝卜

芦笋

百合

根芹

樱桃萝卜

甘蓝类蔬菜

芥蓝

芜菁甘蓝

羽衣甘蓝

抱子甘蓝

球茎甘蓝

紫甘蓝

青花菜

豆类蔬菜

蚕豆

四棱豆

荷兰豆

甜豌豆

扁豆

豇豆

刀豆

毛豆

芳香蔬菜

紫苏

韭葱

细香葱

结球茴香

香椿

芫荽

珍珠花菜

罗勒

香芹

观音菜

芝麻菜

迷迭香

琉璃苣

百里香

牛至

神香草

药用蔬菜

牛蒡

蕺菜

荆芥

叶用枸杞

薄荷

车前草

腾三七的嫩叶及嫩梢

腾三七的根

费菜

食用大黄

藿香

益母草

茵陈

人工栽培山野菜

马齿苋

蒲公英

发菜

蕨菜

酸模

薇菜

荠菜

沙芥

山芹菜

聚合草

人参菜

马兰

苋菜

鼠尾草

酢浆草

刺龙牙

面条菜